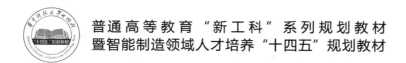

普通高等教育"新工科"系列规划教材
暨智能制造领域人才培养"十四五"规划教材

电机及电力拖动基础

主　编　杨　旭　燕　越　张　辽
主　审　翟天嵩　刘忠超　刘尚争

U0278960

华中科技大学出版社
中国·武汉

内 容 简 介

本书从运动控制系统和变流器供电角度全面介绍了电机及电力拖动的相关内容,主要包括各类电机(直流电机、变压器、异步电机、同步电机等)的基本运行原理、数学模型、运行特性的分析与计算,由各类电机组成的传动系统的启动、制动、调速的原理与方法,各类驱动与控制用微特电机的运行原理与特性分析,各类新型机电一体化电机(如正弦波永磁同步电机、永磁无刷直流电机、开关磁阻电机、步进电机等)的建模、驱动与特性分析以及系统组成,电力拖动系统的实现方案与电机的选择等。

本书可作为自动化、电气自动化及机电一体化等专业本科生的专业基础教材,也可作为相关专业在运动控制领域的入门教材,还可供长期从事运动控制领域研究的工程技术人员参考。

图书在版编目(CIP)数据

电机及电力拖动基础 / 杨旭,燕越,张辽主编. -- 武汉:华中科技大学出版社,2024.10. -- ISBN 978-7-5772-1334-7

Ⅰ. TM3;TM921

中国国家版本馆 CIP 数据核字第 2024FT9549 号

电机及电力拖动基础　　　　　　　　　　　　　　杨 旭 燕 越 张 辽 主编
Dianji ji Dianli Tuodong Jichu

策划编辑:张　毅

责任编辑:罗　雪

封面设计:原色设计

责任监印:朱　玢

出版发行:华中科技大学出版社(中国·武汉)　　　电话:(027)81321913
　　　　　武汉市东湖新技术开发区华工科技园　　　邮编:430223

录　　排:武汉正风天下文化发展有限公司

印　　刷:武汉市洪林印务有限公司

开　　本:787mm×1092mm　1/16

印　　张:19.5

字　　数:500 千字

版　　次:2024 年 10 月第 1 版第 1 次印刷

定　　价:69.80 元

▶ 前 言

在当今的科技时代,电机技术与电力拖动系统在推动现代工业、自动化以及高新技术领域的发展中扮演着至关重要的角色。随着科学技术的不断进步和发展,电机及电力拖动系统的复杂性不断增加,这对工程师和技术人员提出了更高层次的知识和技能要求。正是基于这样的背景,我们编写了本书,旨在为读者提供全面、深入且易于理解的电机技术与电力拖动系统的核心原理及应用指南。

本书紧紧围绕着电机技术和电力拖动系统的核心内容展开,致力于为读者提供全面且深入的学习路径。从电机的基础理论出发,本书详细探讨了直流电机、变压器、异步电机以及同步电机等各种类型的电机,旨在揭示它们各自的运行原理、建模方法和运行特性。电机作为电力拖动系统中的核心组件,其性能直接影响到整个系统的效率和稳定性。因此,本书首先深入分析了电机的基本工作原理,从电磁学的基本概念入手,逐步引导读者理解电机内部的电磁转换过程,以及这一过程是如何影响电机的性能和运行状态的。接着,通过对直流电机、变压器、异步电机和同步电机等不同类型电机的详细分析,本书不仅展示了各类电机的结构和工作原理,还通过建模和运行特性分析,帮助读者掌握评估和优化电机性能的方法。除了对电机本身的深入探讨,本书还重点讲解了电机在实际传动系统中的应用。启动、制动和调速是电力拖动系统设计和应用中的关键技术环节,它们直接关系到系统的响应速度、稳定性和能效。本书通过对这些技术环节的细致讲解,使读者能够理解和掌握如何在实际工程中选择合适的启动和调速方案,以及如何设计高效可靠的制动系统。此外,本书还探讨了在各种应用场景中如何有效地集成和使用电机,从而使读者在面对复杂的工程问题时,能够综合运用所学知识,设计出满足特定需求的电力拖动系统。

书中还介绍了一些前沿的主题,如正弦波永磁同步电机、永磁无刷直流电机、开关磁阻电机和步进电机等新型机电一体化电机的建模、驱动和特性分析。这些内容不仅包含电机技术的基本概念,还延伸至最新的技术和研究成果。

为了使理论知识更加易于理解和应用,我们在第1~9章的结尾提供了习题和思考题,旨在帮助读者更好地消化和实践所学内容。同时,我们强调了物理概念的重要性,并通过简洁明了的语言和丰富的图示,使复杂的概念变得通俗易懂。

我们希望读者通过学习,不仅能够掌握电机及电力拖动的基础知识,还能应用这些知识解决实际问题,从而在未来的工作和研究中取得成功。我们鼓励读者积极参与思考和实践,相信这将有助于更深入地理解电机技术和电力拖动系统的精髓,并在职业生涯中熟练应用。

在编写本书的过程中,我们深知时间和资源的限制可能导致遗漏某些细节或最新技术进展。科技日新月异,尤其在电机技术和电力拖动领域,新的发现和创新层出不穷。因此,尽管我们努力使内容全面而新颖,但本书仍无法覆盖所有最新的细节和进展,对此我们深感遗憾,并希望读者提出批评指正意见,以便本书修改完善。

我们对本书投入了大量的热情和努力,希望能够为读者提供最大的帮助和支持。我们相信,通过阅读本书,读者不仅能够获得知识和技能的提升,还能在实践中应用所学,解决实际问题,最终在未来的工作和研究中取得丰硕的成果。

编　者

2024 年 7 月

▶ 目录

绪　　论

电机是以电磁场作为媒介实现机电能量转换的装置,其运行原理涉及电路的基本定律以及电磁学的基本定律,如电生磁的安培环路定理、磁生电的电磁感应定律、电磁力定律以及磁路的欧姆定律等。在后续各章的内容中,这些定律将贯穿始终。除此之外,电机的磁路是由磁性材料组成的,磁性材料性能的优劣将直接决定电机的运行性能。本章重点讨论了电路的基本定律和电磁学的基本定律,另外对有关磁性材料(包括软磁材料和永磁材料)及其特性进行了介绍,讨论了铁磁材料磁化曲线的饱和现象、铁磁材料的铁芯损耗(磁滞与涡流损耗)等。

◎ 知识目标

(1) 了解电机与电力拖动技术发展现状;

(2) 理解课程研究对象、内容、学习方法;

(3) 理解常用的电磁学基本定律。

◎ 能力目标

(1) 掌握电机在国民经济中的地位、作用;

(2) 掌握电机的定义;

(3) 熟悉电机中常用的基本电磁定律和铁磁材料特性,掌握简单磁路的参数计算方法。

◎ 素质目标

讲述我国电机发展的历史、现状与未来趋势,培养学生积极投身祖国建设,勇于探索、敢于创新、攻坚克难的爱国奋斗精神;阐述电机中机电转换、电磁平衡等原理,培养学生辩证唯物主义的科学观和世界观。

0.1　电机与电力拖动技术概况

作为一种易生产、易传输、易分配、易使用、易控制、低污染的能源,电能是现代广泛应用的一种能量形式。为了方便地将电能生产出来,并方便地将它转换为机械能从而为人类服务,人们发明了电机。作为一种高效的机电能量转换工具,电机及其拖动控制系统在国民经济、国防装备的现代化发展和社会生活中发挥着越来越重要的作用。

德国人雅可比于 1834 年前后制成了一种简单的装置:在两个 U 形电磁铁中间,装一个六臂轮,每臂带两根棒形磁铁;通电后,棒形磁铁与 U 形磁铁之间产生相互吸引和排斥作用,带动轮轴转动。后来,雅可比做了一具大型的装置并安在小艇上,用 320 个丹尼尔电池供电。1838 年小艇在易北河上首次航行,航速只有 2.2 km/h。与此同时,美国人达文波特也成功制出了驱动印刷机的电动机,并用其印刷了美国电学期刊《电磁和机械情报》。但这两种电动机都没有多大商业价值,用电池作电源,成本太高,并不实用。直到第一台实用型直流发电机问世,电动机才得到广泛应用。1870 年,比利时工程师格拉姆发明了直流发电机,直流发电机的设计与电动机的设计很相似。后来,格拉姆证明向直流发电机输入电流,其转子会像电动机一样旋转。于是,格拉姆型电动机被大量制造出来,效率也不断得到提高。与此同时,德国西门子公司制造出了更好的发电机,并着手研究由电动机驱动的车辆,制成了世界上最早的电车。1882 年,爱迪生在纽约建立了第一座直流发电站。1879 年,在柏林工业展览会上,西门子公司不冒烟的电车赢得观众的一片喝彩。西门子电车的功率当时只有 3 马力(1 马力约为745.7 W),后来美国发明大王爱迪生试验的电车功率已达 12～15 马力。但当时的电动机全是直流电动机,只限于驱动电车。1888 年 5 月,美籍塞尔维亚发明家特斯拉向全世界展示了他发明的交流电动机,该电动机是根据电磁感应原理制成的,又称感应电动机,结构简单,使用交流电,不像直流电动机那样需要整流、容易产生火花,因此很快被广泛应用于工业和家用电器中。

由于直流电动机具有良好的控制特性,自诞生以来,它一直在要求高控制性能(宽范围调速,高精度的转速、转矩、转角控制)的电力拖动领域中占据着主导地位,这种状况直至 20 世纪由于交流电动机控制方法在理论上的突破和功率电子技术、微处理器技术的进步使控制的实现变得容易,才发生了根本性的转变。矢量控制技术和交流变频、交流调压技术的进步,使交流电动机从原来的难以控制变得能像直流电动机一样易于控制,获得的控制性能已完全可与直流电动机系统相媲美;同时由于结构上的本质区别,交流电动机结构简单,免维护,无火花,高速性能明显优于直流电动机,价格低,并能节约铜材,因此在现代工业控制领域,交流电动机拖动系统取代直流电动机拖动系统已成为一种趋势。不过,直流系统也还有一些优势应用领域,例如,传统的直流拖动系统在各种舰船、车辆、卫星、移动式机器人等移动设备中仍然占有一定地位。直流调速系统更易于获得较高的性能指标,特别是在低速、超低速下运行时的稳速性能与交流调速系统相比仍保有一定优势,如高精度稳速系统的稳速精度可以达到数十万分之一,宽调速系统的调速比可达到 1∶10000 以上,千瓦以上功率等级、中等以下惯量的系统快速响应时间可以达到几十毫秒。

从机电能量转换的观点看,电机可以分为发电机和电动机两大类别。实际上,从电机运行原理来看,任一电机既可工作于发电状态也可工作于电动状态。这是从电机的主要用途和主要工作状态的角度来进行分类的。作为自动化学科的专业基础课程教材,本书侧重于从控制的角度讨论电动机实现电力拖动的基本知识,有关发电机方面的知识读者可参阅电力、发配电专业的相关教材。

0.2　电机与电力拖动系统的一般分析方法

电机本质上是一种借助于电磁场实现机电能量转换的装置,因此,对电机的分析自然涉及电、磁、力、热以及结构、材料和工艺等方方面面的知识。对于基于电磁作用原理工作的各类电机,常用的分析方法有两种:一种是采用电路和磁路理论的宏观分析方法,另一种是采用电磁场理论的微观分析方法。前者将电路和磁路问题统一转换为电路问题,然后利用电路的分析方法求解电机的性能;后者则首先利用有限元方法对整个磁路进行剖分,然后利用电磁场方程和边界条件求出各个微元的磁场分布情况,最后再获得整个电机的运行性能和结构参数。除此之外,也可以采用能量法,利用分析力学中的哈密顿(Hamilton)原理或拉格朗日(Lagrange)方程,建立电机的矩阵方程,最后再求解电机的运行性能和结构参数。鉴于本书主要解决的是电机稳态性能的问题,故重点讨论采用电路和磁路理论的分析方法。

1. 分析步骤

在分析电机和电力拖动系统时,一般按如下几个步骤进行:

(1) 先讨论电机的基本运行原理和结构。

(2) 根据结构的具体特点,对电机内部所发生的电磁过程进行分析,重点讨论电机内部的电路组成(或绕组结构)和空载或负载时电机内部的磁动势和磁场情况。

(3) 利用基尔霍夫定律、法拉第电磁感应定律、安培环路定理、电磁力定律,并根据电机内部的电磁过程,写出电磁过程的数学描述即基本方程,如电压平衡方程和转矩平衡方程,并将其转变为等值电路(也称等效电路)和相量图的表达形式。

(4) 利用上述数学模型对电机的运行特性和性能指标进行分析计算。在各种稳态特性中,以电动机的机械特性和发电机的外特性最为重要。

(5) 根据电动机的机械特性和负载的转矩特性讨论各类拖动系统的稳定性、启/制动特性、各种调速方案的特性。

(6) 讨论电动机的各种运行状态以及四象限运行情况。

2. 分析方法和理论

在分析电机内部的电磁过程并建立数学模型时,经常用到下列方法和理论。

(1) 当忽略铁芯饱和时,经常采用叠加原理对电机内部的气隙磁动势、气隙磁场、气隙磁场所感应的电动势进行分析计算;当考虑铁芯饱和时,则把总磁通分为主磁通和漏磁通而分别处理,主磁通流经主磁路,漏磁通则流经漏磁路,相应的磁路性质可分别用励磁电抗和漏电抗来描述,从而可将磁路问题转变为统一的电路问题。

(2) 当交流电机(或变压器)的定子、转子(或一次侧、二次侧)绕组匝数、相数以及频率不相等时,可以在保持电磁关系不变的前提下,利用折算法将其各物理量归算至绕组某一侧,然后再建立数学模型。

(3) 在对交流电机(或变压器)正弦电源电压供电下的稳态特性进行分析计算时,经常要用到符号法、基本方程、等值电路以及相量图等方法和工具。

(4) 在讨论交流电机、永磁无刷直流电机等变流器供电电机的动态特性及进行系统分析时,经常要用到综合矢量、坐标变换等分析工具和标量控制、矢量控制、磁场定向等物理概念。

（5）在研究凸极电机（包括直流电机、凸极同步电机、开关磁阻电机等）的特性时，经常要采用双反应理论，即将各物理量分解到直轴和交轴上进行研究。

（6）在非正弦磁场或非正弦电压的分析过程中，经常要用到谐波分析法，即将非正弦磁动势（磁场）或电压利用傅里叶级数展开成一系列正弦谐波磁动势（磁场）或谐波电压，然后再单独讨论各次谐波的效果，最终借助于叠加原理对系统的总响应进行求解。

（7）在讨论多轴电力拖动系统时，经常要按照能量保持不变的原则将多轴系统等效为单轴系统进行处理。

上述各种方法和理论分散到各个章节中，相关章节将对其逐一进行介绍。

0.3　本书的结构和内容

本书的内容主要包括三大部分：①传统电机学；②电力拖动基础；③微特电机。传统电机学部分的内容主要涉及一般电机（包括直流电机、变压器、异步电机与同步电机）的运行原理、电磁过程与描述以及基本特性的分析与计算；电力拖动基础部分则讨论了电力拖动系统的一般问题，其内容涉及由各类电机组成的拖动系统的启动、制动及调速方法的分析与相关计算。考虑到电机与电力拖动知识的融合与统一问题，本书将这两部分内容进行穿插介绍。电机学与电力拖动部分内容各有侧重，电机学更强调各类电机所能提供的外部特性（尤其是电动机的机械特性），而电机的内部结构与电磁关系对外部特性仅起到了铺垫和辅助作用；电力拖动部分则更强调电动机外部机械特性的应用，包括电动机与机械负载的配合即稳定性问题，系统的启动、制动及调速方法的分析与相关计算等问题。微特电机部分则包括驱动微电机以及控制电机的工作原理与特性曲线。

0.4　电机及电力拖动基础课程的基本要求

电机及电力拖动基础课程尽管是一门专业基础课，但同时又是一门实践性很强的独立课程。考虑到电机是实现电能与机械能转换的装置，而电能与机械能的转换是通过电磁场来完成的，因此要了解和熟悉电机的各种特性，就需要分析电机内部的电磁过程；而电磁场的抽象性增加了本课程的难度。电力拖动基础涉及对系统的基本指标要求与方法的实现等问题，必然涉及要用系统的观点看问题。因此，学习本课程时一定要以物理概念为主、工程计算为辅，除了了解电机基本运行原理与电磁过程外，重点应掌握各类电动机的机械特性及其与生产机械配合时的启动、制动方法与调速方案，并通过实验和仿真加深对相关知识的理解和掌握。只有将理论与实际相结合，才能真正学好本课程。

对上述部分内容的学习要求可概括如下：

（1）了解电机的基本结构。

（2）掌握电机的运行原理和分析方法。

（3）熟练掌握电动机的工作特性、外特性、机械特性、调速特性和启动特性等运行特性，熟知其应用场合。

（4）熟练掌握电力拖动系统及其动力学原理。

（5）熟练掌握由直流电动机和异步电动机分别组成的直流和交流拖动系统的分析方法，以及系统的运行特性。

（6）熟练掌握电力拖动系统中电动机容量选择的方法。

另外，电机及电力拖动基础是一门理论性很强的技术基础课程，要求学生在掌握基本理论的同时，还要注意实践能力培养，故学生在完成理论学习的同时，必须做一些实验，通过实验，对交、直流电动机工作特性及机械特性的性质、基本原理和理论加以验证，要学会测定各种电机（包括微特电机及变压器）的工作特性、电力拖动系统的机械特性及电机参数，提高实验技能。通常需要做以下实验：①电机认识实验；②直流并励电动机实验；③他励直流电动机在各种运转状态下机械特性的测定实验；④单相变压器实验；⑤三相变压器实验；⑥三相异步电动机参数及工作特性的测定实验；⑦绕线形异步电动机在各种运转状态下机械特性的测定实验；⑧三相异步电动机启动与调速实验。

0.5 本课程常用的物理概念和定律

电机的能量变换是通过电磁感应作用实现的。分析电机内部的电磁过程及其所表现的特性时，要应用相关的电学和磁学的规律和定律。虽然我们假定读者早已在相关物理、电路理论课程中掌握了这些知识，但由于它们在电机拖动理论中的重要性，在此做一个简要的回顾还是有必要的。

1. 磁场的基本知识

1）磁场的概念

磁性、磁场，追根溯源，是电子运动呈现出的波动性特征属性。而电子，几乎是不停地运动旋转的。

安培指出：天然磁性的产生也是由于磁体内部有电流流动，所以电荷的运动是一切磁现象的根源。

运动电荷（电流）形成磁场，而磁场对运动电荷（电流）也具有磁力作用。磁场对外的重要表现为：①对进入场中的运动电荷或载流导体有磁力作用；②载流导体在磁场中移动时，磁力将对载流导体做功，表明磁场具有能量。

2）磁通密度

磁场是由电流产生的。常常用磁通密度 B（又称为磁感应强度）来描述磁场强弱及方向。为了比较形象地描绘磁场，采用磁力线（或称磁感应线）。磁力线是无头无尾的闭合曲线。图0-1给出了直线电流及螺旋管线圈电流产生的磁力线。

3）磁力线的方向判定

直线电流磁场的右手拇指定则：用右手握住导线，如果拇指指向电流方向，那么，其余四指就指向磁力线的旋转方向。

螺旋管线圈电流磁场的右手螺旋定则：用右手握住线圈，使四指指向电流方向，则拇指所指的方向就是线圈内部磁力线的方向。磁力线从线圈内出来的一端为北极（N 极），磁力线进入线圈内部的一端为南极（S 极）。

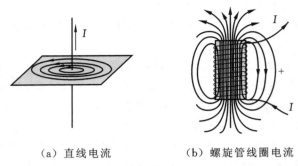

（a）直线电流　　　　　（b）螺旋管线圈电流

图 0-1　电流磁场中的磁力线

4）磁通（磁通量）

穿过某一有向截面 S 的磁通密度 B 的通量，即穿过磁场中任一曲面的磁力线的条数，称为磁通或磁通量，用 Φ 表示。

经过一个有限面的磁通量 Φ 为

$$\Phi = \int_S B \cos\alpha \, \mathrm{d}S \tag{0-1}$$

式中：α 为截面与磁通密度的夹角。在国际单位制中，磁通量的单位为 Wb 或 T·m²。在均匀磁场中，如果截面与 B 的方向垂直，则

$$\Phi = BS \tag{0-2}$$

式中：B 为磁通密度的大小；S 为截面的面积。

5）磁场强度

描述导磁物质中的磁场时，引入辅助物理量磁场强度 H，它与磁通密度 B 的关系为

$$H = \frac{B}{\mu} \tag{0-3}$$

$$\mu = \mu_0 \mu_r \tag{0-4}$$

式中：μ_0 为真空磁导率，$\mu_0 = 4\pi \times 10^{-7}$ T·m·A^{-1}；μ_r 为磁介质的相对磁导率。真空中 $\mu = 1$。

许多非磁性材料（如铜、纸、橡胶、空气）的 B-H 大小关系与真空的几乎相等。变压器和旋转电机中用到的材料，其相对磁导率 μ_r 的典型值范围为 2000～80000。例如，铸钢的 μ_r 为 700～1000，各种硅钢片的 μ_r 为 6000～7000。随着材料科学的发展，现代一些合金材料的相对磁导率已达到 10^6 以上。μ_r 值随磁通密度的大小变化会略微变化，定性分析时可暂时假设其为常数。

在电工学科领域，常按照安培环路定理，使用 A/m 作为磁场强度的单位。

6）铁磁材料及其特性

铁、镍一类金属的分子具有一种相互紧密排列形成自发磁场的性质。在这些金属中，有许多被称为磁畴的小区域，其体积约为 10^{-12} m³。每一个磁畴中的原子间存在着非常强的电子"交换耦合作用"，使相邻磁矩都按其磁场方向排列，指向相同的方向，这样，每个磁畴就类似于一个小的永久磁铁。整个铁块没有磁性是因为其包含的这些巨量小磁畴的方向是随机分布的。

一个外磁场施加到铁块上，将引起那些原来指向其他方向的磁畴发生指向磁场方向的运

动,使排列在原磁畴边界的原子物理地旋转到外磁场方向,这些增加的与外磁场同方向排列的原子使铁块中的磁通增强,进而使更多的原子变换方向,进一步增强磁场的强度,形成一种正反馈效应,使得铁块中原来与外磁场方向相同和相近的磁畴体积增大,而原来与外磁场方向有较大偏离的磁畴体积缩小,如图 0-2 所示。因此,铁磁材料具有比空气高得多的磁导率。

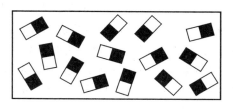 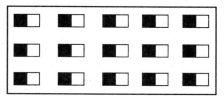

（a）磁化前　　　　　　　　　　　　　　（b）磁化后

图 0-2　铁磁材料的磁化

随着外磁场强度的持续增大,材料中原来与外磁场方向不同的磁畴越来越多地转向与外磁场方向一致,磁畴对磁场的增强作用也越来越弱。最后,当所有的磁畴排列都与外磁场方向一致时,任何进一步增大的磁场强度所增加的磁通都将仅等同于在真空中增加的磁通。这一状态标志着铁磁材料达到了深度磁饱和点。这一磁化过程所对应的铁磁材料的初始磁化曲线如图 0-3 所示。

当外磁场移去时,磁畴并不能完全恢复至原来的随机取向分布和体积分布状态。这是因为使铁磁材料中的原子磁矩改变方向需要消耗能量。外磁场提供能量使原子磁矩排列整齐;外磁场移除后,没有足够能量使所有原子磁矩恢复到原来的排列方向。因此,B 值并不沿原来的初始磁化曲线下降,而是沿另一曲线 ab 下降,如图 0-4 所示。当 $H=0$ 时,B 没有回到 0,而是为 B_r,B_r 称为剩余磁感应强度,简称剩磁。此时,铁块变为具有一定磁性的永久磁铁,直到有一个新的外能量来改变其内部原子磁矩的排列状态。当 H 呈正负周期变化时,B 沿 $abca'b'c'a$ 回线变化,B 的变化总是滞后于 H 的变化,这种现象称为磁滞现象。新的外能量来源可以是相反方向的磁动势、剧烈的机械撞击,也可以是加热。因而永久磁铁在加热、遭受击打或坠落时可能会失去磁性。

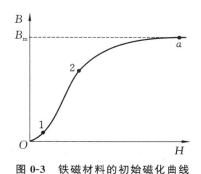 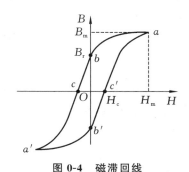

图 0-3　铁磁材料的初始磁化曲线　　　　　**图 0-4　磁滞回线**

铁磁质反复磁化时会发热,加剧分子振动。转动铁磁材料中的磁畴需要消耗能量,这一事实导致所有的变压器、电机中存在一种称为磁滞损耗的能量损失。铁芯中的磁滞损耗指的是在加至铁芯的每个交流电流周期中使磁畴完成重新定向和体积变化所消耗的能量。

此外,根据法拉第电磁感应定律,一个随时间变化的磁通会在铁芯中感生电动势。这种电动势会在铁芯中形成涡状电流,就像河流中的漩涡一样,称为涡流。涡流流过铁芯,也产生能量损耗,称为涡流损耗。涡流损耗能使铁芯发热。涡流损耗的大小与涡流流通的路径长度成正比,因此,铁芯一般用许多很薄的硅钢片叠压而成,硅钢片之间用树脂等绝缘涂料隔开,使涡流的路径长度被限制在很小的范围内。绝缘层非常薄,既可减小涡流,对铁芯的磁特性影响又非常小。涡流损耗的大小正比于叠片厚度的平方,因此,叠片越薄,涡流损耗就越小。

习惯上常将铁磁材料中的磁滞损耗与涡流损耗统称为铁耗。显然,铁耗与磁通变化的快慢(即励磁频率)有关。通常,铁耗中的涡流损耗按励磁频率的平方增加,也按磁通密度最大值(峰值)的平方增加。一般电机铁芯均采用硅钢片叠压形成,其涡流损耗 P_{eb} 可表示为

$$P_{eb}=C_{eb}V\Delta^2 f^2 B_m^2 \tag{0-5}$$

式中:C_{eb} 为涡流损耗系数,其值取决于铁磁材料的电阻率;V 为铁芯的体积;Δ 为硅钢片的厚度;f 为励磁频率;B_m 为磁通密度的最大值。

磁滞损耗正比于励磁频率、铁芯的体积和磁滞回线的面积,而磁滞回线的面积与磁通密度最大值的 n 次方成比例关系。对于一般的电工钢片,$n=1.6\sim 2.3$。磁滞损耗 P_b 可表示为

$$P_b=C_b V f B_m^n \tag{0-6}$$

式中:C_b 为磁滞损耗系数,其值与铁磁材料的性质有关。

综上所述,铁耗 P_{Fe} 可近似表示为

$$P_{Fe}=P_b+P_{eb}\approx C_{Fe} f^k G B_m^2 \tag{0-7}$$

式中:C_{Fe} 为铁耗系数;$k=1.3\sim 1.5$;G 为铁芯质量。

不难看出,即使磁通密度的峰值固定,铁耗随励磁频率增加而增加的规律也并不是线性的,频率增加时,铁耗比频率增加得要快。

2. 电路的基本定律

1) 基尔霍夫电压定律

基尔霍夫电压定律(KVL)指出,电路中任一闭合回路电压的代数和为零,即

$$\sum_n U_k = 0 \tag{0-8}$$

上式表明,在电路中,任一闭合回路的电动势之和全部由无源元件所消耗的压降所平衡。

2) 基尔霍夫电流定律

基尔霍夫电流定律(KCL)指出,电路中流入某一节点电流的代数和为零,即

$$\sum_n i_k = 0 \tag{0-9}$$

上式表明,在电路中,电流是连续的,流入某一节点的电流之和等于流出该节点的电流之和。

3. 电磁学的基本定律

1) 安培环路定理

载流导体周围存在着磁场,磁力线的方向与产生该磁力线的电流的方向关系满足右手螺旋定则。安培环路定理指出:在真空稳恒电流磁场中,磁感应强度 B 沿任意闭合环路 L 的线积分,等于穿过这个闭合环路的所有电流 I 代数和 $\sum I$ 的 μ_0 倍,即

$$\oint_L B\,\mathrm{d}l = \mu_0 \sum I \tag{0-10}$$

式中:$\mathrm{d}l$ 为闭合环路 L 绕行方向上的任一线元。对 L 内电流的符号规定为,当穿过环路 L 的

电流方向与环路绕行方向符合右手螺旋定则时电流为正,反之为负。

安培环路定理描述的是电生磁的基本定律,假定闭合磁力线是由 N 匝线圈电流产生的,且沿闭合磁力线长度 L 上的磁场强度大小 H 处处相等,则上式变为

$$HL = NI \qquad (0\text{-}11)$$

2）法拉第电磁感应定律

变化的磁场会产生电场,使导体中产生感应电动势,这就是电磁感应现象。这一现象由英国科学家法拉第发现,命名为法拉第电磁感应定律,简称为电磁感应定律。在电机中,电磁感应定律主要表现在两个方面:①导体与磁场有相对运动,导体切割磁力线时,导体内产生感应电动势,称为切割电动势;②线圈中的磁通变化时,线圈内产生感应电动势,称为变压器电动势。下面针对这两种情况产生的感应电动势进行定性与定量的描述。

（1）切割电动势。有效长度为 l 的导体以线速度 v 在磁通密度大小为 B 的磁场中运动时,导体内将产生感应电动势 e,这个感应电动势可用矢量积表示为 $e = (v \times B) \cdot l$,若 B、l、v 在空间中相互垂直,则 e 的大小等于三者的标量乘积,即

$$e = Blv \qquad (0\text{-}12)$$

e 的方向由右手定则确定:右手手掌平伸,拇指与四指垂直,四指并拢,使磁力线垂直从掌心穿入、掌背穿出,拇指指向运动方向,则四指指向电动势方向。

在电力拖动中,这一电磁感应定律又被称为发电机原理或发电机右手定则。而在物理学中,式(0-12)中的电动势 e 被称为由电磁感应产生的动生电动势。

【例 0-1】　设有一与磁场垂直、长为 1 m 的导体以 5 m/s 的速度在图 0-5(a)所示的磁场中自左向右运动,磁场方向如图中所示(垂直于纸面向内),磁通密度为 0.5 T,求导体中感应电动势的幅值和方向。

解　由图可知,导体、磁场与运动方向均正交,因此有

$$e = (v \times B) \cdot l = (vB\sin 90°)l\cos 0° = Blv = 0.5 \times 1 \times 5.0 \text{ V} = 2.5 \text{ V}$$

其方向由矢量积 $v \times B$ 的方向确定,如图 0-5(a)所示,上端为高电位。

当导体与磁场或运动方向不垂直时,有效导体长度为它在垂直方向的投影,如图 0-5(b)所示,导体与运动方向的垂直方向成 30°,有效长度变为 $l\cos 30°$。仍采用例 0-1 所给数据时,导体中的感应电动势变为

$$e = Blv\cos 30° = 0.5 \times 1 \times 5.0 \times 0.866 \text{ V} = 2.165 \text{ V}$$

由于图 0-5(b)中的磁场方向(垂直于纸面向外)与图 0-5(a)中磁场方向相反,因此电动势的方向也变成导体下端为高电位。

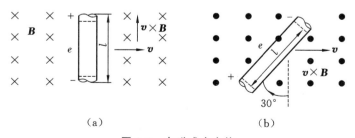

(a)　　　　　　　　　　　(b)

图 0-5　电磁感应定律

在电力拖动中,法拉第电磁感应定律奠定了电机以磁场为媒介实现机电能量转换的理论

基础。e 为电量,lv 因子为具有动能的机械量,式(0-12)表明具有动能的机械量可以通过磁场(磁通密度为 B)转化为电量。当此电动势通过外电路对外形成电流输出时,电机即可完成机械能向电能的转换。

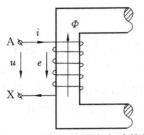

图 0-6 磁通与其感应电动势的正方向假定

(2)变压器电动势。匝数为 N 的线圈环链着磁通 Φ,当 Φ 变化时,线圈 AX 两端感应电动势 e 的大小与线圈匝数及磁通变化率成正比,方向由楞次定律决定,如图 0-6 所示。

交变的磁场会产生电场,并在导体中产生感应电动势,该感应电动势与磁场的关系符合法拉第电磁感应定律,即

$$e = -N\frac{\mathrm{d}\Phi}{\mathrm{d}t} \qquad (0\text{-}13)$$

式中:N 为绕组的匝数;Φ 为某一时刻 t 的磁通。

3)电磁力定律

电磁力定律描述的是电与磁之间相互作用产生力的基本定律,该定律指出,通电导体在磁场中将会受到力的作用。

若取一微元导体 $\mathrm{d}l$,导体中的电流为 i,该微元所处磁场的磁通密度大小为 B,则所产生的电磁力为

$$\mathrm{d}f_{em} = i\,\mathrm{d}l \times B \qquad (0\text{-}14)$$

若在整个导体范围内磁场均匀,且所产生的电磁力与磁场、电流三者之间符合左手定则(见图 0-7),则上式变为

$$f_{em} = Bil \qquad (0\text{-}15)$$

式中:l 表示导体的有效长度。

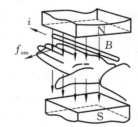

图 0-7 通电导体产生的电磁力与电流、磁场之间的左手定则

4)磁路欧姆定律

如同电路是电流所经过的路径一样,磁通所经过的路径称为磁路。磁路通常由具有高磁导率的磁性材料组成,磁路将磁通约束在特定的路径中,图 0-8(a)(b)分别给出了变压器的简单磁路以及对应于该磁路的类比等值电路图。

假定铁磁材料的磁导率 μ 远远大于真空磁导率 μ_0,且铁芯的截面积 S 处处相等,该变压器由 N 匝励磁线圈提供励磁,每匝线圈的电流为 i,则相应的励磁磁动势 $F = Ni$。设磁路的平均长度为 l,忽略漏磁,于是有

$$\Phi = \int_s \boldsymbol{B}\,\mathrm{d}\boldsymbol{S} = BS \qquad (0\text{-}16)$$

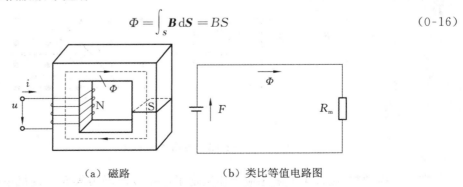

(a)磁路   (b)类比等值电路图

图 0-8 变压器的简单磁路及其类比等值电路图

联立式(0-3)、式(0-11)和式(0-16)可得

$$F = Ni = Hl = \frac{Bl}{\mu} = \Phi \frac{l}{\mu S} = \Phi R_{\mathrm{m}} = \frac{\Phi}{\Lambda_{\mathrm{m}}}$$ 　(0-17)

定义 $R_{\mathrm{m}} = \dfrac{l}{\mu S}$ 为磁路的磁阻,很显然,磁路的磁阻与磁路的结构尺寸以及所采用的磁性材料密切相关,其表达式与电路的电阻很相似。磁阻的倒数 $\Lambda_{\mathrm{m}} = \dfrac{1}{R_{\mathrm{m}}}$ 又称为磁导,它反映了磁路的导磁能力。

式(0-17)反映了外加磁动势(安匝数)F 作用到磁路的磁阻上所产生的磁通情况,很显然,这一关系式与电路的欧姆定律十分相似,故又称为磁路欧姆定律。

 习题

0-1　基本电磁定律中什么是电动机原理?在什么条件下它可表示为代数形式?电磁力的方向是如何确定的?

0-2　基本电磁定律中什么是发电机原理?在什么条件下它可表示为代数形式?电动势的方向是如何确定的?

0-3　为什么铁磁材料可以有很高的磁导率?如果在铁磁材料周围存在一个由直流励磁电流产生的恒定方向磁场,为什么随着励磁电流的增大,铁磁材料的磁导率会越来越小,最后趋近于真空磁导率?

0-4　什么是磁动势?什么是磁路欧姆定律?应用磁路欧姆定律时应注意什么限制条件?

0-5　什么是安培环路定理?它与磁动势、磁路欧姆定律有何联系?

0-6　电磁感应定律有哪几种表达形式?它们各适用于什么情况?

 思考题

0-1　为什么在应用安培环路定理分析一个由铁磁材料和气隙组成的磁路时,常可以忽略磁路路径中的铁磁材料部分?

0-2　在什么情况下铁磁材料中会产生铁耗?当励磁频率增大时,铁耗按什么规律变化?当励磁频率增大时,如果希望铁耗基本保持不变,则应对磁通的幅值做怎样的处理?

第 1 章　直流电机原理

直流电机是一种可实现直流电能与机械能相互转换的电磁机械。它将直流电能转换成机械能时称为直流电动机;反之,它将机械能转换成直流电能时称为直流发电机。本章深入探讨了直流电机的建模与特性分析,从直流电机的基本运行原理与结构开始,详细介绍了直流电机的工作原理、构造和关键组成部分;进一步讲述了直流电机的额定值、电枢绕组的设计原则及其电路构成,包括绕组的基本形式和简单绕组的设计。接着,本章详细分析了直流电机的各种励磁方式与产生的磁场,探讨了直流电机在不同负载条件下电枢反应磁场和气隙磁场的变化。此外,本章还介绍了直流电机的感应电动势、电磁转矩与电磁功率的计算方法,以及电磁关系、基本方程和功率流程图的绘制。最后,本章讨论了直流发电机和直流电动机的运行特性,包括自励建压过程、工作特性以及不同类型直流电机的机械特性和换向问题。

◎　知识目标

(1) 了解直流电机的结构、额定值;
(2) 了解直流电机的换向问题;
(3) 理解直流电机的基本工作原理;
(4) 理解直流电机的电枢绕组连接规律;
(5) 理解直流电机的磁场以及电枢反应;
(6) 掌握直流电机感应电动势、电磁转矩的计算方法;
(7) 掌握工作特性方程和电压、功率、转矩平衡方程表达式;
(8) 掌握直流电机的机械特性。

◎　能力目标

(1) 能够利用感应电动势、电磁转矩公式对简单问题进行计算;
(2) 能够利用电压、功率、转矩平衡方程对直流电机进行分析计算;
(3) 能够掌握他励直流电动机机械特性的表达式及画法。

◎　素质目标

以电磁感应原理为基础,引出直流发电机工作原理;以电磁力定律为基础,引出直流电动机基本工作原理。引导学生分析电磁相互作用的物理现象在电机工程中的实际应用,将基础理论运用于工程实际。

分析直流电机的电压平衡关系及其力学平衡关系,引导学生通过现象探究事物的本质,进一步得到直流电机的机械特性以及运行方式,培养学生知识迁移的能力,引导学生发现科学中的对称之美。

1.1　直流电机的基本运行原理

1.1.1　直流电动机的物理模型

图 1-1 所示为直流电机的基本工作原理,两个固定的永久磁铁作为一对磁极,一个是 N 极,一个是 S 极,在两个磁极之间有一个线圈,线圈由导体 ab 和 cd 构成,线圈的首末端分别连接到两片彼此绝缘的圆弧形铜片(称为换向片)上。换向片可与线圈一起旋转。为了使线圈电路与外电路接通,换向片上放置了在空间中固定不动的电刷 A 和 B。当线圈转动时,电刷 A 只能与转到 N 极下的换向片相接触,而电刷 B 则只能与转到 S 极下的换向片相接触。

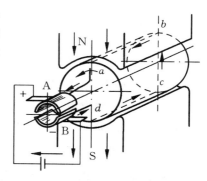

图 1-1　直流电机的基本工作原理

直流电动机是把直流电能转变成机械能的装置。在图 1-1 中,由直流电源经电刷 A、B 引入直流电流,使电流从电刷 A 流入,从电刷 B 流出。若导体的有效长度为 l,电流为 i,导体所在位置的磁通密度为 B_x,根据电磁力定律,每根导体所受电磁力为 $F = B_x il$,其方向可用左手定则确定。在图 1-1 所示瞬间,ab 导体处于 N 极下,其电流的流向为 $a{\rightarrow}b$;而导体 cd 处于 S 极下,其电流的流向为 $c{\rightarrow}d$,ab、cd 导体在电磁力作用下所受到的电磁转矩为逆时针方向的。经过 $180°$后,cd 导体转至 N 极下,ab 导体转至 S 极下,由于电刷与磁极固定不动,电流仍然由电刷 A 流入,从电刷 B 流出,cd 导体内电流的流向变为 $d{\rightarrow}c$,ab 导体内电流的流向变为 $b{\rightarrow}a$。通过左手定则判定力的方向后,ab、cd 导体在电磁力的作用下受到的电磁转矩仍然为逆时针方向的。

由于电流总是经 N 极下的导体流进去,从 S 极下的导体中流出来,由电磁力定律可知,ab、cd 导体在电磁力作用下所受到的电磁转矩始终为逆时针方向的,因此带动轴上的机械负载也始终按逆时针方向旋转。由此可见,虽然直流电动机电枢线圈里的电流是交变的,但产生的电磁转矩却是单方向的。

根据上述分析,为了保证直流电动机的转矩方向不变,直流电动机电枢线圈中的电流具有以下特点:不论直流电动机旋转的速度有多快,在电刷和换向器的作用下,每个磁极下的线圈元件边中的电流方向是固定不变的;每转过一个磁极,线圈元件边中的电流自动改变方向。也就是说,电机旋转时,在直流电机线圈中流动的电流其实是交变的,但从电机外部观察,送往直流电机电枢绕组的电流是直流电流。

1.1.2　直流发电机的物理模型

直流发电机是把机械能转变成直流电能的装置。外力使线圈按逆时针方向旋转,转速为 n(单位为 r/min)。若导体的有效长度为 l,线速度为 v,导体所在位置的磁通密度为 B_x,根据电磁感应定律,则每根导体的感应电动势为 $e = B_x lv$,其方向可用右手定则确定。在图 1-2 所

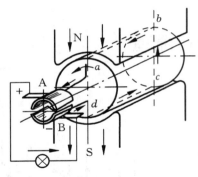

示瞬间，ab 导体处于 N 极下，其电动势方向为 $b \rightarrow a$；而导体 cd 处于 S 极下，其电动势方向为 $d \rightarrow c$，整个线圈的电动势为 $2e$，方向为 $d \rightarrow c \rightarrow b \rightarrow a$。如果线圈转过 $180°$，则 ab 导体和 cd 导体的电动势方向均发生改变，因此线圈电动势是交变电动势。由于电刷 A 只与处于 N 极下的导体相接触，当 ab 导体在 N 极下时，电动势方向为 $b \rightarrow a \rightarrow A$，电刷 A 的极性为"＋"；线圈转过 $180°$，即 cd 导体转到 N 极下时，电动势方向为 $c \rightarrow d \rightarrow A$，电刷 A 的极性仍为"＋"，所以电刷 A 的极性恒为"＋"。同理电刷 B 的极性

图 1-2 直流发电机模型

恒为"－"。故电刷 A、B 间的电动势是直流电动势。实际的直流发电机中，通常由多个线圈按一定规律连接构成电枢绕组。与作为电动机运行时的情形相似，不论直流发电机旋转的速度有多快，在电刷和换向器的作用下，每个磁极下线圈元件边中的感应电动势方向是固定不变的。因此，当电机作为发电机运行时，只要电枢旋转方向不变，电刷上的输出电压极性就是恒定的。

1.1.3 发电机与电动机的同时性

当直流电机的磁通密度达到一定值，相应的磁场已经建立时，如果向电枢输入电能（注入直流电流），则电枢将受到电磁转矩的作用。只要这个电磁转矩大于阻止电枢运动的机械阻力矩（如摩擦力矩、轴上的机械阻力矩等），电机便能开始并加速旋转。这样，电能就通过电机作用转换成了机械能。反之，如果向电枢输入机械能（用原动机拖动电机旋转），从电刷上就可以获得对外输出的电能（直流电压、电流）。因此，具有磁场、导体结构的同一台直流电机，既可以作为电动机运行，将电能转换成机械能，也可以作为发电机运行，将机械能转换成电能。其运行状态由输入功率的性质决定。

当电机作为发电机运行时，如果要通过电刷端对外输出直流电能，那么必然会有直流电流流出电枢。这个电流称为发电机的负载电流，该电流将流经负载，再返回电枢线圈，形成电流回路。当负载电流流过电枢线圈导体时，也会依据 $F = Bli$ 对电枢产生电磁力和相应电磁转矩，根据电动机左手定则不难得知，这个电磁转矩的方向与原动机（即电枢）的旋转方向是相反的，称为反转矩（opposite electromagnetic torque）。反转矩与原动机拖动转矩方向相反，与之平衡，使发电机的转速趋于稳定。

而当电机作为电动机运行时，注入电枢的电流会产生电磁转矩，使电机加速旋转。在此过程中，电枢的旋转同时使得其线圈导体与磁场产生相对运动，依据 $e = Blv$，在电枢线圈中感应出电动势。根据发电机右手定则，这个感应电动势的方向与电枢上所施加的直流电压的方向相反，称为反电动势（counter-electromotive force，CEMF）。电机转速越高，反电动势越大。在电枢外加直流电压不变的情况下，反电动势的形成使电枢电流减小，电磁转矩也相应减小，电机的加速逐渐停止，当电磁转矩减小到与作用在电机轴上的机械阻力矩大小相等时，电机进入稳定速度运行状态。

这样，在直流电机正常运行（转速不为零）时，不论它工作在发电机状态还是电动机状态，在电枢中，发电机原理和电动机原理是同时有效的。当电机处于发电运行状态时，在电机输出电能的同时，因电枢电流的形成会使之受到反转矩的作用，输出电能（电流）越大，反转矩越大，

故为了维持电能输出,原动机必须增加相应的机械功率输入。当电机处于电动运行状态时,电机会从轴上输出机械功率,同时随着电枢的旋转,电枢中会感应出电动势,且电机转速越高,该感应电动势即反电动势越大,对电枢电流产生抑制作用,最终将自动地使电流形成的电磁转矩与轴上机械阻力矩达到平衡,使电机稳速运行。正确理解和掌握直流电机的这一特性对后续的学习是十分重要的。

1.2　直流电机的主要结构与型号

为了高效率地实现机电能量转换,直流电机应该能够提供空间正交的 **B** 和 **l**,并能保证电枢旋转时电流换向的正确进行。直流电机的基本结构如图 1-3 所示。直流电机的构成可以分为静止和旋转两大部分,静止部分和旋转部分间存在一定大小的空气间隙,称为气隙。

1. 定子

直流电机的静止部分称为定子,它的主要作用是产生磁场,由主磁极、换向磁极、机座、电刷装置和气隙等组成。

1) 主磁极

主磁极包括极身和极靴两部分。如图 1-4 所示,生成磁场的主磁极铁芯安装在机座上,上面缠绕励磁线圈(即励磁绕组),线圈用绝缘铜线绕成。主磁极铁芯用 0.5～1.5 mm 厚的钢板冲片叠压紧固而成,有的小电机中也用整块的铸钢磁极,整个磁极用螺钉固定在机座上。线圈和磁极间采用绝缘纸、蜡布或云母纸等作绝缘材料。各主磁极励磁线圈按固定方式连接,以保证通电后相邻磁极极性呈 N 极和 S 极交替排列,主磁极数必为双数。主磁极铁芯的下部(靠近气隙的部分)比套绕组部分宽,称为极靴或极掌,以保证主磁通在气隙中的分布更均匀。

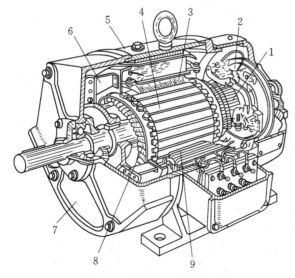

图 1-3　直流电机的基本结构

1—换向器;2—电刷装置;3—主磁极;4—电枢铁芯;
5—机座;6—风扇;7—端盖;8—电枢绕组;9—换向磁极

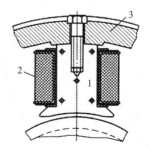

图 1-4　直流电机的主磁极

1—主磁极铁芯;2—励磁绕组;3—机座

2）换向磁极

换向磁极装在两主磁极之间,铁芯上的绕组与电枢绕组串联,用以改善换向性能。

3）机座

机座通常由铸钢或厚钢板制成,用以固定主磁极、换向磁极、电刷,并作为磁路的一部分。机座中有磁通经过的部分称为磁轭。

4）电刷装置

电刷装置由电刷、刷握、刷杆座、弹簧和铜辫组成。电刷放在刷握内,用弹簧压紧在换向器上,刷握固定安装在机座端盖或轴承盖绝缘的刷杆座上。电枢的电压、电流通过电刷与外电路连接。电刷本身主要由导电石墨块制成。按电流大小,一个电刷装置通常由几块电刷组成,形成一电刷组,各刷块通过软连线汇聚相连;对具有多对磁极的电机,还需要将同极性的电刷并联连接,再将其引出到对外接线板上。

5）气隙

在极靴和转动的电枢间有一空气间隙,称为气隙。主磁极磁通在气隙中的分布呈一定形状。气隙的大小和形状对电机的运行有很大的影响。小容量电机的气隙一般为 1～3 mm,大型电机的可达 10 mm。

2. 转子

直流电机的转动部分称为转子,它的主要任务是构造与磁场空间和运动方向正交的导体,由电枢铁芯、电枢绕组和换向器组成。

1）电枢铁芯

作为主磁路一部分的电枢铁芯,通常由 0.5 mm 厚的硅钢片叠压形成,固定在转子支架或转轴上,其表面沿轴向的槽用以嵌放电枢绕组,这些槽沿圆周均匀分布,槽内导体与定子磁路磁力线、运动方向形成空间正交关系。当电枢在磁场中旋转时,铁芯中将产生涡流损耗及磁滞损耗(统称为铁耗),由式(0-6)可知,采用薄硅钢片叠压铁芯结构可以减少涡流损耗,提高电机的机电能量转换效率。

2）电枢绕组

电枢绕组(见图1-5)由许多按一定规律连接的线圈组成,线圈采用带绝缘的导线绕制,一般为菱形结构,两个线端分别接到换向器的两个换向片上。线圈又称为"绕组元件",各元件通过换向器相互连接起来,其连接规律将在后续章节讨论。小容量直流电机通常采用多匝绕组元件,大电机通常采用单匝的。嵌放在电枢铁芯槽内的导体称为有效导体,每一元件有两个"元件边"有效导体,一个元件边嵌放在一个槽的底部,称为元件的下层边,另一个嵌放在另一个槽的上部,称为元件的上层边。在同一槽内嵌放有不同元件的上下层边,线圈导体间、导体与铁芯间均有高性能绝缘材料以保证可靠绝缘。线圈用槽楔压紧,再用钢丝或玻璃丝带扎紧。线圈在槽外的部分称为端接部分,用以完成线圈的正确连接,这部分导体因不在铁芯内,且不满足同时与磁场、运动方向空间正交条件,对电机的机电能量转换基

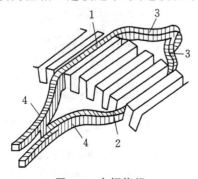

图 1-5　电枢绕组

1—上层边;2—下层边;3—端接部分;4—首末端

本不起作用,可视为无效导体。

　　绕组的导线一般采用铜线,截面积取决于元件内通过电流的大小。小容量电机一般采用绝缘圆导线,大电机则采用矩形截面导线。

　　3)换向器

　　它的主要作用是将电刷上的直流电流转换为电枢绕组内的交变电流,从而保证在电枢旋转过程中,同一磁极下方导体中的电流方向不变。换向器由许多燕尾状铜换向片叠成圆筒形,片间采用云母材料作绝缘材料,整个圆筒在两端用两个 V 形环卡紧,每一换向片上有一小槽或一个称为升高片的凸出片,以便焊接电枢绕组,电枢绕组每一线圈的两端分别接在两个换向片上。换向器的结构如图 1-6 所示。

图 1-6　直流电机的换向器

1.3　直流电机的额定值

　　直流电机机座上有一个由生产厂商提供的金属牌,称为铭牌,其上注明了电机额定值。电机运行时,如果它的电量和机械量都符合额定值要求,工作环境温度不超过 40 ℃,那么电机的运行状况称为额定工况。在额定工况下,电机能够长期、可靠工作,并且具有优良的性能。直流电机的额定值有以下几种。

　　额定电压 U_N:额定工况下加在电枢绕组上的工作电压(V、kV)。

　　额定电流 I_N:额定工况下电机可长期安全运行的最大电枢电流(A)。

　　额定功率 P_N:额定工况下电机轴上允许长期输出的最大机械功率(W、kW)。

　　额定转速 n_N:额定工况下电机的运行速度(r/min)。

　　额定励磁电压 U_{fN}:额定工况下加在励磁绕组上的工作电压(V、kV)。

　　额定励磁电流 I_{fN}:额定工况下励磁绕组的工作电流(A)。

　　通常铭牌上还应注明励磁方式、电机型号和绝缘等级等。国产直流电动机的额定电压一般分为 110 V、220 V、440 V 等几个等级。电机运行中,过高的温度会导致电机绕组绝缘的老化,使绝缘性能下降,因此电机必须在一定的温度范围内工作。绝缘等级决定了电机运行时的最高允许温度。直流电机的绝缘等级以字母 A～H 表示。根据美国电气制造商协会(National Electrical Manufacturers Association,NEMA)的绝缘等级标准,A 级绝缘对应的温度为 70 ℃,B 级的为 100 ℃……H 级的为 155 ℃,详见 NEMA 标准 MG1—1993。每个国家也有本国相应的国家标准。国产直流电机的 A 级绝缘最高允许温度为 105 ℃,B 级的为 120 ℃,F 级的为 155 ℃,H 级的为 180 ℃。

　　必须注意的是,直流电动机的额定功率是指其轴上输出的机械功率,而不是输入的电功率。额定功率等于电枢额定电压和额定电流的乘积再乘以电动机的额定效率,也即额定输入电功率与额定效率的乘积,即

$$P_N = U_N I_N \eta_N \tag{1-1}$$

式中:η_N 为额定工况下直流电动机的工作效率。

对于直流发电机,额定功率指电机电枢出线端输出的电功率,等于电枢额定电压和额度电流的乘积。

电机的额定转矩 T_N 是指额定工况下电机轴上的输出转矩(N·m)。它可由铭牌参数算出:

$$T_N = \frac{P_N}{\Omega} = \frac{P_N}{n_N} \frac{60}{2\pi} \approx 9.55 \frac{P_N}{n_N} \qquad (1-2)$$

式中:Ω 为转子机械角速度。

在电力拖动的定量分析中,由于电机的一些原始数据、参数都是通过忽略某些次要因素近似得到的,因此对定量计算结果不必追求很高的精确度,通常取 3～4 位有效数字即可。

【例 1-1】 某直流电动机额定功率为 2.2 kW,额定转速为 1500 r/min,其额定转矩是多少?

解
$$T_N = 9.55 \times \frac{2.2 \times 1000}{1500} \text{ N·m} = 14.0 \text{ N·m}$$

1.4 直流电机的电枢绕组及其组成

一般情况下,直流电机的转子铁芯表面上均开有槽,各个线圈则均匀地分布在这些槽内。每个线圈与各自的换向片相连,各个换向片用云母等绝缘材料隔开,各个线圈按照一定规律通过换向片连接组成绕组。正是由于这些线圈切割磁力线,产生感应电动势和电流,并产生电磁转矩,机电能量转换才得以实现,因此可以认为线圈是实现机电能量转换的枢纽。由线圈相互连接所组成的绕组又称为电枢绕组,相应的转子铁芯又称为电枢铁芯。

下面将按照直流电机对电枢绕组的要求,首先从直流电机的简单绕组入手,总结直流电机电枢绕组的一般特征,然后重点讨论两种常用形式的电枢绕组的组成。

1.4.1 对直流电枢绕组的要求

对直流电枢绕组的要求是:①正、负电刷之间所感应的电动势应尽可能大,即在规定的电流下产生最大的电磁转矩和电磁功率;②尽可能节约使用有色金属和绝缘材料,绕组应尽量结构简单、运行可靠。

1.4.2 直流电机的简单绕组

图 1-7 所示为直流电机的简单绕组示意图,该简单绕组是由 4 个线圈和 4 个换向片组成的。

由图 1-7 可以看出,该绕组是一闭合绕组,由 2 条支路组成:一条是由正电刷 A 出发,经换向片 1 至线圈 1-1′,回到换向片 2 后与线圈 2-2′ 串联,后经过换向片 3 由负电刷 B 引出;另一条是由负电刷 B 开始经换向片 3 至线圈 3-3′,回到换向片 4 后与线圈 4-4′ 串联,后经过换向片 1 回到正电刷 A。图 1-8(a)给出了该绕组在图 1-7 所示位置的电路连接示意图,图 1-8(b)为转子逆时针转过 45°后的电路连接示意图,由此可见,尽管转子在旋转,组成每一条支路的线圈在更替,但直流绕组的支路数却始终不变。为确保每条支路所感应的电动势最大,要求每个线圈的感应电动势首先应该尽可能最大。因此,直流电机最好采用整距线圈(整距线圈的跨距等于极距),即若线圈的一条边位于 N 极下,则该线圈的另一条边将位于对应位置的 S 极下。

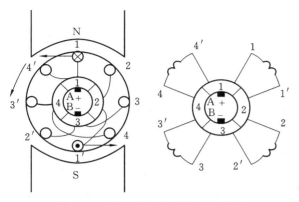

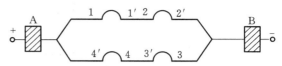

（a）简单绕组在图1-7所示位置的电路连接示意图

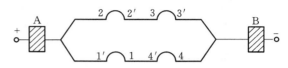

（b）简单绕组由图1-7所示位置逆时针转过45°后的电路连接示意图

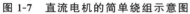

图1-7 直流电机的简单绕组示意图   图1-8 直流电机简单绕组的电路连接示意图

经上述分析可以得出，直流电机的电枢绕组具有如下基本特点：①电枢绕组为闭合绕组；②直流线圈基本上是整距线圈。

这一结论虽然是由简单绕组得出的，但也适用于直流电机的一般电枢绕组。

1.4.3 直流电枢绕组的基本形式

按照单个线圈结构的不同，直流电机的电枢绕组可分为叠绕组、波绕组和蛙形绕组。根据各个线圈之间连接方式的不同，上述绕组又有单、复之分，即单叠绕组和复叠绕组、单波绕组和复波绕组，而蛙形绕组则为单叠绕组和复波绕组的混合结构。常用的绕组有单叠绕组和单波绕组，现分别介绍如下。

1. 单叠绕组

在介绍单叠绕组之前，首先介绍几个有关绕组的术语，参考图1-9。

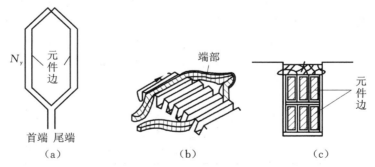

图1-9 直流绕组的结构与嵌线

（1）元件。单个绕组又称为元件，由多匝线圈（匝数为 N_y）组成。

（2）极距。相邻两个主磁极（N 极与 S 极）之间的距离称为极距，用 τ 表示。$\tau = \dfrac{z}{2p}$（槽）或 $\tau = \dfrac{\pi D_a}{2p}$（m），其中：$z$ 为电枢铁芯上所开的槽数；D_a 为电枢铁芯的直径；$2p$ 为主磁极数。

（3）线圈的节距。同一线圈的两个元件边的间距称为节距，对于直流电机，线圈的这一节

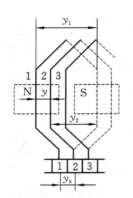

图 1-10 单叠绕组的连接特点

距又称为第一节距,用 y_1 表示(见图 1-10)。若 $y_1 < \tau$,则该线圈称为短距线圈;若 $y_1 = \tau$,则该线圈称为整距线圈;若 $y_1 > \tau$,则该线圈称为长距线圈。为了获得最大的电动势,直流线圈多采用整距线圈。

(4)换向器节距。同一元件的两个出线端所接换向片之间的距离,称为换向器节距,用 y_k 表示(见图 1-10)。

(5)单、双层绕组。电机的绕组通常嵌入电枢铁芯的槽内,若每个槽内仅放置一层元件边,则该绕组称为单层绕组。对直流绕组而言,为了充分利用铁芯的尺寸,通常每个槽内放置两层元件边(见图 1-9(c)),则相应的绕组称为双层绕组。对于双层绕组,绘图时其元件的上层边一般用实线表示,下层边用虚线表示,如图 1-10 所示。

单叠绕组具有如下特点:同一元件的两个出线端分别连接到相邻的换向片上,即换向器节距 $y_k = 1$,且相邻元件通过相邻换向片依次相连,从而组成整个直流闭合绕组。图 1-10 给出了单叠绕组相邻两线圈之间的连接关系,由图可见,单叠绕组的相邻两元件依次叠放在一起,且所接换向片之间恰好间隔一个换向片,单叠绕组由此而得名。

下面通过一个实例说明单叠绕组的连接与支路组成。

设电枢铁芯上所开的槽数为 $z = 16$,主磁极数 $2p = 4$,元件数等于换向片数即 $S = K = 16$,试画出单叠绕组的展开图。

具体步骤如下:首先计算线圈的节距,为了获得单个线圈的最大电动势,通常采用整距线圈,即取第一节距 $y_1 = \tau = \dfrac{z}{2p} = 4$,换向器节距 $y_k = 1$。考虑到单叠绕组的特点即各元件(或线圈)通过换向片与相邻的元件相连,最后依次串联形成整个直流电机的闭合回路,单叠绕组的展开图如图 1-11 所示。为了使电动机产生的电磁转矩最大(或发电机每条支路所感应的电动势最大),电刷应将两元件边位于主磁极之间的几何中性线上的元件短接(见图 1-11 中的 1、5、9、13 号线圈)。为此,电刷应固定在磁极轴线下的换向片上,且电刷数等于主磁极数。电刷

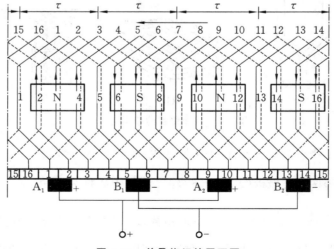

图 1-11 单叠绕组的展开图

两侧的元件分别位于不同的主磁极下,元件内的电流方向完全相反,因此,电刷是电流的分界线。

图 1-12 和图 1-13 分别给出了单叠绕组元件的连接次序图和相应的电路图。由图可见,单叠绕组具有如下特征:上层元件边位于同一主磁极下的所有元件串联组成同一条支路,因此,有几个主磁极就有几条支路。直流电机电枢绕组的支路数 $2a$ 等于主磁极数 $2p$,且等于电刷数,即 $2a=2p$。

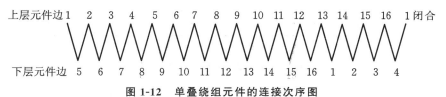

图 1-12　单叠绕组元件的连接次序图

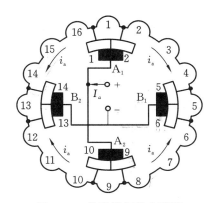

图 1-13　单叠绕组的电路图

2. 单波绕组

单波绕组具有如下特点:它把相隔约一对极距的元件(即对应于同一类型磁极(N 极或 S 极)相同位置的所有元件)通过换向片依次串联,以确保各元件所产生的电磁力方向相同,且电磁转矩最大。由于通过这种方式连接起来的元件如同波浪一样向前延伸,故这种绕组称为波绕组。考虑到波绕组的换向器节距 y_k 为一对主磁极下的换向片数,这样依次串联的元件经一周后,有可能回到最初的换向片上,因此,一般将经一周后最后一个元件的下层边接至前一个或后一个相邻换向片上(即相差一个换向片)。鉴于此,这种接线的绕组又称为单波绕组。图 1-14 给出了典型单波绕组的连接示意图。

若 y_k 表示单波绕组的换向器节距(见图 1-14),则根据其特点,单波绕组相关参数满足下列关系式:

$$py_k = K \pm 1 \tag{1-3}$$

式中:p 为极对数;K 为电枢绕组的换向片总数。

式(1-3)表明,单波绕组绕电枢一周后,跨过 p 对主磁极,共有 p 个元件串联,然后回到最初相邻的换向片上。

下面通过一实例说明单波绕组的连接与支路组成。

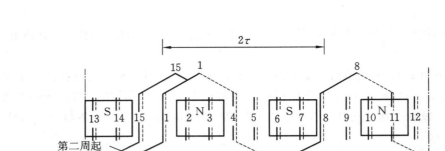

图 1-14　典型单波绕组的连接示意图

设电枢铁芯的槽数 $z=15$，主磁极数 $2p=4$，元件数等于换向片数即 $S=K=15$，试画出单波绕组的展开图。

取元件的第一节距为 $y_1=3$，单个元件的两引出线所连接的换向片之间的距离即换向器节距 $y_k=\dfrac{K-1}{p}=\dfrac{15-1}{2}=7$。按照单波绕组的连接规律，画出绕组展开图，如图 1-15 所示，其中，单波绕组的电刷也处于主磁极的轴线下，其短接元件的两个元件边也位于主磁极之间的几何中性线上。与单叠绕组不同的是，该元件是通过同极性的电刷短接的（如图 1-16 中的 1 号元件是通过电刷 B_2、B_1 短接的）。图 1-16 给出了对应于图 1-15 所示绕组的电路图。由图可见，单波绕组具有如下特征：单波绕组将所有上层边处在 N 极下的元件串联成一条支路，将所有上层边处在 S 极下的元件串联成另一条支路，因此，单波绕组共有 2 条支路，即 $2a=2$。

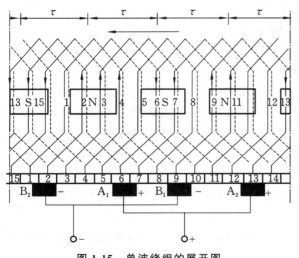

图 1-15　单波绕组的展开图

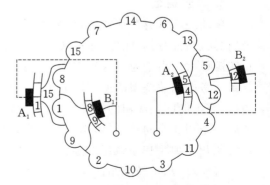

图 1-16　单波绕组的电路图

3. 单叠绕组与单波绕组的应用范围

单叠绕组具有支路数多且每条支路的线圈较少的特点，因此单叠绕组适用于大电流、低电压的直流电机；而单波绕组具有支路数少且每条支路的线圈较多的特点，因此，单波绕组适用于小电流、高电压的直流电机。

1.5 直流电机的励磁方式与磁场

1.5.1 直流电机的励磁方式

根据获得主磁场的方式不同,直流电机可分为两大类:一类是永磁直流电机,由永久磁铁提供主磁场,如图 1-17(a)所示;另一类是普通绕组励磁的直流电机,由励磁绕组通以直流电产生主磁场。通常,励磁绕组与主磁极固定在定子机座上。永磁方式主要适用于小功率电机,而大部分直流电机则采用后一类励磁方式。

根据直流励磁绕组励磁方式的不同,直流电机可分为他励和自励直流电机。若电枢绕组采用某一直流电源供电,而励磁绕组采用其他电源供电,则这种直流电机称为他励直流电机,如图 1-17(b)所示。若励磁绕组和电枢绕组均采用同一直流电源供电,则这类直流电机称为自励直流电机。

根据励磁绕组与电枢绕组接线方式的不同,自励直流电机又有并励、串励和复励之分。若励磁绕组与电枢绕组并联,则相应的直流电机称为并励直流电机,如图 1-17(c)所示;若励磁绕组与电枢绕组串联,则相应的直流电机称为串励直流电机,如图 1-17(d)所示;若励磁绕组由两部分绕组构成,其中一部分绕组与电枢并联,另一部分绕组与电枢串联,则相应的直流电机

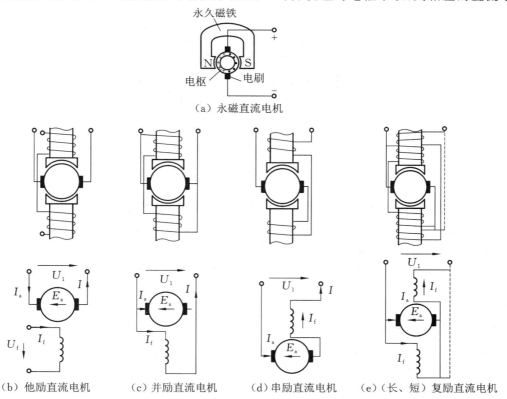

（a）永磁直流电机

（b）他励直流电机 （c）并励直流电机 （d）串励直流电机 （e）（长、短）复励直流电机

图 1-17 各种励磁方式下的直流电机接线图

称为复励直流电机,如图 1-17(e)所示。根据接线的不同,复励直流电机可进一步分为长复励(见图 1-17(e)中的虚线连接)直流电机和短复励直流电机。

励磁方式与直流电机的稳态和动态性能密切相关,不同励磁方式下的直流电机适用于不同类型的负载。

1.5.2 直流电机的空载主磁场

空载是指直流电机电枢电流(或输出功率)为零的运行状态。对于直流电动机,空载即机械轴上无任何机械负载;对于直流发电机,空载即电刷两端未接任何电气负载,电枢处于开路状态。空载时,可认为电枢电流为零,故直流电机的内部总磁场(即气隙磁场)由定子的励磁磁动势(或称励磁安匝)单独产生,该磁场又称为主磁场。下面对直流电机的空载主磁场进行分析。

1. 空载主磁场的分布

图 1-18 所示为一台四极直流电机的磁路与空载时的主磁场示意图。当励磁绕组中通以直流励磁电流 I_f 时,每极磁动势为

$$F_f = N_f I_f \tag{1-4}$$

式中:N_f 为每一磁极上励磁绕组的总匝数。

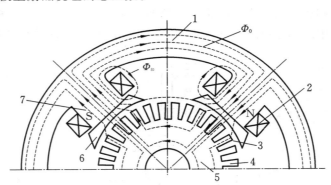

图 1-18 四极直流电机的磁路与空载时的主磁场示意图
1—定子磁轭;2—励磁绕组;3—气隙;4—电枢齿;5—电枢磁轭;6—极靴;7—极身

在励磁磁动势 F_f 的作用下,电机磁路内所产生的磁力线如图 1-19 所示。由图 1-19 可见,大部分磁力线经由主磁极铁芯、气隙进入电枢铁芯,这部分磁力线对应的磁通称为主磁通,用 Φ_0 表示。显然,主磁通与励磁绕组和电枢绕组同时匝链,主磁通所经过的磁路称为主磁路。除此之外,还有一小部分磁力线不经过气隙,仅与励磁绕组匝链,这部分磁通称为主磁极漏磁通,用 Φ_{f0} 表示。这样,每一磁极的总磁通为 $\Phi_m = \Phi_0 + \Phi_{f0}$。通常,主磁极漏磁通占主磁通的 15%～20%。

由图 1-19 可见,四极直流电机共有 4 条主磁路,各磁路之间相互并联;每一主磁路由 5 部分组成,即主磁极、定转子之间的气隙、电枢齿、电枢磁轭、定子磁轭。考虑到包围主磁力线(主磁路)的总磁动势(或称安匝数)为 $2N_f I_f = 2F_f$,根据安培环路定理,该磁动势平衡上述 5 个部分的磁压降,即

$$2F_f = \sum_{i=1}^{5} H_i l_i = 2H_\delta \delta + 2H_t l_t + H_c l_c + 2H_m l_m + H_j l_j \tag{1-5}$$

式中：H_δ、H_t、H_c、H_m、H_j 分别为气隙、电枢齿、电枢铁芯、主磁极铁芯和定子磁轭各段的平均磁场强度；δ、l_t、l_c、l_m、l_j 分别为气隙、电枢齿、电枢铁芯、主磁极铁芯和定子磁轭各段的平均计算长度。

为了简化计算，忽略铁芯饱和，且假定铁芯的磁导率远远大于气隙的磁导率 μ_0，即不考虑铁芯磁阻的影响，于是有

$$2F_f \approx 2H_\delta \delta \tag{1-6}$$

这样，气隙磁通密度 B_δ 可由下式给出：

$$B_\delta = \mu_0 H_\delta = \mu_0 \frac{F_f}{\delta} \tag{1-7}$$

由式(1-7)可见，气隙磁通密度与气隙长度 δ 成反比。对于实际电机，由于主磁极下的气隙均匀，极靴两侧的气隙逐渐加大，因此主磁极下的磁通密度 B_p 分布均匀，极靴两侧的磁通密度逐渐减小，在两主磁极之间的几何中性线处，磁通密度为零。图 1-19(a)(b)分别给出了直流电机空载时的主磁场分布与气隙磁通密度波形。显然，若不计齿槽的影响，空载时的主磁场分布呈礼帽形。

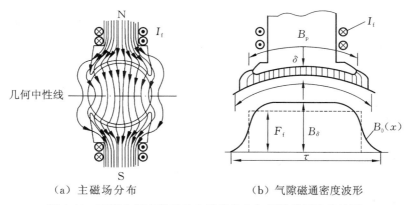

（a）主磁场分布 　　　　　（b）气隙磁通密度波形

图 1-19 　直流电机空载时的主磁场分布和气隙磁通密度波形

2. 直流电机的空载磁化曲线

由式(1-4)和式(1-7)可知，对结构确定的直流电机，通过改变励磁电流 I_f 来改变励磁磁动势 F_f，便可影响气隙磁通密度 B_δ 和每极主磁通 Φ_0 的大小。每极主磁通 Φ_0 与空载时励磁磁动势 F_f（或励磁电流 I_f）之间的关系曲线称为直流电机的空载磁化曲线，如图 1-20 所示。显然，由于主磁通 Φ_0 与磁通密度 B、励磁磁动势 F_f（或励磁电流 I_f）与磁场强度 H 之间均成正比，因此直流电机的空载磁化曲线与电机所用铁磁材料的 B-H 曲线形状完全相同。

由图 1-20 可见，主磁通 Φ_0 与励磁磁动势 F_f（或励磁电流 I_f）之间的关系存在饱和现象（曲线 1），即当励磁电流较小时，随着励磁电流的增大，主磁通 Φ_0 也增大，当励磁电

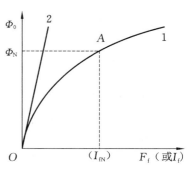

图 1-20 　直流电机的空载磁化曲线
1—磁路饱和时；2—磁路未饱和时

流增大至一定数值后,主磁通 Φ_0 将缓慢增大。为了便于比较,图 1-20 还给出了磁路不饱和时励磁磁动势(或励磁电流)与主磁通之间的线性关系曲线(曲线 2)。

磁路饱和造成主磁通 Φ_0 与励磁电流 I_f 之间成非线性关系,从而增加了电机分析的复杂性;除此之外,磁路饱和也将直接影响电机的运行性能。

空载磁化曲线反映的是电机内部磁路的设计情况,通过空载试验便可以获得电机空载磁化曲线的数据,这将在后文介绍。

1.5.3　直流电机负载后的电枢反应磁场

1. 电枢反应与电枢反应磁动势的性质

直流电机负载后,电枢电流将不再为零。电枢电流同样对应着一定的电枢磁动势(或称为安匝数),该磁动势也要产生电枢磁场,从而对气隙磁场有一定的贡献。电枢磁动势的作用结果将改变空载主磁场的大小和形状。通常把电枢磁场对主磁场的影响称为电枢反应,相应的磁动势称为电枢反应磁动势。换句话说,直流电机负载后的气隙磁场是由励磁磁动势和电枢反应磁动势共同作用产生的。

当不考虑铁芯饱和时,负载后的气隙磁场可以采用叠加原理进行分析,亦即对励磁磁动势和电枢反应磁动势各自所产生的磁场分别进行计算,然后将这两种磁场叠加便可获得气隙磁场。对励磁磁动势单独作用所产生的空载主磁场在上一节已有介绍,本节将进一步讨论电枢反应磁动势单独作用所产生的磁场情况,其中磁场情况用磁通密度来表示。

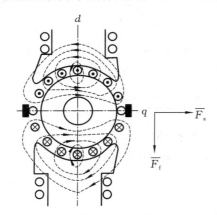

图 1-21　电枢反应磁场分布示意图

图 1-21 给出了当电刷位于几何中性线上时电枢反应磁动势单独作用所产生的磁力线情况。由于电刷是电枢表面上电流的分界线,其两侧的电流方向不同,因此,电枢反应磁动势 $\overline{F}_a$ 或电枢磁场(用磁通密度 $\overline{B}_a$ 来表示)的轴线将沿 q 轴(又称为交轴(quadrature-axis),指主磁极之间的轴线)方向,而励磁磁动势 $\overline{F}_f$ 或主磁场(用磁通密度 $\overline{B}_f$ 来表示)的轴线将沿 d 轴(又称为直轴(direct-axis),指主磁极的轴线)方向,如图 1-21 所示。

由图 1-21 可见,对直流电机而言,电枢反应磁动势 $\overline{F}_a$ 与定子直流励磁磁动势 $\overline{F}_f$ 的方向在空间上互相垂直。同时,尽管转子在不停地旋转,但由于电刷相对定子主磁极的位置固定不动(即相对静止),因此,同定子直流励磁磁动势 $\overline{F}_f$ 一样,电枢反应磁动势 $\overline{F}_a$ 也相对定子静止不动。正是直流电机的励磁磁场和电枢磁场的这一特点,决定了直流电动机比交流电动机具有更好的解耦特性和调速性能。

值得说明的是,图 1-21 给出的是直流电机沿垂直于转子轴线方向的剖面图,其剖面位于电枢绕组的有效导体边处。当实际电刷位于主磁极的轴线上时,与该电刷直接相连的绕组的两元件边在剖面图中恰好处在两主磁极之间的几何中性线上。图 1-21 直观地反映了在有效导体边处电刷是导体电流的分界线的情况。

在了解了电枢反应的磁力线分布和电枢反应磁动势的性质以后,就可以对电枢反应磁动势和电枢反应磁场沿电枢表面的分布情况加以讨论。

2. 电枢反应磁动势和电枢反应磁场沿电枢表面的空间分布

（1）单个元件所产生的电枢反应磁动势的波形分析。

假定整个电枢槽内仅嵌有单个元件，元件的轴线（或中心线）与磁极轴线（即 d 轴）相互垂直，如图 1-22（a）所示。若将图 1-22（a）沿电枢表面展开，则其展开图如图 1-22（b）所示。设元件的匝数为 N_y，流过元件的电流为 i_a，则元件所产生的电枢反应磁动势为 $N_y i_a$，该磁动势所对应的任一条磁力线如图 1-22 所示。由安培环路定理知，$\oint H \mathrm{d}l = N_y i_a$；由于磁力线两次经过气隙，同时忽略铁磁材料的磁压降，则磁力线通过一次气隙所消耗的磁动势为 $N_y i_a / 2$，由此获得单个元件所产生的电枢反应磁动势的波形，该波形为矩形波，如图 1-22（b）所示。

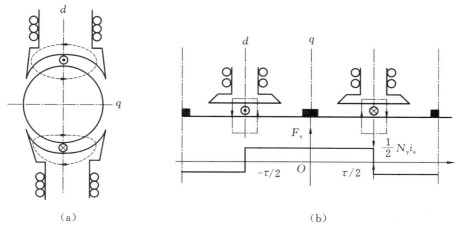

(a)　　　　　　　　　　(b)

图 1-22　单个元件所产生电枢反应磁动势分布

（2）多个元件所产生的电枢反应磁动势及磁场的波形分析。

若每对磁极下有 4 个元件（即每个磁极下有 4 根导体，见图 1-23），则每个元件将产生矩形波磁动势，且 4 个元件所产生的矩形波磁动势在空间中依次互差一个槽距的相移。将这些磁动势波形叠加，则可获得 4 个元件总的电枢反应磁动势波形，该波形为阶梯波，如图 1-23 所示。考虑到实际电机元件数较多，理想情况下，若元件数为无穷大（即电枢表面电流分布为线

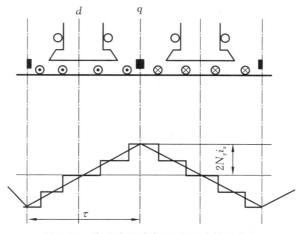

图 1-23　直流电机电枢反应磁动势的分布

电流分布),则电枢反应磁动势的阶梯波将趋向于三角波。三角波的轴线将位于两主磁极之间的 q 轴,即电流方向的改变处。由于电刷决定了该位置,而电刷相对定子是固定不动的,因此电枢反应磁动势的轴线以及电枢反应磁动势波形相对定子是静止不动的。

设电枢表面的总元件数为 S,则总导体数为 $N=2SN_y$。设磁极对数为 p,电枢直径为 D_a,极距为 τ,则每对磁极下的元件数为 S/p,阶梯波(或三角波)的幅值为

$$F_{am}=\left(\frac{S}{p}\right)\frac{1}{2}N_y i_a=\frac{Ni_a}{\pi D_a}\left(\frac{\tau}{2}\right)=\frac{1}{2}A_\tau \qquad (1\text{-}8)$$

式中:$A_\tau=\dfrac{Ni_a}{\pi D_a}$ 为线负荷,表示电枢表面单位长度的安匝数。

图 1-23 中所示的三角波可以用下列函数描述:

$$F_a(x)=\begin{cases} A_\tau x, & -\dfrac{\tau}{2}<x\leqslant\dfrac{\tau}{2} \\ A_\tau(\tau-x), & \dfrac{\tau}{2}<x\leqslant\dfrac{3}{2}\tau \end{cases} \qquad (1\text{-}9)$$

类似于式(1-7),在已知电枢反应磁动势分布的条件下,电枢反应磁场的波形可根据下式求出:

$$B_a(x)=\mu_0\frac{F_a(x)}{\delta} \qquad (1\text{-}10)$$

式中:$F_a(x)$、$B_a(x)$ 分别为三角波电枢反应磁动势和磁通密度在任一点 x 处的数值。

根据式(1-10),同时考虑到主磁极下的气隙均匀、极间气隙较大,可获得电枢磁场的磁通密度分布,如图 1-24 所示。显然,电枢磁场呈马鞍形分布。

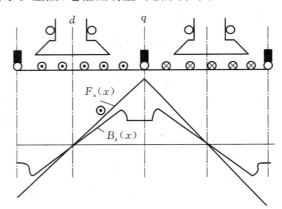

图 1-24　直流电机电枢反应磁场的分布

1.5.4　直流电机负载后的气隙磁场

直流电机负载后的气隙磁动势 $\overline{F}_\delta$ 等于励磁磁动势与电枢反应磁动势之和,即 $\overline{F}_\delta=\overline{F}_f+\overline{F}_a$。当不考虑磁路饱和时,可分别求出各磁动势所产生的磁场,即励磁磁动势 $\overline{F}_f$ 所产生的主磁场 $\overline{B}_f$ 和电枢反应磁动势 $\overline{F}_a$ 所产生的电枢反应磁场 $\overline{B}_a$,然后根据叠加原理求得合成气隙磁场 $\overline{B}_\delta=\overline{B}_f+\overline{B}_a$。据此,便可分别获得气隙磁场的磁力线分布图以及磁通密度的空间分布图,如图 1-25 所示,其中,图 1-25(a)为图 1-19(a)与图 1-21 的叠加,图 1-25(b)为

图 1-19(b)与图 1-23 的叠加。对比图 1-19、图 1-21 和图 1-25 可以发现:两个磁场合成时,每个磁极下,半个磁极范围内的两个磁场的磁力线方向相同,磁通密度可直接相加,另外半个磁极范围内,两个磁场的磁力线方向相反,磁通密度相减。这样,半个磁极增加的合成气隙磁通密度与另外半个磁极减少的合成气隙磁通密度相等,合成磁通密度不变,每个磁极下的磁通大小不变。

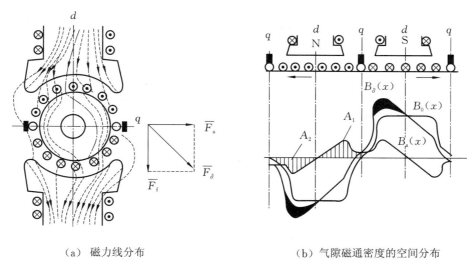

(a) 磁力线分布　　　　　　　　　　　(b) 气隙磁通密度的空间分布

图 1-25　直流电机负载后的合成气隙磁场示意图

对于实际直流电机,由于存在磁路饱和,所以磁通密度增加的半个磁极饱和加重,合成磁场磁通密度增加得很少;而磁通密度减少的另半个磁极仍减少原来的数值,这样最终造成一个磁极下的平均磁通密度减少。因此,与空载主磁通相比,电枢反应使每极总磁通减少,即电枢反应表现为去磁作用(见图 1-25(b)中的阴影部分)。

除此之外,直流电机负载后,磁通密度增加的半个磁极饱和加重,合成气隙磁场发生畸变,气隙磁场不再如空载主磁场那样均匀分布,而且物理中性线(即磁通密度 $B_\delta = 0$ 的直线)将发生偏移,如图 1-25(b)所示。气隙磁场畸变造成换向恶化,而且负载越大,换向恶化越严重,会引起大量的换向火花,严重时,会产生环火,最终导致换向器烧坏。

综上所述,直流电机负载后存在电枢反应,电枢反应的结果会造成:①气隙磁场发生畸变,物理中性线偏移;②主磁场削弱,每极磁通减小,电枢磁场呈现去磁作用。

电枢反应对电机的运行性能有较大的影响:对于电动机,电枢反应的去磁作用引起转子转速升高;对于发电机,电枢反应的去磁作用引起感应电动势以及端部电压下降。

1.6　直流电机的感应电动势、电磁转矩与电磁功率

电机的工作本质就是借助电磁场在绕组中感应电动势并产生电磁转矩,从而实现机电能量转换,直流电机也不例外。为此,本节首先讨论直流电机正、负电刷之间感应电动势和电磁转矩的计算,然后在此基础上讨论电磁功率的物理意义。

1.6.1　正、负电刷之间感应电动势的计算

对于直流电机,电枢绕组以电刷作为引出端,因此,通常用电刷参数以外的物理量来评价电机性能。电机运行过程中,正、负电刷之间的感应电动势等于每一条支路所有导体的感应电动势之和。考虑电机负载后,电枢反应导致每极下的气隙磁场因畸变而分布不均匀,可先求出每根导体的平均电动势,然后再乘以每条支路的导体数,即可求出每条支路的电动势,亦即正、负电刷之间的平均电动势。下面以单叠绕组为例推导正、负电刷之间感应电动势的计算公式。

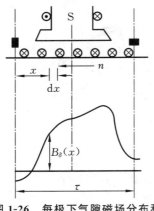

图 1-26　每极下气隙磁场分布和相应的导体感应电动势情况

图 1-26 给出了每极下的气隙磁场分布和单叠绕组对应于一条支路(即正、负电刷之间)的导体感应电动势的情况。

图 1-26 中,每根导体的瞬时电动势可表示为

$$e(x) = B_\delta(x)lv \tag{1-11}$$

其中,导体沿圆周的线速度 v 可表示为

$$v = \Omega \cdot \frac{D_a}{2} = 2\pi \frac{n}{60} \cdot \frac{D_a}{2} \tag{1-12}$$

式中:Ω 为转子机械角速度;n 为转子转速,单位为 r/min;D_a 为电枢直径。

每根导体的平均电动势为

$$E_1 = \frac{1}{\tau}\int_0^\tau e(x)\,\mathrm{d}x$$

每条支路即正、负电刷之间的感应电动势为

$$E_a = \frac{N}{2a} \cdot \frac{1}{\tau}\int_0^\tau e(x)\,\mathrm{d}x = \frac{N}{2a} \cdot \frac{2p}{\pi D_a}\int_0^\tau B_\delta(x)l \cdot 2\pi \frac{n}{60} \cdot \frac{D_a}{2}\,\mathrm{d}x$$

$$= \frac{Np}{60a}n\int_0^\tau B_\delta(x)l\,\mathrm{d}x = C_e n\Phi \tag{1-13}$$

式中:$C_e = \dfrac{Np}{60a}$ 为电动势常数,其值与电机的结构参数有关;Φ 为每极下的主磁通。

式(1-13)表明,直流电机正、负电刷之间的感应电动势与转子转速及每极的主磁通成正比。这一结论与导体切割磁力线所感应的速度电动势规律一致;所不同的是,式(1-13)中的各个物理量均代表宏观量。

此外,由式(1-13)还可看出:对于直流发电机,若希望改变其输出电压的极性,亦即改变其感应电动势的极性,则只需改变原动机的转向或仅改变励磁绕组外加电压的极性。

值得说明的是,式(1-13)尽管是以单叠绕组为例得出的直流电机正、负电刷之间感应电动势的计算公式,但该公式具有一般性,它不仅适用于叠绕组,也适用于波绕组。对于单波绕组,读者可结合其连接特点按上述类似过程推导该公式。

1.6.2　电磁转矩的计算

电磁转矩计算的基本思路是:首先计算每根导体所受的电磁力和电磁转矩,然后通过积分求出每极下相应导体的电磁转矩,最终获得直流电机的总电磁转矩。

图 1-27 给出了每极下气隙磁场的分布和相应导体的电流情况。图 1-27 中，每根导体所产生的电磁力 $f(x)$ 和电磁转矩 $\tau_{em}(x)$ 分别为

$$f(x)=B_\delta(x)i_a l \tag{1-14}$$

$$\tau_{em}(x)=f(x)\cdot\frac{D_a}{2}=B_\delta(x)i_a l\frac{D_a}{2} \tag{1-15}$$

在图 1-27 中，微元 dx 上的导体数为 $\frac{N}{\pi D_a}dx$。考虑到导

体电流 i_a 与电刷外部的电枢电流 I_a 之间的关系为 $i_a=\frac{I_a}{2a}$

（其中 $2a$ 为电枢绕组的支路数），则微元上的导体所产生的电磁转矩为

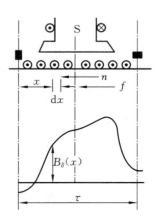

$$dT'_{em}=\tau_{em}(x)\frac{N}{\pi D_a}dx=B_\delta(x)\frac{I_a}{2a}l\frac{D_a}{2}\frac{N}{\pi D_a}dx$$

$$=\frac{NI_a}{4\pi a}B_\delta(x)l\,dx$$

据此求得每极下的电磁转矩为

图 1-27　每极下气隙磁场的分布和相应导体的电流情况

$$T_{av}=\int_0^\tau dT'_{em}=\frac{NI_a}{4\pi a}\int_0^\tau B_\delta(x)l\,dx=\frac{NI_a}{4\pi a}\Phi$$

于是，整个直流电机所产生的总电磁转矩为

$$T_{em}=2pT_{av}=\frac{Np}{2\pi a}\Phi I_a=C_T\Phi I_a \tag{1-16}$$

式中：$C_T=\frac{Np}{2\pi a}$ 为转矩常数，同电动势常数一样，其值与电机的结构参数有关。此外，转矩常数与电动势常数之间存在如下关系：

$$C_T=\frac{Np}{2\pi a}=\frac{Np}{60a}\frac{60}{2\pi}=9.55C_e \tag{1-17}$$

式（1-16）表明，直流电机所产生的电磁转矩与电枢电流及每极的磁通成正比。这一结论与通电导体在磁场下所产生的电磁力的规律是一致的。此外，由式（1-16）还可看出：对于直流电动机，若希望改变其转向，亦即改变其电磁转矩的正、负，则只需改变外加电枢电压（或电枢电流）的极性或改变励磁绕组外加电压的极性。

忽略磁路饱和，则有

$$\Phi=K_f I_f \tag{1-18}$$

式中：K_f 为比例常数，其值由直流电机的磁化曲线决定。

将式（1-18）代入式（1-13），可得正、负电刷之间的感应电动势为

$$E_a=C_e K_f I_f n=C_e K_f I_f\left(\frac{60\Omega}{2\pi}\right)=G_{af}I_f\Omega \tag{1-19}$$

式中：$G_{af}=\frac{Np}{2\pi a}K_f=C_T K_f$ 为常数，其值取决于电机的电路和磁路结构。

同样，将式（1-18）代入式（1-16），可以求得磁路不饱和时电磁转矩为

$$T_{em}=C_T K_f I_f I_a=G_{af}I_f I_a \tag{1-20}$$

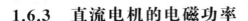

1.6.3 直流电机的电磁功率

机械功率为转矩与角速度的乘积,与此类似,对直流电机而言,电磁功率为电磁转矩 T_{em} 与转子机械角速度 Ω 的乘积,反映了直流电机经过气隙所传递的功率。

根据式(1-13)与式(1-16)可求得电磁功率为

$$P_{em} = T_{em}\Omega = C_T\Phi I_a\Omega = \frac{Np}{2\pi a}\Phi\frac{2\pi n}{60}I_a = \frac{Np}{60a}n\Phi I_a = E_a I_a \tag{1-21}$$

式(1-21)给出了电磁功率在电气和机械两个方面的不同表达形式,它完全符合能量守恒定律,其物理意义是:对直流电动机而言,从电源所吸收的电功率 $E_a I_a$ 全部转化为机械功率 $T_{em}\Omega$ 而输出;对直流发电机而言,从原动机所吸收的机械功率 $T_{em}\Omega$ 全部转化为电功率 $E_a I_a$ 而输出。

1.7 直流电机的电磁关系、基本方程和功率流程图

除了电机的基本运行原理外,本书对电机(或变压器)按"电磁关系→基本方程→其他数学模型(如等值电路、矢量图等)→运行特性的分析与计算→电力拖动的方法与特性"的步骤进行讨论,直流电机也不例外。其中:电磁关系是电机运行过程中所遵循的基本物理定律的定性描述;而基本方程则是对这一过程的定量描述,是最基本的数学模型;等值电路和矢量图(仅对交流电机而言)则是数学模型的其他表达形式。借助于这些数学模型便可对电机运行特性进行分析与计算,并对有关拖动系统的启动、调速和制动特性加以讨论。

1.7.1 他励直流电机的基本电磁关系

根据前几节的分析,对直流电机的基本电磁关系可总结如下:

励磁绕组 $U_f \rightarrow I_f \rightarrow F_f = N_f I_f \rightarrow \Phi_0$

电枢绕组 $U_1 \rightarrow I_a \rightarrow F_a = N_a I_a \rightarrow \Phi_a$

对励磁绕组施加直流电压 U_f,产生直流励磁电流 I_f 和相应的励磁磁动势 $N_f I_f$,在励磁磁动势作用下产生主磁通 Φ_0。

当直流电机作电动机运行时,电枢绕组通过电刷输入电能,一旦外部带有机械负载便产生电枢电流。电枢电流引起电枢反应,导致主磁场削弱。在气隙磁场和电枢电流的相互作用下,转子便产生电磁转矩,从而带动负载一起旋转,将电能转换为机械能。

当直流电机作发电机运行时,由原动机输入机械能,带动发电机旋转,电枢绕组便切割主磁场,感应出电动势。一旦电刷外部接有电气负载,便产生电枢电流。电枢电流引起电枢反应,同样导致主磁场削弱,造成发电机感应电动势的下降。直流发电机从正、负电刷之间输出电能,从而完成机械能向电能的转换。

上述电磁过程可以通过基本方程进行定量描述。

1.7.2 直流电机的基本方程与等值电路

由于电机是借助于电磁作用原理实现机电能量转换的装置,因此相应的动力学方程必然涉及电气系统的电路方程以及机械系统的动力学方程,现分别介绍如下。

1. 电压平衡方程

(1) 当直流电机作电动机运行时,直流电机的电路和机械连接示意图如图 1-28(a)所示。根据图 1-28 中各物理量的假定正方向(由于电功率趋向于流入电机,故又称为电动机惯例,在图中用箭头表示),由基尔霍夫电压定律(KVL)列出直流电动机暂态(又称动态)运行时的电压平衡方程:

$$\begin{cases} U_a = e_a(t) + R_a i_a(t) + L_a \dfrac{\mathrm{d}i_a(t)}{\mathrm{d}t} \\ U_f = R_f i_f(t) + L_f \dfrac{\mathrm{d}i_f(t)}{\mathrm{d}t} \end{cases} \tag{1-22}$$

式中:R_a 为电枢回路的总电阻(包括绕组电阻 r_a 以及电刷与换向器的接触压降 $2\Delta U_s$ 对应的电阻);L_a 为电枢绕组的电感;R_f 与 L_f 分别为励磁绕组的总电阻和电感。

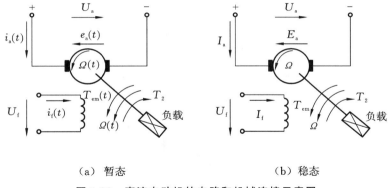

（a）暂态　　　　　　　　（b）稳态

图 1-28　直流电动机的电路和机械连接示意图

一旦电机进入稳态,$\Omega(t)$、$i_f(t)$ 及 $i_a(t)$ 将不再随时间发生变化,此时,他励直流电动机的电路与机械连接示意图如图 1-28(b)所示。他励直流电动机稳态运行时的电压平衡方程变为

$$\begin{cases} U_a = E_a + R_a I_a \\ U_f = R_f I_f \end{cases} \tag{1-23}$$

式(1-22)、式(1-23)虽是通过他励直流电动机获得的,但它们同样适用于采用其他各种励磁方式的直流电动机。使用时仅需根据其各自的电气接线方式(见图 1-17),利用基尔霍夫电压定律(KVL)获得其各自的连接约束关系式,然后将其代入式(1-22)、式(1-23)即可。例如,对于并励直流电动机,存在如下约束:

$$\begin{cases} U_a = U_f = U_1 \\ i_1 = i_a + i_f \end{cases} \tag{1-24}$$

对串励直流电动机,存在如下约束:

$$\begin{cases} U_1 = U_a + u_s \\ i_1 = i_a = i_s \end{cases} \tag{1-25}$$

式中:下标"s"表示串励绕组;U_1、i_1 分别表示端部电压和电流;u_s、i_s 分别表示串励绕组的电压和电流。

对于复励直流电动机,可根据长、短复励的接线形式,利用基尔霍夫定律获得相应的约束关系式。

(2) 当直流电机作发电机运行时,直流电机的电路和机械连接示意图如图 1-29 所示,图中以箭头形式给出了各物理量的假定正方向(由于电功率趋向于流出电机,故又称为发电机惯例)。与作直流电动机运行时(见图 1-28)相比,在磁场和转速方向不变的条件下,直流发电机的电动势方向将不会改变。但由于电磁功率流向的改变引起了电枢电流的方向改变,相应的电压平衡方程中电枢电流的正负也发生变化。于是,发电机暂态运行时的电压平衡方程变为

$$\begin{cases} U_a(t) = e_a(t) + R_a(-i_a(t)) + L_a \dfrac{d(-i_a(t))}{dt} \\ U_f = R_f i_f(t) + L_f \dfrac{di_f(t)}{dt} \end{cases} \tag{1-26}$$

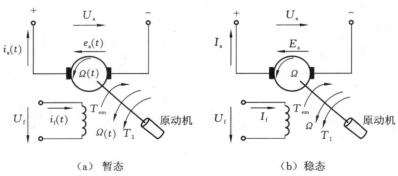

(a) 暂态 　　　　　　　　(b) 稳态

图 1-29　直流发电机的电路和机械连接示意图

稳态运行时的电压平衡方程变为

$$\begin{cases} E_a = U_a + R_a I_a \\ U_f = R_f I_f \end{cases} \tag{1-27}$$

对于采用其他励磁方式的直流发电机,可根据其各自的接线方式,利用基尔霍夫定律获得其各自的连接约束关系式,并将其代入式(1-26)、式(1-27)即可。

2. 转矩平衡方程

(1) 当直流电机作电动机运行时,电磁转矩为驱动性的,提供机械负载所需的动力和转子所需的惯性转矩,从而将电能转换为机械能。根据牛顿第二定律和图 1-28,可得电动机暂态运行时的动力学方程:

$$T_{em} = T_2 + T_0 + J \dfrac{d\Omega(t)}{dt} \tag{1-28}$$

式中:T_2 为机械负载转矩;T_0 为对应于空载损耗的空载转矩;J 为转子和负载的等效转动

惯量。

一旦电机进入稳态运行,转子机械角速度 $\Omega(t)=\Omega=$ 常数,因此,电动机稳态运行时的动力学方程变为

$$T_{\mathrm{em}}=T_2+T_0 \tag{1-29}$$

（2）当直流电机作发电机运行时,由原动机提供拖动转矩,电磁转矩变为制动性的。正是原动机克服制动性的电磁转矩,才使得机械能转变为电能得以实现。此时发电机的暂态和稳态动力学方程分别为

$$T_1=T_{\mathrm{em}}+T_0+J\frac{\mathrm{d}\Omega(t)}{\mathrm{d}t} \tag{1-30}$$

$$T_1=T_{\mathrm{em}}+T_0 \tag{1-31}$$

式中:T_1 为原动机所提供的驱动转矩。

利用电压和转矩平衡方程便可以分析直流电机输入与输出转矩之间的关系,例如:当直流电机作电动机运行时,一旦负载转矩 T_2 增大,使得 $T_{\mathrm{em}}<(T_2+T_0)$,由式(1-28)可知,转子机械角速度 Ω 及转子转速 n 将有所降低;由 $E_{\mathrm{a}}=C_e n\Phi$ 可知,此时 E_{a} 将有所减小;由式(1-23)可知,电枢电流 $I_{\mathrm{a}}=\dfrac{U_{\mathrm{a}}-E_{\mathrm{a}}}{R_{\mathrm{a}}}$ 必然升高;根据 $T_{\mathrm{em}}=C_T\Phi I_{\mathrm{a}}$,电磁转矩将有所增大;最终,$T_{\mathrm{em}}=(T_2+T_0)$,拖动系统又重新达到平衡。由此可见,直流电动机的输入与输出转矩之间是可以自动调节的,通过自动调节达到新的平衡。

3. 直流电机的等值电路

根据式(1-22)和式(1-26)可分别获得直流电动机和直流发电机的暂态等值电路,如图 1-30 所示。同时,根据式(1-23)和式(1-27)可分别获得直流电动机和直流发电机的稳态等值电路,如图 1-31 所示。

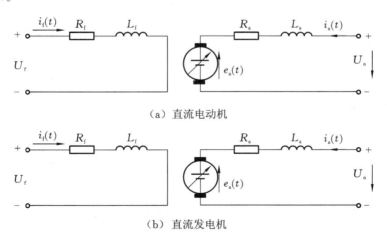

（a）直流电动机

（b）直流发电机

图 1-30　直流电机的暂态等值电路

由等值电路可知,直流电机相当于一大小可变的直流电源(或蓄电池),该电源(或电压)的大小取决于转速和励磁磁场(或磁通)的大小。当作电动机运行时,直流电机的工作相当于给蓄电池充电;当作发电机运行时,直流电机的工作相当于由蓄电池向外部负载供电。

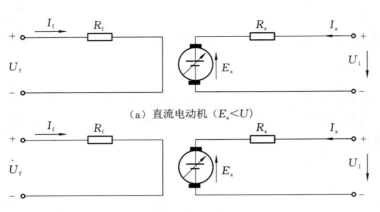

（a）直流电动机（$E_a < U$）

（b）直流发电机（$E_a > U$）

图 1-31　直流电机的稳态等值电路

1.7.3　直流电机的功率流程图

在机电能量转换过程中,电机内部主要涉及 4 种形式的能量,即电能、机械能、磁场储能和热能。一般来讲,电能和机械能是电机的输入或输出能量;磁场储能指电机运行时储存在磁场中的能量,用于建立电磁场以起到能量转换媒介的作用,而不直接参与能量的转换,一旦电机稳态运行,磁场能量便不再变化;热能则是由机电能量转换过程中的各种损耗所致,如绕组中的电阻铜耗、磁场在铁芯中的铁耗,以及由转子旋转在轴承中引起的摩擦损耗和由风扇等引起的风阻损耗(后两种损耗又合称为机械损耗)。根据能量守恒定律,对处于稳态运行的电动机而言,其内部存在如下功率平衡关系:电源输入的电功率－绕组电阻的铜耗＝铁耗＋(输出的机械功率＋机械损耗)。

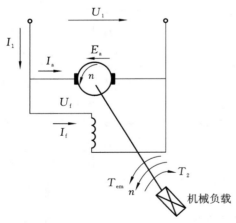

图 1-32　并励直流电动机的电路
和机械连接示意图

下面以并励直流电动机为例说明这一功率平衡关系。

图 1-32 给出了并励直流电动机的电路和机械连接示意图。

据图便可求得并励直流电动机稳态运行时的输入功率:

$$P_1 = U_1 I_1 = U_1(I_a + I_f) \qquad (1\text{-}32)$$

将式(1-23)代入式(1-32),并考虑到 $U_1 = U_a$,于是有

$$\begin{aligned}
P_1 &= U_a I_f + I_a(R_a I_a + E_a)\\
&= U_a I_f + I_a(r_a I_a + 2\Delta U_s + E_a)\\
&= P_{Cuf} + P_{Cua} + P_s + P_{em} \qquad (1\text{-}33)
\end{aligned}$$

式中:电枢回路的总压降 $R_a I_a$ 等于电枢绕组的压降 $r_a I_a$ 与电刷和换向器的接触压降 $2\Delta U_s$ 之和,对于石墨电刷,$2\Delta U_s \approx 2$ V,对于金属石墨电刷,$2\Delta U_s \approx 0.6$ V;P_{Cuf} 为励磁绕组的铜耗;P_{Cua} 为电枢绕组的铜耗;P_s 为电刷与换向器之间

的接触损耗。

经过气隙后,电磁功率将由电功率转换为机械功率,其关系式已由式(1-21)给出,即

$$P_{em}=E_aI_a=T_{em}\Omega$$

将式(1-29)两边同乘以 Ω 得

$$P_{em}=T_{em}\Omega=T_2\Omega+T_0\Omega=P_2+P_0=P_2+P_{Fe}+P_{mec} \tag{1-34}$$

式中:功率 P_2 为轴上的机械输出功率; $P_0=T_0\Omega=P_{Fe}+P_{mec}$ 为空载损耗,包括铁耗 P_{Fe}(主要在电枢转子上)以及由轴承摩擦和冷却风扇阻力引起的机械损耗 P_{mec}。

为了清晰地展现功率关系,式(1-21)、式(1-33)以及式(1-34)可用功率流程图表示,如图 1-33 所示。

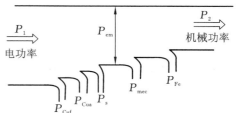

图 1-33　并励直流电动机的功率流程图

同样,对并励直流发电机也可按照相同的分析过程得到其相应的功率流程图。图 1-34 给出了并励直流发电机的电路和机械连接示意图。

将式(1-31)两边同乘以机械角速度,可得原动机的输入功率为

$$P_1=T_1\Omega=T_{em}\Omega+T_0\Omega \tag{1-35}$$
$$=P_{em}+P_0=P_{em}+P_{Fe}+P_{mec}$$

经过气隙后,电磁功率将由机械功率转变为电功率,其关系式即式(1-21)。将式(1-27)的第一个方程两边同乘以 I_a,并考虑图 1-31 所示的电路图,可得

$$P_{em}=E_aI_a=(U_2+R_aI_a)I_a$$
$$=U_2I_a+2\Delta U_sI_a+I_a^2r_a \tag{1-36}$$
$$=U_2I_2+U_2I_f+I_a^2r_a+2\Delta U_sI_a$$
$$=P_2+P_{Cuf}+P_{Cua}+P_s$$

式(1-35)、式(1-36)可用图 1-35 所示的功率流程图表示。

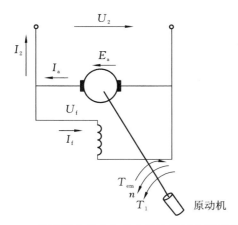

图 1-34　并励直流发电机的电路和机械连接示意图

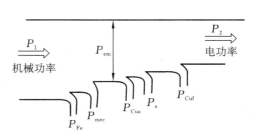

图 1-35　并励直流发电机的功率流程图

1.8　直流发电机的运行特性及自励建压过程

电机的性能是通过其特性来反映的,要想正确选择和使用电机,就必须深入了解电机的特性。无论是电动机还是发电机,最为关注的是其输出。对电动机而言,由于输出的是机械功率,其机械输出量为转速和电磁转矩,因此转速和电磁转矩之间的关系称为电动机的机械特性;对发电机而言,由于输出的是电功率,其电气输出量为端部输出电压和电流,因此端部输出电压和负载电流之间的关系称为发电机的外特性。

除了反映输出电压质量的外特性以外,直流发电机的稳态运行特性还包括反映电机磁路设计情况的空载特性、反映励磁电流对负载调节情况的调节特性以及反映电机力能指标的效率特性。不同励磁方式下,直流发电机的特性也有所不同,为了便于比较,本节统一对其进行介绍。

1.8.1　直流发电机的运行特性

1. 空载特性

当 $n=n_N$、$I_a=0$ 时,正、负电刷之间的空载端电压与励磁电流之间的关系 $U_0=f(I_{f0})$ 即为空载特性,空载特性反映了电机内部的磁路设计情况。

考虑到 $U_0=E_a=C_e n\Phi$,空载特性 $U_0=f(I_{f0})$ 与前面介绍的空载磁化曲线 $\Phi=f(I_{f0})$(见图 1-20)仅相差一个比例系数,因此二者形状完全相同。

对于他励直流发电机,空载特性可通过空载试验获得,具体方法是:保持原动机的转速 $n=n_N$ 不变,发电机空载,调整励磁电流 I_f,使空载电压调整至 $U_0=(1.1\sim1.3)U_N$,记录相应的励磁电流;然后逐渐减小励磁电流,分别记录相应的励磁电流与空载电压,直至 $I_f=0$。此时,铁芯存在剩磁,导致电枢电压不为零,而存在一定的剩磁电压 U_{0r},一般情况下,剩磁电压 $U_{0r}=(2\%\sim4\%)U_N$。如有需要,可反方向改变 I_f,并逐渐反向增大 I_f,直至反向空载电压 U_0 与正向空载电压相等,依次记录相应的 I_f 和 U_0,即得该电机磁路的磁滞回线的一半。增大励磁电流,并进行类似的试验,便可获得磁滞回线的另一半。正是因为存在铁芯的磁滞效应,所以这两条曲线并不重合,取上升曲线和下降曲线的平均值即可得到电机的全部空载特性。

需要说明的是,并励和复励直流发电机也是按照上述方式测得空载特性的。

2. 外特性

当 $n=n_N$、$I_f=I_{fN}$ 时,端部电压 U_2 与输出电流 I_2 之间的关系 $U_2=f(I_2)$ 称为外特性,外特性反映了输出电压随负载的变化情况。

对于他励直流发电机,由电压平衡方程(1-27)可得

$$U_2=U_a=E_a-R_aI_a=C_e n\Phi-R_aI_a \tag{1-37}$$

根据式(1-37)便可获得他励直流发电机的外特性,如图 1-36 所示。由外特性可知,随着负载电流的增大,端部输出电压下降。他励直流发电机端部电压下降主要有两方面的原因:①负载电流增大,电阻压降 R_aI_a 增大;②电枢反应的去磁作用增强,造成每极磁通减小,引起感应电动势下降。

通常,端部电压随负载的变化情况可用电压变化率来描述。电压变化率定义在 $n = n_N$、$I_f = I_{fN}$ 的条件下,表达式为

$$\Delta U = \frac{U_0 - U_N}{U_N} \times 100\% \qquad (1\text{-}38)$$

式中:U_0 为直流发电机的空载端电压。对于他励直流发电机,其电压变化率一般为 5%～10%。

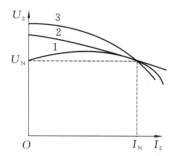

图 1-36　各种常用励磁方式下直流发电机的典型外特性

1—积复励直流发电机;2—他励直流发电机;
3—并励直流发电机

对于并励直流发电机,除了上述两方面原因外,随着端部电压的下降,励磁电流 $I_1 = U_2 / R_f$ 也会减小,造成每极磁通和相应的感应电动势进一步下降。因此,并励直流发电机负载后的端电压降要比他励直流发电机的大,相应的电压变化率也较大,并励直流发电机的电压变化率一般为 30%左右。

对于积复励直流发电机,由于其串励绕组的励磁磁动势方向与并励绕组的励磁磁动势方向相同,因此气隙磁通得以增强。这一方面补偿了负载时电枢反应的去磁作用;另一方面也使得电枢电动势 E_a 升高,从而抵消了电枢回路的电阻压降。最终结果是其电压变化率较小,输出端电压在一定范围内维持恒定。

对于差复励直流发电机,由于两种励磁绕组的磁动势方向相反,因此输出电压的变化较大,便于获得近似恒流特性。这种特性特别适用于直流二氧化碳焊机,因此实践中曾一度将差复励直流发电机作为二氧化碳焊机使用。但近几十年来,随着电力电子技术的发展,整流焊机、逆变(直流)焊机已完全取代了这种差复励直流发电机形式的直流焊机。

对于串励直流发电机,由于随着负载变化,其输出电压难以维持恒定,故串励直流发电机很少被采用。

为了便于比较,图 1-36 同时给出了各种常用励磁方式下直流发电机的典型外特性。

3. 调节特性

在 $n = n_N$、$U_2 = U_N$ 的条件下,负载电流和励磁电流之间的关系 $I_f = f(I_2)$ 称为调节特性。调节特性用于解决负载变化时如何通过调节励磁电流来确保输出电压恒定的问题。

从外特性可知,随着负载电流的增大,发电机的端电压将下降。为了维持端电压不变,必须增大励磁电流以抵消电枢反应的去磁作用引起的压降和电枢回路的电阻引起的压降。图 1-37 给出了他励直流发电机的调节特性,该特性可通过试验方法获得。

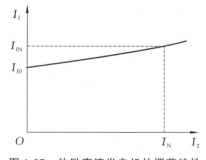

图 1-37　他励直流发电机的调节特性

对于并励和复励直流发电机,其调节特性类似于他励直流发电机的调节特性,此处不再赘述。

4. 效率特性

电机的效率定义为输出功率 P_2 与输入功率 P_1 之比,即

$$\eta = \frac{P_2}{P_1} \times 100\% = \frac{\left(P_1 - \sum P\right)}{P_1} \times 100\% = \left(1 - \frac{\sum P}{P_1}\right) \times 100\% \qquad (1\text{-}39)$$

式中：$\sum P$ 为总损耗。

由式（1-39）可知，要计算效率，只需计算总损耗和输入功率即可。根据损耗是否变化，电机的损耗一般分为两大类：一类是不变损耗，这类损耗几乎不随输出功率的变化而变化；另一类为可变损耗，这类损耗随输出功率的变化而变化。对于直流发电机，总损耗 $\sum P$ 中的空载损耗 $P_0 = P_{Fe} + P_{mec}$ 不随负载电流 I_a 的变化而变化，故称为不变损耗；而绕组铜耗、电刷与换向器的接触损耗则随着负载电流 I_a 的变化而变化，故称为可变损耗。根据直流发电机的功率流程图（见图 1-35），总损耗由下式给出：

$$\sum P = P_{Cua} + 2\Delta U_s I_a + P_{Cuf} + P_{Fe} + P_{mec} + P_{ad} \qquad (1\text{-}40)$$

式中：P_{ad} 为附加损耗或杂散损耗，包括由磁场畸变、齿槽效应等引起的损耗，由于其数值难以准确获得，通常按额定容量的 0.5% 估算。

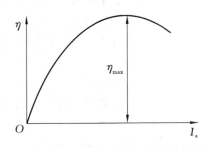

图 1-38　典型直流发电机的效率特性

当 $U_1 = U_N$、$I_f = I_{fN}$ 且 $n = n_N$ 时，效率与电枢电流之间的关系 $\eta = f(I_a)$ 称为效率特性，它反映了在机电能量转换过程中电机内部所消耗的功率情况。图 1-38 给出了典型直流发电机的效率特性。

理论分析可以证明：当不变损耗和可变损耗相等时，电机的效率最大。对一般直流发电机而言，其额定运行点通常都选在最大效率附近。直流发电机的额定效率 η_N 一般在 70%～96% 的范围内，且电机的容量越大，额定效率越大。

1.8.2　并励和复励直流发电机空载电压的建立

并励或复励直流发电机空载电压的建立过程又称为发电机的自励建压过程。对这类自励发电机，由于励磁绕组由自身发电机发出的电压供电，而当原动机拖动直流发电机运行之初，发电机自身并无输出电压，此时励磁电流来自何方？而没有励磁电流，发电机又如何输出电压？这一问题好像"鸡生蛋"和"蛋生鸡"的问题，如何解决？现分析说明如下。

图 1-39（a）为并励直流发电机的接线图；图 1-39（b）给出了并励直流发电机自励建压过程的曲线解释。图 1-39（b）中，曲线 1 代表直流发电机的空载特性曲线；曲线 2 为励磁回路的伏安特性 $U_0 = f(I_f)$ 曲线，其表达式为 $U_0 = R_\Omega I_f$，很显然，它是一条直线，其斜率为 $\tan\alpha = \dfrac{U_0}{I_f} = R_\Omega = r_f + R_f$（其中 R_f 为励磁回路的外串电阻），该直线通常又称为磁场电阻线。当原动机带动发电机以某一转速旋转时，若主磁路存在剩磁，则电枢绕组会切割剩磁磁力线而产生剩磁电动势 E_r，该剩磁电动势在励磁回路中产生励磁电流 I_{f01}。若励磁绕组与电枢绕组接线不正确，则励磁磁动势将削弱剩磁，直流发电机将无法正常自励，此时，并励绕组（或电枢绕组）的两端必须反接。若励磁绕组与电枢绕组接线正确，I_{f01} 将在主磁路中产生与剩磁方向一致的磁通，使主磁路中的磁通加强，电枢绕组切割该加强后的磁力线，使电枢电动势增至 E_{01}，E_{01} 又在励

磁绕组中产生励磁电流 I_{f02}……上述正反馈过程不断重复,最终使工作点稳定在空载特性曲线和磁场电阻线的交点 A 处(见图 1-39(b))。A 点的空载电压为 U_N,励磁电流为 I_{fN}。

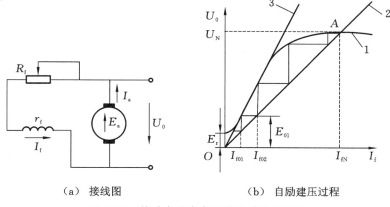

（a）接线图　　　　　　　　（b）自励建压过程

图 1-39　并励直流发电机的自励建压过程

若励磁回路外串电阻阻值很大,则空载特性曲线和磁场电阻线可能没有交点或交点很低,在这种情况下,直流发电机将无法正常自励建压。与空载特性曲线相切的磁场电阻线(见图 1-39(b)中曲线 3)所对应的电阻称为临界电阻 R_{cr}。要想正常自励建压,发电机磁场回路的总电阻必须满足 $R_\Omega < R_{cr}$。

正是因为发电机的空载电压是靠自身供电励磁而建立的,所以上述过程才称为发电机的自励建压过程。

综上所述,并励(或复励)直流发电机的自励建压需满足下列三个条件:

（1）电机主磁路必须有剩磁。

（2）励磁回路与电枢回路的接线必须正确。

（3）励磁回路的总电阻应小于临界电阻。

1.9　他励直流电动机的运行特性

直流电动机的稳态运行特性包括两大类,即工作特性和机械特性。本节首先简要介绍直流电动机稳态运行时的工作特性,然后重点讨论直流电动机的机械特性。

1.9.1　他励直流电动机的工作特性

直流电动机的工作特性指在 $U_1 = U_N$、$I_f = I_{fN}$ 的条件下,电枢回路无外接电阻时,转速 n、电磁转矩 T_{em} 以及效率 η 与输出功率 P_2 之间的关系,即 n、T_{em}、$\eta = f(P_2)$。为了便于测量,通常输出功率 P_2 用电枢电流 I_a 来表示,这样,工作特性便转变为转速 n、电磁转矩 T_{em} 以及效率 η 与电枢电流 I_a 之间的关系,即 n、T_{em}、$\eta = f(I_a)$。需要说明的是,额定励磁电流 I_{fN} 指当电动机施加额定电压 $U_1 = U_N$、拖动额定负载,使得电枢电流为额定电枢电流即 $I_a = I_{aN}$、转速为额定转速 $n = n_N$ 时所对应的励磁电流。

1. 转速特性

当 $U_1 = U_N$、$I_f = I_{fN}$ 时，转速与电枢电流之间的关系 $n = f(I_a)$ 即为转速特性。将电压平衡方程(1-23)代入电动势表达式(1-13)即可获得转速特性，其表达式为

$$n = \frac{E_a}{C_e \Phi_N} = \frac{U_1 - R_a I_a}{C_e \Phi_N} \tag{1-41}$$

$$= \frac{U_N}{C_e \Phi_N} - \frac{R_a}{C_e \Phi_N} I_a = n_0 - \beta' I_a$$

式中：$n_0 = \dfrac{U_N}{C_e \Phi_N}$ 为理想空载转速；$\beta' = \dfrac{R_a}{C_e \Phi_N}$ 为转速特性曲线的斜率。

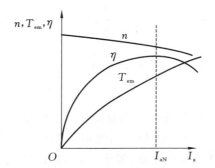

图1-40 他励直流电动机的工作特性

根据式(1-41)便可获得转速特性，如图1-40所示，显然，转速特性曲线为一直线。转速特性曲线表明：在外加额定电压和额定励磁电流下，电动机空载时的转速最高；随着负载的增加，电枢电流 I_a 增大，转子转速下降。通常，影响转子转速的因素有两个：①电枢的电阻压降；②电枢反应的去磁作用。随着负载的增加，电枢反应的去磁作用加强，气隙磁通减少。由式(1-41)可知，转速将因此上升。注意：尽管磁通减少时，电枢电阻的压降有所增加，但与空载转速增加相比，其所占的权重较小。上述两个因素对转速的影响相互抵消，使他励直流电动机的转速变化较小，因此，他励直流电动机近似为恒速电动机。

从电力拖动系统的稳定性角度看，电动机最好具有略微下降的转速特性，否则，容易造成系统的不稳定运行。因此，在设计过程中，往往在他励(或并励)直流电动机内部增加一稳定绕组，以确保转速特性略微下降。

通常，直流电动机的转速变化采用转速变化率来描述。转速变化率定义为空载转速与额定转速的差值占额定转速的百分比，具体表示为

$$\Delta n_N = \frac{n_0 - n_N}{n_N} \times 100\% \tag{1-42}$$

式中：n_0 为空载转速。对于他励直流电动机，Δn_N 一般为 $3\% \sim 18\%$；而对于并励直流电动机，Δn_N 一般为 $3\% \sim 8\%$。

值得一提的是，在运行过程中，他励直流电动机不允许失磁，亦即励磁回路不能开路(并励、复励直流电动机也应如此)。一旦励磁回路开路，主磁通 Φ 将仅为剩磁。由式(1-41)可知，此时若电动机处于轻载状态，则转子转速将迅速上升，造成"飞车"现象；反之，若电动机处于重载状态，则电磁转矩(参见式(1-16))将无法克服负载转矩，而最终造成"停车"现象。上述两种情况下，电枢电流均将超过额定值的许多倍，若不采取措施则可能会烧坏电机。实际应用中应采取一定的失磁保护措施，以便在失磁时断开电枢回路。

2. 转矩特性

当 $U_1 = U_N$、$I_f = I_{fN}$ 时，电磁转矩与电枢电流之间的关系 $T_{em} = f(I_a)$ 即为转矩特性。由电磁转矩表达式(1-16)得转矩特性表达式为

$$T_{em} = C_T \varPhi_N I_a = K I_a \tag{1-43}$$

式中: $K = C_T \varPhi_N$。

式(1-43)所表示的转矩特性可用图 1-40 所示曲线来描述,显然,转矩特性曲线为一直线,随电枢电流的增大,电磁转矩线性增大。当负载(或电枢电流)较大时,考虑到电枢反应的去磁作用,电磁转矩略有减小;当电机空载时,电枢电流为 $I_a = I_{a0}$,电磁转矩变为 $T_{em} = C_T \varPhi_N I_{a0} = T_0$。

3. 效率特性

他励直流电动机的效率特性 $\eta = f(I_a)$ 与相应的直流发电机的效率特性基本相同,可参考上一节内容。需要说明的是,所有直流电机(包括发电机和电动机)的效率特性均类似,为避免重复,以后将不再赘述。

【例 1-2】　一台他励直流电动机的额定值为 $P_N = 10$ kW,$U_N = 220$ V,$I_N = 53.2$ A,$n_N = 1000$ r/min,包括电刷接触电阻在内的电枢回路的总电阻 $R_a = 0.393$ Ω。保持额定负载转矩不变,且不计电感的影响与电枢反应。

(1) 若电枢回路中突然串入 $R_\varOmega = 1.5$ Ω 的电阻,试计算电阻接入瞬间的电枢电流(假定转子与负载的惯量很大)以及进入新稳态后的电枢电流与转速;

(2) 若仅在励磁回路中串入电阻,使磁通减少 15%,试计算磁通突然减少时的电枢电流以及进入新稳态后的电枢电流与转速。

解　(1) 当电枢回路中突然串入电阻时,由于惯性,转速来不及变化,主磁通也保持不变,由 $E_a = C_e n \varPhi$ 可知,电枢电动势与额定运行时的数值相同,即

$$E_{aN} = U_N - I_N R_a = 220\ \text{V} - 53.2 \times 0.393\ \text{V} = 199.1\ \text{V}$$

此时,电枢电流的瞬时值为

$$I_a = \frac{U_N - E_{aN}}{R_a + R_\varOmega} = \frac{220 - 199.1}{0.393 + 1.5}\ \text{A} = 11.04\ \text{A}$$

进入新稳态后,由于负载转矩保持不变,额定励磁磁通保持不变,由 $T_{em} = C_T \varPhi I_a$ 可知,电枢电流保持不变,即 $I_a' = I_N = 53.2$ A。此时,电枢电动势为

$$E_a' = U_N - I_a'(R_a + R_\varOmega) = 220\ \text{V} - 53.2 \times (0.393 + 1.5)\ \text{V}$$
$$= 119.3\ \text{V}$$

稳态转速为

$$n' = \frac{E_a'}{E_{aN}} n_N = \frac{119.3}{199.1} \times 1000\ \text{r/min} = 599.2\ \text{r/min}$$

(2) 在励磁回路中突然串入电阻时,由于惯性,转速来不及变化,由 $E_a = C_e n \varPhi$ 可知,电枢电势动将随磁通减少而正比例地减少,即

$$E_a'' = \frac{\varPhi''}{\varPhi_N} E_{aN} = (1 - 0.15) E_{aN} = 0.85 \times 199.1\ \text{V} = 169.24\ \text{V}$$

此时,电枢电流为

$$I_a'' = \frac{U_N - E_a''}{R_a} = \frac{220 - 169.24}{0.393}\ \text{A} = 129.16\ \text{A}$$

进入新稳态后,由于负载转矩保持不变,由 $T_{em} = C_T \varPhi I_a$ 可知,新的稳态电流为

$$I'''_{a} = \frac{\Phi_N}{\Phi'''} I_N = \frac{1}{1-0.15} \times 53.2 \text{ A} = 62.6 \text{ A}$$

新的稳态电动势为

$$E'''_{a} = U_N - R_a I'''_{a} = 220 \text{ V} - 62.6 \times 0.393 \text{ V} = 195.4 \text{ V}$$

新的稳态转速为

$$n'''' = \frac{E'''_{a}}{E_{aN}} \frac{\Phi}{\Phi'''} n_N = \frac{195.4}{199.1} \times \frac{1}{1-0.15} \times 1000 \text{ r/min} = 1155 \text{ r/min}$$

1.9.2 他励直流电动机的机械特性

在 $U_1 = U_N$、$I_f = I_{fN}$ 且电枢回路未串联任何电阻的条件下,转子转速和电磁转矩之间的关系 $n = f(T_{em})$ 称为机械特性,它反映了在不同转速下电动机所能提供的转矩(力)情况。

为方便起见,将电动势、电磁转矩的基本关系式(1-13)、式(1-16)以及电压平衡方程(1-23)重新列出如下:

$$E_a = C_e n \Phi \tag{1-44}$$

$$T_{em} = C_T \Phi I_a \tag{1-45}$$

$$U_1 = E_a + R_a I_a \tag{1-46}$$

将式(1-23)代入式(1-13)可得转速特性,其表达式为

$$n = \frac{E_a}{C_e \Phi} = \frac{U_1}{C_e \Phi} - \frac{R_a}{C_e \Phi} I_a \tag{1-47}$$

再将式(1-16)代入式(1-47)并考虑机械特性的定义,便可获得他励直流电动机的机械特性,其表达式为

$$n = \frac{E_a}{C_e \Phi} = \frac{U_1}{C_e \Phi_N} - \frac{R_a}{C_e C_T \Phi_N^2} T_{em} = n_0 - \beta T_{em} \tag{1-48}$$

式中:$\beta = \dfrac{R_a}{C_e C_T \Phi_N^2}$ 为直线的斜率;$n_0 = \dfrac{U_1}{C_e \Phi_N}$ 为理想空载转速。电机的实际空载转速为 $n'_0 = \dfrac{U_1}{C_e \Phi_N} - \dfrac{R_a}{C_e C_T \Phi_N^2} T_0$,相应的空载转矩为 T_0。

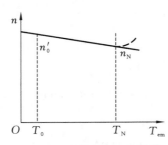

图 1-41 他励直流电动机的机械特性

将式(1-48)所表示的机械特性绘制成曲线,如图 1-41 所示,由图可见,随着转矩的增大,电机转速有所下降。因此,他励直流电动机的机械特性可进一步表示为

$$n = n_0 - \beta T_{em} = n_0 - \Delta n \tag{1-49}$$

式中:$\Delta n = \dfrac{R_a}{C_e C_T \Phi_N^2} T_{em} = \beta T_{em}$ 称为转速降。β 越小,则转速变化越小,称此时电动机具有较硬的机械特性;反之,β 越大,则转速变化越大,称电动机具有较软的机械特性。

由于电枢反应的去磁作用,磁通 Φ 有所减小,因此,随着负载的增加,转速将略有增大,从而引起机械特性曲线上翘,如图 1-41 中的粗虚线所示。为减小上翘,在电机内部的主磁极上增加一个串励绕组(又称稳定绕组),由其助磁以抵消电枢反应的去磁作用,防止上翘造成电力拖动系统不稳定运行。

1.9.3　他励直流电动机的人为机械特性

上一节推导了在额定电压、额定励磁且电枢回路未串联任何电阻的条件下他励直流电动机的机械特性,由于上述各控制量及参数均取决于电机固有特性,因此,确切地讲,上述特性又称为固有(或自然)机械特性。通过人为改变控制量或参数所获得的机械特性称为人为机械特性。根据所改变控制量或参数的不同,他励直流电动机的人为机械特性可进一步分为如下三种类型:①电枢回路外串电阻时的人为机械特性;②改变电枢电压时的人为机械特性;③弱磁时的人为机械特性。现分别介绍如下。

1. 电枢回路外串电阻时的人为机械特性

当 $U_1 = U_N$、$I_f = I_{fN}$、电枢回路的总电阻 $R = R_a + R_\Omega$(即电枢回路的外串电阻为 R_Ω)时,利用类似于式(1-48)的推导过程,可得他励直流电动机的人为机械特性,其表达式为

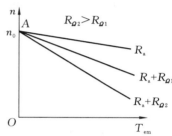

$$n = \frac{U_N}{C_e \Phi_N} - \frac{(R_a + R_\Omega)}{C_e C_T \Phi_N^2} T_{em} \qquad (1\text{-}50)$$

此类人为机械特性曲线如图 1-42 所示。由图 1-42 可见,随着外串电阻的阻值增大,直线的斜率绝对值增大,表明电机的转速下降增大,机械特性的硬度降低。但考虑到理想空载转速不变,因此,电枢回路外串电阻时所有人为机械特性曲线均交于理想空载点 A。

图 1-42　电枢回路外串电阻时他励直流电动机的人为机械特性曲线

2. 改变电枢电压时的人为机械特性

当 $I_f = I_{fN}$、$R_\Omega = 0$、仅改变电枢电压时,他励直流电动机的人为机械特性由下式给出:

$$n = \frac{U_1}{C_e \Phi_N} - \frac{R_a}{C_e C_T \Phi_N^2} T_{em} \qquad (1\text{-}51)$$

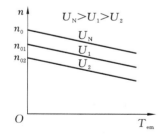

图 1-43　改变电枢电压时他励直流电动机的人为机械特性曲线

此类人为机械特性曲线如图 1-43 所示。由图 1-43 可见,随着外加电压的降低,理想空载转速线性下降,但直线的斜率保持不变,亦即他励直流电动机人为机械特性的硬度保持不变。

3. 弱磁时的人为机械特性

当 $U_1 = U_N$、$R_\Omega = 0$、仅改变励磁电流时,他励直流电动机的人为机械特性为

$$n = \frac{U_N}{C_e \Phi} - \frac{R_a}{C_e C_T \Phi^2} T_{em} \qquad (1\text{-}52)$$

为了便于说明,将式(1-52)中的电磁转矩用电枢电流替代,于是有

$$n = \frac{U_N}{C_e \Phi} - \frac{R_a}{C_e \Phi} I_a \qquad (1\text{-}53)$$

由式(1-52)、式(1-53)可见,当励磁电流减小使得 Φ 减弱时,对应于坐标轴上的两个极限

点：①理想空载转速 $n_0=\dfrac{U_N}{C_e\Phi}$（对应于 $I_a=0$）升高；②短路电流（又称为堵转电流或启动电流）$I_{st}=U_N/R_a$（对应于 $n=0$）保持不变（见图 1-44（a）），相应的堵转（或启动）转矩 $T_{st}=C_T\Phi I_{st}$ 减小。图 1-44（b）给出了弱磁时他励直流电动机的人为机械特性，由图 1-44（b）可见，当励磁电流（或磁通）减小时，机械特性变软。

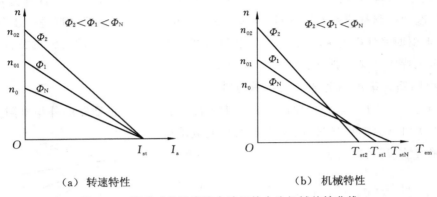

（a）转速特性　　　　　　　　　　（b）机械特性

图 1-44　弱磁时他励直流电动机的人为机械特性曲线

由图 1-44（b）可以看出，一般情况下，随着励磁电流（或磁通）的减小，直流电动机的转速升高，即弱磁升速。而当负载较大时，弱磁反而会使电机转速下降。

4. 机械特性曲线的绘制

在电力拖动系统的设计过程中，往往需要确定直流电动机的机械特性。实际上，根据所提供电机的产品目录或铭牌数据 P_N、U_N、I_N 和 n_N，便可估算直流电动机的固有机械特性，具体方法如下。

由于他励直流电动机的固有机械特性曲线是一条直线，因此，只需求出两点，即理想空载点 $(0,n_0)$ 和额定运行点 (T_N,n_N)，便可以获得他励直流电动机的固有机械特性曲线。

对于理想空载转速 $n_0=\dfrac{U_N}{C_e\Phi_N}$，其中的 $C_e\Phi_N$ 可根据下式计算：

$$C_e\Phi_N=\frac{E_{aN}}{n_N}=\frac{U_N-R_aI_N}{n_N} \tag{1-54}$$

式中，电枢回路的总电阻 R_a 可以采用伏安法实测，即在正、负电刷之间施加一定的电压，使得电枢回路的电流值接近额定值，由此获得电枢回路的总电阻。电枢回路的总电阻也可采用下列经验方法进行估算，估算的依据是额定负载条件下，假定铜耗占总损耗的 $1/2\sim2/3$，于是有

$$I_N^2R_a=\left(\frac{1}{2}\sim\frac{2}{3}\right)\sum P=\left(\frac{1}{2}\sim\frac{2}{3}\right)(U_NI_N-P_N)$$

即

$$R_a=\left(\frac{1}{2}\sim\frac{2}{3}\right)\frac{(U_NI_N-P_N)}{I_N^2} \tag{1-55}$$

对于额定运行点 (T_N,n_N)，额定转矩可由下式给出：

$$T_N = C_T \Phi_N I_N \tag{1-56}$$

式中：$C_T \Phi_N$ 可根据式(1-17)求得，$C_T \Phi_N = 9.55 C_e \Phi_N$。

至此，他励直流电动机的固有机械特性曲线便可直接绘出。对于其人为机械特性，则可以将改变后的控制量或参数代入相应的人为机械特性表达式，依次求出相应理想空载点$(0, n_0)$和额定运行点(T_N, n_N)，即可得到人为机械特性曲线。

1.10 串励直流电动机的机械特性

1.10.1 串励直流电动机的机械特性

串励直流电动机的电路图如图 1-45 所示，其特点是电枢绕组与励磁绕组串联，于是有 $I_a = I_s = I_1$。串励直流电动机的固有机械特性是指，在 $U_1 = U_N$ 且电枢回路的外串电阻 $R_\Omega = 0$ 的条件下，转速与电磁转矩之间的关系 $n = f(T_{em})$。

根据串励直流电动机的特点，利用基尔霍夫电压定律(KVL)，得其电压平衡方程为

$$U_1 = E_a + R_a I_a + R_s I_s = E_a + (R_a + R_s) I_a \tag{1-57}$$

式中：R_s 为串励绕组的电阻。

当负载较轻、磁路未饱和时，由式(1-18)得 $\Phi = K_f I_s$，此时电动势和电磁转矩的表达式变为

$$E_a = C_e n \Phi = C_e K_f I_s n = C_e' n I_a \tag{1-58}$$

$$T_{em} = C_T \Phi I_a = C_T K_f I_s I_a = C_T' I_a^2 \tag{1-59}$$

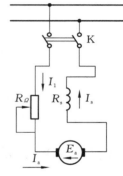

图 1-45 串励直流电动机的电路图

式中：$C_e' = C_e K_f$；$C_T' = C_T K_f$。将式(1-58)代入式(1-59)可得转速特性，其表达式为

$$n = \frac{U_1}{C_e' I_a} - \frac{R_a + R_s}{C_e'} \tag{1-60}$$

式(1-60)表明，转速与电流之间的关系曲线是一条双曲线。将式(1-59)代入式(1-60)便可获得串励直流电动机的固有机械特性，其表达式为

$$n = \frac{\sqrt{C_T'}}{C_e'} \frac{U_1}{\sqrt{T_{em}}} - \frac{R_a + R_s}{C_e'} \tag{1-61}$$

当负载较重、电枢电流 I_a 较大时，磁路饱和，Φ 近似不变。此时，同他励直流电动机一样，转速将随着负载电流的增大而线性下降，而电磁转矩 $T_{em} = C_T \Phi I_a$ 则正比于 I_a。

上述分析表明，无论是轻载还是重载，串励直流电动机的电磁转矩均以高于电枢电流的一次方的级数增大。串励直流电动机的这一特点确保了其电磁转矩(包括启动转矩)高于同等容量的并励直流电动机的电磁转矩，因而串励直流电动机作为汽车启动电机得到广泛应用。

根据式(1-61)以及上述分析，绘出串励直流电动机的固有机械特性曲线，如图 1-46 所示。

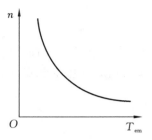

图 1-46　串励直流电动机的
固有机械特性曲线

由图 1-46 可见，串励直流电动机的转速随负载的增加而迅速下降，表明其机械特性较软。串励直流电动机的上述特点可以确保其重载时转速较低、转矩较大，而轻载时转速较高、转矩较小。因此，串励直流电动机特别适用于转矩经常大起大落的负载，如冲击钻、打磨机等电动工具以及城市无轨电车等。

　　值得一提的是，当负载很轻时，由式（1-61）可知，随着 $T_{em} \to 0$，转速 $n \to \infty$。因此，串励直流电动机不允许轻载或空载运行。否则，电动机的转速会急剧升高，造成"飞车"现象，最终造成转子损坏。

　　此外，串励电动机通常可以作为交、直两用电动机（又称为通用电动机）使用，既可以在交流电压下运行又可以在直流电压下运行。

　　对串励电动机在交流电压下的运行可以这样理解：由于主磁通与电枢电流同时改变方向，因此，所产生的平均电磁转矩方向不会发生变化，亦即电磁转矩是单方向的，转子可以连续旋转。

　　当然，由于在交流电压下主磁通是交变的，并且稳态时存在电枢电抗压降，因此相应的电机内部结构及运行特性与直流供电时的情况有差别。一般情况下，交流供电时串励电动机所产生的电磁转矩往往比直流供电时所产生的电磁转矩小。

　　交、直两用电动机主要用于吸尘器、厨房用具以及电动工具等，且通常在高速（1500～15000 r/min）场合下运行。

1.10.2　串励直流电动机的人为机械特性

　　串励直流电动机可以通过如下几种方法获得人为机械特性：①电枢回路外串电阻；②降低电源电压；③在串励绕组的两端并联电阻以实现弱磁控制或在电枢两端并联电阻以实现增磁控制。相应的人为机械特性可参考式（1-60）、式（1-61）获得，有兴趣的读者可以对上述各种情况下的人为机械特性表达式加以推导。图 1-47 所示为不同情况下串励直流电动机的人为机械特性曲线。

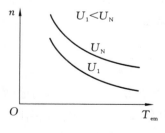

（a）降压时的机械特性

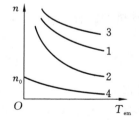

（b）其他方式时的机械特性

图 1-47　不同情况下串励直流电动机的人为机械特性曲线

1—固有机械特性曲线；2—电枢回路外串电阻时的人为机械特性曲线；
3—励磁绕组并联电阻时的人为机械特性曲线；4—电枢回路并联电阻时的人为机械特性曲线

1.11　复励直流电动机的机械特性

图 1-48 是复励直流电动机的电路图,复励直流电动机通常接成积复励的形式,其机械特性介于并励(或他励)和串励直流电动机之间,并且根据并励磁动势和串励磁动势的相对强弱而有所不同。若以并励绕组的励磁磁动势为主,则其工作特性接近于并励直流电动机;反之,其工作特性接近于串励直流电动机。以串励为主的复励直流电动机既保留了串励直流电动机的优点,同时由于存在一定的并励绕组磁动势,也允许轻载甚至空载运行。

图 1-49 绘出了复励直流电动机的固有机械特性曲线,为便于比较,还绘出了并励和串励直流电动机的固有机械特性曲线。

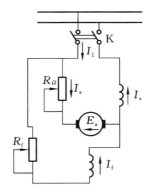

图 1-48　复励直流电动机的电路图

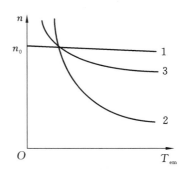

图 1-49　几种直流电动机的固有机械特性曲线

1—并励;2—串励;3—复励

复励直流电动机的人为机械特性可通过类似求解并励和串励直流电动机人为机械特性的方法获得,这里不再赘述。

1.12　直流电机的换向

当直流电机旋转时,虽然电刷相对主磁极是静止不动的,但电枢绕组和换向器却处在不停的旋转过程中,组成每条支路的元件也处在不断的依次轮换中。就某一元件和相应的换向片而言,其经过电刷前处于一条支路,其经过电刷后则处于另一支路。由于电刷是电流的分界线,相邻两条支路的电流因处于不同类型的极下而方向不同,因此,经过电刷前后,元件中的电流自然要改变方向。这一过程称为换向,也称为转向。

为了说明换向过程,图 1-50 给出了直流电动机电枢绕组的换向过程,其中的电枢绕组是具有 4 条支路的单叠绕组。设电刷的宽度等于换向片的宽度,电刷固定不动,换向器与绕组逆时针旋转。当电刷与换向片 1 接触时(见图 1-50(a)(b)),元件 1 处于右边一条支路,电流方向为顺时针方向;当电刷与换向片 1、2 同时接触时(见图 1-50(c)),元件 1 被电刷短路;当电刷与换向片 2 接触时(见图 1-50(d)),元件 1 则进入左边一条支路,电流反向,变为逆时针方向。至此,元件 1 便完成了整个换向过程。图 1-51 给出了理想情况下元件 1 中的电流随时间变化的波形。很显然,理想情况下元件内的电流波形为梯形波,通常,称这种换向状态为线性(或直线)换向。

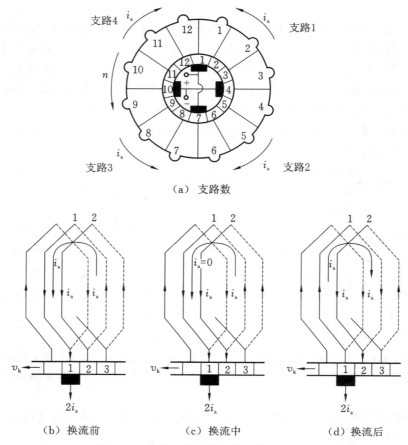

(a) 支路数

（b）换流前　　　　　　（c）换流中　　　　　　（d）换流后

图 1-50　直流电动机电枢绕组的换向过程

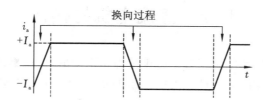

图 1-51　理想情况下元件 1 中的电流随时间变化的波形

由于电磁和机械等方面的原因,实际直流电机很难实现线性换向。从电磁方面看,换向过程中,换向元件的电流由 $+i_a$ 变为 $-i_a$,在换向元件中会引起自感和互感电动势,此电动势又称为电抗电动势;另外,电枢反应造成几何中性线(即两主磁极之间的中线)处的气隙磁场不为零,使得换向元件切割该磁场而产生运动电动势。电抗电动势和运动电动势的综合作用结果即为换向延迟,正在结束换向的元件在脱离电刷时释放能量,电刷下便会出现火花,造成直流电机运行困难。除此之外,电枢反应造成气隙磁场畸变,当元件切割畸变磁场时,就会感应出较高的电动势,致使与这些元件相连的换向片之间的电位差较高,严重时会引起电位差火花,并导致沿换向器整个圆周产生环火,而环火会造成电刷和换向器表面烧坏,并危及电枢绕组。

从机械方面看,换向器偏心、电刷与换向器接触不良等均会导致换向问题。

针对上述原因,为了改善换向并消除换向火花,可设法采取一定措施以在直流电机定子侧获得适当的磁动势或磁场,以抵消或削弱电枢反应磁场对换向元件电动势的影响。为此,可采取下列三种方案:

（1）在任意两主磁极中间（即几何中性线处）安装换向极（见图 1-52）;

（2）在主磁极的极靴上专门冲出均匀分布的槽,并在槽内嵌放补偿绕组（见图 1-53）;

（3）沿一定方向将电刷移至适当位置（简称移刷,见图 1-54）。

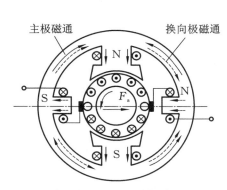

图 1-52　直流电机换向极的极性与绕组接线

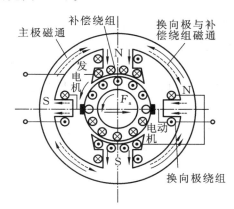

图 1-53　补偿绕组的嵌放和接线

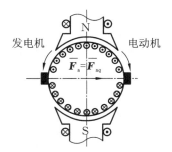

（a）移刷前（常规电机）

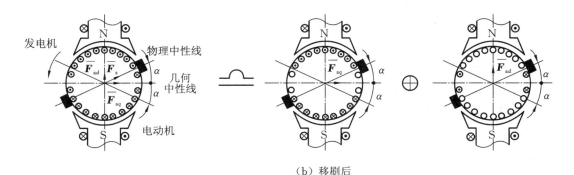

（b）移刷后

图 1-54　直流电机移刷前后电枢反应磁动势及其等效交、直轴分量

换向极所产生的磁场应尽可能抵消换向元件电动势受周围电枢反应磁场的影响,亦即希望换向极磁动势与对应位置处的电枢反应磁动势大小相等且方向相反。考虑到电枢反应磁动势大小随着负载的不同而改变,通常,将换向极绕组与电枢绕组串联,如图 1-52 所示。同时,为确保换向极磁动势与电枢反应磁动势方向相反,应根据直流电机的工作方式确定换向极绕组的接线或绕向。对于直流发电机,换向极的接线或绕向应确保沿电枢旋转方向,换向极的极性与下一个主磁极的极性相同;对于直流电动机,在沿电枢旋转方向上,换向极的极性与前一个主磁极的极性相同。

对于补偿绕组,同样也要求其所产生的磁动势尽可能抵消电枢反应磁动势的影响,亦即希望补偿绕组所产生的磁动势与对应位置处的电枢反应磁动势大小相等且方向相反。通常,将补偿绕组与电枢绕组串联,如图 1-53 所示。借助补偿绕组所产生的磁动势,可以消除电枢反应引起的气隙磁场畸变,因而有可能最终解决电位差火花和环火问题。

需要说明的是,安装换向极这一方案主要适用于容量为 1 kW 以上的直流电机;对于大、中容量的直流电机,在安装换向极的同时还需采用嵌放补偿绕组的方案;对于小容量的直流电机,考虑到造价和安装空间的约束等因素,一般可采用移动电刷位置的方案来解决换向问题。移动电刷位置的方案借助于主磁极部分磁场削弱电枢反应磁场对换向元件电动势的影响,具体说明如下。

对于直流电动机,通常将电刷由几何中性线或 q 轴沿电枢旋转的相反方向移动一定角度(通常移至物理中性线处,见图 1-54),以确保在换向元件周围(即图 1-54 中的电刷所在位置)主磁极磁场与该处的电枢反应磁场尽可能抵消,从而减小运动电动势,改善换向。对于直流发电机,为了改善换向,一般将电刷沿电枢旋转方向移动一定角度(通常移至物理中性线处)。

需要说明的是,考虑到电刷是电流方向的分界线,移动电刷位置引起的电枢反应磁动势的幅值位置也随之改变,其位置由原本的几何中性线(或 q 轴)移至新的电刷位置。对于该电枢反应磁动势,通常将其沿交、直轴等效分解为两个分量 $\overline{F}_{ad}$ 与 $\overline{F}_{aq}$,即

$$\overline{F}_a = \overline{F}_{ad} + \overline{F}_{aq} \tag{1-62}$$

式中:$\overline{F}_{ad}$ 称为直轴电枢反应磁动势,相应的电枢反应称为直轴电枢反应;$\overline{F}_{aq}$ 称为交轴电枢反应磁动势,相应的电枢反应称为交轴电枢反应(见图 1-54(b))。一般来讲,直轴电枢反应可以是去磁的也可以是助磁的,这取决于电刷移动的方向。对于图 1-54 所示的情况,$\overline{F}_{ad}$ 是去磁的。主磁极磁场与直轴电枢反应磁动势方向相反,从而改善了换向。当然,其代价是由于气隙磁场的削弱,直流电机所产生的电磁转矩以及感应电动势减小。

值得指出的是,对于上述安装换向极与嵌放补偿绕组两种方案,考虑到换向极绕组和补偿绕组均与电枢绕组串联,当负载变化或者电枢改变转向时,相应的磁动势也会随之改变,因此,换向的改善效果自然不受影响。与之不同,对于移刷方案,由于采用定子主磁极磁场来削弱电枢反应磁场,而主磁极磁场固定不变,因此移刷方案不适用于变负载的场合。此外,当电枢运行方向改变时,电刷的移动方向也需随之改变,否则,换向将进一步恶化。鉴于此,除小型电机外,直流电机一般不通过移动电刷来改善换向。

本章小结

　　同其他类型的电机一样,直流电机有发电机和电动机之分,无论是哪种运行状态,其绕组内部均产生交流电动势和电流,而电刷外部输出为直流电压,内、外部交、直流之间的转换通过换向器和电刷实现。对发电机而言,在原动机拖动下,其电枢绕组切割定子励磁绕组(或永久磁铁)所产生的磁场而感应出交流电动势,将机械能转变为电能,然后通过换向器和电刷完成交流到直流的转换,从而在电刷外部输出直流电压。因此,对发电机来讲,换向器和电刷起到了机械式整流器的作用。对电动机而言,定子励磁绕组(或永久磁铁)通电产生励磁磁场,电枢绕组通以直流电压(或电流),在换向器和电刷的作用下,外加的直流电压(或电流)被转变为交流电压(或电流),定子励磁磁场与电枢电流相互作用便会产生电磁力(或转矩),从而拖动负载运行,完成电能向机械能的转变。因此,对电动机来讲,换向器和电刷起到了机械式逆变器的作用。直流电机之所以要进行交、直流之间的转换,是因为要确保产生单方向的有效电磁转矩。受直流电机工作原理的启发,可以采用电力电子变流器(整流器和逆变器)和转子位置传感器取代机械式换流器(换向器与电刷),从而获得作为伺服电动机的无刷直流电机。

　　电机运行原理的实现是通过结构加以保证的,直流电机也不例外。直流电机包括静止的定子部分和旋转的转子部分,其定子部分主要由定子铁芯外加直流励磁绕组组成,除此之外,定子还包括固定在刷架上的电刷、起支撑作用并兼作磁路的机座等。大型直流电机的定子部分还包括改善换向用的换向极、补偿绕组等。转子部分则主要由电枢绕组、换向器等组成,另外还包括转子铁芯、铁芯支架以及转轴等。

　　电磁场是电机实现机电能量转换的媒介,要熟悉电机的特点和性能,首先就应该了解电机内部的电磁情况,亦即电机内部的电路组成、磁路结构以及电磁相互作用的机理。

　　直流电机的电路包括电枢绕组和励磁绕组两部分,其中电枢绕组是将许多相同的元件按一定规律连接起来组成的闭合绕组,这种闭合绕组的设计是直流电机与交流电机在绕组构造上的不同之处。根据单个元件的特点和元件之间的端部连接特点,直流电枢绕组主要分为叠绕组、波绕组和蛙形绕组,常用的绕组形式为单叠绕组和单波绕组。单叠绕组的连接特点是将上层边处于同一主磁极下的所有元件串联在一起组成一条支路,而单波绕组的连接特点则是将上层边处于同一极性(全部为 N 极或全部为 S 极)下的所有元件串联在一起组成一条支路,另一极性下的所有元件组成另一条支路。因此,单叠绕组的支路数与主磁极的个数相等,即 $2a = 2p$;而单波绕组仅有两条支路,即 $2a = 2$。电枢绕组的结构特点决定了单叠绕组适用于低压、大电流的直流电机,而单波绕组适用于高压、小电流的直流电机。

　　励磁绕组的电路则比较简单,根据其与电枢绕组的连接形式不同,励磁绕组又有他励、并励、串励以及复励(长复励和短复励)之分。不同励磁方式下相应直流电机的性能差别很大。

直流电机的磁路部分由主磁极、机座、电枢铁芯等组成。直流电机磁场的一个典型特点是采用双边励磁，即直流电机内部的磁场是由主磁极上的励磁磁动势与电枢上的电枢反应磁动势共同产生的，其中定子主磁极绕组通以直流电产生主磁场，该主磁场形状均匀，负载后电枢绕组中的电流也会产生磁场，从而对定子主磁场有一定影响。电枢磁场对主磁场的影响被称为电枢反应，相应的电枢磁场又称为电枢反应磁场，电枢反应磁场对主磁场的影响结果包括：①气隙磁场发生畸变；②去磁作用。前者使得气隙磁场不再均匀，引起换向火花，不利于换向；后者降低了电枢绕组的感应电动势和电磁转矩，对电机性能产生较大影响。直流电机磁场的另一个典型特点是其主磁极的励磁磁动势 F_f 与电枢反应磁动势 F_a 不仅相对静止，而且在空间上相互正交。从控制角度看，这两者是完全解耦的，这样，对励磁磁动势 F_f 和电枢反应磁动势 F_a 便可单独进行控制和调节，从而使直流电动机具有优于交流电动机的调速性能。直流电动机曾经几乎占据了所有的高性能调速应用场合，随着目前交流电机理论的发展，出现了类似于直流电机定子、转子磁动势解耦的矢量控制，使得交流电机能够获得可与直流电机相媲美的调速性能，交流电机才在大部分高性能调速场合下得到应用。

为了获得直流电机的数学模型，首先需要对描述直流电机机电能量转换的两个重要物理量——感应电动势和电磁转矩进行定量计算。感应电动势和电磁转矩分别从电角度和机械角度反映了直流电机内部经过气隙传递电磁功率的情况，其基本表达式为 $P_{em} = T_{em}\Omega = E_a I_a$，该式表明了电功率和机械功率的能量守恒关系。

通过对直流电机电磁过程及机电过程的定量描述，便可获得直流电机的数学模型，也就是直流电机的基本方程(电压平衡方程、转矩平衡方程及功率平衡方程)或等值电路。利用这些数学模型，便可对直流电机的运行特性(工作特性和机械特性)进行分析与计算。

对于电动机而言，使用者最关心的是其机械轴上的运行状况，而机械轴的运行状况一般由转速和电磁转矩两个机械量来描述，通常，把保持励磁电流不变条件下转速与电磁转矩之间的关系定义为电动机的机械特性，即 $n = f(T_{em})$，它是电力拖动系统中最常用的特性。

在电力拖动系统中，一般称额定电压、额定励磁电流且电枢回路不外串任何电阻条件下电动机的机械特性为固有机械特性，而将上述三个条件之一改变后所得的电动机的机械特性称为人为机械特性。

随着上述不同条件的改变，电动机的人为机械特性也呈现不同的特点。仅通过改变电枢回路外串电阻的方式所获得的人为机械特性较软，外串电阻越大，机械特性越软，且其曲线皆位于固有机械特性曲线之下，故对于采用这种方式的拖动系统，其转速只能在额定转速以下调节；而通过仅改变电枢电压方式所获得的人为机械特性硬度不变，考虑到 $U_1 \leqslant U_N$，其曲线也皆位于固有机械特性曲线之下，故对于采用这种方式的拖动系统，其转速也只能在额定转速以下调节；通过降低励磁电流方式所获得的人为机械特性则有所不同，其曲线皆位于固有机械特性曲线之上，故弱磁情况下拖动系统的转速可以在额定转速以上调节。

不同励磁方式下直流电动机的机械特性也呈现不同的特点。对于并励(或他励)直流电动机,在励磁电流(或磁通)不变的条件下,随着电磁转矩的变化,其转子转速变化较小;而串励直流电动机则不同,由于其励磁绕组与电枢绕组串联,电磁转矩与电流的平方成正比,因此,其机械特性的表现是随着电磁转矩的增大,转速下降较大,这一特性特别适应于电动工具、吸尘器及汽车启动机等负载;复励直流电动机的机械特性则介于并励和串励直流电动机两者之间。

对于发电机而言,使用者最关心的则是其电气端的输出情况,亦即随着负载电流的增大其端部输出电压的变化情况。通常,把一定励磁条件下输出电压与电枢电流之间的关系定义为发电机的外特性,即 $U=f(I_a)$。同样,励磁方式不同,直流发电机的外特性也不尽相同。

对并励(或复励)直流发电机而言,由于其励磁电流来自发电机自身所发出的电压,因此必然存在这样一个问题:发电机刚开始运行时,发电机无输出电压,励磁电流来自何处? 而没有励磁电流,发电机又如何输出电压? 这样一个类似于"鸡生蛋"和"蛋生鸡"的问题,在电机学中被称为发电机的自励建压问题。并励(或复励)直流发电机的自励建压是通过励磁回路与电枢回路的正确接线、剩磁以及励磁回路外串合适的电阻来完成的。

对直流电机,需特别关注的另一个问题是其换向问题,换向器和电刷的机械结构以及电枢反应等造成直流电机的致命弱点即换向火花,限制了其应用范围。为了解决换向问题,大型直流电机通常采取在定子侧安装换向极和在主磁极上安装补偿绕组等措施;小型直流电机则通过移刷来改善换向。

 ## 习题

1-1　一台四极并励直流电机接在 220 V 的电网上运行,已知:电枢表面的总导体数 $N=372$ 根,$n=1500$ r/min,$\Phi=1.1\times10^{-2}$ Wb,单波绕组,电枢回路的总电阻 $R_a=0.208$ Ω,$P_{Fe}=362$ W,$P_{mec}=240$ W。试求:

(1) 该电机是发电机还是电动机?

(2) 该电机的电磁转矩与输出功率各为多少?

1-2　一台 96 kW 的并励直流电动机,额定电压为 440 V,额定电流为 255 A,额定励磁电流为 5 A,额定转速为 500 r/min,电枢回路的总电阻为 0.078 Ω,不计电枢反应,试求:

(1) 电动机的额定输出转矩;

(2) 额定电流下的电磁转矩;

(3) 电动机的空载转速。

1-3　某台他励直流电动机的铭牌数据如下:$P_N=22$ kW,$U_N=220$ V,$I_N=115$ A,$n_N=1500$ r/min,电枢回路的总电阻为 0.1 Ω。忽略空载转矩,电动机带额定负载运行时,要求转速降到 1000 r/min。

（1）采用电枢回路外串电阻降速时，外串电阻的阻值为多少？

（2）采用降低电源电压降速时，外加电压应降为多少？

（3）上述两种情况下，电动机的输入功率与输出功率各为多少（不计励磁回路的功率）？

1-4 一台并励直流电动机在一定负载转矩下的转速为 1000 r/min，电枢电流为 40 A，电枢回路的总电阻为 0.045 Ω，电网电压为 110 V。当负载转矩增大到原来的 4 倍时，电枢电流及转速各为多少（忽略电枢反应）？

1-5 一台 17 kW、220 V 的并励直流电动机，电枢电阻 $R_a = 0.1$ Ω，在额定电压下电枢电流为 100 A，转速为 1450 r/min，一变阻器与并励绕组串联限制励磁电流为 4.3 A。当变阻器短路时，励磁电流为 9.0 A，转速降低到 850 r/min，电动机带恒转矩负载，机械损耗等不计。试计算：

（1）励磁绕组的电阻和变阻器的电阻；

（2）变阻器短路后的稳态电枢电流；

（3）负载转矩。

1-6 他励直流电动机的铭牌数据如下：$P_N = 1.75$ kW，$U_N = 110$ V，$I_N = 20.1$ A，$n_N = 1450$ r/min。试用 MATLAB 完成下列问题：

（1）计算该电动机固有机械特性并绘制曲线；

（2）50% 额定负载时的转速；

（3）转速为 1500 r/min 时的电枢电流。

1-7 他励直流电动机的铭牌数据如下：$P_N = 10$ kW，$U_N = 220$ V，$I_N = 53.7$ A，$n_N = 3000$ r/min。试用 MATLAB 计算下列机械特性并绘出相应曲线：

（1）固有机械特性；

（2）电枢回路的总电阻为 50% R_N 时的人为机械特性；

（3）电枢回路的端电压 $U_1 = 50\% U_N$ 时的人为机械特性；

（4）$\Phi = 80\% \Phi_N$ 时的人为机械特性。

思考题

1-1 铁磁材料的相对磁导率是如何随磁动势的变化而变化的？

1-2 什么是电磁转矩？它在电机旋转运动中扮演什么角色？

1-3 什么是换向？为什么要换向？换向器为什么能将外部的直流电压转换成电枢上的交流电压？

1-4 什么是电角度？它与机械角度有什么关系？

1-5 什么是反电动势？它的大小和方向如何确定？

1-6 直流电机的损耗有哪些？什么是铁耗？为什么电机的铁芯要采用非常薄的叠片结构？

1-7 为什么机械负载增大时，他励直流电动机的转速会降低？

1-8 为什么直流电动机运行时，发电机原理和电动机原理总是同时存在的？

1-9　直流电机中主磁通既链着电枢绕组又链着励磁绕组,为什么却只在电枢绕组中感生出电动势?

1-10　直流电动机稳态运行中,以下哪些量方向不变? 哪些量的方向是交变的? ①励磁电流;②电枢电流;③电枢感应电动势;④电枢元件边中的感应电动势;⑤电枢导条中的电流;⑥主磁极中的磁通;⑦电枢铁芯中的磁通。

1-11　为什么磁路饱和时电枢反应会产生去磁效应? 这种电枢反应会对机械特性产生什么影响?

1-12　直流电动机电枢绕组元件内的电动势是直流的还是交流的? 如果是交流的,为什么计算稳态电动势时不考虑元件的电感?

第 2 章　直流电力拖动原理

本章深入讲解了直流电力拖动原理,首先通过分析直流拖动系统的运动方程,揭示了单轴系统运动方程的基本形式、工作机械的负载转矩特性、拖动系统稳定运行的条件以及电枢反应对机械特性的影响。接着,章节转向直流电动机的启动与调速(转速调节)技术,详细讨论了直流电动机启动方法、调速技术、调速的相关指标、调速过程中的功率与转矩关系以及直流电力拖动系统的动态过程。此外,本章还深入探讨了直流电动机在运行时的励磁保护问题;在直流电动机的制动运行状态部分,详细分类讨论了他励直流电动机的回馈制动、反接制动、能耗制动以及串励和复励直流电动机的制动运行。最后,本章讲述了永磁直流电动机的特点和应用,为读者提供了直流电力拖动系统设计与应用的全面介绍。

🎯 知识目标

(1)理解电力拖动系统的运动方程;

(2)理解负载的转矩特性;

(3)理解他励直流电动机的启动、调速、制动技术与指标;

(4)掌握电力拖动系统稳定运行的条件;

(5)理解永磁直流电动机的特点和应用。

🎯 能力目标

(1)能够利用运动方程判断系统运动状态;

(2)能够掌握他励直流电动机的启动、调速、制动方法;

(3)能够分析和选择电动机的启动、制动、调速方案,并具备性能比较、设计计算能力。

🎯 素质目标

引入我国小型电机的产业发展现状,结合科学前沿与基础知识,培养学生的科学兴趣;把一系列工程问题转化为数学模型,并采用数学逻辑进行分析计算,培养学生的科学思维和工程意识。例如:给出实际的直流电机控制需求,引导学生应用所学知识建立相应的电机机械特性方程,从而求出问题的解。

2.1　直流拖动系统的运动方程

2.1.1　单轴系统的运动方程

在生产实践中,电动机作为一种提供动力的机械,总是和各种类型的工作机械联系在一起,电动机、工作机械以及它们之间所组成的机电运动整体,称为电力拖动系统。以直流电动机作为拖动电动机的电力拖动系统,称为直流电力拖动系统,简称直流拖动系统。单轴系统也称为直接驱动系统、直轴连接系统,指电动机轴不经任何传动机构直接与工作机械转轴相连的电力拖动系统。早期的直流拖动系统中,由于电动机的调速范围和驱动功率的限制,电动机轴与工作机械之间常通过中间机械传动机构连接,其中最常见的一种中间传动机构是齿轮箱。通过不同的齿轮传动比,可以比较容易地获得工作机械所需要的低速或高速。但中间机械传动机构的引入,不可避免地增加了系统的成本和体积,机械传动间隙为拖动系统的控制增添了非线性因素,机械磨损也给实现精确运动控制带来了一定的困难。现代电力拖动系统得益于电动机制造、电力变换与控制技术的进步,其直流电动机的调速范围已达到相当宽的水平,1∶1000 已十分容易实现,1∶10000 也可以达到,因此,现代直流拖动系统中,革除中间机械传动机构,采用直轴连接直接驱动的单轴系统已成为十分常见的拖动系统设计方式。

为了实现对直流拖动系统的自动控制,首先需要建立系统的数学模型,其中,最重要的就是要建立系统的运动方程。与通过电路建立方程相同,在对一个系统建立运动方程之前,首先必须对系统中与运动相关的物理量给出明确的假定正向。

一个描述单轴拖动系统转矩与运动的假定正向关系的简单示意图如图 2-1 所示。这种对转矩假定正向的标注方法是转矩假定正向的电动机惯例,即图中各转矩的方向是根据电机作为电动机运行时的实际方向给出的。具体标注方法如下。

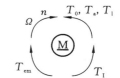

图 2-1　单轴拖动系统转矩与运动的假定正向关系

（1）任取一方向为电机电动运行的旋转方向(n、Ω 的方向)。

（2）电磁转矩方向与旋转方向相同。

（3）其他转矩方向与旋转方向相反。

在图 2-1 所示的转矩、转速的假定正向条件下,根据旋转运动系统的牛顿第二运动定律,有

$$\sum T = T_{em} - T_0 - T_a - T_1 = J\,\frac{\mathrm{d}\Omega}{\mathrm{d}t} \tag{2-1}$$

式中:Ω 为电动机角速度;J 为转动惯量,在电力拖动系统中定义为

$$J = m\rho^2 \tag{2-2}$$

式中:ρ 为惯量半径;m 为系统转动部分的质量。这一定义与物理学中密度均匀的薄圆环的转动惯量定义相同。实际电动机的转子是由转轴、开有许多槽的铁芯、绕组,以及一些辅助绝缘、紧固等材料构成的,质量密度并不均匀,定义中将其做了等效处理。

$$T_a = k\Omega \tag{2-3}$$

表示由黏性摩擦力产生的阻转矩(也称为黏性摩擦转矩),其中黏性摩擦力的大小与旋转速度成正比,方向与电动机旋转方向相反。

T_1 为作用于轴上的机械负载阻力产生的负载转矩,方向与电动机旋转方向相反。

而

$$T_I = J \frac{\mathrm{d}\Omega}{\mathrm{d}t} \tag{2-4}$$

称为惯性转矩。如果电动机的运行速度不是很低,则黏性摩擦转矩影响所占比例较小,为简化分析,常将其忽略,并且将空载转矩 T_0 与轴上负载转矩合并为

$$T_L = T_0 + T_1 \tag{2-5}$$

称为电动机负载转矩。

这样,单轴直流电力拖动系统的运动方程(又称为转矩平衡方程)可简化为

$$T_{em} - T_L = J \frac{\mathrm{d}\Omega}{\mathrm{d}t} \tag{2-6}$$

在实际工程计算中,常采用转速 n 代替角速度 Ω 来表示系统转动速度,用飞轮惯量或飞轮矩 GD^2(单位为 N·m²)代替转动惯量 J 来表示系统的机械惯性,换算方法如下:

$$\Omega = \frac{2\pi}{60} n \tag{2-7}$$

$$J = m\rho^2 = \frac{G}{g} \left(\frac{D}{2}\right)^2 = \frac{GD^2}{4g} \tag{2-8}$$

式中:g 为重力加速度,一般取 $g = 9.80 \ \mathrm{m/s^2}$,考虑到

$$\frac{2\pi}{60} \times \frac{1}{4g} \approx \frac{1}{375} \ (\mathrm{m/s^2})^{-1} \tag{2-9}$$

可以得到转矩平衡方程的另一种常用表达式:

$$T_{em} - T_L = \frac{GD^2}{375} \frac{\mathrm{d}n}{\mathrm{d}t} \tag{2-10}$$

由式(2-10)可知,当 $T_{em} = T_L$ 时,系统机械旋转加速度为零,电动机处于匀速运行状态;当 $T_{em} > T_L$ 时,系统处于加速运动的过渡过程中;反之,系统则处于减速运动的过渡过程中。即电动机稳定运行时电动机的电磁转矩由负载转矩决定,与电枢电压、电枢回路电阻无关。

国产直流电动机产品原沿袭苏联标准,给出电动机的飞轮惯量 GD^2,现一般按国际通用标准给出电动机的转动惯量 J。设计电力拖动系统时,除了电动机自身惯量外,还必须计及所拖动机械的转动惯量,即需要将负载惯量折算到电动机轴上。当负载惯量不易确定时,对直流拖动系统可按电动机惯量的 2～4 倍设计。例如:对于数控机床的刀具进给伺服驱动系统,一般可按电动机惯量的 2 倍考虑;对于大型工作台,则可取更大的倍数。

在转矩平衡方程中,能使电动机产生加速度的转矩称为拖动转矩,反之则称为制动转矩。

(1) 若方程中 T_{em} 和 T_L 取值的正负相同,也就是说,如果 T_{em} 取正值时 T_L 也取正值,或者 T_{em} 取负值时 T_L 也取负值,则它们的实际作用方向相反。此时若 n 也与之同正负,则实际 T_{em} 为拖动转矩,T_L 为制动转矩。反之,若 n 与之正负相反,则实际 T_{em} 为制动转矩,T_L 为拖动转矩。例如,如果 $T_{em} = 14.7 \ \mathrm{N \cdot m}$,$T_L = 14.0 \ \mathrm{N \cdot m}$,$n = 1470 \ \mathrm{r/min}$,则电磁转矩是拖动转矩,负载转矩是制动转矩,其实际作用相反;而若 $T_{em} = 14.7 \ \mathrm{N \cdot m}$,$T_L = 14.0 \ \mathrm{N \cdot m}$,$n = -1470 \ \mathrm{r/min}$,则电磁转矩是制动转矩,负载转矩是拖动转矩,两转矩的实际作用仍然相反。

（2）若方程中 T_{em} 和 T_L 取值的正负相反，则它们的实际作用方向相同。此时若 n、T_{em} 取值同正负，则实际 T_{em}、T_L 均为拖动转矩；若 n、T_{em} 取值正负相反，则实际 T_{em}、T_L 均为制动转矩。例如，若 $T_{em}=14.7$ N·m，$T_L=-14.0$ N·m，$n=1470$ r/min，则 T_{em}、T_L 均为拖动转矩；而如果 $T_{em}=14.7$ N·m，$T_L=-14.0$ N·m，$n=-1470$ r/min，则 T_{em}、T_L 均为制动转矩。

（3）式(2-6)忽略了黏性摩擦因素，对某些需要考虑黏性摩擦影响的电力拖动系统，需要使用拉格朗日运动方程来建立其运动方程。

（4）虽然直轴连接已逐渐成为主流设计，但实际的电力拖动系统仍有许多是多轴系统，即电动机通过多轴的传动机构与工作机构相连。这时为了简化分析，常把工作机构形成的负载转矩与飞轮转矩折算到电动机轴上来，用单轴系统模型来等效处理。

2.1.2　工作机械的负载转矩特性

转速与负载转矩之间的关系 $n=f(T_L)$ 称为负载转矩特性（注意它与机械特性的区别）。充分了解电力拖动系统的负载转矩特性，对正确理解电力拖动系统的运行特性、选择拖动电动机和制订控制方案是十分有帮助的。

1. 恒转矩负载的转矩特性

恒转矩负载的特点是负载转矩与转速高低无关。恒转矩负载按转矩的性质可分为两种类型：反抗性恒转矩负载和位能性恒转矩负载。

1）反抗性恒转矩负载

反抗性恒转矩负载的特点是，负载转矩的绝对值恒定不变，即 $|T_L|=C$（其中 C 为常数），方向总是在阻碍运动的制动性转矩方向，其转矩特性曲线如图 2-2(a)所示。机床的刀架和工作台、轧钢机等由摩擦力产生转矩的机械，其转矩都是反抗性负载转矩。

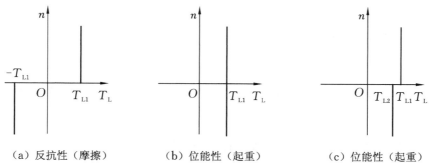

（a）反抗性（摩擦）　　　（b）位能性（起重）　　　（c）位能性（起重）

图 2-2　恒转矩负载转矩特性曲线

2）位能性恒转矩负载

位能性恒转矩负载的特点是其转矩的绝对值大小和方向均不变。按照惯例，定义 $n>0$ 表示使电动机拖动位能负载升高的旋转方向，$n<0$ 表示使电动机拖动位能负载下降的旋转方向，而负载转矩始终在大于零的方向。当 $n>0$ 时，负载转矩大于 0，是阻碍运动的制动性转矩；当 $n<0$ 时，负载转矩仍大于 0，但此时负载转矩是帮助运动的拖动性转矩，其转矩特性曲线如图 2-2(b)所示。起重机提升、下放重物就是其典型代表。实际工程中，在位能性

负载提升和下放时,负载转矩会略有不同。这是由于合并计算于负载转矩 T_L 的空载转矩 T_0 中的电机散热风扇风阻、轴承摩擦产生的转矩不具有位能性质,T_0 是反抗性的,因此对于同一位能性负载,下放时的负载转矩数值上会略小于提升时的,如图 2-2(c)所示。不过,在近似分析中,可暂时忽略这一次要矛盾。本书中近似将位能性负载看作如图 2-2(b)所示的恒转矩类型。

2. 恒功率负载的转矩特性

恒功率负载的特点是,负载的旋转速度与负载转矩的乘积恒定不变。例如,在电力机车拖动系统中,拖动电动机的功率是有限的,为了克服重力对负载转矩的影响,顺利爬上陡坡,需要降低速度以获得大的轴上输出转矩,转入平路时负载转矩减小,则可相应减小轴上输出转矩,转入高速运行。通过适当控制,可以保持电动机转速与轴上输出转矩的乘积不变,这时可使机车电动机的功率得到充分利用。工程上将此类负载称为恒功率负载,即

$$T_L \Omega = T_L \frac{2\pi}{60} n = P_2 = C \qquad (2-11)$$

式中:C 为常数。

恒功率负载的转矩特性曲线如图 2-3 所示。

3. 风机类负载的转矩特性

风机类负载包括通风机、水泵、油泵、螺旋桨等,其负载转矩的大小与转速的平方成比例,即

$$T_L = Cn^2 \qquad (2-12)$$

其转矩特性曲线如图 2-4 所示。

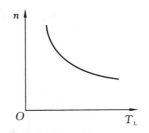

图 2-3 恒功率负载转矩特性曲线

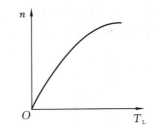

图 2-4 风机类负载的转矩特性曲线

2.1.3 电力拖动系统的稳定运行条件

控制系统的设计,都是围绕着稳、准、快三方面技术指标要求来展开的,其中稳定性要求是第一位的。电力拖动系统也不例外。由系统的运动方程可知,系统进入稳态(转速稳定)时,必须满足的必要条件为

$$\sum T = J \frac{\mathrm{d}\Omega}{\mathrm{d}t} = 0 \qquad (2-13)$$

即

$$T_{em} = T_L \qquad (2-14)$$

也就是说,系统的运转速度达到稳定时,必定有电动机提供的电磁转矩等于轴上的负载转

矩(包括空载转矩),使电动机的加速度等于零。而系统的这个转速工作点是否为稳定工作点,还需要进一步根据控制理论来判定。

按照控制理论对系统某一工作点稳定性的判定方法,当电动机在某一工作点稳速运行时,对其施加一个能量有限、作用时间有限的扰动(负载转矩扰动),使其工作点偏离,在扰动作用时间结束且恢复原负载转矩后,若系统能够回到原工作点(转速),则该工作点是稳定的,若系统不但不能回到原工作点,反而偏离得越来越远,则该工作点是不稳定的。

下面讨论电力拖动系统带有恒转矩负载时的情况。

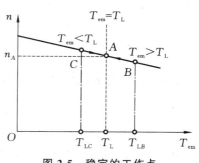

系统的机械特性曲线如图 2-5 所示,系统在工作点 A 稳速运行,该点处 $T_{em} = T_L$。这时如果在短时间内对其施加一个扰动,使其负载转矩变为 $T_{LB} = T_L + \Delta T > T_L$,由式(2-10)知,电动机将减速,系统的工作点将沿机械特性曲线偏移到点 B。减速的同时,相应反电动势减小,电枢电流、电磁转矩均增大,在点 B 处 $T_{emB} = T_{LB} > T_L$,$n_B < n_A$。扰动消失后,负载转矩回到 T_L,此时 $T_{emB} > T_L$,电动机加速,系统工作点可沿机械特性曲线回到原工作点 A。升速的同时,相应反电动势增大,电枢电流、电磁转矩均减小,直至系统工作点到达点 A,重新获得转

图 2-5　稳定的工作点

矩平衡。这一过程的特点可表述为,如果扰动使 $dn < 0$,导致 $dT_{em} > dT_L$,则在扰动消失后,系统可返回原工作点。

如果在短时间内对其施加一个扰动,使其负载转矩变为 $T_{LC} = T_L - \Delta T < T_L$,则系统的工作点将沿机械特性曲线偏移到点 C。在点 C 处 $T_{emC} = T_{LC} < T_L$,$n_C > n_A$。扰动消失后,负载转矩回到 T_L,此时 $T_{emC} < T_L$,电动机减速,相应反电动势减小,电枢电流、电磁转矩均增大,系统工作点可沿机械特性曲线回到原工作点 A。这一过程的特点可表述为,如果扰动使 $dn > 0$,而 $dT_{em} < dT_L$,则在扰动消失后,系统可返回原工作点。

由于无论施加的能量有限、作用时间有限的扰动是正的还是负的,系统最终都能返回原工作点 A,因此可以判定工作点 A 是稳定的工作点。

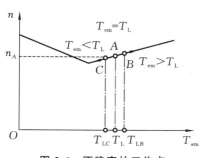

图 2-6　不稳定的工作点

系统的机械特性曲线如图 2-6 所示,系统在工作点 A 稳速运行,该点处 $T_{em} = T_L$。这时如果在短时间内对其施加一个扰动,使其负载转矩变为 $T_{LB} = T_L + \Delta T > T_L$,系统的工作点将沿机械特性曲线偏移到点 B,在点 B 处 $T_{emB} = T_{LB} > T_L$,$n_B > n_A$。扰动消失后,负载转矩回到 T_L,此时 $T_{emB} > T_L$,电动机将加速,进一步远离工作点 A。这一过程的特点可表述为,如果扰动使 $dn > 0$,导致 $dT_{em} > dT_L$,则在扰动消失后,系统不能返回原工作点。这样,即可判定工作点 A 为不稳定的工作点。

由

$$\begin{cases} dn < 0, & dT_{em} > dT_L \\ dn > 0, & dT_{em} < dT_L \end{cases}$$
(2-15)

可推得电力拖动系统的稳定条件为

$$\frac{\mathrm{d}T_{em}}{\mathrm{d}n} < \frac{\mathrm{d}T_L}{\mathrm{d}n} \tag{2-16}$$

对于恒转矩负载,电力拖动系统的稳定条件为

$$\frac{\mathrm{d}T_{em}}{\mathrm{d}n} < 0 \tag{2-17}$$

式(2-17)说明,对恒转矩负载,如果系统机械特性曲线在第一象限是向右下方倾斜(也称为下垂)的,则该特性曲线上的工作点是稳定工作点。如果特性曲线在第一象限是向右上方倾斜(也称为上翘)的,则该特性曲线上的工作点是不稳定工作点。

对于非恒转矩负载,如风机类负载,就必须根据式(2-16)来判定工作点的稳定性。

2.1.4　电枢反应对机械特性的影响

第1章分析过直流电动机在不同励磁方式下的机械特性曲线,它们在第一象限均具备下垂特性,因此,直流电动机在正常情况下可以在额定负载范围内任意负载点稳定运行。但是,直流电动机运行时电枢反应如果不能得到有效抑制,会对系统运行的稳定性产生不利影响。下面通过一个例题来分析。

【例 2-1】 已知某电机的额定值为 $U_N=220$ V、$I_N=15.6$ A、$n_N=1500$ r/min、$T_N=19.8$ N·m、$R_a=1.3$ Ω、$n_0=1650$ r/min、$K_e\Phi=0.133$ Wb。如果电枢反应使 $T_{em}=T_N$ 时磁通 $\Phi=0.95\Phi_N$,$T_{em}=0.9T_N$ 时磁通 $\Phi=0.98\Phi_N$,$T_{em}=1.1T_N$ 时磁通 $\Phi=0.90\Phi_N$,求此电机的机械特性。

解 不计电枢反应时,有

$$T_{em}=T_N=K_T\Phi I_a$$

对应地有

$$\Phi=\Phi_N,I_a=I_N$$

考虑电枢反应且 $T_{em}=T_N$ 时,有

$$I_a=\frac{T_N}{K_T\Phi}=\frac{K_T\Phi_N I_N}{0.95K_T\Phi_N}=\frac{I_N}{0.95}$$

$$n=\frac{U_a-R_a I_a}{K_e\Phi}=\frac{U_a-R_a\dfrac{I_N}{0.95}}{0.95K_e\Phi_N}=\frac{220-1.3\times\dfrac{15.6}{0.95}}{0.95\times0.133}\text{ r/min}=1572\text{ r/min}$$

考虑电枢反应且 $T_{em}=0.9T_N$ 时,有

$$I_a=\frac{0.9T_N}{K_T\Phi}=\frac{0.9K_T\Phi_N I_N}{0.98K_T\Phi_N}=\frac{0.9I_N}{0.98}$$

$$n=\frac{U_a-R_a I_a}{K_e\Phi}=\frac{U_a-R_a\dfrac{0.9I_N}{0.98}}{0.98K_e\Phi_N}=\frac{220-1.3\times\dfrac{15.6\times0.9}{0.98}}{0.98\times0.133}\text{ r/min}=1545\text{ r/min}$$

考虑电枢反应且 $T_{em}=1.1T_N$ 时,有

$$I_a=\frac{1.1T_N}{K_T\Phi}=\frac{1.1K_T\Phi_N I_N}{0.90K_T\Phi_N}=\frac{1.1I_N}{0.90}$$

$$n=\frac{U_a-R_a I_a}{K_e\Phi}=\frac{U_a-R_a\dfrac{1.1I_N}{0.90}}{0.90K_e\Phi_N}=\frac{220-1.3\times\dfrac{15.6\times1.1}{0.90}}{0.90\times0.133}\text{ r/min}=1631\text{ r/min}$$

由此得到考虑电枢反应前后的机械特性曲线,如图 2-7 所示。可见,在电枢电流较大时,如果存在比较严重的电枢反应,机械特性曲线上翘,会造成带恒转矩负载系统运行不稳定。

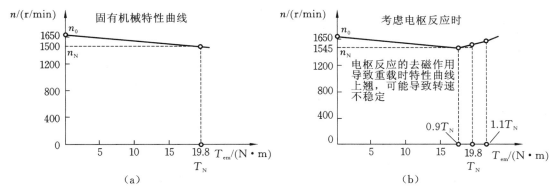

图 2-7　电枢反应对直流拖动系统机械特性的影响

2.2　直流电动机的启动与调速

2.2.1　直流电动机的启动

直流电动机接入直流电网后,转速由零加速至稳定运行速度的过程,称为直流电动机的启动。为保证直流电动机的正常启动,必须注意以下三个要求。

(1)启动开始前,应先将电动机的励磁绕组接入电网,以保证在电动机内建立起规定大小的主磁极磁场。

(2)启动开始时,应采取相应的限流措施,以防止电枢绕组电路中出现过大的冲击电流。

(3)启动过程中,应尽可能将电枢电流控制在电动机过载能力所允许的最大电流以下,以保证电动机能产生最大的加速转矩,缩短启动时间。

上述要求中,第一个是电动机投入运行的必要条件,以下仅就后两个要求做简要说明。

忽略电枢回路电感作用时,根据电压平衡方程,直流电动机运行中的电枢电流由式(2-18)确定。

$$I_a = \frac{U_a - E_a}{R_a} = \frac{U_a - K_e \Phi n}{R_a} \tag{2-18}$$

在启动开始瞬间,转速为零,反电动势也为零,称 $n = 0$ 时的电枢电流为启动电流,记作 I_{st}。若电枢电压等于额定电压,且不采取限流措施,则启动电流可能达到额定电流的 $10 \sim 30$ 倍。按例 2-1 中给出的数据,则 $I_{st} = \dfrac{U_a}{R_a} = \dfrac{220}{1.3}$ A ≈ 170 A,近似达到该电动机额定电流的 11 倍。相应地,电动机的启动电磁转矩也为额定转矩的 11 倍,如此大的电流冲击和转矩冲击,对电动机和拖动系统的机械部件都是极为有害的,若强行直接启动电动机,将导致主电路的保险熔断器熔断或空气断路器跳闸。如果没有保险熔断器或空气断路器的保护,这个极大的电流一方面将为电枢导体提供巨大的电磁转矩,使电枢迅速加速,另一方面也可能导致在电刷和换向器间产生强烈的火花,对其造成严重的损伤,电枢绕组与电枢的馈线电缆可能因严重过流而烧毁,给电动机所拖动的机械负载造成严重的冲击并使电动机轴产生扭曲,对嵌放电枢导体的电枢槽的力学强度也造成严重的威胁。因此,除容量极小者(如玩具用直流电动机),工业直流电动机都绝不允许在无限流措施情况下对电枢施加额定电压直接启动。

为限制启动电流,最简单的方法是在电枢回路中串联适当大小的限流电阻。这个电阻的大小和功率需按启动要求选定,称为启动电阻。直流电动机在承受冲击电流作用时,具有一定的电流过载能力。为保证启动时电动机能产生最大的加速转矩,启动电流应根据电动机电流过载能力所允许的最大电流 I_{am} 设定,启动电阻的最大阻值应为

$$R_c = \frac{U}{\lambda_I I_N} - R_a \tag{2-19}$$

式中:$\lambda_I = I_{am}/I_N$ 为电动机电枢电流过载系数,它表征电动机所允许的短时冲击电流承受能力,即短时过载能力,其值通常在 1.5~2 范围内,具体数值由电动机生产厂家提供。

这个电流的持续时间不能过长,一般应控制在数百毫秒范围内,在电动机启停控制时常用作最大电枢电流控制的设计依据。

电动机启动后,反电动势将随着转速的上升而增大,并导致电枢电流和电磁转矩减小,电动机的加速度也逐渐减小。在电枢电压不变的条件下,这一过程会持续进行,直到电磁转矩与负载转矩相等,转矩平衡后,加速度等于零,电动机启动过程结束,转入稳态运行。为保证启动的速度,可以随着转速的上升而逐段切除串入的启动电阻,直至最后完全切除,结束启动过程。这种启动方式在早期的直流拖动系统中可以看到,现代电力拖动系统已不采用,但因操作方便,在进行电动机相关实验时仍可使用。

随着电力电子技术的进步,可任意调节输出直流电压的装置已十分容易获得,因此,在实际的直流拖动系统中,普遍采用逐步升高电枢电压的方式来启动直流电动机,启动开始时将电枢电压降至某一较低的数值 U_{amin},使 $n=0$ 时的启动电流满足

$$I_{st} = \frac{U_{amin}}{R_a} \leqslant I_{am} = \lambda_I I_N \tag{2-20}$$

在启动过程中,控制电枢电压跟踪反电动势相应上升,保持电枢电流基本不变,直至电枢电压达到额定值,启动过程结束。电枢电流的控制方法建立在自动控制理论中闭环控制的基础上,具体可参考"运动控制系统"课程内容。

【例 2-2】 他励直流电动机参数如下:$U_a = U_N = 220$ V,$R_a = 1.3$ Ω,$I_N = 15.6$ A,$n_N = 1500$ r/min。电动机带额定负载,要求将启动电流限制在 2 倍额定电流范围内。

(1)若采用电阻限流,求应串联的启动电阻大小;

(2)若在电动机启动完成后不切除启动电阻,求电动机稳定后的转速;

(3)若采用降压限流,求启动时的电枢电压;

(4)若此启动电压保持不变,求电动机稳定后的转速。

解 (1) $$R_c = \frac{U_N}{I_{am}} - R_a = \left(\frac{220}{2 \times 15.6} - 1.3 \right) \text{Ω} = 5.8 \text{ Ω}$$

(2)当 n 稳定时,$T_{em} = T_L = T_N$,$I_a = I_N$,$C_e = \frac{U_N - R_a I_N}{n_N} = 0.133$ Wb,有

$$n = \frac{U_N - I_N(R_a + R_c)}{C_e} = \frac{220 - 15.6 \times (1.3 + 5.8)}{0.133} \text{ r/min} = 821 \text{ r/min}$$

(3) 　　　　　　　$U_a = U_{st} = R_a I_{am} = 1.3 \times 2 \times 15.6 \text{ V} = 40.6 \text{ V}$

(4) 　　　　　$n = \dfrac{U_a - I_N R_a}{C_e} = \dfrac{40.6 - 15.6 \times 1.3}{0.133} \text{ r/min} = 153 \text{ r/min}$

由例 2-2 可知,为使 n 能达到额定转速,如果采用在电枢回路中串联电阻的方式限流,应随着 n 的升高而逐步切除启动电阻,直到 $R_c = 0$。如果采用降压启动方式限流,则应使电压随着 n 的升高逐步增大,直到 $U_a = U_N$。

2.2.2　直流电动机的调速

电力拖动系统的运行速度常需要根据工作环境、工作机械的生产工艺要求进行调节,以提高生产效率和保证产品质量。例如:金属切削加工时,被加工工件与刀具的相对运行速度常需要根据切削量、加工精度、加工类型等进行调整;电梯的运行速度常需要根据是在运行途中还是正在靠近停靠目标进行调节。调速可以采用机械方法、电气方法或机电配合方法。随着电力电子技术和微电子控制技术的不断进步,电气调速所占的比重越来越大。按照工作机械的要求,人为地调节拖动电动机的运行速度,这一过程称为电动机的转速调节,简称调速。

能够实现转速调节的直流电力拖动系统,简称直流调速系统。

1. 调节电动机的稳定运行速度

图 2-8 所示为他励直流电动机电枢回路串联启动电阻 R_c 时的原理电路图,在图 2-8 所示假定正向的条件下,该电动机转速特性和机械特性的表达式分别为

$$n = \frac{U_a}{K_e \Phi} - \frac{R_a + R_c}{K_e \Phi} I_a \tag{2-21}$$

$$n = \frac{U_a}{K_e \Phi} - \frac{R_a + R_c}{K_e K_T \Phi^2} T_{em} \tag{2-22}$$

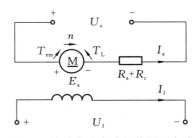

图 2-8　他励直流电动机的原理电路

由上述表达式可知,电动机的运行速度即转速可以采用以下三种方式人为地进行调节:

(1) 改变电枢回路中启动电阻 R_c 的大小;

(2) 改变电枢电压 U_a 的大小;

(3) 改变励磁电流 I_f 以改变磁通 Φ 的大小。

在电力拖动系统中,电动机工作在额定电压、额定磁通、无启动电阻时的机械特性称为电动机的固有机械特性,简称固有特性,而电枢电压或磁通不等于额定值或串联启动电阻时的机械特性称为电动机的人为机械特性,简称人为特性。为达到调速的目的,电动机必须工作在其人为机械特性状态。

2. 他励直流电动机的三种人为机械特性

1) 电枢回路中串联电阻时(串电阻调速)的人为机械特性

由式(2-22)可知,当 $U_a = U_N$、$\Phi = \Phi_N$、$R_c \neq 0$ 时,机械特性中理想空载转速 n_0 不会因电枢回路串入电阻而发生改变,保持为常数。特性曲线斜率的绝对值随串入电阻的增大而增大。不同阻值下的特性曲线如图 2-9 所示。所有阻值非零情况下的人为机械特性曲线均在其固有机械特性曲线下方,调速只能向低速方向进行。对于恒转矩负载,电枢回路串入电阻可使电动

机的稳定运行速度低于其固有机械特性下的速度。串入电阻越大,电动机的稳定运行速度越低。

2) 改变电枢电压时(调压调速)的人为机械特性

由式(2-22)可知,当 $\Phi = \Phi_N$、$R_c = 0$、电枢电压取不同数值时,机械特性中理想空载转速 $n_0 = U_a / K_e \Phi_N$ 随电压成正比改变,特性曲线的斜率则与电枢电压无关,表明不同电枢电压下电动机的人为机械特性曲线是一组与固有机械特性曲线平行的直线,如图2-10所示。受电动机绝缘条件的限制,根据规定,电枢电压只允许比额定电压高30%,因此提高电枢电压的可能范围不大。工程实际中调压调速是在降压方向进行的,电枢电压不宜长时间高于额定值,故在调压调速时,电动机的人为机械特性曲线也均在其固有机械特性曲线之下,即电动机仅向低速方向调速。

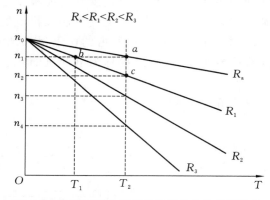

图2-9 电枢回路中串联电阻时的人为机械特性

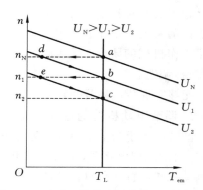

图2-10 改变电枢电压时的人为机械特性

在串电阻调速和调压调速时,因为励磁保持恒定,电磁转矩与电枢电流成正比,所以这两种调速方式各自对应的机械特性曲线和转速特性曲线具有相同的形状。

3) 改变励磁电流时(弱磁调速)的人为机械特性

当 $U_a = U_N$、$R_c = 0$、仅改变励磁电流时,由式(2-21)、式(2-22)可知,$n_0 = U_N / K_e \Phi$ 随磁通变化可取不同的数值。当磁通减小时,n_0 相应增大,因此通过弱磁可以获得高于固有特性理想空载转速的速度。当转速为零时,电枢电流 $I_{ast} = U_N / R_a$ 与磁通无关,而电磁转矩 $T_{emst} = K_T \Phi I_{ast}$ 随磁通减小而减小,据此可作出不同磁通下电动机的转速特性和机械特性曲线,分别如图2-11(a)(b)所示。由于磁路的饱和特性和励磁绕组发热条件的限制,磁通只允许在小于或等于额定磁通的范围内调节,因此不同磁通下的人为转速特性曲线均在固有转速特性曲线之上。由机械特性方程可知,改变磁通以调速时,理想空载转速与磁通成反比,而机械特性曲线的斜率绝对值与磁通的平方成反比,因此,磁通的减弱将导致机械特性变得更陡,即特性变软,不同磁通下的人为机械特性曲线将与固有机械特性曲线相交,其中转矩较小时的一段在其固有机械特性曲线之上,转矩较大时的一段则在其固有机械特性曲线之下。在实际工程应用中,弱磁调速时须保证电枢电流不超过允许值,其机械特性曲线的有效范围一般取转矩较小时的一段,这时人为机械特性曲线在固有机械特性曲线上方,这种调速也称为弱磁升速。

这样,当需要在低于固有机械特性理想空载转速条件下调速时,可采用串电阻或调压调速

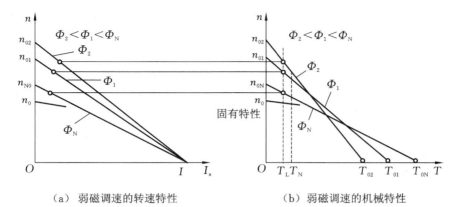

|（a）弱磁调速的转速特性|（b）弱磁调速的机械特性|

图 2-11　直流电动机弱磁调速的转速特性曲线与机械特性曲线

方案。不过，由于电枢回路串入的电阻要消耗能量，它会将拖动系统输入的一部分电能转换为热能消耗掉，使系统运行效率大大降低，因此串电阻调速在现代调速系统中已不再采用，向下调速仅采用调压方式。而当需要将转速调节到固有机械特性理想空载转速以上时，可选择弱磁调速。

2.2.3　调速指标

调速方法的选择依据是调速所要求达到的技术指标和经济指标。

1. 调速的技术指标

调速的技术指标主要有以下几项。

1）调速范围

电动机的调速范围 D 一般定义为电动机在额定负载条件下运行的最大转速与最小转速之比。对于一些实际负载很轻的系统，调速范围也可用实际负载时的最高与最低转速来计算。

$$D = \frac{n_{\max}}{n_{\min}} \tag{2-23}$$

注意，调速范围所指的最高、最低转速并不是理想空载转速。

调压调速的调速范围如图 2-12 所示。由图可见，调压调速时，调速范围的最高转速定义为额定转速，最低转速定义为额定负载下的最低转速，即 $n_{\max} = n_{\mathrm{N}}$，$n_{\min} = n_{\min \mathrm{N}}$。

直流电动机的最高转速受电流换向、力学强度等因素的限制，一般在额定转速以上转速能够提高的范围是十分有限的。最低转速则要受到低速运行时相对稳定性（或称为稳速精度）指标的制约。

稳速精度 δ 用转速波动百分数衡量，它指在规定的电网质量和负载扰动条件下，在规定的运

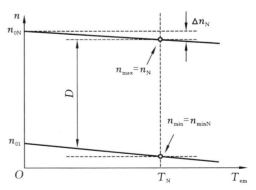

图 2-12　调压调速的调速范围

行时间(如 1 h 或 8 h)内,在某一指定的转速下,一定时间 t(通常取 1 s)内平均转速最大值和平均转速最小值的相对误差百分数,即

$$\delta = \frac{n_{\max} - n_{\min}}{n_{\max} + n_{\min}} \times 100\% \tag{2-24}$$

例如,若直流电动机运行在 1 r/min 速度时,测得的 $n_{\max}$ = 1.5 r/min,$n_{\min}$ = 0.5 r/min,则 δ = 50%,也即转速波动幅度为 ±50%。

对于数控机床刀具进给类拖动系统的调速稳态性能,一般要求调速范围至少为 1∶1000。这类系统一般采用调压调速。也就是说,如果电动机的额定转速是 1000 r/min,则其最低转速(额定负载下)应可达到 1 r/min,并且其中上限速度的转速波动应不超过 ±0.1%,下限速度转速波动不超过 ±5%。这样的性能指标只有依靠闭环自动控制才有可能达到。

通常电动机运行于低速时的转速波动是比较难控制的,因此调速范围主要受制于可达到的低速。直流电动机在低速下运行时,若转速波动超过稳速精度要求,则该速度便不能被用于计算系统可达到的调速范围,即调速范围对应的最低转速必须同时满足稳速精度指标要求。如果低速时机械特性较软,负载变化时,转速波动会比较大,甚至可能导致电动机停转。因此,为获得较宽的调速范围,需要尽量提高低速下的机械特性硬度。

调速范围另一种常用的表达方式为 $n_{\min} ∶ n_{\max}$。

2)静差率

静差率的定义为在一种机械特性下运行时,电动机由理想空载加至额定负载所出现的转速降落 Δn_{N}(参见图 2-12)与理想空载转速之比。静差率用百分数表示为

$$S = \frac{n_0 - n_N}{n_0} \times 100\% = \frac{\Delta n_N}{n_0} \times 100\% \tag{2-25}$$

显然,电动机的机械特性越硬,则其静差率越小。静差率与机械特性硬度有关系,但又有不同之处。调压调速时,不同电枢电压对应的机械特性硬度是相同的,但理想空载转速不同,静差率也不同。系统可能达到的最低转速所对应的机械特性的理想空载转速最低,此时的静差率称为系统的最大静差率 $S_{\max}$。

$$S_{\max} = \frac{n_{0\min} - n_{\min N}}{n_{0\min}} \times 100\% \tag{2-26}$$

静差率和调速范围是互有联系的两项指标,系统可能达到的最低转速受最大静差率的制约,从而调速范围也受最大静差率的限制。

因为

$$S_{\max} = \frac{n_{0\min} - n_{\min}}{n_{0\min}} \tag{2-27}$$

所以

$$S_{\max} n_{0\min} = n_{0\min} - n_{\min} \tag{2-28}$$

即

$$\begin{cases} n_{\min} = n_{0\min}(1 - S_{\max}) \\ n_{0\min} = \dfrac{\Delta n_{\min N}}{S_{\max}} \end{cases} \tag{2-29}$$

$$D = \frac{n_{\max}}{n_{\min}} = \frac{n_{\max}}{(1 - S_{\max}) n_{0\min}} = \frac{n_{\max} S_{\max}}{(1 - S_{\max}) \Delta n_{\min N}} \tag{2-30}$$

式中: Δn_{minN} 为最低转速对应机械特性下理想空载至额定负载的转速降落。调压调速时,不同电压下的额定转速降落是相同的,最高转速为额定转速,式(2-30)可改写为

$$D = \frac{n_{max} S_{max}}{(1 - S_{max}) \Delta n_N} \tag{2-31}$$

【例 2-3】　对例 2-1 中的直流电动机采用调压调速,若要求最大静差率不大于 0.5,则系统的调速范围 D 为多少?

解
$$S_{max} = \frac{n_{0min} - n_{min}}{n_{0min}} = \frac{\Delta n_N}{n_{0min}}$$

因调压调速时不同电压下他励直流电动机的机械特性曲线为平行直线,故有

$$\Delta n_N = n_{0min} - n_{minN} = n_{0max} - n_N = (1650 - 1500) \text{ r/min} = 150 \text{ r/min}$$

$$n_{0min} = n_{minN} + \Delta n_N = \frac{n_N}{D} + \Delta n_N = \left(\frac{1500}{30} + 150 \right) \text{ r/min} = 200 \text{ r/min}$$

若要求最大静差率不大于 0.5,则

$$D = \frac{n_{max} S_{max}}{(1 - S_{max}) \Delta n_N} = \frac{1500 \times 0.5}{(1 - 0.5) \times 150} = 10$$

由此例可见,这两个指标是相互制约的,如果系统同时对两项指标有较高要求,就必须考虑采用闭环反馈控制结构,关于这方面的知识可参考"运动控制系统"课程内容。

3) 平滑性

在一定的调速范围内,调速的级数(挡数)越多则认为调速越平滑。平滑性用平滑系数表示,平滑系数定义为系统可实现的相邻两级转速之比,表达式为

$$K = \frac{n_i}{n_{i-1}} \tag{2-32}$$

K 等于或趋近于 1 时的调速称为无级调速。随着现代功率电子技术的进步,在直流调速中,调压、弱磁方法均可实现无级调速。

4) 容许输出

容许输出是指在调速过程中电动机轴上所能输出的功率和转矩。在不同的调速方式中,电动机容许输出的功率与转矩随转速变化的规律有所不同。电动机稳速运行时,实际输出的功率与转矩是由负载决定的。在不同的转速下,不同的负载需要的功率与转矩也是不同的。选择调速方案时应使调速方法适应负载的要求。

2. 调速的经济指标

调速的经济指标取决于调速系统的设备投资及运行费用。各种调速方式的经济指标有较大差别。串电阻调速方式中,由于电阻耗能严重,损耗大,效率低,串联电阻体积大,因此这种方式在工程实际中已不采用;弱磁调速方式中,励磁回路功率一般仅为电枢回路功率的 1% ~ 5%,因此这种方式比较经济,但动态响应较慢;调压调速方式动态响应快,但需要可平滑改变输出直流电压的功率变换装置。实际工程中,一般在额定转速以下采用调压调速方案,在额定转速以上采用弱磁调速方案。

2.2.4　调速时的功率与转矩

电动机容许输出的功率(最大输出功率)主要取决于电动机的发热量,而发热量主要由电

枢电流决定。调速过程中,只要能保证电动机长期运行电流不超过额定值,电动机发热量就可控制在容许范围内。如果在不同转速下都能保持电枢电流为额定值,则电动机的容许输出可获得充分利用并能保证运行安全。

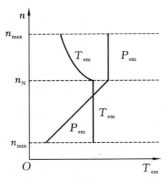

图 2-13　直流电动机调速时的容许输出转矩与功率

对他励直流拖动系统进行调压调速时,励磁磁通保持为额定值,如果在不同转速时电流也保持为额定值,则

$$T_{em}=K_T\Phi I_a=K_T\Phi_N I_N=T_2+T_0=C \qquad (2-33)$$

即在调压调速时,从高速到低速,容许输出转矩(含空载转矩)是常数,这种调速方式称为恒转矩调速方式。此时电动机的容许输出功率(包括空载损耗)与转速成正比,如图 2-13 所示。

$$P_{max}=\Omega T_{max}=\frac{T_{max}}{9.55}n=\frac{T_{emN}}{9.55}n=Cn \qquad (2-34)$$

这里的容许输出转矩 T_{max} 是指可使电动机长期安全运行的转矩,一般即为额定电磁转矩。

弱磁调速时,保持电枢电压为额定值,如果在不同转速下电枢电流也保持为额定值,则

$$n=\frac{U-R_a I_a}{K_e\Phi}=\frac{U_N-R_a I_N}{K_e\Phi}=C\,\frac{1}{\Phi} \qquad (2-35)$$

$$T_{emN}=K_T\Phi I_N=K_T C\,\frac{I_N}{n}=C_1\,\frac{1}{n} \qquad (2-36)$$

$$P_{max}=\frac{T_{max}}{9.55}n=\frac{T_{emN}}{9.55}n=\frac{C_1\frac{1}{n}}{9.55}n=\frac{C_1\frac{1}{n_N}}{9.55}n_N=P_N+P_0=C \qquad (2-37)$$

可见弱磁调速时容许输出功率为常数,这种调速方式称为恒功率调速方式。

电动机实际运行时,电枢电流取决于实际转速下的负载转矩大小,而容许输出代表电动机能够被利用的限度,不代表电动机实际的输出。由于调压调速属于恒转矩调速方式,因此对恒转矩负载采用调压调速时,若按电动机额定工况(即额定转矩、额定转速对应的额定输出功率)选择电动机,则此电动机在调速范围内任意电压下均可以满载运行,电动机可以得到充分利用。而弱磁调速属于恒功率调速方式,当对恒功率负载采用弱磁调速时,电动机也可得到充分利用。

如果将调压调速用于恒功率负载,则由于调压调速是由额定转速向下调节的,因此电动机的额定转速不能低于负载要求的最高转速,调压调速与额定转速对应的机械特性是系统固有额定特性,即电枢电压、励磁磁通均为额定值时的特性。为保证恒功率输出,系统必须保证在调速范围的最低转速时达到功率要求,即最低转速对应的机械角速度与额定转矩的乘积达到功率要求,即需满足式(2-37)。这样,当升高电压,电动机运行在高速区时,要输出恒功率,只需提供较小的转矩即可。而按调压调速使转速升到最高速时,按式(2-34)计算,对应的机械特性实际能提供的容许输出功率(可达到额定转矩及对应速度)会远大于实际输出需求,其值约为负载功率的 D 倍,D 为调速范围。也就是说,对恒功率负载选用调压调速,将不得不按电动机以最高速运行的情况来选择电动机的功率,电动机的额定功率约是负载实际功率的 D 倍,这样的配合会使电动机容量不能得到充分利用,造成浪费。

2.2.5　直流拖动系统的动态过程

直流电动机的启动、调速,意味着其拖动的系统将从一种运动平衡状态过渡到另一种运动平衡状态。若要有效分析这一过渡过程,首先需要建立拖动系统的数学模型。描述直流电动机拖动系统的模型常有以下几种形式,即微分方程模型、传递函数模型和状态空间模型。

1. 他励直流拖动系统的微分方程模型

考虑图 2-14 所示的他励直流拖动系统,其中,他励直流电动机励磁电流保持为常数,使磁场固定不变,采用电枢控制方式,在按电动机惯例的假定正向下,系统的动态过程可用以下方程组来描述:

$$\begin{cases} u_{\text{a}}(t) = e_{\text{a}}(t) + R_0 i_{\text{a}}(t) + L_{\text{a}} \dfrac{\mathrm{d}i_{\text{a}}(t)}{\mathrm{d}t} \\ e_{\text{a}}(t) = C_{\text{e}} n(t) \\ \tau(t) = C_{\text{T}} i_{\text{a}}(t) \\ \tau(t) - T_{\text{L}} = \dfrac{GD^2}{375} \dfrac{\mathrm{d}n(t)}{\mathrm{d}t} \end{cases} \tag{2-38}$$

式中:$u_{\text{a}}(t)$、$e_{\text{a}}(t)$、$i_{\text{a}}(t)$、$\tau(t)$、$n(t)$ 分别表示动态过程中电枢电压、反电动势、电枢电流、电磁转矩和转速的瞬时值;$R_0 = R_{\text{a}} + R_{\text{c}}$ 为包括可能存在的附加电阻(即启动电阻)R_{c} 在内的电枢电路总电阻;L_{a} 为电枢绕组电感。

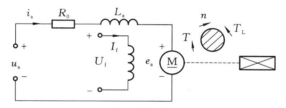

图 2-14　动态下的他励直流拖动系统

考虑一般情况,负载转矩可能也是时间的函数,表示为 $\tau_{\text{L}}(t)$,则转矩平衡微分方程的一般形式为

$$\tau(t) - \tau_{\text{L}}(t) = \frac{GD^2}{375} \frac{\mathrm{d}n(t)}{\mathrm{d}t} \tag{2-39}$$

将方程组(2-38)中的后三个式子代入第一个式子,可得

$$u_{\text{a}} = C_{\text{e}} n(t) + \frac{R_0}{C_{\text{T}}} \left(\tau_{\text{L}}(t) + \frac{GD^2}{375} \frac{\mathrm{d}n}{\mathrm{d}t} \right) + \frac{L_{\text{a}}}{C_{\text{T}}} \left(\frac{\mathrm{d}\tau_{\text{L}}}{\mathrm{d}t} + \frac{GD^2}{375} \frac{\mathrm{d}^2 n(t)}{\mathrm{d}t^2} \right) \tag{2-40}$$

为书写方便,隐去时间变量 t,两边同除以 C_{e},根据自动控制理论,按系统输入、输出整理,可得

$$\frac{L_{\text{a}}}{R_0} \frac{GD^2 R_0}{375 C_{\text{e}} C_{\text{T}}} \frac{\mathrm{d}^2 n}{\mathrm{d}t^2} + \frac{GD^2 R_0}{375 C_{\text{e}} C_{\text{T}}} \frac{\mathrm{d}n}{\mathrm{d}t} + n = \frac{u_{\text{a}}}{C_{\text{e}}} - \frac{R_0}{C_{\text{e}} C_{\text{T}}} \tau_{\text{L}} - \frac{L_{\text{a}}}{R_0} \frac{R_0}{C_{\text{e}} C_{\text{T}}} \frac{\mathrm{d}\tau_{\text{L}}}{\mathrm{d}t} \tag{2-41}$$

定义

$$T_{\text{a}} = \frac{L_{\text{a}}}{R_0} \tag{2-42}$$

为系统的电磁时间常数,它具有时间的量纲(s)。

定义

$$T_{m} = \frac{GD^2 R_0}{375 C_e C_T} = \frac{GD^2 R_0}{375 K_e K_T \Phi^2} \qquad (2\text{-}43)$$

为系统的机电时间常数,它也同样具有时间的量纲(s)。

需要注意的是,由式(2-43)可知,系统机电时间常数 T_m 与磁通的平方成反比,弱磁调速会使其增大,使系统的动态响应变慢。

引入上述时间常数后,式(2-41)可改写为

$$T_a T_m \frac{d^2 n}{dt^2} + T_m \frac{dn}{dt} + n = \frac{u_a}{C_e} - \frac{R_0}{C_e C_T} \tau_L - \frac{R_0}{C_e C_T} T_a \frac{d\tau_L}{dt} \qquad (2\text{-}44)$$

按控制理论惯例,方程左边为系统输出即转速和它的各阶导数,右边为系统的输入和输入量的各阶导数。由式(2-44)可知,在励磁磁通恒定时,直流电动机拖动系统是一个由二阶线性微分方程描述的系统,它含有两个输入变量,即电枢电压 U 和负载转矩 T_L,一个输出变量,即转速 n。

对于恒转矩负载,负载转矩的导数为零,这时系统微分方程为

$$T_a T_m \frac{d^2 n}{dt^2} + T_m \frac{dn}{dt} + n = n_L \qquad (2\text{-}45)$$

式中:

$$n_L = n_0 - \frac{R_0}{C_e} I_L \qquad (2\text{-}46)$$

其中:$n_0 = \dfrac{u_a}{C_e}$;$I_L = \dfrac{T_L}{C_T}$ 为根据负载转矩折算的虚拟负载电流。n_L 为负载为 T_L 时电动机的稳定运行速度。式(2-45)即为描述磁通保持恒定、带恒转矩负载时直流电力拖动系统机电运动规律的微分方程,称为系统的微分方程模型。

运用上述模型,不难分析系统启动时的动态过程。启动时转速和转速的一阶导数初始条件均为零,由系统的特征方程 $T_a T_m s^2 + T_m s + 1 = 0$ 解得系统的特征根为

$$s_1, s_2 = -\frac{1}{2T_a} \pm \frac{1}{2T_a} \sqrt{1 - \frac{4T_a}{T_m}} \qquad (2\text{-}47)$$

系统微分方程的通解为

$$n = C_2 e^{s_1 t} + C_2 e^{s_2 t} + n_L \qquad (2\text{-}48)$$

利用初始条件解得启动过程转速上升的规律 $n = f(t)$,其表达式为

$$n = \frac{s_2 n_L}{s_1 - s_2} e^{s_1 t} - \frac{s_1 n_L}{s_1 - s_2} e^{s_2 t} + n_L \qquad (2\text{-}49)$$

系统动态过程的特征取决于系统特征根的性质。

若 $T_m \geqslant 4T_a$,则特征根 s_1 和 s_2 是一对负实根,此时系统动态过程是一种单调上升的过程,如图 2-15(a)所示。若 $T_m < 4T_a$,则特征根 s_1 和 s_2 是一对具有负实部的共轭复数根,此时系统动态过程呈现振荡特性,如图 2-15(b)所示。为了尽量减小电枢绕组自感电动势对换向的影响,通常直流电动机绕组元件都采用很少的匝数,整个绕组的电感比较小,大多数直流拖动系统的机电时间常数都远远大于电磁时间常数,在这种情况下,机械运动系统的动态过程刚刚开始,电枢回路中的动态过程就已经结束。因此在定性分析系统动态过程时,常可忽略电磁

时间常数的影响,系统可近似用一阶微分方程描述,动态响应与图 2-15(a)所示的曲线相似,呈现由机电时间常数决定的惯性单调上升特性。

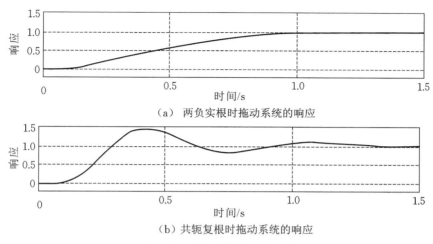

（a）两负实根时拖动系统的响应

（b）共轭复根时拖动系统的响应

图 2-15　拖动系统的动态过程

2. 他励直流拖动系统的传递函数模型

在零初始条件下,线性定常系统输出量与输入量的拉普拉斯变换象函数之比,称为系统的传递函数。对于直流拖动系统,以角速度表示的微分方程组在零初始条件下做拉普拉斯变换,得到各环节的传递函数如下:

电枢电路:

$$G_{a}(s)=\frac{I_{a}(s)}{U_{a}(s)-E_{a}(s)}=\frac{1/R_{0}}{T_{a}s+1} \tag{2-50}$$

电流与电磁转矩的关系:

$$G_{T}(s)=\frac{T_{em}(s)}{I_{a}(s)}=C_{T} \tag{2-51}$$

电磁转矩与转速的关系:

$$G_{m}(s)=\frac{\Omega(s)}{T_{em}(s)-T_{L}(s)}=\frac{1}{Js} \tag{2-52}$$

转速与反电动势的关系:

$$G_{E}(s)=\frac{E_{a}(s)}{\Omega(s)}=C_{e}' \tag{2-53}$$

由此可得他励直流拖动系统在恒磁恒转矩负载下的动态结构框图,如图 2-16 所示。

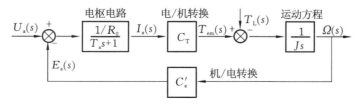

图 2-16　他励直流拖动系统在恒磁恒转矩负载下的动态结构框图

由图 2-16 可见,在直流拖动系统内部,存在一个负反馈闭环,正确理解这个闭环的自动调节作用对理解系统的运行原理是十分重要的。对于一个双输入单输出系统,根据自动控制原理、梅森增益公式和叠加原理,容易求得各单输入状态下系统的传递函数。

电压输入时,系统的传递函数为

$$\frac{\Omega(s)}{U_a(s)} = \frac{1/C'_e}{T_m T_a s^2 + T_m s + 1} \tag{2-54}$$

负载转矩输入时,系统的传递函数为

$$\frac{\Omega(s)}{-T_L(s)} = \frac{(1+T_a s)R_0/C'_e C_T}{T_m T_a s^2 + T_m s + 1} \tag{2-55}$$

式中:

$$T_m = \frac{GD^2 R_0}{375 C_e C_T} = \frac{GD^2 R_0}{4g\frac{60}{2\pi}C_e C_T} = \frac{JR_0}{C'_e C_T} \tag{2-56}$$

负载转矩输入通常也称为对系统转速输出的扰动输入。根据实际需要,也不难得到输入与中间变量的传递函数,如以电枢电流为中间变量,系统的传递函数为

$$\frac{I_a(s)}{U_a(s)} = \frac{Js/C'_e C_T}{T_m T_a s^2 + T_m s + 1} \tag{2-57}$$

3. 他励直流拖动系统的状态空间模型

根据建立在线性定常系统基础上的直流拖动系统的传递函数模型,可以运用经典控制理论对系统进行有效的分析和控制设计。这种方法的主要缺陷为它仅适用于单输入单输出的线性定常系统,不适用于时变系统、非线性系统和多输入多输出系统。由前面的分析可知,直流拖动系统的机电时间常数仅在磁通恒定时才能真正视为常数,如果系统采用弱磁调速,则这个时间"常数"将随磁通的变化而变化,系统不再保持定常的特性。而建立在现代控制理论基础上的状态空间模型,本质上采用的是时域的方法,可以不再受常系数的约束。

将恒转矩负载的他励直流拖动系统微分方程组按变量的一阶导数整理,可以简化为

$$\frac{di_a}{dt} = \frac{1}{L_a}u_a - \frac{C'_e}{L_a}\Omega - \frac{R_0}{L_a}i_a \tag{2-58}$$

$$\frac{d\Omega}{dt} = \frac{C_T}{J}i_a - \frac{T_L}{J} \tag{2-59}$$

写成矩阵方程的形式,有

$$\begin{bmatrix} \dot{i}_a \\ \dot{\Omega} \end{bmatrix} = \begin{bmatrix} -\dfrac{R_0}{L_a} & -\dfrac{C'_e}{L_a} \\ \dfrac{C_T}{J} & 0 \end{bmatrix} \begin{bmatrix} i_a \\ \Omega \end{bmatrix} + \begin{bmatrix} \dfrac{1}{L_a} & 0 \\ 0 & -\dfrac{1}{J} \end{bmatrix} \begin{bmatrix} u_a \\ T_L \end{bmatrix} \tag{2-60}$$

式(2-60)称为直流拖动系统的状态空间模型。电枢电流 i_a 和机械角速度 Ω 称为系统的状态变量,电枢电压 u_a 和负载转矩 T_L 称为系统的控制变量。

2.2.6 他励直流电动机调速的机电过程

机械特性方程及其函数图像的意义在于,它不仅是对拖动系统稳态下电动机转矩与转速关系的数学描述,而且还是对忽略电枢电感影响时拖动系统升、降速动态下电动机转矩与转速

关系的数学描述。从运动学的观点看,拖动系统升、降速的动态过程可由每一瞬间系统的运动速度 n 和加速度 $\dot{n}=\dfrac{\mathrm{d}n}{\mathrm{d}t}$ 唯一描述,若以 $\dot{n}$ 和 n 为坐标组成 $\dot{n}\text{-}n$ 坐标平面,则系统的动态过程可由此坐标平面中的一条特定轨线唯一描述。容易证明,在一定条件下,静态的机械特性曲线所在的 $T_{em}\text{-}n$ 坐标平面可视为动态下的 $\dot{n}\text{-}n$ 坐标平面,此时的机械特性曲线就是描述系统动态过程的特定轨线。实际上,由运动方程可知,当 $T_L=0$ 时,$T_{em}=\dfrac{GD^2}{375}\dfrac{\mathrm{d}n}{\mathrm{d}t}=C\dot{n}$,令 $C=\dfrac{GD^2}{375}$,对一特定直流拖动系统而言,C 为常数。这一关系表明,在适当的比例尺下,$T_{em}\text{-}n$ 坐标平面可转换为 $\dot{n}\text{-}n$ 坐标平面。当 $T_L\neq0$ 时,只要 T_L 为常数,则通过简单的坐标平移变换将 n 轴移到 $T_{em}=T_L$ 处后,$T_{em}\text{-}n$ 平面仍可视为 $\dot{n}\text{-}n$ 平面。借用自动控制理论中的术语,称动态下的 $\dot{n}\text{-}n$ 坐标平面为相平面,称相平面中的坐标点为相点,称相点的运动轨迹为相轨迹。这样,在忽略电枢电感并选取适当的比例尺时,系统的相轨迹不仅可与此时电动机的机械特性曲线绘在同一坐标平面中,且两者重合。或者说,拖动系统的升、降速过程中,系统的相点沿此时的机械特性曲线移动。这一结论使我们有可能利用静态下的机械特性曲线对拖动系统的调速和制动过程进行定性分析。了解这一点,对理解直流电动机调速和制动动态过程中各物理量的变化及相互关系是十分重要的。下面利用这一思想对不同调速方式下的机电动态过程进行分析。

1. 电枢回路中串联电阻调速的机电过程

由图 2-16 可知,他励直流拖动系统运行时,在直流电动机内部存在一个负反馈闭环,这个依靠电动机原理和发电机原理维系的闭环可用图 2-17 来说明。

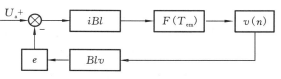

图 2-17 直流电动机内的负反馈闭环框图

如图 2-17 所示,在他励直流电动机通过励磁绕组建立磁场后,在电枢上施加电压 U_a,在电枢绕组导体中形成电枢电流,依照电动机原理,电枢内导体产生电磁力和电磁转矩,驱动转子旋转。电枢运动后,又依照发电机原理在电枢绕组中感生出速度电动势,这个电动势的极性与电枢电压极性相反,对驱动电磁转矩起到削弱、平衡作用,最终使系统自动达到转矩平衡,进入稳速运行。

利用描述他励直流拖动系统的微分方程组,在忽略电枢电感时,这个闭环框图可用图 2-18 表示。

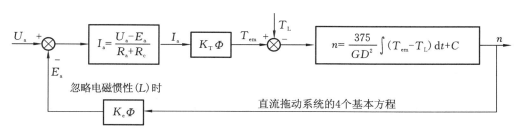

图 2-18 数学模型描述的他励直流拖动系统内部闭环框图

在改变电枢回路电阻以实现调速之前,假定系统电枢回路原有附加电阻为 R_{c1},带有恒转

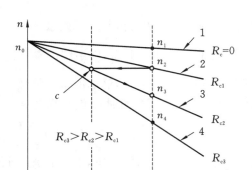

图 2-19 电枢回路串联电阻调速的动态过程定性分析

矩负载 T_L，稳定运行于转速 n_2，如图 2-19 所示。调速时，将电枢回路附加电阻增大至 R_{c2}，此时系统机械特性曲线相应变为特性曲线 3。由于拖动系统的机械能不能突变，因此在改变电阻瞬间，转速保持 n_2 不变，机械特性图中系统工作的相点由点 n_2 水平向左移动到点 c。这时反电动势 $E_a = K_e \Phi n$ 也保持不变。根据电压平衡方程，因回路电阻增大，电枢电流减小，电磁转矩相应也减小到 T_c，小于负载转矩。作用于电枢的合转矩为负，使电动机转速下降，相点沿特性曲线 3 移动。转速下降的同时，反电动势相应减小，电枢电流和电磁转矩回升，电动机减速变缓，这一自动调节过程不断重复，直到转速下降到反电动势使电枢电流对应的电磁转矩回升到再次等于负载转矩，系统到达新的平衡点 n_3，然后稳速运行。

改变电枢附加电阻调速的动态过程中，机械特性图上的相点 (T,n) 沿 $n = f(T)$ 曲线运动，该运动过程可用简单的箭头关系表达为

$$R_c \uparrow = R_{c2} \rightarrow n = n_2，E_a、U_a \text{ 不变} \rightarrow I_a \downarrow \rightarrow T_{em} \downarrow \rightarrow T_{em} - T_L < 0$$
$$\rightarrow n \downarrow \rightarrow E_a \downarrow \rightarrow I_a \uparrow \rightarrow T_{em} \uparrow \rightarrow \cdots \rightarrow T_{em} = T_L，n = n_3$$

这一过程表明，旧的平衡打破之后，系统有能力通过自身的调节稳定在新的平衡点，其中，反电动势的自动变化是影响该调节过程的一个关键因素。

【例 2-4】 例 2-1 中的他励直流电动机在额定工况运行时，在电枢回路串入 $R_c = 2.7\ \Omega$ 的附加电阻，求串入电阻时电动机的电磁转矩和系统稳定后的转速。

解 因串入电阻瞬间，转速不能突变，故励磁磁通没有改变，反电动势仍是额定值：
$$E_a = C_e n_N = 0.133 \times 1500\ \text{V} = 199.5\ \text{V}$$

故此时有
$$I_a = \frac{U_a - E_a}{R_a + R_c} = \frac{220 - 199.5}{1.3 + 2.7}\ \text{A} = 5.125\ \text{A}$$

$$T_{em} = C_T I_a = 9.55 \times 0.133 \times 5.125\ \text{N·m} = 6.5\ \text{N·m}$$

电磁转矩小于负载转矩 $T_L = T_N = 19.8\ \text{N·m}$，电动机减速。系统稳定后，$\dfrac{\mathrm{d}n}{\mathrm{d}t} = 0$，$T_L = T_N$，$I_a = I_N = 15.6\ \text{A}$，则

$$n = \frac{U_a - (R_a + R_c)I_N}{C_e}$$
$$= \frac{220 - (1.3 + 2.7) \times 15.6}{0.133}\ \text{r/min}$$
$$= 1185\ \text{r/min}$$

这一过程的机械特性曲线如图 2-20 所示。

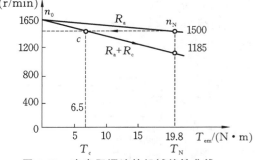

图 2-20 串电阻调速的机械特性曲线

此例也说明，他励直流电动机稳态运行时的电枢电流仅取决于负载转矩，而与电枢回路是否串入电阻及电阻的大小无关。

2. 调压调速的机电过程

假定他励直流拖动系统原在额定电压、恒转矩负载 T_L 下以转速 n_1 稳定运行,如图 2-21 所示。调速时,电枢电压降至 U_2,对应理想空载转速由 U_N/C_e 下降到 U_2/C_e,机械特性曲线向下平行移动,降压瞬间机械能不能突变,转速仍为 n_1,即相点水平左移至新机械特性曲线上的点 c。由电压平衡方程,电压降低,反电动势不变,则电枢电流和电磁转矩均减小,对应的电磁转矩 $T_c<T_L$,产生一个与串电阻调速情况相似的转速、电流、转矩的自动调节过程,最终当转速降到 n_2,电磁转矩等于负载转矩时,系统进入新的稳态运行状态。

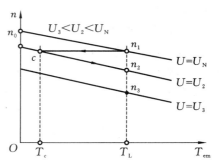

图 2-21　调压调速的机械特性曲线

【例 2-5】　已知他励直流拖动系统的电动机参数为 $P_N=2.5$ kW, $U_N=220$ V, $I_N=12.5$ A, $n_N=1500$ r/min,在 50% 额定负载下将电枢电压调至 160 V,求电动机的稳定运行速度。

解　因没有电枢电阻数据,故首先进行估算,按照电阻功耗占总损耗的 50% 来估算:

$$R_a=0.5\left(1-\frac{P_N}{U_N I_N}\right)\frac{U_N}{I_N}=0.5\times\left(1-\frac{2.5\times1000}{220\times12.5}\right)\times\frac{220}{12.5}\ \Omega=0.80\ \Omega$$

$$C_e=\frac{U_N-R_a I_N}{n_N}=\frac{220-0.80\times12.5}{1500}\ \text{Wb}=0.14\ \text{Wb}$$

电动机的稳定运行速度为

$$n=\frac{U_a}{C_e}-\frac{R_a}{C_e}I_a=\frac{160-0.80\times0.5\times12.5}{0.14}\ \text{r/min}=1107\ \text{r/min}$$

$$n_0=\frac{U_a}{C_e}=\frac{160}{0.14}\ \text{r/min}=1143\ \text{r/min}$$

$$\Delta n=n_0-n=(1143-1107)\ \text{r/min}=36\ \text{r/min}$$

调速前的转速为

$$n=\frac{220-0.80\times0.5\times12.5}{0.14}\ \text{r/min}=1536\ \text{r/min}$$

$$n_0=\frac{U_a}{C_e}=\frac{220}{0.14}\ \text{r/min}=1571\ \text{r/min}$$

$$\Delta n=n_0-n=(1571-1536)\ \text{r/min}=35\ \text{r/min}$$

即调压前后两机械特性曲线近似平行。

调压调速过程可归纳如下:

(1) 降低电枢电压,反电动势不变,使电枢电流减小;

(2) 电枢电流减小,磁通不变,使电磁转矩减小;

(3) 电磁转矩小于负载转矩,电动机减速;

(4) 电动机转速下降,反电动势下降,电枢电流增大;

(5) 电枢电流增大,电磁转矩增大,电动机减速减缓;

(6) 重复(4)(5),直到电磁转矩与负载转矩相等,电动机在一低于原速的转速下进入新的稳定运行状态。

请注意调压调速时电枢电压变化对理想空载转速的影响,以及调压调速机械特性曲线平行移动的特点。

3. 弱磁调速的机电过程

假定系统原运行于额定励磁电流、额定电枢电压状态,带有恒转矩负载 T_L,稳定运行速度为 n_1。调速时,磁通降为 Φ_1,对应转速特性曲线和机械特性曲线变化如图 2-22 所示。磁通下降后,理想空载转速由 $n_{0N}=U_N/K_e\Phi_N$ 增大为 $n_{01}=U_N/K_e\Phi_1$。按照前面串电阻、调压调速的分析方法,弱磁瞬间,因机械能不能突变,故机械特性曲线上的相点应该水平向右移动到点 c,又因电枢电压不变,转速不变,但磁通减小,反电动势减小,电枢电流增大至 I_c,对应电磁转矩增大至 $T_c>T_L$,电动机加速。随着转速升高,反电动势增大,电枢电流、电磁转矩减小,到电磁转矩与负载转矩平衡时,系统达到新的稳定运行速度 n_2。实际弱磁时,因励磁电路电磁时间常数影响,励磁电流不能突变,故磁通的减弱是逐渐进行的,结果导致 I_a、T_{em} 均不可能达到最大值;理想空载转速也是逐渐变化的。相点运动轨迹为曲线,这个曲线是由众多连续变化的特性曲线上的相点共同形成的。因弱磁过程中产生的转矩增量 dT_{em} 较小,故系统机电时间常数增大的速率与磁通的平方成反比,弱磁升速过渡过程远比串电阻调速、调压调速过渡过程的时间长。

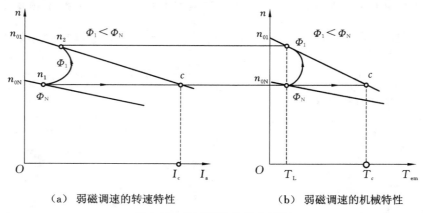

（a）弱磁调速的转速特性　　　　（b）弱磁调速的机械特性

图 2-22　弱磁调速的机电过程

如果负载具有恒转矩性质,调速前电磁转矩与负载转矩是平衡的,电磁转矩由磁通与电枢电流的乘积决定,弱磁调速时,在磁通减弱的同时电枢电流会增大,那么弱磁瞬间转矩究竟会如何变化? 形成的转矩究竟会使转速发生什么变化? 要回答这个问题,最简单的办法是对一个实例进行考查。

【例 2-6】　以例 2-1 中的电动机为例,在其额定状态时将磁通降低 10%,分析弱磁后的机械特性、转速特性变化及调速过程。

解　由例 2-1 知:$U_N=220$ V,$I_N=15.6$ A,$n_N=1500$ r/min,$R_a=1.3$ Ω,$n_0=1650$ r/min,$K_e\Phi_N=0.133$ Wb,$T_N=19.8$ N·m。

弱磁后:

$$K_e\Phi=0.9K_e\Phi_N$$

弱磁瞬间机械能不能突变,n 不能突变,故有

$$I_{ab}=\frac{U_a-E_a}{R_a}=\frac{U_N-0.9K_e\Phi_N n_N}{R_a}=\frac{220-0.9\times0.133\times1500}{1.3} \text{ A}=31.1 \text{ A}$$

由此可见,当磁通减弱 10% 时,电枢电流增大了近 100%。显然弱磁时磁通减弱的比例远小于电枢电流增大的比例,电磁转矩会增大,如果负载转矩保持恒定,系统将获得加速转矩,转速会升高。

$$T_{\mathrm{b}} = K_{\mathrm{T}} \varPhi I_{\mathrm{a}} = 0.9 \times 9.55 K_{\mathrm{e}} \varPhi_{\mathrm{N}} I_{\mathrm{ab}} = 0.9 \times 9.55 \times 0.133 \times 31.1 \ \mathrm{N \cdot m} = 35.6 \ \mathrm{N \cdot m}$$

电动机加速。然而,随着速度的升高,反电动势相应增大,使电枢电流和电磁转矩减小,最后,电磁转矩与负载转矩再次平衡,稳定后电磁转矩与负载转矩相等,即

$$T_{\mathrm{em}} = T_{\mathrm{N}} = K_{\mathrm{T}} \varPhi I_{\mathrm{a}} = 0.9 K_{\mathrm{T}} \varPhi_{\mathrm{N}} I_{\mathrm{a}} = K_{\mathrm{T}} \varPhi_{\mathrm{N}} I_{\mathrm{N}}$$

$$I_{\mathrm{a}} = \frac{I_{\mathrm{N}}}{0.9} = \frac{15.6}{0.9} \ \mathrm{A} = 17.3 \ \mathrm{A}$$

$$n = \frac{U_{\mathrm{a}} - R_{\mathrm{a}} I_{\mathrm{a}}}{K_{\mathrm{e}} \varPhi} = \frac{U_{\mathrm{N}} - R_{\mathrm{a}} I_{\mathrm{a}}}{0.9 K_{\mathrm{e}} \varPhi_{\mathrm{N}}} = \frac{220 - 1.3 \times 17.3}{0.9 \times 0.133} \ \mathrm{r/min} = 1650 \ \mathrm{r/min}$$

负载转矩不变时弱磁调速过程可归纳如下:

(1) 通过励磁回路控制减弱磁通;

(2) 磁通降低,转速不变,故反电动势下降;

(3) 反电动势下降,电枢电压不变,故电枢电流增大;

(4) 电枢电流增大的比例远大于磁通减弱的比例,故电磁转矩增大,电动机加速;

(5) 电动机加速,故反电动势增大;

(6) 反电动势增大,故电枢电流减小;

(7) 电枢电流减小,故电磁转矩减小,电动机加速逐渐减缓;

(8) 重复(5)(6)(7),直到电磁转矩与负载转矩相等,加速停止,这时电动机在某一高于原转速的速度下进入新的稳定运行状态。由于磁通下降,因此相同转矩下电枢电流比弱磁前的大。

如前所述,上述分析中没有考虑励磁电压突变时励磁回路电磁惯性的影响,实际弱磁发生时磁通有一个渐变过程,动态调节如图 2-23 中箭头所示,但不影响上述调速过程中各量的变化趋势和最终的稳态分析结果。

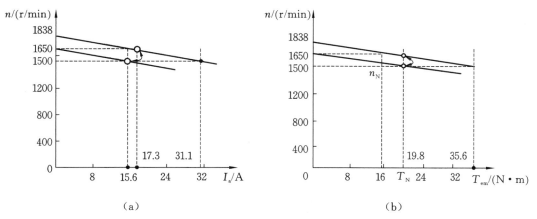

图 2-23　例 2-6 中弱磁调速的机电过程

在电动机高速运行时,增大磁通将产生相反的动态调节过程,使电动机的转速降低。

弱磁调速一般用在高于电动机额定转速的速度范围。由图 2-23(b)可以看到,在速度很低时,减弱磁通,电动机的转速反而会下降。这是因为,在非常低的速度下,反电动势本身很

小,减弱磁通使反电动势下降带来的电枢电流增大已不足以补偿减弱磁通对电磁转矩的削弱作用,即电流增大的比例还是小于磁通减弱的比例,导致弱磁时电磁转矩是下降的,电动机减速运行。某些用于控制目的的小型直流电动机经常运行在接近停止的极低转速下,这时如果采用弱磁调速,则磁通减弱有可能对转速没有影响,即磁通减弱比例和电枢电流增大比例相当;也有可能导致电动机减速,或者使电动机升速。由于其结果具有不确定性,因此在电动机低速运行时,一般不采用弱磁调速方法而改用调压调速方法。

在直流电力拖动系统中,电枢、励磁回路中的一些电气参数(如电压、电阻等)与负载转矩的突然变化,会引起过渡过程,但由于惯性,这些变化不会导致电动机的转速、电流、电磁转矩和磁通等突变,而使其呈现一个连续变化的过程。系统中一般存在机械惯性、电磁惯性和热惯性三种惯性。机械惯性主要反映在系统的转动惯量 J 上,它存储的机械能使转速不能突变。电磁惯性主要反映在电枢和励磁回路电感上,它们分别使电枢电流和励磁电流不能突变,普通直流电动机励磁回路的电感通常远大于电枢回路电感,弱磁调速时,励磁电流变化相对比较缓慢,故由励磁电流决定的磁通不能突变,因此弱磁调速时系统的响应要比调压调速时系统的响应慢;此外,代表电枢回路电磁惯性的电磁时间常数与系统机电时间常数相比通常要小很多(相对于千瓦级及以上的电机拖动系统而言),在定性分析系统转速变化过渡过程时可忽略它的影响。热惯性使电机的温度不能突变。由于温度变化比转速、电流等的变化要慢得多,因此一般在分析系统机电过渡过程时不考虑它的影响。

2.2.7 直流电动机运行时的励磁保护

为了保证直流电动机的运行安全,主磁通的正常建立是必需的。一旦励磁回路出现故障,导致励磁电流减小甚至等于零,电动机的运行安全就将受到严重威胁。由于电动机的定子和电枢铁芯均采用铁磁材料制造,因此励磁电流消失时,铁芯中还会有剩磁。直流电动机运行中失去励磁的危害可通过下面的例子来说明。

【例 2-7】 一并励直流电动机,$U_N = 220\ \text{V}$,$I_N = 10\ \text{A}$,$n_N = 1500\ \text{r/min}$,$R_a = 1\ \Omega$。负载转矩分别为额定值和额定值的 10% 时,电动机稳定运行过程中,励磁回路断线,剩磁为额定值的 2%。不考虑电枢反应影响,分别计算两种负载转矩下断线瞬间的电枢电流和电磁转矩,以及电动机进入稳态后的电枢电流和转速。

解 ① 负载转矩为额定值时,电枢反电动势和电磁转矩分别为

$$E_{aN} = U_N - I_N R_a = (220 - 10 \times 1)\ \text{V} = 210\ \text{V}$$

$$T_N = \frac{P_{emN}}{\Omega_N} = \frac{E_{aN} I_N}{\frac{2\pi}{60} n_N} = \frac{210 \times 10}{\frac{2\pi}{60} \times 1500}\ \text{N·m} = 13.37\ \text{N·m}$$

励磁回路断线瞬间,电枢反电动势变为

$$E_a = \frac{\Phi}{\Phi_N} E_{aN} = 0.02 \times 210\ \text{V} = 4.2\ \text{V}$$

电枢电流为

$$I_a = \frac{U_N - E_a}{R_a} = \frac{220 - 4.2}{1}\ \text{A} = 215.8\ \text{A}$$

电磁转矩为

$$T_{em} = \frac{\Phi I_a}{\Phi_N I_N} T_N = 0.02 \times \frac{215.8}{10} \times 13.37 \text{ N} \cdot \text{m} = 5.77 \text{ N} \cdot \text{m}$$

负载转矩小于额定值时，电动机减速停车。转速为零时，电枢电流最大值为

$$I_{am} = \frac{U_N}{R_a} = \frac{220}{1} \text{ A} = 220 \text{ A}$$

达到额定电流的 20 多倍。而电磁转矩最大值为

$$T_{emm} = \frac{\Phi I_{am}}{\Phi_N I_N} T_N = 0.02 \times \frac{220}{10} \times 13.37 \text{ N} \cdot \text{m} = 5.88 \text{ N} \cdot \text{m}$$

仍小于负载转矩。此时电动机不能启动，处于"堵转"停车状态。

② 负载转矩为额定值的 10% 时，有

$$E'_{aN} = U_N - I'_N R_a = (220 - 10 \times 1 \times 0.1) \text{ V} = 219 \text{ V}$$
$$T'_N = 0.1 T_N = 1.337 \text{ N} \cdot \text{m}$$

励磁回路断线瞬间，电枢反电动势变为

$$E'_a = 0.02 \times 219 \text{ V} = 4.38 \text{ V}$$

电枢电流为

$$I'_a = \frac{U_N - E'_a}{R_a} = \frac{220 - 4.38}{1} \text{ A} = 215.62 \text{ A}$$

电磁转矩为

$$T'_{em} = \frac{\Phi I'_a}{\Phi_N I_N} T_N = 0.02 \times \frac{215.62}{10} \times 13.37 \text{ N} \cdot \text{m} = 5.77 \text{ N} \cdot \text{m}$$

大于负载转矩。此时电动机加速。电动机稳定时，有

$$T''_{em} = K_T \Phi I''_a = 0.1 T_N = 0.1 K_T \Phi_N I_N = K_T \times 0.02 \Phi_N I''_a$$

$$I''_a = \frac{0.1 I_N}{0.02} = \frac{0.1 \times 10}{0.02} \text{ A} = 50 \text{ A}$$

为额定电流的 5 倍。

反电动势为

$$E''_a = U_N - I''_a R_a = (220 - 50 \times 1) \text{ V} = 170 \text{ V}$$

电动势系数为

$$K_e \Phi = 0.02 K_e \Phi_N = 0.02 \frac{E_{aN}}{n_N}$$

转速为

$$n = \frac{E''_a}{K_e \Phi} = \frac{E''_a}{0.02 E_{aN}} n_N = \frac{170}{0.02 \times 210} \times 1500 \text{ r/min} = 60714 \text{ r/min}$$

远远高于额定转速。此时电动机以"飞车"状态运行。

这样，无论负载轻重，直流电动机运行中失磁均会造成电枢回路严重过流而损坏。轻载可能产生"飞车"现象，重载可能导致电动机"堵转"。这些情况在直流电动机运行中都是绝对需要避免的。因此，通常在直流电动机的控制系统中都必须设置失磁保护，具体方法将在后续章节中介绍。特别需要注意的是，对励磁回路一般不宜采用保险熔断的过流保护措施，以防止保险熔断造成电动机失磁运行。

2.3 直流电动机的制动运行状态

令运行中的直流拖动系统停止下来(又称为停车),似乎是一件很容易的事情——只需切断供电线路不就可以了吗?然而,这种停车方式并不总是能够令人满意。如果一台大型的直流电动机拖动大惯量的负载运行,那么断电后要它完全停止,可能要花费几十分钟甚至更长的时间。在大部分情况下,这样长的减速时间是不可接受的。这时,就必须考虑对电动机提供制动转矩。最简单的方法是使用机械刹车,依靠机械产生的强摩擦形成制动转矩,这种机械制动方式在车辆制动中常被采用。机械刹车制动由于存在磨损,维护成本较高。另一种快速制动方法是通过电路使流过电枢的电流与磁通作用,形成一个沿制动方向的减速转矩,产生电气刹车效应。随着电力电子技术和计算机控制技术的进步,电气刹车方法简便易行,维护成本低,成为电力拖动系统快速制动的主要手段。有的系统还将两者结合起来,机电制动同时进行,以进一步提高制动的快速性和可靠性。下面着重分析直流电动机电气制动的基本方法。

电气制动的基本特征是电磁转矩的方向与电动机旋转的方向相反,对系统形成负向加速度作用。电动机通过这种反方向的转矩从轴上吸收机械功率,并将其转换为电功率输出,使系统迅速失去机械能而停止运动。从机电能量转换的角度看,工作于电气制动状态下的电动机实际运行于发电机状态。

在讨论电力拖动系统的运行时,迄今为止仅考虑了电动机机械特性曲线位于 T_{em}-n 坐标平面第一象限的情形。实际上,电机存在两个旋转方向,电磁转矩也存在两个方向。若定义 n 取正号表示电机正转,则电机反转时 n 取负号。电机作电动机运行时,电磁转矩方向与电机旋转方向相同:同为正时其机械特性曲线在 T_{em}-n 坐标平面第一象限,称为正向电动状态;同为负时其机械特性曲线在 T_{em}-n 坐标平面第三象限,称为反向电动状态。而制动状态下电磁转矩的方向与电动机旋转方向相反,在共同的电动机惯例假定正向下,正、反转制动对应的机械特性曲线分别位于 T_{em}-n 坐标平面第二、四象限。可使电动机具有正、反两种运行方向的系统称为可逆系统,而对于可电气制动的可逆系统,其机械特性曲线上的相点运动区间可以扩展到整个 T_{em}-n 坐标平面,这种电力拖动系统称为可四象限运行的可逆系统。

根据电动机转入制动运行的外部条件和制动过程中电动机输出电功率的不同,电动机的电气制动有回馈制动、能耗制动和反接制动三种方式。本节重点分析他励直流电动机在这三种制动方式下运行的机电过程,最后简要介绍串励和复励直流电动机的制动运行过程。

2.3.1 制动的分类

1. 回馈制动

假定他励直流电机在电动状态稳定运行过程中的励磁和电枢回路的原理电路如图 2-24 (a)所示。图中各物理量的假定正向与实际方向相同。可以看到,电磁转矩和转速的方向是相同的。如果这时将电枢电压迅速降低,使它低于反电动势 E_a,励磁电流保持不变,则在降压瞬间因机械能不变,所以反电动势高于电枢电压,由电枢回路电压平衡方程可知电枢电流 I_a 反向,在形成反方向的电磁转矩 $T_{em} = K_T \Phi I_a$ 的同时,将电功率回馈送入直流电网,如图 2-24

（b）所示。由此，电机由电动机工作状态转入发电机工作状态，在反向电磁转矩和负载摩擦阻转矩的共同作用下，快速制动。这种在电动机制动的同时能将电功率送回电网的制动方式称为回馈制动，也称为再生制动。

2. 能耗制动

电动运行过程中，如果突然将直流电动机的电枢电源断开，电动机将继续旋转，进入自由停车状态，依靠风阻、摩擦和负载阻转矩逐渐减速而停下来。由于磁场仍旧存在，因此反电动势在这一过程中也继续存在，并随着转速的下降不断减小，直到降为零。在此过程中，电动机相当于一台电枢开路的直流发电机。如果在断开电枢电源的同时，在电枢回路中接入一个外部限流电阻，如图 2-24（c）所示，那么在反电动势的作用下电枢回路中将形成一个与原电动运行时的电枢电流方向相反的电流 I_a，这个电流与磁通作用形成的电磁转矩方向与电动机旋转方向相反，对电动机也可起到快速制动的作用。由于在制动过程中机械能转换成的电功率被送到外接电阻上以热能形式消耗掉，因此这种制动方式称为能耗制动。显然，能耗制动在电动机转速比较高、反电动势比较大的时候可以获得较好的快速制动效果，随着转速的降低，反电动势逐渐减小，制动电磁转矩也会相应减小，制动效果随之变差，最终系统会以类似自由停车的方式平滑缓慢地完成停车。

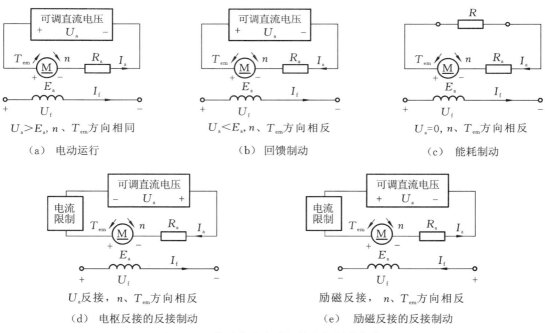

图 2-24　他励直流电动机的电气制动方式

3. 反接制动

若希望更加快速地制动，可以采用反接制动方式。反接制动的实现有两种途径。一种是将电枢电压突然倒换极性反向接入电枢（电枢反接），如图 2-24（d）所示，这时电枢回路中电枢电压的方向与反电动势的方向相同，两者相加后在电枢回路中迅速使电枢电流反向，在电流限制环节的制约下，形成一个电动机允许的最大电枢电流和制动电磁转矩，使电动机快速制动。另一种是电枢电压保持不变，仅在电枢回路中串入电流限制环节，同时将励磁电压反接（励磁反接),使磁场改变方向,如图 2-24(e)所示。这时电动机转速方向不变,但励磁反向导致反电动势改变极性,同样与电枢电压形成同极性串联相加效果。值得指出的是,在励磁反接时,电枢电流并没有改变原来的方向,只是由于磁场反向,电磁转矩改变了方向,变得与电动机旋转方向相反,成为制动电磁转矩。因此,不能简单地根据电枢电流的方向来判断电动机是工作在电动状态还是制动状态。此外,反接制动时电枢回路两电源相加,如果不进行电流限制,额定转速下电枢电流可能达到额定电枢电流的数十倍,对于直流电动机,这是不可接受的。反接制动过程中,当电动机转速下降到接近零时,如果不希望电动机反方向启动,必须及时切断电枢电源,在开环控制系统中,这个断开控制可以通过与电动机同轴安装的速度继电器实现。

4. 理想的快速制动

电气制动的快速性是由转矩平衡方程决定的。对于恒转矩负载,制动时电动机提供的反向制动电磁转矩越大,电动机制动越快。而制动电磁转矩正比于电枢电流,受电动机短时电枢电流过载系数的限制,为保证电动机的工作安全,在上述三种电气制动的初始时刻,通常都按这一限制条件设计参数来限制制动电流,这样,在制动的初始时刻,都可以获得最大的制动转矩。遗憾的是,随着制动过程的进行,转速快速下降,反电动势也随之下降,无论采用上述三种制动方式中的哪一种,如果维持初始设计参数不变,那么都将出现电枢电流和制动电磁转矩越来越小、制动越来越慢的情况。

理想的快速制动,是在保证电动机和功率变换装置安全的前提下,以最短的时间完成制动过程。对于带恒转矩负载、恒磁通运行的他励直流电动机,这等价于要求在整个制动过程中,保持电枢电流恒为最大允许值,使制动电磁转矩维持为常数,电动机以一个绝对值最大的负斜率线性减速到零。为了实现这一目标,通常需要在制动过程中不断根据反电动势的变化调整供电电压,这可通过反馈闭环的自动控制实现。

2.3.2 他励直流电动机的回馈制动

他励直流电动机运行过程中,如出现实际运行速度高于理想空载转速,导致反电动势高于电枢电压的情况,说明电动机运行于回馈制动状态。

回馈制动状态下,电动机各机电变量的实际作用方向如图 2-24(b)所示,与电动运行状态相比,因反电动势大于电枢电压,I_a 改变了方向,相应电磁转矩也改变了方向,由与 n 方向一致的拖动转矩变为与 n 方向相反的制动转矩。其中,建立制动转矩的电枢电流称为制动电流。

在讨论制动状态下电动机的功率平衡关系时,为便于与电动运行状态下的功率平衡关系相比较,取制动状态下各机电变量的实际方向为假定正向,如图 2-24(b)所示,可得到回馈制动状态下电枢回路的电压平衡方程,其表达式为

$$U_a = E_a - I_a R_a \tag{2-61}$$

方程两边同乘以 $-I_a$,得

$$-U_a I_a = I_a^2 R_a - E_a I_a \tag{2-62}$$

即

$$-P_1 = P_{Cu} - P_{em} \tag{2-63}$$

$$-P_{em} = -P_2 + P_0 \tag{2-64}$$

式中:P_1 为电枢回路输入功率;P_{Cu} 为电枢回路铜耗;P_{em} 为电机电磁功率;P_2 为电机轴上的输

出功率;P_0 为电机空载损耗功率。

式(2-62)即为回馈制动运行状态下电机的功率平衡方程。从表 2-1 中可看出,与电动运行状态相比,回馈制动状态下电机的输入功率和电机轴上的输出功率分别因电枢电流和电磁转矩改变方向而改变了符号。电磁功率为负,代表电机实际将电机轴上的机械功率吸收并转换为电功率;输入功率为负,代表由机械功率转换成的电功率在补偿电枢回路中的铜耗后,全部回馈到直流电网,如图 2-25 所示。

表 2-1　电动运行与回馈制动状态下功率关系的比较

比较项目	输入电功率	电枢铜耗	电磁功率	电机空载损耗	输出机械功率
	P_1	P_{Cu}	P_{em}	P_0	P_2
功率关系	$U_a I_a =$	$I_a^2 R_a +$	$E_a I_a$	$T\Omega +$	$T_1 \Omega$
			$T\Omega =$	$T_0 \Omega +$	$T_1 \Omega$
电动运行状态	+	+	+	+	+
回馈制动状态	−	+		+	

在讨论包括回馈制动在内的四象限运行条件下电动机的机械特性时,为了能将不同运行状态下的机械特性曲线绘制在同一坐标平面内,各不同运行状态下的电磁转矩 T_{em} 和转速 n,以及与之对应的电枢电流和反电动势必须有统一的假定正向,一般均按电动机惯例统一规定,如图 2-24(a)

$$直流电网 \Longleftarrow P_1 \Longleftarrow P_{em} \Longleftarrow P_2$$

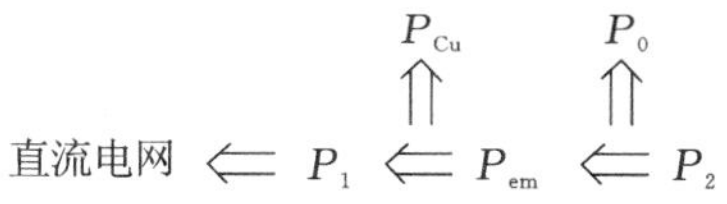

图 2-25　他励直流电动机
回馈制动的功率流

所示。在此条件下,无论他励直流电动机运行在何种状态,无论其机械特性曲线位于坐标平面的哪个象限,其机械特性方程可统一表示为

$$n = \frac{U_a}{K_e \Phi} - \frac{R_a}{K_e K_T \Phi^2} T_{em} \tag{2-65}$$

如果磁通恒定,则式(2-65)还可表示为

$$n = \frac{U_a}{C_e} - \frac{R_a}{C_e C_T} T_{em} \tag{2-66}$$

这时,式中各变量的数值均有符号,其正负由机械特性曲线所在象限决定。正向电动运行时,机械特性曲线在 T_{em}-n 坐标平面的第一象限中,式中自变量 T_{em} 应取正值;反向电动运行时,机械特性曲线在第三象限,T_{em} 取负值;正、反向回馈制动时,机械特性曲线分别在第二、四象限,T_{em} 分别取负、正值。电压的正负与理想空载转速的符号对应。由于回馈制动状态仅由外部运行条件的变化引起,电机本身的接线未做任何改变,因此正、反向回馈制动状态下的机械特性曲线分别为第一、三象限内的电动运行机械特性曲线在第二、四象限内的延伸。

电力拖动系统中,电机实际运行转速高于理想空载转速的现象可能在下述三种情况下发生。

1. 电枢电压突然降低时的回馈制动过程

电枢电压突然降低时系统的减速过程如图 2-26 所示,减速过程中电动机经历了两个阶段。相点由点 b 向点 c 运动的过程中,电动机运行在回馈制动状态,此时 T_{em} 与 n 符号相反而

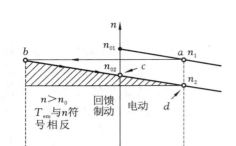

图 2-26　电枢电压突降时的回馈制动

T_L 与 n 符号相同,电磁转矩与负载转矩均成为制动转矩,迫使转速迅速下降;在相点由点 c 向点 d 运动的过程中,电磁转矩的符号由负变正,电动机运行在电动状态,但因电磁转矩小于负载转矩,故转速继续下降。转速下降时各机电变量间的自动调节过程可利用图 2-26 进行分析,但须注意,回馈制动状态下,随着转速的下降,因反电动势高于电枢电压而形成的制动电流绝对值会随着反电动势的下降而减小,使系统转速下降的速率逐渐变小(即转速下降变慢)。当转速下降到降压后电枢电压对应的理想空载转速时,反电动势与电枢电压相等,制动方向的电枢电流和电磁转矩均下降至零,回馈制动过程即告结束,而系统将在负载转矩的制动作用下继续减速,进入电动运行状态。电动运行状态的调节过程读者可自行分析,系统最终将在电磁转矩与负载转矩重新平衡时,以转速 n_2 在点 d 稳定运行。

2. 磁通突然增大时的回馈制动过程

图 2-27(a)(b)所示的是两条不同 Φ 值下的转速特性和机械特性曲线。由 $n_0 = \dfrac{U}{K_e \Phi}$ 知,Φ 增大意味着 n_0 下降,若下降后的 n_0 低于原稳定运行速度,则电动机将进入回馈制动状态。磁通突变和渐变时,相点的运动轨迹分别如图 2-27 中从点 a 到点 b 的虚线和实线所示。该过程是弱磁升速的逆过程,请读者自行分析。

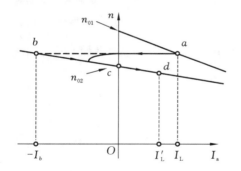

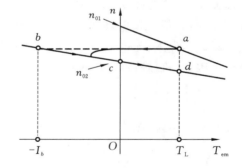

（a）增磁回馈制动转速特性　　　　　　　　　　（b）增磁回馈制动机械特性

图 2-27　增磁减速时的回馈制动

3. 位能负载转矩作为拖动转矩带动电动机旋转时的回馈制动过程

习惯上将起重机、电梯类拖动系统中的电动机正向旋转方向定义为提升方向,将反向旋转方向定义为下放方向。由重力产生的位能负载转矩始终保持在一个固定的对系统产生反向加速作用的方向。提升重物时,位能负载转矩是阻转矩,为保持平稳的提升速度,电动机必须产生同样大小的拖动转矩与之平衡;下放重物时,位能负载转矩则成为拖动转矩,作用于使系统产生负向加速度的方向,为使重物保持匀速下降,电动机必须产生制动转矩以平衡此拖动转矩。现代调速系统中,若要以回馈制动状态下放重物,应先令电动机负方向低压启动,电压的大小由电动机允许的短时最大电枢电流和下放速度决定,并利用 T_L 的拖动作用使系统在负方向超越理想空载转速的条件下建立稳定平衡状态,如图 2-28 所示。电动机由零加速到 n_{c1}

的过程分为两个阶段:相点从零向负方向的理想空载转速运动时,电动机运行于反向电动状态,此时电磁转矩为负、负载转矩为正,对系统而言二者均为加速转矩;转速超越负方向的理想空载转速后,反电动势高于电枢电压,使电流、电磁转矩反向,对反向旋转的电动机而言,电磁转矩是制动转矩,电动机转入回馈制动状态,机械特性曲线上的相点进入第四象限;当反电动势升高到其所形成的电流使电磁转矩与负载转矩平衡时,电动机进入稳速运行状态,以转速 n_{c1} 匀速下放重物。到达稳态前系统各机电变量的调节过程可根据图 2-28 自行分析。当需要以较高速度下放重物时,可通过逐渐增大负向电枢电压实现。

电力机车一类的拖动系统,在从平路进入比较陡的下坡道路行驶时,也会因位能负载而产生回馈制动。习惯上定义电力机车在平路运行时的前进方向为电动机正转方向。下坡时,如果电动机所受到的重力与摩擦力的转矩之和表现为拖动性质,则电动机将在自身电磁转矩和由重力形成的拖动转矩的作用下加速,使转速高于原电枢电压决定的理想空载转速,从而进入回馈制动状态。这时转速仍为正值,电磁转矩变为负值,成为阻转矩,相点在第二象限中,当 $-T_{em}=-T_L$ 时,电力机车以速度 n_b 稳速下坡行驶。上述过程如图 2-29 所示。

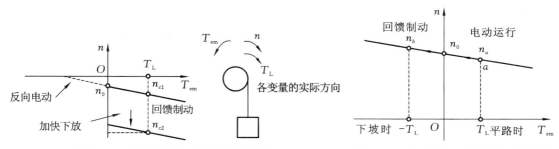

图 2-28　下放位能负载时的回馈制动　　　　图 2-29　电力机车下坡时的回馈制动
（最终稳定运行在回馈制动状态）

【例 2-8】　已知他励直流电动机的相关参数为 $P_N=29$ kW,$U_N=440$ V,$I_N=76.2$ A,$R_a=0.393$ Ω,$n_N=1050$ r/min,带位能负载在固有特性曲线上回馈制动下放,$I_a=60$ A,求下放转速。

解　首先计算电动势常数。电动势常数仅取决于电动机固有参数,一般通过电动机额定参数计算:

$$C_e=\frac{U_N-R_aI_N}{n_N}=\frac{440-76.2\times0.393}{1050} \text{ Wb}=0.39 \text{ Wb}$$

采用电动机惯例分析回馈制动过程时,需清楚机械特性方程或转速特性方程中各变量的符号。对于他励直流电动机,在励磁电流不变时,采用转速特性方程进行定量分析较为方便。

符号分析如下。

位能负载,回馈下放:电动机工作在第四象限机械特性曲线上,因此电流用正值、电枢电压用负值代入方程。此电动机应是在第三象限机械特性曲线上某点处反向启动,后被位能负载拖入第四象限机械特性曲线上的某点,超额定转速后进行回馈制动而下放重物的,求得 n 应为负值,其绝对值应大于额定转速值。因此,解得

$$n=\frac{U_a-R_aI_a}{C_e}=\frac{(-440)-0.393\times(+60)}{0.39} \text{ r/min}=-1189 \text{ r/min}$$

2.3.3　他励直流电动机的反接制动

当他励直流电动机电枢电压或电枢反电动势在外部条件作用下改变极性时,电动机进入反接制动状态。

1. 反接制动状态下的功率平衡关系与机械特性

在讨论反接制动状态下的功率平衡关系和机械特性时,各机电变量亦取两种不同的假定正向。讨论功率平衡关系时,取反接制动状态下各机电变量的实际方向为正向,如图 2-30 所示,此时反接制动状态下电动机的电压平衡方程为

$$U_a = -E_a + R_a I_a \tag{2-67}$$

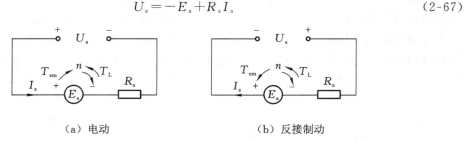

（a）电动　　　　　　　　　　　　（b）反接制动

图 2-30　电枢反接时的反接制动

方程中各变量取值为无符号数值,在方程两边同乘以 I_a,得到反接制动状态下电动机的功率平衡方程:

$$U I_a = -E_a I_a + R_a I_a^2 \tag{2-68}$$

即

$$P_1 = -P_{em} + P_{Cu} \tag{2-69}$$

表 2-2 为电动机电动运行和反接制动状态下功率关系的比较。从表 2-2 中可以看出,与电动运行状态相比,反接制动状态下电动机的输入电功率符号未变,输出机械功率则因电磁转矩 T_{em} 的符号变化而由正变负,表明此时电动机从直流电网和电动机轴两个方向同时接受输入功率,轴上输入的机械功率通过电动机转换成电磁功率 $E_a I_a$ 后,连同电网输入功率一起补偿了电枢回路的电阻消耗。

表 2-2　电动运行与反接制动状态下功率关系的比较

比较项目	输入电功率	电枢铜耗	电磁功率	电机空载损耗	输出机械功率
功率关系	P_1	P_{Cu}	P_{em}	P_0	P_2
	$U_a I_a =$	$I_a^2 R_a +$	$E_a I_a$		
			$T_{em}\Omega =$	$T_0\Omega +$	$T_1\Omega$
电动运行	+	+	+	+	+
反接制动	+	+	−	+	−

定量讨论反接制动状态下的机械特性时,各机电变量的假定正向应改用电动机惯例正向,在此前提条件下,机械特性方程仍保持式(2-65)所示的统一形式,但式中各机电变量均为有符

号变量。其正负方向的反接制动机械特性曲线分别是其第一、三象限电动运行状态下机械特性曲线在第四、二象限的延伸。

实际拖动系统中,电枢电压与反电动势方向一致的现象可能在以下三种情况下发生:电动运行状态下,电枢电压改变极性(电枢反接);位能负载转矩强迫电动机反转,使反电动势改变方向;励磁电压改变极性(励磁反接)。

2. 电枢电压反接时的反接制动

在早期的直流电力拖动系统中,为了使高速运行的电动机迅速停车,常采用的一种措施是将电枢电压突然反接,因从反接开始到转速下降到零之前,反电动势不会改变方向,故该措施会形成电枢电压与反电动势同向串联,共同建立制动电流和制动转矩的状态,迫使电动机在反接制动状态下快速制动。但为使制动时的电枢电流不超过允许最大值,在电枢反接的同时必须在电枢回路中串入阻值足够大的限流电阻,电枢电压反接后形成的人为机械特性曲线如图 2-31 中的曲线 2 所示。这种实现方式的优点是控制简单,无须改变直流电压的幅值,但其缺点是串入的限流电阻在制动过程中会产生较大的能量损耗。这种方案在现代拖动系统中已不再采用。现代电力拖动系统在电动机高速运行时采用的快速制动方案是,通过计算机控制,使电动机在高速时首先以形成电动机允许最大制动电流为原则,逐步降压,以回馈制动形式令电动机减速,这个制动过程可以一直持续到电枢电压降到零为止,如图 2-32 中相点由点 b 到点 c 的过程,这时电动机转速还未下降到零,如果保持电枢电压等于零,制动电流和转矩仅由越来越低的反电动势维持,将越来越弱,使停车变得缓慢。要继续维持最大制动电流和转矩,就必须继续降压,即电枢电压改变极性,与反电动势相加以共同建立制动电流,使电动机进入反接制动状态,快速制动到速度等于零。这一过程如图 2-32 中相点由点 c 到点 d 的过程所示。这种计算机参与控制的快速制动方案,无须在电枢回路串入电阻,制动的大部分过程为回馈制动,具有良好的节能效果,是当前拖动系统普遍采用的控制方案,但这种方案要求提供可正负调压的功率电源、计算机控制装置和相应的闭环自动控制系统。

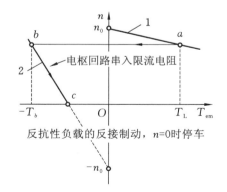

图 2-31　电枢电压反接时的反接制动

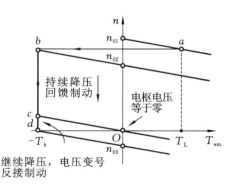

图 2-32　现代拖动系统中的电枢电压反接制动

反接制动时,T_{em} 为负,T_L 为正,对 $+n$ 而言两者均为制动转矩,在它们的联合作用下,n 迅速下降。计算机控制使电枢电压跟踪反电动势的下降而向负向相应增大,维持最大制动电流不变,相点由点 c 迅速向点 d 移动,当转速下降到零时,反接制动过程结束。如果制动的目的是使系统迅速停车,那么当转速为零或基本接近零时,须立即切断电动机的供电电源,否则电动机将会反向启动。

3. 位能负载转矩强迫电动机反转时的反接制动

卷扬机下放重物时,可采用反接制动方式保证重物匀速下降。图 2-33 所示的是早期的直流拖动系统利用反接制动匀速下放重物的情形。设系统原运行于重物提升状态,稳定运行点为图 2-33 中的点 a。当希望利用反接制动下放重物时,在电枢回路中串入适当大小的电阻使电枢电流减小,相应电磁转矩减小到相点 b 对应的转矩大小。虽然此时电动机仍然工作于电动状态,但电磁转矩小于负载转矩,电动机减速,相点从点 b 向点 c 移动。减速过程与电枢回路串电阻调速过程相同。当转速下降至零时,电磁转矩仍然小于负载转矩,电动机将在位能负载转矩拖动下反转,迫使反电动势改变方向,电动机进入第四象限中机械特性曲线所表征的反接制动状态。注意此时 T_{em}、T_L 虽均未改变符号,但因 n 由正变负,对 $-n$ 而言,T_{em} 成为制动转矩,而 T_L 成为拖动转矩。在相点由点 c 向点 d 移动的过程中,T_{em} 随 n 的负向上升而增大,并在相点到达点 d 时上升到与负载转矩相等,系统在反接制动状态下达到新的平衡状态,电动机转入稳速运行,将重物匀速下放。值得注意的是,在 a、d 两平衡点上转矩平衡条件虽均为 $T_{em}=T_L$,但在点 a 处 T_{em} 为拖动转矩而 T_L 为制动转矩,在点 d 处 T_{em} 为制动转矩而 T_L 为拖动转矩。基于同样高能耗的原因,这种串电阻反接制动下放重物的方式在现代拖动系统中也已不再采用。

由于电压平滑可调,现代拖动系统在重物下放转速较高时均采用回馈制动(电枢电压与转速同为负)方式以节能,仅在极低速下放时采用反接制动方式,如图 2-34 所示,即当电枢电压为零而下放转速仍不够低时,可对电枢加一很小的正向电压,依靠反接制动(电枢电压为正,转速为负)来获得足够低的平稳下放速度。

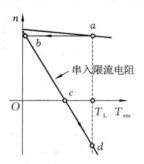

图 2-33 早期的反接制动匀速下放重物

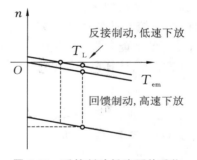

图 2-34 反接制动低速下放重物

励磁反接的情形与电枢反接的情形相似,不再赘述。需要指出的是,励磁反接时必须从控制上采取措施使励磁电流迅速反向,快速渡越零励磁点和弱磁区,防止出现因弱磁产生的电动机速度不降反升,甚至"飞车"的现象。

2.3.4 他励直流电动机的能耗制动

他励直流电动机运行过程中,在不改变其励磁电路工作状态的情况下,令其电枢电压突然降为零,例如在图 2-35(a)所示电路中将 K_1 突然断开,K_2 同时突然闭合,瞬间将运行于电动状态的电动机的电路切换成图 2-35(b)所示的接线形式,则电动机即进入能耗制动状态。此时电枢电流是由反电动势建立的制动电流,它产生的电磁转矩是与运动方向相反的制动转矩。与上述两种制动状态一样,在讨论能耗制动状态下的功率平衡关系时,取各机电变量的实际方

向为假定正向,如图 2-35 所示。此时电枢回路的电压平衡方程为

$$E_a = (R_a + R_c) I_a \qquad (2\text{-}70)$$

其功率平衡方程为

$$I_a E_a = (R_a + R_c) I_a^2 \qquad (2\text{-}71)$$

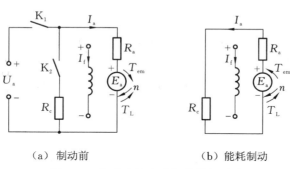

（a）制动前　　　　　　（b）能耗制动

图 2-35　他励直流电动机的能耗制动

表 2-3 为电动机在电动运行状态和能耗制动状态下功率关系的比较。从表中可以看出,能耗制动状态下,电动机的输入电功率为零,电磁功率和轴上输出功率则因 T_{em} 而由正变负,表明能耗制动状态下电动机的作用是将运动系统内贮藏的机械动能或位能转换为电能,最终转化为热能全部消耗在电枢回路。待系统内存储的机械能量全部消耗完毕,制动即自行终止。

表 2-3　电动运行状态和能耗制动状态下功率关系的比较

比较项目	输入电功率	电枢铜耗	电磁功率	电机空载损耗	输出机械功率
	P_1	P_{Cu}	P_{em}	P_0	P_2
功率关系	$U_a I_a =$	$I_a^2 + (R_a + R_c) +$	$E_a I_a$		
			$T_{em} \Omega =$	$T_0 \Omega +$	$T_1 \Omega$
电机运行	+	+	+	+	+
能耗制动	0	+	−	+	−

在定量讨论能耗制动状态下的机械特性时,各机电变量假定正向按电动机惯例正向,使电动机的机械特性方程保持式(2-65)不变。为了限制电动机转入能耗制动时的最大电枢电流,通常需要在电枢回路串入附加(限流)电阻 R_c。令 $U_a = 0$,可得

$$n = -\frac{R_a + R_c}{C_e C_T} T_{em} \qquad (2\text{-}72)$$

他励直流电动机能耗制动过程的机械特性曲线如图 2-36 所示。不同 R_c 数值对应的能耗制动机械特性曲线是一族通过坐标原点、斜率不同的直线。能耗制动也可用于下放位能负载,下放的稳定运行转速可以通过改变附加电阻的阻值大小来调节。

能耗制动的主要优点是,制动过程中系统的负向加速度是逐渐减小的,转速越低,减速越慢,因此制动比较平滑,对于摩擦反抗性负载,制动到转速为零时电动机可以可靠停止。其缺点正如其名,属于高能耗型制动方式。在现代拖动系统中一般采用如图 2-36 所示的制动方式,首先回馈制动,到电枢电压降为零后继续保持,这时电动机即进入能耗制动状态,依靠电枢

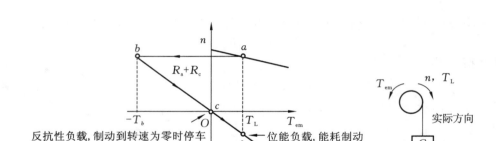

图 2-36 他励直流电动机能耗制动过程的机械特性曲线

回路自身电阻耗能制动停车。

【例 2-9】 已知他励直流电动机的相关参数为 $P_N=12\text{ kW}, U_N=220\text{ V}, I_N=62\text{ A}, n_N=$ 1340 r/min, $R_a=0.25\ \Omega$。若该电动机带额定负载电动运行时采用回馈制动方式制动,允许的最大制动转矩为 $2T_N$,求此时应将电枢电压调节为多少?如果制动过程中电枢电压连续可调,但电枢电压不能改变极性,则电动机将在什么速度下由回馈制动转入能耗制动?画出该电动机制动过程的机械特性曲线。

解 (1)
$$C_e=\frac{U_N-R_aI_N}{n_N}=\frac{220-0.25\times62}{1340}\text{ Wb}=0.1526\text{ Wb}$$

带额定负载电动运行时,电压平衡方程为
$$U_N=E_{aN}+R_aI_N$$

反电动势
$$E_{aN}=U_N-R_aI_N=(220-0.25\times62)\text{ V}=204.5\text{ V}$$

他励直流电动机的电枢电流与转矩成正比,故最大制动电流 $I_a=-2I_N$。回馈制动时电枢电压降低,记电源电压为 U_b,则有
$$U_b=E_{aN}+R_aI_a=E_{aN}-2R_aI_N=(204.5-2\times0.25\times62)\text{ V}=173.5\text{ V}$$

注意:因电动机处于回馈制动状态,故按电动机惯例方向列方程后,U_b 应取正值代入;此时电动机工作在第二象限机械特性曲线所示的状态下,T_{em}、I_a 应取负值代入;此时 n 仍为正,故反电动势取正值代入。

(2)能耗制动开始时,电枢电压降为 0,此时的反电动势为
$$E_a=2R_aI_N=2\times0.25\times62\text{ V}=31\text{ V}$$
$$n_c=\frac{E_a}{C_e}=\frac{31}{0.1526}\text{ r/min}=203\text{ r/min}$$

注意:因电动机处于能耗制动状态,故按电动机惯例方向列方程后,U_b 应取零;此时电动机工作在第二象限机械特性曲线所示的状态下,T_{em}、I_a 取负值代入。

(3)
$$n_0=\frac{U_N}{C_e}=\frac{220}{0.1526}\text{ r/min}\approx1440\text{ r/min}$$
$$n_{b0}=\frac{U_b}{C_e}=\frac{173.5}{0.1526}\text{ r/min}=1137\text{ r/min}$$
$$T_N=9.55C_eI_N=9.55\times0.1526\times62\text{ N}\cdot\text{m}$$
$$=90\text{ N}\cdot\text{m}$$

机械特性曲线如图 2-37 所示。

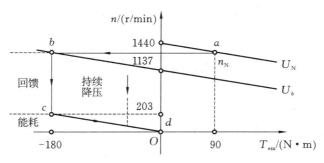

图 2-37　例 2-9 的机械特性曲线

2.3.5　串励和复励直流电动机的制动

由于串励直流电动机的电枢电流就是它的励磁电流,电流为零时电动机主磁通仅取决于铁芯剩磁,理想空载转速趋向于无穷大,运行中不可能满足能够实现回馈制动的条件,故串励直流电动机只有反接制动和能耗制动两种制动方式。

与他励直流电动机一样,反接制动状态下,串励直流电动机也是从电网和电动机轴两个方面同时吸收功率,并以铜耗的形式消耗在电枢电路中,其机械特性曲线同样是第一、三象限中电动运行状态下的机械特性曲线在第四、二象限的延伸,如图 2-38 中实线所示。为了得到反向的转矩,磁通和电流应当只有一个改变方向。电枢电压反接时,电枢电流反向,这时必须保证励磁绕组中流过的电流保持原来方向,如图 2-39 所示。如果电枢电流和励磁电流同时改变方向,由它们建立的电磁转矩不会改变方向,电动机将仍然保持电动运行状态。

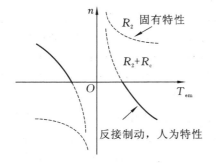

图 2-38　串励直流电动机反接制动机械特性曲线

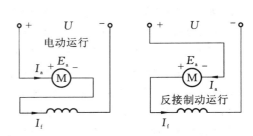

图 2-39　串励直流电动机反接制动的实现

串励直流电动机能耗制动的实现方法是在串励直流电动机具有一定转速时,把电枢与电源的连接断开并将电枢接到制动电阻上。此时励磁可分为自励和他励两种方式,常用的是他励方式。不论哪种方式,均须使励磁电流方向与能耗制动前的相同,否则不能产生制动转矩。由于串励绕组电阻很小,当接成他励方式时,必须在励磁电路中串入限流电阻。

复励直流电动机因有并励绕组,理想空载转速为有限值,因此可以采用回馈、反接和能耗三种制动方式。其反接制动的实现方法及特性曲线与串励直流电动机的相同,也必须注意保持电枢电压反接时串励绕组中的电流方向不变。回馈制动时,为了避免反向电流通过串励绕组削弱主磁通,一般将串励绕组短路。同样,在能耗制动时,也要把串励绕组短路。这样,复励直流电动机的回馈制动与能耗制动特性与他励直流电动机的完全相同,机械特性曲线为直线。

2.4　永磁直流电动机

直流电动机的主磁通也可以采用永久磁铁形成。采用永久磁铁,既保留了直流电动机良好的调速特性和机械特性,又因省去了励磁绕组和励磁损耗而使电动机具有结构工艺简单、体积小、效率高等特点。功率在 300 W 以内时,永磁直流电动机的效率比同规格电励磁直流电动机的效率高 10%～20%,而且,电动机功率越小,励磁结构体积占总体积的比例和励磁损耗占总损耗比例都越大,上述优点就尤为突出。采用铁氧体永久磁铁时,电动机总成本一般比电励磁电动机的低。因而从家用电器、便携式电子设备、电动工具到要求有良好动态性能的精密速度和位置传动系统(如计算机外围设备、录像机等)都大量采用永磁直流电动机。相关报道指出,500 W 以下的微型直流电动机中,永磁电动机占 92%,而 10 W 以下的直流电动机中,永磁电动机占 99%。目前永磁直流电动机正从微型和小功率电动机向中小型电动机扩展。

永磁直流电动机的另一个优点是其等效气隙比普通直流电动机的增大了许多倍,其原因是磁铁充分饱和,这时外部电流建立的磁场对磁铁磁通的影响已十分微弱,磁铁磁导率变得接近气隙的磁导率,磁场不会因电枢反应而失真变形,从而使电枢反应显著减弱,使换向和电机的过载能力得到改善。此外,等效气隙的增大降低了电枢的电抗,当电枢电流变化时,响应显著加快,因此,永磁直流电动机比普通直流电动机更适合用于要求快速响应的拖动系统。永磁结构也使拖动系统不再产生普通直流电动机的失磁飞车问题。

永磁直流电动机的缺点是,永久磁铁成本相对较高,不能通过弱磁升速,也不能产生如同外部励磁那样的高强度磁场,每安培电流产生的电磁转矩要比同规格他励直流电动机的小。此外,永久磁铁在电动机运行时有被去磁的危险:电动机运行时,电枢反应磁动势参与合成电动机磁场,如果电枢电流太大,电枢反应磁动势有可能造成永久磁铁去磁;电动机长期过载产生的高温也可能使永久磁铁去磁。不过,随着材料和工艺的进步,这种运行中被去磁的危险已越来越小。

图 2-40 所示为典型普通铁磁材料的磁化特性曲线,又称为 B-H 曲线或 Φ-i 曲线。当一个很强的磁动势作用于该铁磁材料然后移去,会留下一个剩磁通。为了使磁通变为零,需要在原来的反方向加一个能产生强度为 H_c(称为矫顽磁场强度)的磁场的磁动势。普通直流电动机铁磁材料的矫顽磁场强度应尽可能低,因为这样的材料具有较低的磁滞损耗;而永磁直流电动机的铁磁材料应具有尽可能高的剩磁和矫顽磁场强度,其磁化特性曲线如图 2-41 所示。

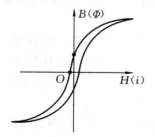

图 2-40　典型普通铁磁材料的磁化特性曲线

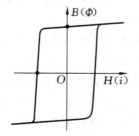

图 2-41　永磁直流电动机铁磁材料的磁化特性曲线

在过去的数十年间，许多具有永久磁铁期望特性的新材料被研制出来，其中最主要的材料类型有陶类和稀土类。图 2-42 所示的是某一陶类、稀土类和普通铁磁合金在第二象限的磁化特性曲线的比较。从图中可以看出，稀土类磁性材料所产生的剩磁与普通铁磁合金的相当，同时对电枢反应可能导致的去磁具有非常强的免疫能力。

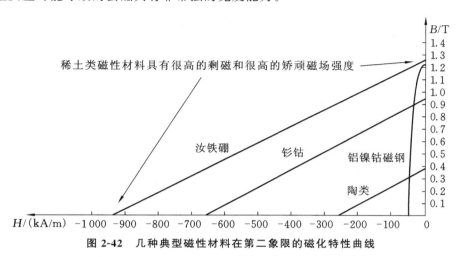

图 2-42　几种典型磁性材料在第二象限的磁化特性曲线

永磁直流电机种类很多，分类方法也多种多样。按运动方式和结构特点，永磁直流电机可分为直线式的和旋转式的，其中旋转式的又可分为有槽结构的和无槽结构的。有槽结构的包括普通永磁直流电机和永磁直流力矩电机；无槽结构的包括有铁芯的无槽电枢永磁直流电机，以及无铁芯的空心杯电枢永磁直流电机、印制绕组永磁直流电机及线绕盘式电枢永磁直流电机。按用途，永磁直流电机可分为永磁直流发电机和永磁直流电动机。永磁直流发电机目前主要用作测速发电机，永磁直流电动机又可分为控制用电动机和拖动用电动机。

永磁直流电动机由于采用永磁体励磁，其结构和设计计算方法与电励磁直流电动机相比有许多显著的差别，尤其是在磁极结构、磁路计算中的主要系数以及电枢反应磁动势对气隙磁场和永磁体的影响方面。

永磁直流电动机的磁路一般由电枢铁芯（包括电枢齿、电枢轭）、气隙、永磁体、机壳等构成。其中永磁体作为磁源，其性能、结构形式和尺寸对电动机的技术性能、经济效益和体积尺寸等有重要影响。目前永磁材料的性能差异很大，因而在电动机中使用时与其性能要求相适应的结构形式大不相同。

永磁直流电动机常用的磁极结构有瓦片形、圆筒形、弧形和矩形等。瓦片形磁极结构（见图 2-43（a）（b））大多在高矫顽力的稀土永磁和铁氧体永磁直流电动机中应用。

当采用各向异性的铁氧体永磁或稀土永磁时，瓦片形磁极可以沿辐射方向定向和充磁，称为径向充磁；也可沿与磁极中心线平行的方向定向和充磁，称为平行充磁。从产生气隙磁场的角度来看，径向充磁的圆筒形磁极（见图 2-43（c））与瓦片形磁极没有太大区别，只是圆筒形磁极的材料利用率低，极间的一部分永磁材料不起作用，而且圆筒形永磁体较难制成各向异性的，磁性能较差。但是，它是一个筒形整体，结构简单，容易获得较精确的结构尺寸，加工和装配方便，有利于大量生产。

弧形磁极结构（见图 2-44）可以增加磁化方向长度，一般应用在铝镍钴永磁直流电动机中。

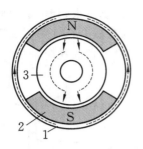
（a）无极靴瓦片形磁极

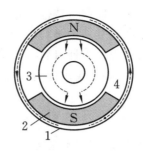
（b）有极靴瓦片形磁极

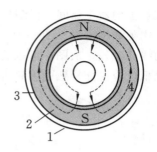
（c）圆筒形磁极

图 2-43 瓦片形和圆筒形磁极结构
1—机壳；2—永磁体；3—电枢；4—极靴

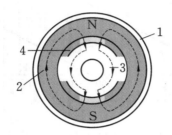
（a）弧形磁极

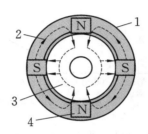
（b）多极弧形磁极

图 2-44 弧形磁极结构
1—机壳；2—永磁体；3—电枢；4—极靴

采用瓦片形和弧形磁极结构的永磁体形状复杂，加工费时，有时其加工费用甚至高于永磁材料本身的成本。因此，目前的趋势之一是尽可能使用矩形或近似矩形磁极结构，如图 2-45 所示。但为了减小配合面之间的附加间隙，对配合面的加工精度要求较高。图 2-45（c）所示的切向式结构起聚磁作用，可以提高气隙磁通密度，使之接近甚至大于永磁材料的剩磁密度。

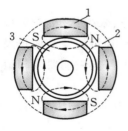
（a）隐极式多极

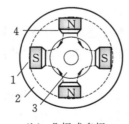
（b）凸极式多极

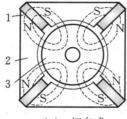
（c）切向式

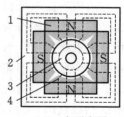
（d）方形定子

图 2-45 矩形磁极结构
1—永磁体；2—机壳；3—电枢；4—极靴

根据有无极靴，永磁直流电动机的磁极结构又可分为无极靴的和有极靴的两大类。无极靴磁极结构的优点是：永磁体直接面向气隙，漏磁系数小，能产生尽可能大的磁通，材料利用率高；结构简单，便于批量生产；外形尺寸较小；交轴电枢反应磁通经磁阻很大的永磁体闭合，气隙磁场的畸变较小。其缺点是电枢反应直接作用于磁极，容易引起不可逆退磁。有极靴磁极结构既可起聚磁作用,提高气隙磁通密度,又可调节极靴形状以改善空载气隙磁场波形,负载时交轴电枢反应磁通经极靴闭合,对磁极的影响较小。其缺点是结构复杂,制造成本高;漏磁系数较大;外形尺寸较大;负载时气隙磁场的畸变较大。

永磁直流电动机的工作原理和基本方程与电励磁直流电动机的相同,相当于一台励磁恒定的他励直流电动机,除磁通不能改变外,前述所有他励直流电动机的控制方法对它都是适用的。

在电力拖动中,永磁直流电动机更多地被用于构造高精度的位置控制系统,也称为位置伺服系统,如用在数控机床的进给伺服驱动中,此时的电动机也称为永磁直流伺服电动机。由于不必担心电枢反应,永磁直流伺服电动机可以比普通直流电动机有高得多的短时过载倍数。表 2-4 列出了两种型号的永磁直流伺服电动机的主要参数。从表中可以看出,最大过载转矩和电流可以达到额定值的 8 倍多,因此永磁直流伺服电动机具有很好的快速响应能力。

表 2-4　B4 与 B8 型永磁直流伺服电动机的主要参数

参　　数	单　　位	B4	B8
额定功率	kW	0.4	0.8
连续堵转转矩	N·m	2.74	5.39
最大过载转矩	N·m	23.5	47.04
最高转速	r/min	2000	2000
转动惯量	N·m·s^2	0.0022	0.0044
转矩常数	N·m/A	0.2415	0.487
电动势常数	Wb	25.3	51
机械时间常数	ms	20	13
热时间常数	min	50	60
质量	kg	12	17
静摩擦转矩	N·m	0.274	0.274
最大理论加速度	rad/s^2	9000	9800
电枢直流电阻(有刷/无刷)	Ω	0.54/0.33	0.7/0.5
电枢电感	H	0.0016	0.0027
电气时间常数	s	0.0032	0.0038
黏性阻尼常数	N·m/(rad/s)	0.108	0.343
额定电流	A	12	12
最大允许电流(退磁前)	A	100	100
最高电枢温升	℃	160	160

　　图 2-46 所示的是这两种电动机的运行特性曲线。其中连续工作区对应电动机可长期连续运行的转速、转矩范围;断续工作区对应电动机可短时运行的转速、转矩范围,此范围一般表示电动机快速启动、快速制动或在加快负载冲击下的动态恢复的工作状态。

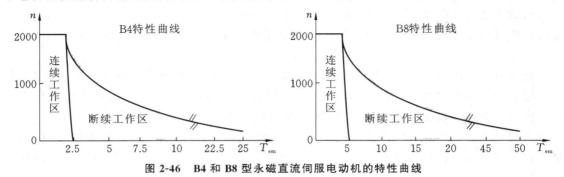

图 2-46　B4 和 B8 型永磁直流伺服电动机的特性曲线

本章小结

　　由直流电动机、工作机械及其之间的传动机构组成的机电运动整体,称为直流电力拖动系统。描述该系统机械运动规律的微分方程,称为拖动系统的运动方程。

　　列写拖动系统的运动方程与列写电路方程一样,必须首先规定各机械运动量的假定正向。电力拖动系统中转矩与转速的假定正向按如下惯例确定:在规定了转速 n 的正方向后,电动机电磁转矩 T_{em} 取与 n 相同的方向为正方向,负载转矩 T_L 取与 n 相反的方向为正方向。因此,当 T_{em} 与 n 符号相同时,表示它与 n 方向一致;当 T_L 与 n 符号相同时,表示它与 n 方向相反。这种惯例称为电动机惯例。

　　有两种不同性质的负载转矩,即反抗性负载转矩和位能性负载转矩。反抗性负载转矩由摩擦、机床的切削抗力等产生,其作用方向恒与运动方向相反,总是阻碍运动。在电动机惯例假定正向下,它的符号恒与 n 相同,其特性曲线位于 T_{em}-n 坐标平面的第一、三象限。位能性负载转矩是由物体的重力产生的负载转矩,其作用方向固定不变。若电动机正转时它与 n 的方向相反,在电动机惯例假定正向下,它的符号与 n 相同;电动机反转时,它的符号与 n 相反。其特性曲线在 T_{em}-n 坐标平面的第一、四象限。

　　T_{em}-n 坐标平面上电动机机械特性曲线与工作机械负载特性曲线的交点,称为拖动系统的平衡点,在平衡点处 $T_{em}=T_L$,系统保持匀速运行状态。

　　直流拖动系统正常工作时,若外部条件发生变化,如负载转矩、电枢电压、励磁电压等出现波动,则可通过电动机反电动势的改变自动调节使系统重新回到稳定运行的转矩平衡状态,但并非所有平衡点都是稳定的。平衡点为稳定平衡点的条件是:当状态干扰引起转速升高时,干扰消除瞬间应有 $T_{em}-T_L<0$;当状态干扰引起转速降低时,干扰消除瞬间应有 $T_{em}-T_L>0$。严重的电枢反应可能导致直流拖动系统的不稳定。

　　根据工作机械的要求,人为地改变电动机的运行速度称为电动机的调速。具有调速功能的直流电力拖动系统,称为直流调速系统。

他励直流电动机的基本调速方式有三种:电枢回路中串联电阻调速(简称串电阻调速);改变电枢电压调速(简称调压调速);改变磁通调速(简称弱磁调速)。现代直流调速系统中,调压调速是最主要的调速方式,其次是弱磁调速,现已不采用串电阻调速。

当电枢电压为额定电压、磁通为额定磁通、电枢回路中没有串联电阻时,电动机的机械特性称为固有机械特性,简称固有特性。不满足上述任一条件时电动机的机械特性称为人为机械特性,简称人为特性。调速时,电动机必定工作在其人为特性曲线上。

直流电动机调压调速的机械特性曲线是一组相互平行的直线。受电动机额定电压的限制,电枢电压只能在小于或等于额定电压的区间内调节,故不同 U_a 对应的人为机械特性曲线全部位于固有机械特性曲线下方,电动机转速只能在固有特性曲线以下向下调节。

直流电动机弱磁调速的人为机械特性曲线是一族 n_0 和斜率均不相同的直线。由于电动机磁路饱和及励磁电路额定励磁电流的限制,磁通只能在小于或等于额定磁通的范围内调节,正常运行范围内的人为机械特性曲线全部位于固有机械特性曲线上方。电动机转速只能在固有特性曲线以上调节。

电动机的机械特性不仅是对拖动系统稳态下电动机转速与转矩间关系的数学描述,也是对忽略电枢绕组电感时系统升降速间关系的数学描述。可用其相点的移动来描述调速时的动态过程。

直流电动机的调速范围定义为,额定负载转矩下电动机可能达到的最高转速与在保证工作机械要求的静差率下所能达到的最低转速之比。

电动机在调速过程中的负载能力,是指在保持电枢电流为额定值时,不同运行速度下电动机轴上输出转矩和输出功率的大小,即电动机在调速运行时允许长期输出的最大转矩和最大功率。他励直流电动机在小于或等于额定转速的范围内调压调速时,电动机的负载能力具有恒转矩性质;在高于额定转速的范围内采用弱磁调速时,电动机的负载能力具有恒功率性质。

机电时间常数是拖动系统的一个重要动态参数,它具有时间的量纲,其大小与系统的总惯量与电枢电阻成正比、与磁通的平方成反比。这一特点决定了直流拖动系统在采用弱磁调速时,系统的动态响应过渡过程会趋向于变慢。

电动机运行于制动状态的主要特征是:电磁转矩是与运动方向相反的制动转矩,此时电枢电流的实际方向与反电动势方向一致,但与电磁转矩方向不一定一致,是否一致与磁场方向有关;电动机此时的作用是将拖动系统运动部分存储的机械动能或位能转换为电能,即电动机工作于发电机状态;机械特性曲线位于 T_{em}-n 平面的第二、四象限。

电动机制动方式有回馈制动、反接制动、能耗制动三种。

使电动机进入回馈制动状态的条件是转速高于理想空载转速。此时反电动势高于电枢电压,形成的电流产生制动方向的电磁转矩,运动系统存储的机械动能转换成电能,该电能除补偿少量电机自身损耗外,大部分被回馈至直流电网。在电动机惯例假定正向下,回馈制动状态下电动机的机械特性曲线是其原电动运行状态下第一、三象限的机械特性曲线在第二、四象限的延伸。

使电动机进入反接制动状态的条件是电枢电压反接或励磁电压反接。此时电枢电压与反电动势顺极性串联,共同产生制动电流和制动转矩,运动系统存储的机械动能转换成电能,该电能连同来自电网的直流电功率一起补偿电枢回路的电阻消耗。在电动机惯例假定正向下,反接制动状态下电动机的机械特性曲线是其原电动运行状态下第一、三象限的机械特性曲线在第四、二象限的延伸。

为使电动机进入能耗制动状态,应在励磁不变的情况下将电枢从电网切除并通过串入一定阻值的电阻构成闭合回路。此时电动机依靠反电动势建立制动电流和制动转矩。运动系统存储的机械动能转换为电能,该电能用于补偿电枢回路中的电阻消耗。在电动机惯例假定正向下,能耗制动状态下电动机的机械特性曲线是一条通过坐标原点且贯穿第二、四象限的直线。

回馈制动的优点是电能可回馈至电网,较为经济;不需要改接线路,电动机可从电动运行状态自行转移到回馈制动状态。其缺点是反电动势必须高于电源电压;不能直接使电动机从高速制动到零。

反接制动的优点是制动作用较强烈、制动较快;在电动机转速等于零时,也可存在制动转矩。其缺点是制动过程能耗较大;需停车的制动在速度接近零时必须及时切断电枢电源。

能耗制动的优点是制动降速较平稳、停车可靠。其缺点是制动转矩随转速下降成正比地减小,制动时间较长,制动过程能耗也比较大。

使用恒定励磁的他励直流电动机或永磁直流电动机构造的直流拖动系统,采用调压调速时,其机械特性曲线是一族平行的直线,其控制特性、动态响应性能由电枢回路的四个基本关系方程决定。其线性、常系数特性使得系统很容易应用控制理论,通过比较简单的反馈闭环控制获得理想的控制性能和相当宽的调速范围,在需要超低速运行控制的领域,直流拖动系统的这一特点显得更为突出。

 ## 习题

2-1 请解释随着电动机的加速,他励直流电动机电枢电流减小的原因。

2-2 他励直流电动机的相关参数为 $P_N=6.5$ kW, $U_N=220$ V, $I_N=34.4$ A, $R_a=0.242$ Ω, $n_N=1500$ r/min。试求其在如下不同条件下的特性,并绘制特性曲线:

(1)电动机的固有机械特性曲线;

(2)电枢附加电阻 $R_c=3$ Ω 时的人为机械特性曲线;

(3)电枢电压为额定电压的一半时的人为机械特性曲线;

(4)磁通为额定磁通的 80% 时的人为机械特性和转速特性曲线。

2-3 他励直流电动机的相关参数为 $P_N=5.6$ kW, $U_N=220$ V, $I_N=31$ A, $R_a=0.4$ Ω, $n_N=1000$ r/min,电流过载系数 $\lambda_I=1.5$。现要求该电动机在 500 r/min 时快速停车。若电枢电压可连续正负调节,则:

(1)开始制动瞬间应将电枢电压控制在多少?这时电动机处于何种运行状态?

(2)为了保证最快速制动,电动机在转速降低到多少时应转入反接制动?

（3）为了保证最快速制动到转速等于零，电枢电源应至少将电压降至多少？

（4）如果在 $n=500$ r/min 时采用能耗制动，电枢回路中应串入多大的附加电阻？

2-4　卷扬机拖动用他励直流电动机的相关参数为 $P_N=11$ kW，$U_N=440$ V，$I_N=29.5$ A，$R_a=1.35$ Ω，$n_N=730$ r/min。已知提升重物时的负载转矩（包括空载转矩）$T_L=T_N$，电枢回路中不串入电阻。试问：

（1）现要求以 $n=-100$ r/min 的转速下放此重物，电枢电压应控制在多少？

（2）采用能耗制动时，可获得的下放速度为多少？

（3）依该电动机固有特性采用回馈制动时，可获得的最低速度为多少？

2-5　卷扬机拖动用他励直流电动机的相关参数为 $P_N=4.2$ kW，$U_N=220$ V，$I_N=22.6$ A，$R_a=0.48$ Ω，$n_N=1500$ r/min，电枢回路中无附加电阻。重物折算到电动机轴上的负载转矩（包括空载转矩）为 $T_L=0.8T_N$。

（1）采用调压调速使下放速度 $n=-800$ r/min，求电枢电压。这时电动机处于何种运行方式？

（2）电动机在以 $n=500$ r/min 的转速提升重物时，要转换为以 $n=-1500$ r/min 的转速快速下放重物，电动机允许的电流过载系数 $\lambda_I=2$，则在转换瞬间应将电枢电压控制在多少？

（3）最终稳速下放时电枢电压为多少？

 思考题

2-1　他励直流电动机的启动电流由哪些因素决定？稳定运行时电枢电流由什么因素决定？为什么对同一负载采用调压调速时调速前后电枢电流的稳态值可保持不变？

2-2　电动机的电磁转矩是驱动性质的转矩，电磁转矩增大时，转速似乎应该上升，但从直流电动机的机械特性和转速特性看，电磁转矩增大时转速反而下降，这是什么原因？

2-3　什么因素决定着电磁转矩的大小？电磁转矩的方向与电机运行方式有何关系？

2-4　他励直流电动机运行过程中励磁绕组突然断线会导致什么后果？

2-5　哪些方法可改变他励直流电动机的旋转方向？

2-6　在他励直流电动机运行过程中发现电枢电流超过额定值，有人试图在电枢回路中串入一电阻来减小电枢电流，试问这种方法是否可行？为什么？

2-7　试分析在下列情况下，直流电动机的电枢电流和转速有何变化（假设电机不饱和）：

（1）电枢电压减半，励磁电流和负载转矩不变；

（2）电枢电压减半，励磁电流和输出功率不变；

（3）励磁电流加倍，电枢电压和负载转矩不变；

（4）励磁电流和电枢电压减半，输出功率不变。

2-8　他励直流电动机有哪几种调速方法？它们各适用于什么性质的负载和转速范围？

2-9　他励直流电动机运行过程中负载突然减小时，电动机的转速、转矩、电枢电流、输入功率、电磁功率将如何变化？

2-10　直流电动机的机电时间常数在什么条件下才是常数？为什么在弱磁调速时不能采用传递函数来构造直流电动机电枢回路的数学模型？

2-11　为什么不能仅根据直流电动机电枢电流方向和旋转方向判定电动机是工作在电动运行状态还是制动状态？

第3章　变压器的建模与特性分析

本章首先深入讨论了变压器的基本工作原理、结构、额定值及其在空载和负载条件下的运行情况;其次,介绍了变压器的电磁关系、电参数的等效和空载电压平衡方程、相量图及等值电路图,使读者能够理解变压器在不同工作状态下的电磁行为;接着,阐述了变压器等值电路参数的试验测定方法,如空载试验和短路试验,以及如何计算变压器的稳态运行性能,包括其外特性、电压变化率和效率特性。最后,探讨了三相变压器的绕组连接方式、磁路结构及其在电力拖动系统中的特殊应用,如自耦变压器和互感器,有利于全面理解变压器在现代电力系统中的应用。

🎯 知识目标

(1) 了解变压器的结构、原理、额定值;
(2) 理解变压器的空载运行、负载运行及电磁感应过程;
(3) 掌握变压器的空载运行电路、负载运行电路及等值电路;
(4) 理解变压器的参数测定试验方法;

🎯 能力目标

(1) 能够掌握变压器的等值电路图画法;
(2) 能够通过课堂练习完成变压器相关计算题;
(3) 能够通过变压器的参数测定对问题进行近似求解。

🎯 素质目标

讲述变压器发展历史、超高压输电项目,激发学生的自主创新意识和引领世界的民族自豪感。分析供电过程,总结变压器在电力拖动系统中的应用,使学生掌握变压器的电磁关系,感悟技术创新的伟大之处,培养学生的创新性科学思维和发现事物的科学发展规律的能力。

3.1　变压器的基本工作原理与结构

3.1.1　变压器的基本工作原理

图 3-1 为单相双绕组变压器的工作原理示意图。

图 3-1 中,与电网一侧(原边)相连的线圈称为原边绕组、一次绕组或高压绕组,该侧所有

物理量用下标"1"表示,该侧也称为一次侧;与负载
一侧(副边)相连的线圈称为副边绕组、二次绕组或
低压绕组,该侧的所有物理量用下标"2"表示,该侧
也称为二次侧。

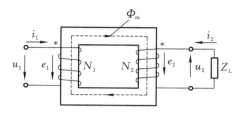

图 3-1 单向双绕组变压器的工作原理示意图

　　一旦原边绕组通电,绕组内就会产生电流和磁
动势(或称安匝数)。在原边磁动势的作用下,铁芯
内产生主磁通,并与原、副边绕组相匝链,这一过程
即所谓的电生磁过程。若外加电压为交流电压,则所产生的磁通为交变的,根据电磁感应原理
知,交变的磁通分别要在原、副边绕组中感应出电动势,这一过程即所谓的磁生电过程。鉴于
一般情况下原、副边绕组的匝数不同(隔离变压器除外),原、副边绕组中的感应电动势自然有
所不同。对理想变压器(即一次绕组和二次绕组完全耦合,且忽略绕组的阻抗压降的变压器)
而言,由于绕组中的感应电动势与端部电压近似相等,因此原、副边绕组的端部电压自然也不相
同,变压器由此而得名。就普通变压器而言,原、副边绕组之间并没有直接电联系,只有磁场耦
合,正是通过磁场耦合变压器才实现了电能的传递。

　　图 3-1 中,假定正方向按如下惯例选取:①一次侧电流的正方向与电源电压的正方向一致
(由于输入功率为正,故该方向又称为电动机惯例方向),二次侧电流的正方向与绕组的感应电
动势的正方向一致,二次侧端电压与输出电流同方向(由于输出功率为正,故该方向又称为发
电机惯例方向);②磁动势 $F=Ni$ 与磁通 Φ 之间符合右手螺旋定则;③感应电动势 e 与磁通 Φ
之间符合右手螺旋定则。由此可见, e 与 i 的正方向相同。

　　在上述假定正方向下,理想变压器内部的电磁过程可用式(3-1)来描述。根据电磁感应定
律,交变的磁通在原、副边绕组中的感应电动势和电压分别为

$$
\begin{cases}
u_1 = -e_1 = N_1 \dfrac{\mathrm{d}\Phi}{\mathrm{d}t} \\[2mm]
u_2 = e_2 = -N_2 \dfrac{\mathrm{d}\Phi}{\mathrm{d}t}
\end{cases}
\tag{3-1}
$$

式中: N_1 、 N_2 分别为原、副边绕组的匝数。

　　若原、副边绕组中的电压和感应电动势均按正弦规律变化,根据式(3-1),则各物理量的有
效值满足下列关系:

$$
\frac{U_1}{U_2} = \frac{E_1}{E_2} = \frac{N_1}{N_2}
\tag{3-2}
$$

　　忽略绕组的电阻和铁芯损耗,则原、副边绕组功率守恒,于是有

$$
U_1 I_1 = U_2 I_2
\tag{3-3}
$$

从而有

$$
\frac{U_1}{U_2} = \frac{I_2}{I_1} = \frac{N_1}{N_2}
\tag{3-4}
$$

称 $k=\dfrac{N_1}{N_2}$ 为变压器的匝比或变比, $k=\dfrac{U_1}{U_2}=\dfrac{I_2}{I_1}$;称 $S=U_1 I_1=U_2 I_2$ 为变压器的视在容量。

　　由此可见,变压器在实现变压的同时也实现了变流。当原边绕组中通以恒值直流时,由于
磁通为常量,变压器原、副边绕组不会感应出电动势,也就无法实现变压,因此变压器对直流起

隔离作用。当变压器原边绕组中通以交流时,由于共同的磁通匝链原、副边绕组,磁通的交变频率即原、副边绕组感应电动势的频率,因此,变压器无法实现变频。

图 3-1 中,二次侧的负载阻抗为

$$Z_L = \frac{U_2}{I_2} \tag{3-5}$$

如果从一次侧来看 Z_L,则其大小为

$$Z'_L = \frac{U_1}{I_1} = k^2 \frac{U_2}{I_2} = k^2 Z_L \tag{3-6}$$

由此可见,变压器还可以实现阻抗的变换。

3.1.2 变压器的结构

变压器主要由铁芯和绕组两部分组成。铁芯是变压器的磁路构成部分,为了减少铁芯内的磁滞和涡流损耗,通常铁芯采用 0.35 mm 厚的硅钢片叠压而成,片与片间涂有绝缘漆。为了增加磁导率,硅钢片多采用冷轧工艺制成。按照铁芯的结构,单相变压器有心式变压器和壳式变压器之分,图 3-2 所示为单相心式变压器和单相壳式变压器的结构。心式结构多用于电力变压器,壳式结构主要用于小容量的电源变压器和网络变压器。根据铁芯结构的不同,三相变压器又有组式变压器和心式变压器之分,其中三相组式变压器是由三台单相变压器组成的,如图 3-3(a)所示;而三相心式变压器的铁芯结构则如图 3-3(b)所示,每个铁芯柱上的绕组代表一相绕组。图 3-3 中,A、B、C 表示三相变压器高压绕组首端(有时也用 U、V、W 表示),X、Y、Z 表示高压绕组末端。三相变压器中,低压绕组首端用 a、b、c 表示,末端用 x、y、z 表示。

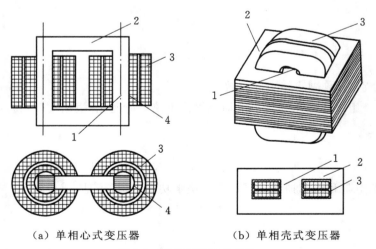

（a）单相心式变压器 　　（b）单相壳式变压器

图 3-2　单相变压器的结构

1—铁芯柱;2—铁轭;3—高压绕组;4—低压绕组

绕组是变压器的电路构成部分,由表面带有绝缘漆的铜线或铝线组成,匝数多的一侧为高压绕组(即一次绕组),匝数少的一侧为低压绕组(即二次绕组)。对单相双绕组变压器而言,绕组多采用同心式结构放置。通常,为便于绝缘处理,低压绕组一般放置在靠近铁芯的内侧,高压绕组

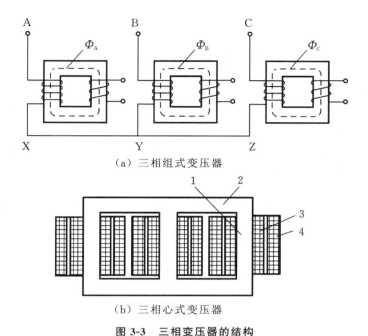

（a）三相组式变压器

（b）三相心式变压器

图 3-3　三相变压器的结构

1—铁芯柱；2—铁轭；3—低压绕组；4—高压绕组

则放置在远离铁芯的外侧。为调节二次绕组的电压，一次绕组一般设有分接头，如图 3-4 所示。

　　小容量的电力变压器可依靠自然风冷来散热，这样的变压器又称为干式变压器。对于容量较大的变压器，其铁芯和绕组通常浸泡在变压器油中，这种变压器又称为油浸式变压器，其优点是铁芯和绕组散热方便，同时变压器油也起到了增强绕组绝缘性能的作用。图 3-5 为油浸式变压器的外形图。

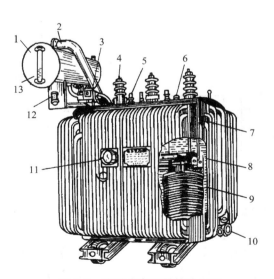

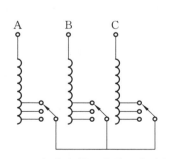

图 3-4　三相变压器一次绕组的分接头

图 3-5　油浸式变压器的外形图

1—储油柜；2—安全气道；3—气体继电器；4—高压油管；5—低压油管；

6—分接开关；7—油箱；8—铁芯；9—线圈；10—放油阀门；

11—温度计；12—吸湿器；13—油位计

3.2 变压器的额定值

变压器的额定值即铭牌值,是设计和选择变压器的依据,变压器在额定值下运行可以获得较高的运行性能。变压器的额定值主要包括以下几项:

(1)额定容量,又称视在容量,用 S_N 表示,其单位为伏安(VA)或千伏安(kVA)。

(2)额定电压,用 U_N 表示,其单位为伏(V)或千伏(kV)。对三相变压器而言,额定电压指的是额定线电压。

(3)额定电流,用 I_N 表示,其单位为安(A)或千安(kA)。对三相变压器而言,额定电流指的是额定线电流。

(4)额定频率,通常用 f_N 表示,我国规定标准供电频率即工频为 50 Hz。

(5)额定效率,用 η_N 表示,表示额定运行条件下输出功率与输入功率之比。一般电力变压器的额定效率较高,可达 $95\% \sim 99\%$。

各额定值之间存在如下关系:

$$S_N = m U_{1N\phi} I_{1N\phi} \tag{3-7}$$

式中:m 表示变压器的相数;$U_{1N\phi}$、$I_{1N\phi}$ 分别表示额定电压和额定电流的相值。对于单相变压器,$S_N = U_{1N} I_{1N} = U_{2N} I_{2N}$;对于三相变压器,$S_N = \sqrt{3} U_{1N} I_{1N} = \sqrt{3} U_{2N} I_{2N}$。

3.3 变压器的空载运行分析

变压器的空载运行是指一次绕组外加交流电压、二次绕组开路即副边电流为零的运行状态。图 3-6 为单相变压器空载运行的示意图。

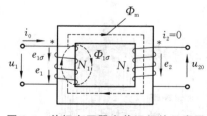

图 3-6 单相变压器空载运行的示意图

3.3.1 变压器空载运行时的电磁关系

当给变压器一次绕组施加交流电压 u_1 时,原边中流过的电流为 i_0,由于副边开路,故该电流又称为空载电流。空载电流产生空载磁动势 $F_0 = N_1 i_0$(该磁动势又称为励磁磁动势),并建立交变磁通。由于铁芯的磁导率比油或空气的磁导率大得多,因此,绝大部分磁力线是通过铁芯闭合的,该部分磁力线同时匝链原、副边绕组,相应的磁通称为主磁通,用 Φ_m 表示。另有少量磁力线不经过铁芯而是通过变压器内部的油或空气闭合,由于这部分磁力线仅与一次绕组匝链,因此相应的磁通又称为原边漏磁通,用 $\Phi_{1\sigma}$ 表示。由于副边绕组开路,因而不存在副边漏磁通。一般情况下,漏磁通仅为主磁通的千分之一左右。主磁通 Φ_m 分别在原、副边绕组中感应出电动势 e_1 和 e_2,而原边漏磁通则在原边绕组中感应出原边漏电动势 $e_{1\sigma}$。考虑到一次绕组的电阻压降,上述电磁关系可用图 3-7 表示。

根据图 3-6 所示的假定正方向,利用基尔霍夫电压定律(KVL)得一次绕组和二次绕组的

电压平衡方程,分别为

$$\begin{cases} u_1 = r_1 i_0 - e_1 - e_{1\sigma} \\ u_{20} = e_2 \end{cases} \qquad (3\text{-}8)$$

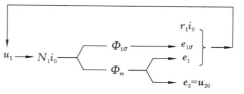

图 3-7 单相变压器空载运行时的电磁关系

式中:r_1 为一次绕组的电阻;u_{20} 为二次绕组的空载电压或开路电压。

对于实际变压器,由于一次绕组的电阻压降 $r_1 i_0$ 以及漏电动势 $e_{1\sigma}$ 均较小,因此可认为 $u_1 \approx -e_1$。考虑到外加电压按正弦规律变化,可认为感应电动势和磁通也按正弦规律变化。

设 $\Phi(t) = \Phi_m \sin\omega t$,则根据电磁感应定律有

$$e_1 = -N_1 \frac{d\Phi(t)}{dt}, \quad e_2 = -N_2 \frac{d\Phi(t)}{dt} \qquad (3\text{-}9)$$

利用符号法,将式(3-9)写成相量形式:

$$\dot{E}_1 = -j\frac{\omega}{\sqrt{2}} N_1 \dot{\Phi}_m = -j\frac{2\pi f}{\sqrt{2}} N_1 \dot{\Phi}_m = -j4.44 f N_1 \dot{\Phi}_m \qquad (3\text{-}10)$$

$$\dot{E}_2 = -j\frac{\omega}{\sqrt{2}} N_2 \dot{\Phi}_m = -j\frac{2\pi f}{\sqrt{2}} N_2 \dot{\Phi}_m = -j4.44 f N_2 \dot{\Phi}_m \qquad (3\text{-}11)$$

式(3-10)和式(3-11)表明:绕组内感应电动势的大小分别正比于频率 f、绕组匝数以及磁通的幅值;在相位上,变压器绕组内的感应电动势滞后于主磁通 $90°$。

当给一次绕组施加额定电压 $U_1 = U_{1N}$ 时,规定二次绕组的开路电压即为二次侧的额定电压,即 $U_{20} = U_{2N}$,这样便可获得变压器的变比:

$$k = \frac{N_1}{N_2} = \frac{E_1}{E_2} = \frac{U_{1N}}{U_{2N}} = \frac{U_{1N}}{U_{20}} \qquad (3\text{-}12)$$

3.3.2 磁路的等效电路参数

变压器内部涉及电路和磁路问题,工程实际中,对变压器多采用等效电路进行分析,其一般方法是:对电路问题仍采用原电路的方法,而对有关磁路的问题通常将其转换为电路问题,用等效电路参数来描述磁路的工作情况,然后按照统一的电路理论进行计算。鉴于主磁场和漏磁场所走的磁路不同,相应的等效电路参数也不尽相同,下面分别对其进行讨论。

1. 漏磁场的等效电路参数

漏磁场的磁力线走的是漏磁路,而漏磁路是由变压器油或空气组成的,其磁导率为 μ_0,其磁阻可近似认为是常数,相应的磁路为线性磁路,故有漏磁场磁链 $\Psi_{1\sigma} = L_{1\sigma} i_0$,其中 $L_{1\sigma}$ 为常数。根据电磁感应定律,漏磁通感应的漏电动势为

$$e_{1\sigma} = -\frac{d\Psi_{1\sigma}}{dt} = -L_{1\sigma} \frac{di_0}{dt} \qquad (3\text{-}13)$$

其相量形式为

$$\dot{E}_{1\sigma} = -j\omega L_{1\sigma} \dot{I}_0 = -jX_{1\sigma} \dot{I}_0 \qquad (3\text{-}14)$$

式中:$X_{1\sigma} = \omega L_{1\sigma} = 2\pi f L_{1\sigma}$ 为一次绕组的漏电抗;$L_{1\sigma}$ 为漏电感,有

$$L_{1\sigma} = \frac{\Psi_{1\sigma}}{i_0} = \frac{N_1^2 \Phi_{1\sigma}}{N_1 i_0} = \frac{N_1^2}{R_\sigma} = N_1^2 \Lambda_\sigma = N_1^2 \frac{\mu_0 S}{l_{1\sigma}} \qquad (3\text{-}15)$$

式中:R_σ 为漏磁路磁阻;Λ_σ 为漏磁路磁导;S 为铁芯截面积;$l_{1\sigma}$ 为原边漏磁路的平均长度。

由式(3-15)可见,用漏电抗 $X_{1\sigma}$ 或漏电感 $L_{1\sigma}$ 可以反映漏磁路的构成情况。

2. 主磁场的等效电路参数

主磁场的磁力线所走的主磁路是由铁磁材料组成的铁芯构成的,因而存在饱和现象,其铁

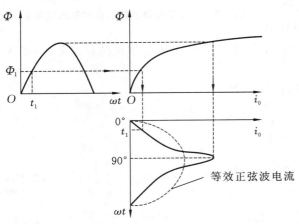

芯中的主磁通 Φ_m 与空载电流 i_0 成非线性关系。由于铁芯饱和,当主磁通的波形为正弦波时,其空载电流 i_0 的波形为非正弦波,如图 3-8 所示。为了建立变压器的等效电路,工程中通常引入等效正弦波电流的概念,用等效正弦波电流代替非正弦的空载电流,其方法是:①确保等效前后空载电流的有效值和频率不变;②等效前后的有功(或平均)功率保持不变。这样等效后的空载电流便可以用符号法中的相量来描述。若未加说明,则本书之后所提到的空载电流 i_0 均指等效成正弦波后的空载电流。

图 3-8　变压器空载电流的波形

对理想变压器而言,空载电流主要是用来产生主磁通 Φ_m 的,因此可认为空载电流 i_0 就是励磁电流 i_m。同漏磁路可用漏电抗来描述一样,主磁路也可用励磁电抗来描述,但考虑到实际铁芯内部存在磁滞损耗和涡流损耗(二者总称为铁耗),变压器空载时,忽略一次绕组电阻的铜耗,电源输入的电功率主要用来补偿铁耗,此时的损耗又称为空载损耗,用 P_0 表示。鉴于此,除了采用励磁电抗外,主磁路还需用表征铁耗的阻性参数来描述。这样,空载电流必然包含用于建立主磁场的无功分量 $i_{0\mu}$(又称为磁化电流)和对应于铁耗的有功分量 i_{0a} 两部分,可用相量形式表示为

$$\dot{I}_0 = \dot{I}_m = \dot{I}_{0\mu} + \dot{I}_{0a} \tag{3-16}$$

图 3-9(a)给出了式(3-16)对应的相量图,图中的 α_{Fe} 称为铁耗角。根据式(3-16)和图 3-9(a)画出对应于主磁路的等值电路,如图 3-9(b)所示,然后进一步将其等效为图 3-9(c)所示电路。

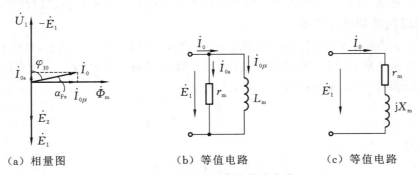

(a) 相量图　　　　(b) 等值电路　　　　(c) 等值电路

图 3-9　变压器主磁路的等值电路

由图 3-9(c)得

$$\dot{E}_1 = -(r_m + jX_m)\dot{I}_m = -Z_m\dot{I}_m \tag{3-17}$$

式中：Z_m 为励磁阻抗；r_m 为励磁电阻，反映了铁芯内部的损耗，即 $P_{Fe} = I_m^2 r_m$；$X_m = \omega L_m$ 为励磁电抗，表征了主磁路铁芯的磁化性能，其中，励磁电感 L_m 为

$$L_m = \frac{\Psi_m}{i_m} = N_1^2 \Lambda_m = N_1^2 \frac{\mu_{Fe} S}{l_{Fe}} \tag{3-18}$$

式中：Ψ_m 为主磁场磁链；Λ_m 为主磁路磁导；μ_{Fe} 为铁磁材料磁导率；l_{Fe} 为原边主磁路的平均长度。

随着输入电压的增加，铁芯的饱和程度也将增加，铁磁材料的磁导率 μ_{Fe} 将有所减小，励磁电抗 X_m（或励磁电感 L_m）也随之减小。

3.3.3 变压器的空载电压平衡方程、相量图及等值电路图

将式(3-8)中的第一式首先转换为相量形式，然后将式(3-14)代入其中，便可获得电压平衡方程：

$$\dot{U}_1 = r_1 \dot{I}_0 - \dot{E}_{1\sigma} - \dot{E}_1 = (r_1 + jX_{1\sigma}) \dot{I}_0 - \dot{E}_1 = Z_1 \dot{I}_0 - \dot{E}_1 \tag{3-19}$$

式中：$Z_1 = r_1 + jX_{1\sigma}$ 为一次绕组的漏阻抗。

式(3-19)和式(3-8)中第二式的相量形式以及式(3-17)一同组成了变压器空载运行时的电压平衡方程，即

$$\begin{cases} \dot{U}_1 = (r_1 + jx_{1\sigma}) \dot{I}_0 - \dot{E}_1 = Z_1 \dot{I}_0 - \dot{E}_1 \\ \dot{U}_{20} = \dot{E}_2 \\ \dot{E}_1 = -(r_m + jx_m) \dot{I}_m = -z_m \dot{I}_m \end{cases} \tag{3-20}$$

根据式(3-20)可绘出变压器空载运行时的等值电路和相量图，如图 3-10 所示。

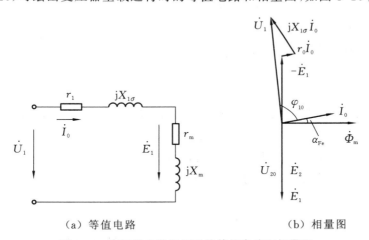

（a）等值电路	（b）相量图

图 3-10 变压器空载运行时的等值电路和相量图

由图 3-10(b)可见，变压器空载运行时的功率因数 $\cos\varphi_{10}$ 较小，这表明：尽管变压器不输出有功功率，但仍需由电网提供较大的无功功率来建立磁场，因此变压器最好不要空载或轻载运行。

值得说明的是，在图 3-10(a)所示的等值电路中，励磁阻抗 $Z_m = r_m + jx_m$ 是随着外加电压的改变而改变的，电压越高，铁芯饱和程度越大，Z_m 越小。对一般电力变压器而言，考虑到电网电压变化较小，则主磁通 Φ_m 基本保持不变，Z_m 也可近似认为是一常数。

3.4 变压器的负载运行分析

变压器的负载运行是指变压器的一次侧接到交流电源上,二次侧连接电气负载(负载阻抗为 Z_L)时的运行情况。变压器负载后,二次侧的电流不再为零,从而导致铁芯内部的电磁过程与空载运行时的有所不同。

3.4.1 变压器负载时的磁动势平衡方程

图 3-11 为变压器负载运行示意图,图中各物理量的假定正方向均按 3.1 节所述的惯例标注。

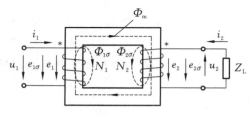

图 3-11 变压器负载运行示意图

考虑到负载运行时,一次绕组的电压平衡方程为

$$\dot{U}_1 = -\dot{E}_1 + Z_1 \dot{I}_1 \qquad (3-21)$$

与空载时的表达式(3-20)相比较可以看出,在输入电压一定的前提下,变压器由空载变为负载时,一次侧电流由 I_0(或 I_m)增至 I_1,E_1 将略有下降。但考虑到一次绕组的漏阻抗 Z_1 数值较小,相应的漏阻抗压降变化也较小,可近似认为 E_1 基本不变。由 $E_1 = 4.44 f N_1 \Phi_m$ 可知,负载前后可认为主磁通 Φ_m 基本不变,这样,变压器铁芯内部的励磁磁动势 $F_m = N_1 i_m$ 自然也不会发生变化,亦即变压器负载后的励磁磁动势与空载时的励磁磁动势 $F_0 = N_1 i_0$ 相等。考虑到变压器负载后的主磁通是由一次绕组磁动势 $F_1 = N_1 i_1$ 和二次绕组磁动势 $F_2 = N_2 i_2$ 共同产生的,根据图 3-11 所示正方向,于是有

$$N_1 i_1 + N_2 i_2 = N_1 i_m = N_1 i_0 \qquad (3-22)$$

式(3-22)即为变压器的磁动势平衡方程,该磁动势平衡方程也可以这样理解:变压器空载时磁路的磁动势为 $F_0 = N_1 i_0$,负载后,二次绕组磁动势 $N_2 i_2$ 的增加必然导致一次侧的去磁效应。考虑到负载前后主磁通基本不变,为维持这一磁通不变,一次绕组必须增大相应的励磁安匝(或电流)才能抵消二次侧磁动势的增加,即

$$N_1 \Delta i_1 + N_2 i_2 = 0 \qquad (3-23)$$

在式(3-23)两边同时加上 $N_1 i_0$,于是有

$$N_1 (i_0 + \Delta i_1) + N_2 i_2 = N_1 i_0 \qquad (3-24)$$

式(3-24)与式(3-22)比较可得 $i_1 = i_0 + \Delta i_1$,即变压器负载后,一次侧电流有所增大。二次侧的负载(所需的电流)越大,一次侧供给的电流也就越大。因此,可以把变压器的工作机理看作一种供需平衡关系,即负载需要的电流(或功率)越大,则变压器所提供的电流(或功率)也越大,反之亦然。

将式(3-22)写成相量形式,有

$$N_1 \dot{I}_1 + N_2 \dot{I}_2 = N_1 \dot{I}_m \qquad (3-25)$$

3.4.2　变压器负载后副边漏磁路的等值电路参数

变压器负载后,二次侧电流对应的磁动势除了对主磁通有贡献外,还会在变压器副边产生漏磁通 $\Phi_{2\sigma}$,如图 3-11 所示。该漏磁通仅与副边绕组相匝链,其磁力线走的是漏磁路(即变压器油或空气),因而可认为该磁路为线性磁路,其处理方法与一次侧的完全相同。现说明如下。

按图 3-11 所示的假定正方向,同时引入副边漏电感 $L_{2\sigma}$,则副边漏磁链所感应的电动势为

$$\dot{E}_{2\sigma}=-\mathrm{j}\omega L_{2\sigma}\dot{I}_2=-\mathrm{j}X_{2\sigma}\dot{I}_2 \tag{3-26}$$

式中:$X_{2\sigma}=\omega L_{2\sigma}=2\pi f L_{2\sigma}$ 为副边漏电抗;$L_{2\sigma}$ 为副边漏电感,有

$$L_{2\sigma}=\frac{\Psi_{2\sigma}}{i_2}=\frac{N_2^2\Phi_{2\sigma}}{N_2 i_2}=\frac{N_2^2}{R_{2\sigma}}=N_2^2\Lambda_\sigma=N_2^2\frac{\mu_0 S}{l_{2\sigma}} \tag{3-27}$$

式中:$\Psi_{2\sigma}$ 为副边漏磁场磁链;$R_{2\sigma}$ 为副边漏磁路磁阻;$l_{2\sigma}$ 为副边漏磁路的平均长度。

由式(3-26)和式(3-27)可见,漏电抗 $X_{2\sigma}$ 或漏电感 $L_{2\sigma}$ 反映了副边漏磁路的构成情况。

3.4.3　变压器负载运行时的电磁关系

综上所述,变压器负载后,除了一、二次绕组的磁动势联合产生励磁磁动势和主磁通外,一、二次绕组还各自产生一小部分仅与自身绕组匝链相关的漏磁通 $\Phi_{1\sigma}$ 和 $\Phi_{2\sigma}$,这些漏磁通又分别在各自交链的绕组中感应出漏电动势 $\dot{E}_{1\sigma}$ 和 $\dot{E}_{2\sigma}$。考虑到其相互之间的关系,变压器负载后的电磁关系可用图 3-12 来描述。

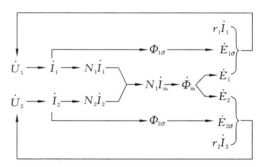

图 3-12　变压器负载后的电磁关系

3.5　变压器的基本方程、等值电路与相量图

3.5.1　变压器负载时的基本方程

根据图 3-11、图 3-12 以及假定正方向,利用基尔霍夫电压定律(KVL)便可获得原、副边绕组电压平衡方程的相量形式:

$$\begin{cases}\dot{U}_1=-\dot{E}_1+(r_1+\mathrm{j}X_{1\sigma})\dot{I}_1=-\dot{E}_1+Z_1\dot{I}_1\\ \dot{U}_2=\dot{E}_2-r_2\dot{I}_2-\mathrm{j}X_{2\sigma}\dot{I}_2=\dot{E}_2-Z_2\dot{I}_2\end{cases} \tag{3-28}$$

式中:$Z_2=r_2+\mathrm{j}X_{2\sigma}$ 为二次绕组的漏阻抗。

将式(3-12)、式(3-17)、式(3-22)和式(3-28)汇总得变压器负载后的基本方程为

$$\begin{cases} \dot{U}_1 = -\dot{E}_1 + Z_1 \dot{I}_1 \\ \dot{U}_2 = \dot{E}_2 - Z_2 \dot{I}_2 \\ \dot{E}_1 = -Z_m \dot{I}_m \\ N_1 \dot{I}_1 + N_2 \dot{I}_2 = N_1 \dot{I}_m \\ \dfrac{\dot{E}_1}{\dot{E}_2} = \dfrac{N_1}{N_2} = k \end{cases} \tag{3-29}$$

3.5.2 变压器负载时的等值电路

变压器的基本方程是其内部电磁关系的定量描述。原则上,利用基本方程可以对变压器的各种性能进行分析计算,但工程实际中,若直接利用式(3-29)对变压器的性能进行计算,则计算过程烦琐。通常,工程上将基本方程转换为等值电路,用等值电路来代替具有电路、磁路和电磁相互作用的实际变压器,然后利用等效电路对变压器的运行性能进行计算。图 3-13(a)为根据式(3-29)获得的理想变压器折算前的等值电路。

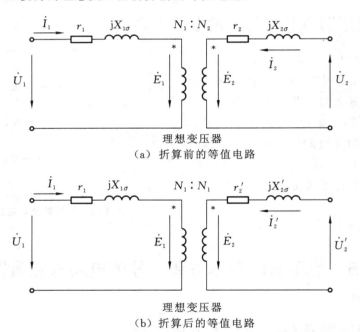

（a）折算前的等值电路

（b）折算后的等值电路

图 3-13　变压器的折算过程

很显然,除了磁耦合外,图 3-13(a)中的两个电气回路是相互独立的。为了简化计算,通常将副边的绕组匝数由 N_2 提升至 N_1,这样二次侧的各物理量均发生相应的变化,这一过程称为折算。折算的原则是要保证折算前后电磁关系不变,具体来讲有两方面:①折算前后磁动势应保持不变;②折算前后电功率及损耗应保持不变。按照这一原则,折算过程如下。

设折算后的各物理量用折算前物理量加上标“′”来表示,折算后的等值电路如图 3-13(b)所示。由于折算后副边的匝数 N_2 用原边的匝数 N_1 代替,因此电压折算为

$$E_2' = \frac{N_1}{N_2} E_2 = k E_2 = E_1 \tag{3-30}$$

同理可得

$$E_{2\sigma}' = k E_{2\sigma} \tag{3-31}$$

$$U_2' = k U_2 \tag{3-32}$$

电流折算须确保折算前后磁动势不变,于是

$$N_1 I_2' = N_2 I_2 \tag{3-33}$$

即

$$I_2' = \frac{N_2 I_2}{N_1} = \frac{1}{k} I_2 \tag{3-34}$$

阻抗折算须确保折算前后的有功功率和无功功率不变,于是

$$r_2' I_2'^2 = r_2 I_2^2, \quad X_{2\sigma}' I_2'^2 = X_{2\sigma} I_2^2 \tag{3-35}$$

即

$$r_2' = \frac{r_2 I_2^2}{I_2'^2} = k^2 r_2 \tag{3-36}$$

$$X_2' = \frac{X_{2\sigma} I_2^2}{I_2'^2} = k^2 X_{2\sigma} \tag{3-37}$$

同理可得

$$Z_2' = k^2 Z_2 \tag{3-38}$$

上述折算是将副边折算至原边绕组,同样也可以将原边折算至副边绕组,亦即将原边绕组匝数 N_1 变换为副边绕组匝数 N_2。具体方法与上述过程相同,此处不再赘述。

经过折算后,变压器的基本方程由式(3-29)变为

$$\begin{cases} \dot{U}_1 = -\dot{E}_1 + Z_1 \dot{I}_1 \\ \dot{U}_2' = \dot{E}_2' - Z_2' \dot{I}_2' \\ \dot{I}_1 + \dot{I}_2' = \dot{I}_m \\ \dot{E}_1 = \dot{E}_2' = -Z_m I_m \end{cases} \tag{3-39}$$

根据式(3-39),并结合图 3-13(b)便可获得变压器的 T 形等值电路,如图 3-14 所示。

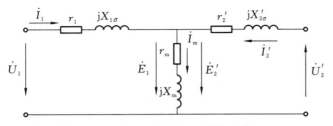

图 3-14 变压器的 T 形等值电路

T 形等值电路虽然比较准确地反映了变压器内部的电磁关系,但计算起来比较复杂。对于电力变压器,一般说来,一次绕组的漏阻抗压降仅占额定电压的百分之几。在外加电压一定的条件下,励磁电流基本不变且远小于额定电流 I_{1N}。因此,可将 T 形等值电路中的励磁支路

移至电源端,获得所谓的近似 Γ 形等值电路,如图 3-15 所示。近似 Γ 形等值电路可大大简化计算过程。

若忽略励磁电流 I_m(即把励磁支路断开),近似 Γ 形等值电路可进一步简化,最终得到变压器的简化等值电路,如图 3-16 所示。

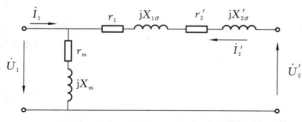

图 3-15　变压器的近似 Γ 形等值电路

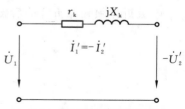

图 3-16　变压器的简化等值电路

在变压器的简化等值电路中,令

$$r_k = r_1 + r_2' \tag{3-40}$$

$$X_k = X_{1\sigma} + X_{2\sigma}' \tag{3-41}$$

$$Z_k = r_k + jX_k \tag{3-42}$$

式中:Z_k 表示变压器二次侧短路时的阻抗,故 r_k、X_k 和 Z_k 分别称为变压器的短路电阻、短路电抗和短路阻抗,其数值可以通过短路试验(将在 3.6 节介绍)获得。

3.5.3　变压器负载时的相量图

根据变压器的基本方程(即式(3-39))便可绘出变压器负载时的相量图,它可以清晰地表明各物理量的大小和相位关系。

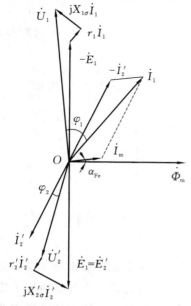

图 3-17　变压器带感性负载时的相量图

假定等值电路参数已知,且负载的大小和相位已给定,则变压器负载运行时的相量图可通过下列步骤获得。

(1)根据负载的电压 $\dot{U}_2'$ 和电流 $\dot{I}_2'$ 以及两者之间的夹角 φ_2,利用 $\dot{E}_2' = \dot{U}_2' + Z_2' \dot{I}_2'$ 绘出二次绕组的相量 $\dot{E}_2'$;由于 $\dot{E}_1 = \dot{E}_2'$,因此也可以获得相量 $\dot{E}_1$。

(2)考虑到主磁通 $\dot{\Phi}_m$ 超前 $\dot{E}_1$ 90°,励磁电流 $\dot{I}_m$ 又超前 $\dot{\Phi}_m$ 一铁耗角 $\alpha_{Fe} = \arctan \dfrac{r_m}{X_m}$,由此绘出主磁通 $\dot{\Phi}_m$ 和励磁电流 $\dot{I}_m$。

(3)根据 $\dot{I}_1 = \dot{I}_m + (-\dot{I}_2')$ 便可求出 $\dot{I}_1$。

(4)由一次绕组的电压平衡方程 $\dot{U}_1 = -\dot{E}_1 + Z_1 \dot{I}_1$ 可求出 $\dot{U}_1$,并可获得 $\dot{U}_1$ 和 $\dot{I}_1$ 之间的夹角,即变压器一次侧的功率因数角 φ_1。

变压器带感性负载时的相量图如图 3-17 所示。由相量图可知,与空载时相比,负载后变压器一次侧的功率因数角减小,功率因数增大。

3.6　变压器等值电路参数的测定

要想利用等值电路对变压器的运行性能进行分析计算，就需要预先知道等值电路的参数。变压器等值电路的参数可以通过空载试验和短路试验测得。

3.6.1　空载试验

通过空载试验可以确定变压器的变比 k、励磁电阻 r_m 和励磁电抗 X_m。变压器空载试验的接线图如图 3-18 所示，其中，图 3-18(a)为单相变压器的接线图，图 3-18(b)则为三相变压器的接线图，即变压器的一次侧外接电源，二次侧开路。

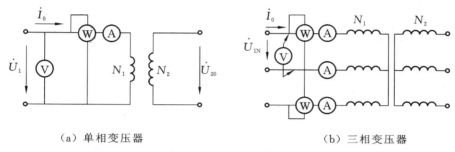

（a）单相变压器　　　　　　　　　　（b）三相变压器

图 3-18　变压器空载试验的接线图

考虑到一般电力变压器的空载电流较小，$I_0 = (0.02 \sim 0.10) I_{1N}$，故空载试验中电流表和功率表的电流线圈采用内表法接线，即电流表和功率表的电流线圈接到电压表与变压器的内侧。

改变外加电压 U_1 的大小，记录相应的电压、电流和功率，便可获得变压器的空载特性。值得一提的是，变压器的励磁参数是根据外加电压为额定电压时的数据进行计算的，具体方法如下。

对于单相变压器，由变压器的空载等值电路（图 3-10(a)）可知，空载损耗 P_0 包括一次绕组的铜耗和铁耗。鉴于实际变压器的空载电流较小，空载时的铜耗可以忽略不计，因此空载损耗可近似为铁耗，即

$$P_0 = r_0 I_0^2 = (r_1 + r_m) I_0^2 \approx r_m I_0^2 \tag{3-43}$$

由此可求出励磁电阻：

$$r_m = \frac{P_0}{I_0^2} \tag{3-44}$$

又

$$Z_0 = \frac{U_0}{I_0} = |Z_1 + Z_m| = \sqrt{(r_1 + r_m)^2 + (X_{1\sigma} + X_m)^2} \tag{3-45}$$

考虑到 $Z_m \gg Z_1$，故有

$$Z_0 \approx Z_m \tag{3-46}$$

$$X_m = \sqrt{Z_m^2 - r_m^2} \tag{3-47}$$

变压器的变比为

$$k = \frac{U_1}{U_{20}} \tag{3-48}$$

值得说明的是,由于励磁阻抗 Z_m 与磁路的饱和程度有关,外加电压的数值不同会导致测量结果有差异,因此应以额定电压下的数据为准,这样才能真实反映变压器运行时的磁路饱和情况。

对于三相变压器,等效电路是指一相的等效电路,因此,应用上述公式计算每相参数时,须注意首先将线电压、线电流以及三相功率转化为相电压、相电流以及每相的功率,然后再计算变压器的参数。

原则上,空载试验既可在高压侧进行也可在低压侧进行,为安全起见,空载实验通常在低压侧进行,而高压侧开路。此时,若希望利用高压侧的等效电路,则应将测得的低压侧励磁阻抗 Z_m 折算至高压侧,然后再进行计算。

3.6.2 短路试验

短路试验又称为负载试验。通过短路试验可以确定变压器的短路电阻 r_k 和短路电抗 X_k。变压器短路试验的接线图如图 3-19 所示,其中,图 3-19(a)为单相变压器的接线图,图 3-19(b)则为三相变压器的接线图,即变压器的一次侧外接电源,二次侧短路。考虑到一般电力变压器的短路阻抗较小,短路电流较大, $I_k = (9.5 \sim 20) I_N$,因此,一次侧的外加电压一般不能达到额定值,否则会因电流过大、时间过长而烧坏绕组。通常,可调节一次侧外加电压的大小,使得一次侧电流在额定值附近变化,然后记录相关数据。鉴于此,短路试验中电流表和功率表的电流线圈采用外表法接线,即电流表和功率表的电流线圈接在电压表与变压器的外侧。

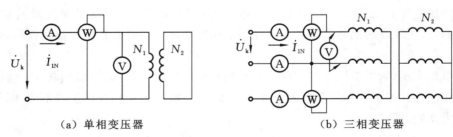

（a）单相变压器   （b）三相变压器

图 3-19   变压器短路试验的接线图

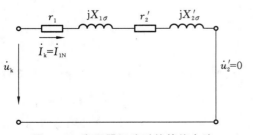

图 3-20   变压器短路时的等值电路

调节外加电压 U_1 的大小,记录相应的电压、电流和功率,便可获得变压器的短路特性。值得一提的是,变压器的短路参数是根据电流为额定电流时的数据进行计算的,具体方法如下。

对于单相变压器,根据变压器短路时的等效电路(见图 3-20),得短路损耗为

$$P_k = r_k I_k^2 \tag{3-49}$$

由此求出短路电阻:

$$r_k = \frac{P_k}{I_k^2} \tag{3-50}$$

短路阻抗和短路电抗分别为

$$Z_k = \frac{U_k}{I_k} \tag{3-51}$$

$$X_k = \sqrt{Z_k^2 - r_k^2} \tag{3-52}$$

如果希望将一、二次绕组的电阻值分开，可采用电桥法首先测出一次绕组的直流电阻值 r_1，然后再利用下式求出二次绕组电阻的折算值 r_2'：

$$r_k = r_1 + r_2' \tag{3-53}$$

对于一、二次绕组的漏电抗值，一般难以通过试验的方法将其分离，通常假定一、二次绕组的漏电抗折算到同一侧的数值相等，于是有

$$X_{1\sigma} = X_{2\sigma}' = \frac{X_k}{2} \tag{3-54}$$

考虑到绕组的电阻值随着环境温度的变化而变化，按照技术标准规定，绕组的电阻值应折算到标准温度 75 ℃下的数值，而漏电抗则与温度无关。于是有

$$r_{k75\,℃} = r_k \frac{T_0 + 75}{T_0 + \theta} \tag{3-55}$$

$$Z_{k75\,℃} = \sqrt{r_{k75\,℃}^2 + X_k^2} \tag{3-56}$$

式中：θ 为试验时的室温；T_0 为与绕组材料有关的常数，对于铜线，$T_0 = 234.5$ ℃，对于铝线，$T_0 = 228$ ℃。

对三相变压器而言，上面的计算过程同样完全适用，但需要注意的是，所有物理量必须采用一相的数值，这样才能获得三相变压器每一相的等效电路参数。

短路试验既可以在高压侧进行也可以在低压侧进行，为方便起见，短路试验多在高压侧进行，而低压侧短路。

在进行变压器短路试验时，当 $I_1 = I_{1N}$ 时，一次绕组的外加电压 $U_{kN} = Z_{k75\,℃} I_{1N}$ 又称为阻抗电压或短路电压。短路电压是变压器的一个很重要的数据，经常被标注在铭牌上。它共有两种表示方法，一是用其占额定电压的百分比来表示，称为短路电压百分比，其表达式为

$$u_k = \frac{U_{kN}}{U_{1N}} \times 100\% = \frac{Z_{k75\,℃} I_{1N}}{U_{1N}} \times 100\% \tag{3-57}$$

二是用其对于额定电压的相对值（又称为标幺值（per unit value））来表示，其表达式为

$$u_k^* = \frac{U_{kN}}{U_{1N}} = \frac{Z_{k75\,℃} I_{1N}}{U_{1N}} = \frac{Z_{k75\,℃}}{Z_{1N}} = Z_k^* \tag{3-58}$$

式中：Z_k^* 为短路阻抗的相对值（或标幺值），即 $Z_{k75°}$ 对于阻抗基值 Z_N 的相对值，其中，阻抗基值为 $Z_{1N} = \frac{U_{1N}}{I_{1N}}$。对一般电力变压器，$Z_k^* = 0.05 \sim 0.105$。

实际应用中，短路阻抗 Z_k^* 越大，即变压器的漏阻抗越大；漏阻抗越大意味着负载后二次侧的电压波动越大，但变压器的短路电流却越小。换句话说，为减小二次侧电压随负载的变化，Z_k^* 越小越好；但从减小短路电流的角度看，Z_k^* 越大越好。工程应用中应兼顾这两个因素，对该参数做出合理的选择。

3.7 变压器稳态运行指标的计算

变压器的主要运行指标有两个,一个是变压器的电压变化率,一个是变压器的运行效率。这两个运行指标分别体现在变压器的外特性和效率特性中。

3.7.1 变压器的外特性与电压变化率

变压器的外特性是指在额定电压和一定负载功率因数的条件下,变压器二次侧的端电压与二次侧负载电流之间的关系 $U_2=f(I_2)$。

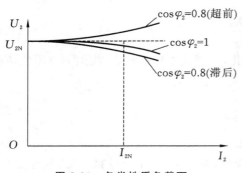

图 3-21 各类性质负载下
变压器的典型外特性曲线

同直流发电机一样,变压器的外特性反映了变压器对负载的供电质量情况。图 3-21 所示为各类性质负载下变压器的典型外特性曲线。由图 3-21 可见:对于纯电阻负载($\cos\varphi_2=1$)和电感性负载($\cos\varphi_2=0.8$(滞后)),随着负载电流的增大,变压器二次侧的端电压下降,且纯电阻负载下端电压下降较少;对于电容性负载($\cos\varphi_2=0.8$(超前)),随着负载电流的增大,变压器二次侧的端电压可能有所上升,这一现象将通过下面的分析加以解释。无论如何,随着负载的改变,变压器二次侧的端电压均会发生变化。

通常,在额定电压和一定负载功率因数的条件下,变压器由空载到额定负载时二次侧端电压变化的百分比称为电压变化率,即

$$\Delta u=\frac{U_{20}-U_2}{U_{2N}}\times 100\%=\frac{U_{2N}-U_2}{U_{2N}}\times 100\%=\frac{U_{1N}-U_2'}{U_{1N}}\times 100\% \tag{3-59}$$

电压变化率 Δu 可以借助简化等值电路及其对应的相量图求出,具体推导过程如下。

根据简化等值电路(见图 3-22(a))和基尔霍夫电压定律(KVL)得

$$\dot{U}_{1N}=-\dot{U}_2'+\dot{I}_1(r_k+jX_k) \tag{3-60}$$

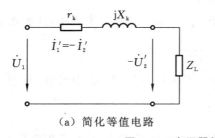

(a) 简化等值电路

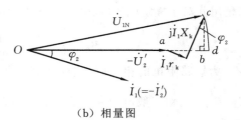

(b) 相量图

图 3-22 变压器的简化等值电路及其相量图

选择 $-\dot{U}_2'$ 作为参考相量,利用式(3-60)画出简化等值电路所对应的相量图,如图 3-22(b)所示。在图 3-22(b)中,延长 $-\dot{U}_2'$(即射线 Oa),并过点 c 作其垂线,与 $-\dot{U}_2'$ 的延长线交于点 b;

以点 O 为圆心、线段 Oc 的长 $\overline{Oc}$ 为半径画圆弧,与射线 Oa 的延长线交于点 d,则 $\overline{Od}=U_{1N}$。考虑到漏阻抗压降较小,可以近似认为 $U_{1N}=\overline{Od}\approx\overline{Ob}$,于是有

$$U_{1N}\approx U_2'+\overline{ab} \tag{3-61}$$

式中: $\overline{ab}=I_1(r_k\cos\varphi_2+X_k\sin\varphi_2)$,故有

$$\Delta u=\frac{U_{1N}-U_2'}{U_{1N}}\times100\%=\frac{\overline{ab}}{U_{1N}}\times100\%=\frac{I_1(r_k\cos\varphi_2+X_k\sin\varphi_2)}{U_{1N}}\times100\%$$
$$=\beta\left(\frac{I_{1N}r_k\cos\varphi_2+I_{1N}X_k\sin\varphi_2}{U_{1N}}\right)\times100\%=\beta(r_k^*\cos\varphi_2+X_k^*\sin\varphi_2) \tag{3-62}$$

式中: $\beta=\dfrac{I_1}{I_{1N}}$ 为负载系数; $r_k^*=\dfrac{r_k}{Z_{1N}}$、 $X_k^*=\dfrac{X_k}{Z_{1N}}$ 分别为 r_k 与 X_k 的标幺值。

由式(3-62)可见,变压器的电压变化率 Δu 不仅取决于变压器自身的结构参数(这里指短路阻抗)(内因),而且与变压器外部负载的大小和负载的性质(即 β 和 $\cos\varphi_2$)(外因)密切相关。现讨论如下:

(1)对于纯电阻负载, $\cos\varphi_2=1$, $\sin\varphi_2=0$,且 r_k^* 较 X_k^* 小得多,故其 Δu 较小;

(2)对于电感性负载,由于 $\varphi_2>0$, $\cos\varphi_2>0$, $\sin\varphi_2>0$,故 $\Delta u>0$,说明随着负载电流 I_2 的增大,变压器二次侧的端电压下降;

(3)对于电容性负载, $\varphi_2<0$, $\cos\varphi_2>0$, $\sin\varphi_2<0$,若 $|r_k^*\cos\varphi_2|<|X_k^*\sin\varphi_2|$,则 $\Delta u<0$,说明随着负载电流 I_2 的增大,变压器二次侧的端电压有可能升高。

上述分析解释了图 3-21 所示的现象,即对于电阻性负载和电感性负载,随着负载电流的增大,变压器二次侧端电压有所下降,且电阻性负载的端电压下降较少;对于电容性负载,二次侧端电压有可能随着负载电流的增大不但不下降,反而有所上升。

在工程实际中,利用电容性负载下变压器二次侧端电压随着负载电流增大可能会有所上升的原理,在变压器的低压侧并联电容器,一方面可以达到补偿设备无功功率、改善电网功率因数、降低线损的目的,另一方面也可以提升工厂的电网电压,从而在一定程度上解决负荷大量增加导致工厂电网电压下降的问题。

3.7.2 变压器的效率特性与运行效率

在电能的传递过程中,实际变压器由于自身存在损耗(铜耗和铁耗)而消耗一定的电能,导致输出的有功功率小于输入的有功功率,其比值可用变压器的运行效率 η 来描述。其具体表达式为

$$\eta=\frac{P_2}{P_1}\times100\%=\frac{P_1-\sum P}{P_1}\times100\%=\left(1-\frac{\sum P}{(P_2+\sum P)}\right)\times100\% \tag{3-63}$$

式中: P_1、 P_2 分别代表变压器原边的输入有功功率和副边的输出有功功率; $\sum P$ 为变压器的总损耗,主要包括铁耗和铜耗两大类,即 $\sum P=P_{Fe}+P_{Cu}$。

忽略负载时二次侧电压的变化,即认为 $U_2\approx U_{2N}$,则变压器的输出有功功率 P_2 可按下式计算:

$$P_2 = mU_{2N\phi}I_{2\phi}\cos\varphi_2 = \frac{I_{2\phi}}{I_{2N\phi}}mU_{2N\phi}I_{2N\phi}\cos\varphi_2 = \beta S_N\cos\varphi_2 \tag{3-64}$$

考虑到变压器无论是空载还是负载运行,只要原边施加额定电压,则主磁通及其磁通密度 B_m 就基本保持不变,而铁耗近似与 B_m^2 成正比,因此,变压器的铁耗基本保持不变,故铁耗又称为不变损耗。由空载等效电路可知,变压器的铁耗近似等于变压器的空载损耗,即

$$P_{Fe} \approx P_0 \tag{3-65}$$

式中: P_0 为变压器的空载损耗,可由空载试验获得。

由简化等值电路(见图 3-16)可知,变压器的绕组铜耗与负载电流的平方成正比,因此,随着负载的变化,绕组铜耗是可变的,故铜耗又称为可变损耗。考虑到短路试验所测得的短路损耗为额定电流下的铜耗,一般负载下,变压器的铜耗可由下式给出:

$$P_{Cu} = mI_1^2 r_k = \left(\frac{I_1}{I_{1N}}\right)^2 mI_{1N}^2 r_k = \beta^2 P_{kN} \tag{3-66}$$

式中: P_{kN} 为额定电流时的短路损耗,可由短路试验获得。

将式(3-64)、式(3-65)和式(3-66)代入式(3-63),可得变压器运行效率的计算公式:

$$\eta = \left(1 - \frac{P_0 + \beta^2 P_{kN}}{\beta S_N\cos\varphi_2 + P_0 + \beta^2 P_{kN}}\right) \times 100\% \tag{3-67}$$

由式(3-67)可见,与电压变化率类似,变压器的运行效率既取决于变压器自身的结构参数(这里指励磁和短路参数)(内因),又与外部负载的大小和负载的性质(即 β 和 $\cos\varphi_2$)(外因)密切相关。

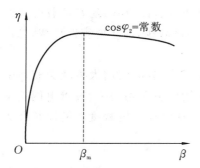

图 3-23 变压器典型的效率特性曲线

通常,在额定电压和一定负载功率因数条件下,变压器运行效率与负载电流之间的关系 $\eta = f(I_2)$(或 $\eta = f(\beta)$)称为变压器的效率特性,根据式(3-67)可绘出变压器典型的效率特性曲线,如图 3-23 所示。

由图 3-23 可见,当输出电流为零(即变压器空载)时,变压器的运行效率为零;随着负载电流的增大,输出功率增大,铜耗也将有所增大,但由于刚开始时 β 较小,铜耗较小,作为不变损耗的铁耗占比较大,因此,总损耗没有输出功率增大得快,运行效率逐渐提高。当负载增大至一定程度时,作为可变损耗的铜耗占比较大,使得运行效率随 β 的增大反而降低。这样,运行效率必然存在一个最大值 η_{max},该最大值可通过下面的推导获得。

令运行效率 η 对负载系数 β 的导数为零,即 $\dfrac{d\eta}{d\beta} = 0$,则根据式(3-67)可得

$$P_0 = \beta_m^2 P_{kN} \quad 或 \quad \beta_m = \sqrt{\frac{P_0}{P_{kN}}} \tag{3-68}$$

式(3-68)表明,当不变损耗 P_0 等于可变损耗 $\beta^2 P_{kN}$ 亦即铁耗等于铜耗时,变压器的效率最高。对于电力变压器,最大效率一般设计在 $\beta_m = 0.5 \sim 0.6$ 左右,而不是设计在额定负载附近。这主要是考虑到全年内变压器一直在线,且负荷经常处于变化之中,若按铁耗较铜耗小的原则设计,则可确保变压器在全年内的平均运行效率较高。

值得一提的是,上述分析仅是针对单相变压器进行的,对于对称运行的三相变压器,由于各相的电压、电流大小相等,相位互差120°,因此,在分析和计算运行特性时,可取三相变压器中的任意一相进行研究,从而将三相问题转换为单相问题。这样,前面介绍的基本方程、等效电路以及性能计算方法等均可直接用来分析和计算三相对称变压器的运行问题。

3.8　三相变压器的特殊问题

对于对称运行的三相变压器与单相变压器的共同问题,如基本方程、等效电路以及性能计算方法等,前面已深入讨论,本节将主要介绍三相变压器的特殊问题,内容包括三相变压器的绕组连接方式、磁路结构以及两者之间如何正确配合的问题。

3.8.1　三相变压器的绕组连接方式与连接组别

三相绕组常用的连接方式有两种:①星形连接(Y接法),用 Y(或 y)表示;②三角形连接(△接法),用 D(或 d)表示。星形连接是指将三相绕组的三个首端 A、B、C(或 a、b、c)引出,三个尾端 X、Y、Z(或 x、y、z)连接在一起作为中性点 N(或 n),如图 3-24(a)所示。中性点 N(或 n)引出则为三相四线制,中性点 N(或 n)不引出则为三相三线制。这里大写字母表示高压侧,小写字母表示低压侧。三角形连接是指把一相绕组的尾端(或首端)与另一相绕组的首端(或尾端)依次相连,构成闭合回路,将三相绕组的三个首端 A、B、C(或 a、b、c)引出,如图 3-24(b)所示。

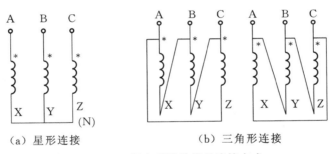

(a) 星形连接　　　　　　　　(b) 三角形连接

图 3-24　三相变压器的绕组连接方式

三相变压器原、副边绕组采用的不同连接方式以及各相绕组端子的不同选择导致了原、副边线电动势之间的相位有所不同,使得三相变压器除了能够实现单相变压器的变压、变流和变阻抗功能,还可以改变原、副边线电动势之间的相位。

在三相变压器中,原、副边绕组线电动势之间的相位关系是用连接组别来表示的。在工业应用和电力系统的许多场合下,经常需要应用这种相位的改变,如在电力电子技术课程中所讲述的:对于工作在整流或有源逆变状态下的相控变流器,特别是三相相控变流器,须分别了解主变压器和同步变压器各自原、副边线电动势之间的相位差(或连接组别),以确保触发脉冲与主回路电压之间同步;当两台以上的电力变压器并联运行时,也必须确保各台变压器之间的连接组别一致。

后面的分析将表明,尽管三相变压器高、低压绕组线电动势之间的相位差(或连接组别)有所不同,但无论怎样连接,高、低压绕组线电动势之间的相位差却总是 30°的整数倍,而这恰好与时钟钟面上整点数之间的夹角一致,因此,国际电工技术委员会(International Electrotechnical Commission,IEC)规定,以"时钟表示法"表示三相变压器高、低压绕组线电动势之间的相位关系(即连接组别号)。

时钟表示法的具体内容如下:将高压侧线电动势 $\dot{E}_{AB}$ 作为长针,指向钟面上的"12",低压侧线电动势 $\dot{E}_{ab}$ 作为短针,它所指向的数字即为三相变压器的连接组别号。若短针也指向"12",则连接组别号为"0"。

三相变压器的连接组别可用如下形式表示:用大、小写英文字母分别表示高、低压绕组的接线方式,星形连接可用 Y 或 y 表示,中性线引出时可用 YN 或 yn 表示,三角形连接可用 D 或 d 表示,在英文字母之后写出连接组别号,如 Y,yn0 和 Y,d11 等。

三相变压器的连接组别不仅取决于三相绕组的连接方式,而且还与绕组的绕向以及每相绕组所处的铁芯柱有关。为了获得三相变压器的连接组别,首先应该了解同一铁芯柱上的两个线圈之间(即单相变压器原、副边相电动势之间)的相位关系,然后再分析三相变压器的连接组别。

1. 单相变压器的连接组别

为了反映同一铁芯上两个线圈之间的绕向关系,通常引入"同名端"的概念:同一铁芯上的两个线圈被同一磁通所匝链,当该磁通交变时,在某一瞬时,若每一线圈的一端所感应的电动势相对同一线圈的另一端为正,则同为正的两个端子即为同名端,用符号" * "来表示;当然,同为负的两个端子也为同名端。对同名端可采用如下方法判断:当电流流过同名端时,励磁安匝所产生的磁通方向相同。图 3-25(a)(b)分别给出了套在同一铁芯柱上的两个线圈的同名端。

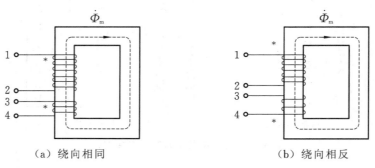

(a)绕向相同   (b)绕向相反

图 3-25　套在同一铁芯柱上的两个线圈的同名端

对于单相变压器,高压绕组的首端标记为 A、尾端标记为 X,低压绕组的首端标记为 a、尾端标记为 x,规定电动势的正方向为由首端指向尾端。

在变压器中,可以采用同名端为首端的标注方法,也可以采用非同名端为首端的标注方法。图 3-26(a)(b)分别给出了这两种情况下原、副边电动势之间的相位关系。

根据时钟表示法,将高压侧绕组的电动势 $\dot{E}_A$ 作为时钟的长针,指向钟面上的"12",低压侧绕组的电动势 $\dot{E}_a$ 作为时钟的短针。很显然,若采用同名端为首端的标注方法(见图 3-26(a)),则 $\dot{E}_a$ 指向钟面上的"12"(或"0"),因此,该单相变压器的组别为 I,i0;若采用非同名端为首端的标注方法(见图 3-26(b)),则 $\dot{E}_a$ 指向钟面上的"6",则单相变压器的组别为 I,i6。

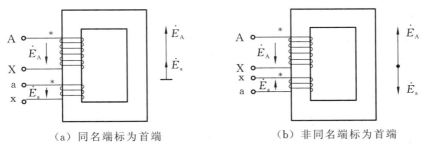

（a）同名端标为首端　　　　　　（b）非同名端标为首端

图 3-26　单相变压器不同标注方法下线圈之间的相位关系

2. 三相变压器的连接组别

了解了单相变压器原、副边电动势亦即三相变压器原、副边相电动势之间的相位关系之后，就可以进一步确定三相变压器的连接组别，即高、低压绕组线电动势之间的相位关系。

下面针对高、低压绕组分别为 Y/Y 连接和 Y/△ 连接的两种类型的变压器具体分析其连接组别。

（1）Y/Y 连接。

假定 Y/Y 连接的三相变压器按图 3-27(a)所示接线，图中，位于上下同一直线上的高、低压绕组表示这两个绕组套在同一铁芯柱上，高、低压绕组的相电动势相位要么相同要么相反，并且采用同名端为首端的标注方法。

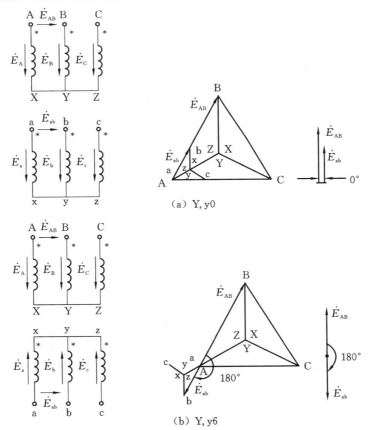

图 3-27　Y/Y 连接的三相变压器（一）

确定三相变压器连接组别的一般步骤:①首先画出高压绕组的电动势相量图;②使 a 点和 A 点重合,根据同一铁芯柱上高、低压绕组的相位关系,画出低压绕组 ax 的相电动势 $\dot{E}_{a}$;③根据低压绕组的接线方式,画出低压绕组其他两相的电动势相量图;④由高、低压绕组的电动势相量图确定 $\dot{E}_{AB}$ 和 $\dot{E}_{ab}$ 之间的相位关系,并根据时钟表示法,将 $\dot{E}_{AB}$ 置于钟面上的"12",由此确定 $\dot{E}_{ab}$ 所指向的钟面数字,即为三相变压器的连接组别号。

如图 3-27(a)所示,采用同名端为首端的标注方法,按照上述步骤便可绘出相应的相量图,由相量图可知二次侧的线电动势 $\dot{E}_{ab}$ 与一次侧的线电动势 $\dot{E}_{AB}$ 同相位,因此,该三相变压器的连接组别号为 Y,y0。同理,若采用非同名端为首端的标注方法,即按照图 3-27(b)所示接线,则由相量图知,二次侧的线电动势 $\dot{E}_{ab}$ 与一次侧的线电动势 $\dot{E}_{AB}$ 互成 180°,该变压器的连接组别号为 Y,y6。

考虑到标志是人为的,若保持图 3-27(a)中的接线和一次侧标志不变,仅把二次侧的标志做如下变动:相序保持不变,若将 a、b、c 三相的标志依次循环一次,即 b 相改为 a 相,c 相改为 b 相,a 相改为 c 相,则按照上述步骤可以得出更改后的各相电动势滞后了 120°,相应的线电动势也滞后了 120°,根据时钟表示法,更改后的连接组别应顺时针旋转 4 个连接组别号,原来的连接组别号 Y,y0 将变为 Y,y4,如图 3-28(a)所示;若将 a、b、c 三相的标志再依次循环一次,则可获得连接组别 Y,y8,如图 3-28(b)所示。

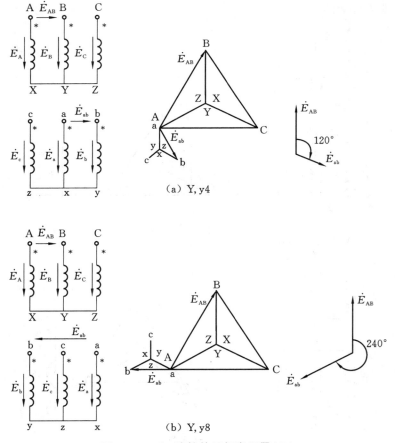

图 3-28 Y/Y 连接的三相变压器(二)

同样,若保持图 3-27(b)中的接线和一次侧标志不变,仅将二次侧标志按照 a、b、c 三相的顺序依次循环一次,则可依次获得连接组别 Y,y10 和连接组别 Y,y2。

通过上述方法,便可获得 Y/Y 连接的所有偶数连接组别。用同样的方法也可以获得△/△连接的所有偶数连接组别。

(2) Y/△连接。

三相变压器采用 Y/△接线时,二次侧的△接线方式有两种,分别如图 3-29(a)(b)所示。对于图 3-29(a)所示接线,利用前面介绍的步骤绘出相量图,由相量图知二次侧的线电动势 $\dot{E}_{ab}$ 超前一次侧线电动势 $\dot{E}_{AB}$30°(或滞后 330°),其连接组别为 Y,d11。同样,对于图 3-29(b)所示接线,由相量图知二次侧的线电动势 $\dot{E}_{ab}$ 滞后一次侧线电动势 $\dot{E}_{AB}$30°,因此其连接组别为 Y,d1。

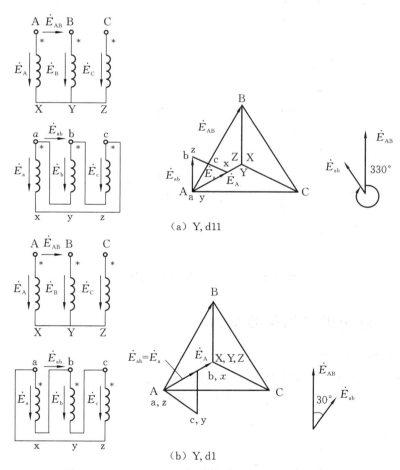

图 3-29 Y/△连接的三相变压器(一)

同理,保持图 3-29 所示的接线和一次侧标志不变,将二次侧标志按照 a、b、c 三相的顺序依次循环,便可获得 Y/△连接的其余连接组别:Y,d3、Y,d5、Y,d7、Y,d9。图 3-30 所示为 Y,d3 和 Y,d7 的接线和相量图。

变压器的连接组虽然很多,但为避免制造和使用的混乱,国家标准对单相双绕组电力变压器规定标准连接组别为 I,i0;对三相双绕组电力变压器规定了五种标准连接组,分别为 Y, yn0、Y,d11、YN,d11、YN,y0、Y,y0,其中前三种最为常用。

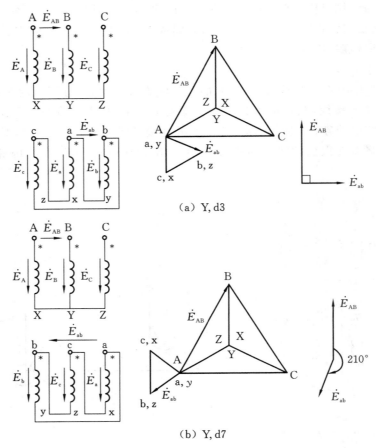

（a）Y,d3

（b）Y,d7

图 3-30　Y/△连接的三相变压器（二）

3.8.2　三相变压器的磁路结构

常用的三相变压器可以由三台单相变压器组成,这种三相变压器又称为三相组式变压器,如图 3-31 所示。三相组式变压器的特点是各相磁路彼此独立,每相主磁通沿各自磁路流通,三相磁路的磁阻相同;当外加三相电压对称时,各相励磁电流也对称。

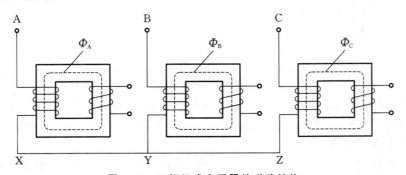

图 3-31　三相组式变压器的磁路结构

除此之外,三相变压器也可由三台单相变压器的铁芯合并在一起,组成如图 3-32(a)所示的结构。考虑到三相变压器对称运行时,三相主磁通也对称,于是有 $\dot\Phi_A+\dot\Phi_B+\dot\Phi_C=0$,这样,中间铁芯柱中的磁通在任何瞬时均为零,因此,可将该铁芯柱省去,变为图 3-32(b)所示结构。利用这种结构,任何瞬时各相磁通可由其他两相的磁路构成回路,仍能满足三相对称的要求。为了制造的方便,实际制作的三相变压器常将三个铁芯柱排列在一个平面内,如图 3-32(c)所示,从而构成三相心式变压器。三相心式变压器的各相磁路是彼此关联的;同时,由于中间相的磁路较短,当外加三相电压对称时,三相励磁电流并不完全对称,其中,中间一相的励磁电流较其余两相略为偏小。但考虑到励磁电流较负载电流小,当负载对称时,仍可认为三相电流是对称的。

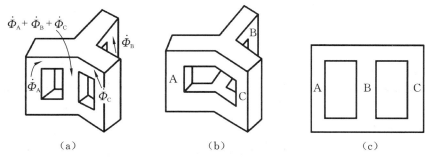

图 3-32　三相心式变压器的磁路结构

3.8.3　三相变压器的绕组连接与磁路结构的正确配合问题

三相变压器的绕组连接和磁路结构必须正确配合,否则相电动势波形会发生严重畸变,引起电压尖峰过大,造成变压器内部绕组的绝缘击穿而损坏变压器。为了分析其中的原因,应学习与之有关的知识。

1. 预备知识

第 1 章曾提到过:在由铁磁材料组成的磁路中,励磁电流(或磁动势)与所产生的磁通之间并不是线性关系。当励磁电流在一定数值基础上继续增大时,磁通增加较少甚至不变,这一现象即为饱和效应。正是这一非线性关系的存在,使得励磁电流和磁通不可能同为正弦波,由此带来了相电动势波形的尖峰问题。现说明如下:

(1) 当主磁通按正弦规律变化时,根据励磁电流与磁通之间的饱和关系,利用图解法可以绘出励磁电流的波形,如图 3-33 所示。由图 3-33 可见,正弦波磁通对应着尖顶波电流。对尖顶波电流,可以利用傅里叶级数将其展成一系列正弦波分量之和,其中主要分量是基波电流分量 i_{10} 和三次谐波电流分量 i_{30}。正弦波主磁通可以确保相电动势(即主磁通的导数)波形为正弦波。

(2) 当励磁电流按正弦规律变化时,利用图解法可以绘出磁通的波形,如图 3-34 所示。由图 3-34 可见,正弦波电流对应着平顶波磁通。对平顶波磁通,可以利用傅里叶级数将其展成一系列正弦波分量之和,其中主要分量是基波磁通分量 Φ_1 和三次谐波磁通分量 Φ_3。

(3) 上面提到了三次谐波电流和磁通,下面对有关三相对称绕组中三次谐波变量(如电动势、电流以及磁通)的特点进行讨论。

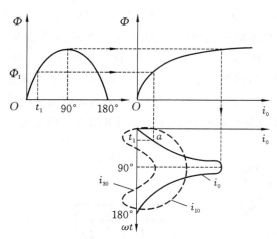

图 3-33　正弦磁通对应的励磁电流波形　　　图 3-34　正弦励磁电流对应的磁通波形

对于三相对称绕组，三相基波电动势(或电流)大小相等，相位互差 120°，而三次谐波电动势(或电流)却不是如此，三相三次谐波变量具有大小相等、相位相同的特点。现以三相三次谐波电动势为例说明如下。

对于三次谐波变量，考虑到其交变频率是基波频率的 3 倍(见图 3-34)，于是，三相对称绕组所感应的三次谐波电动势可表示为

$$\begin{cases} e_{A3}=E_{3m}\cos 3\omega_1 t \\ e_{B3}=E_{3m}\cos 3(\omega_1 t-120°)=E_{3m}\cos 3\omega_1 t \\ e_{C3}=E_{3m}\cos 3(\omega_1 t-240°)=E_{3m}\cos 3\omega_1 t \end{cases} \tag{3-69}$$

由式(3-69)可见，对于三相对称绕组，其三次谐波电动势大小相等、相位相同，其他三相三次谐波变量如电流、磁通等也具有相同的特点。

上述分析表明，为了保证相电动势波形为正弦波，每相的主磁通应按正弦规律变化，此时，励磁电流必须为尖顶波，亦即必须在电路连接上确保存在三次谐波电流的通路。若每相的主磁通为平顶波，其对应的相电动势(即主磁通的导数)为尖顶波，由于尖峰过大，有可能导致变压器内部绕组的绝缘击穿。

对单相变压器而言，三次谐波电流自然存在通路，外加电压为正弦波决定了其主磁通的波形为正弦波，励磁电流只能是尖顶波，其中包含了很强的三次谐波分量。对三相变压器则不然，是否存在三次谐波电流的通路取决于三相变压器的绕组连接方式(Y 连接则三次谐波电流不存在通路，△连接则三次谐波电流存在通路)。当然，即使三次谐波电流无通路，选择合适的磁路(或铁芯)结构也可以在一定程度上确保相电动势波形接近正弦波。下面针对三相变压器两类绕组连接方式和两种磁路结构分别讨论如下。

2. Y/Y(或 Y/Y0)连接的三相变压器

考虑到三相对称绕组中所有三次谐波电流同相位的特点，当三相变压器一次侧采用 Y 连

接时,由于三相绕组的电流之和为零,每相绕组的励磁电流中不可能含有三次谐波电流分量。忽略幅值较小的五次及五次以上的高次谐波,则励磁电流将接近正弦波。由前面介绍的预备知识可知:由于磁路的非线性,正弦波励磁电流将产生平顶波主磁通,其中包含三次谐波磁通分量,而三次谐波磁通的大小取决于三相变压器的磁路结构。

对于三相组式变压器,由于其磁路彼此独立,互不关联,主磁通中所含的三次谐波磁通和基波磁通一样,在各相变压器的主磁路中流通,并分别在原、副边绕组中感应出三次谐波电动势,所感应的三次谐波电动势的幅值可达基波电动势的 40%～60%。由于三次谐波电动势的幅值较大,因此相电动势波形为尖顶波(由平顶波磁通求导获得),造成相电动势尖峰较大,如图 3-35 所示。虽然三相线电动势的波形仍为正弦波,但相电动势的峰值仍将危及相绕组的绝缘性能。

对于三相心式变压器,其磁路彼此是互相关联的,而三相平顶波主磁通中的三次谐波磁通相位相同,不可能在主铁芯磁路中流通,只能沿空气或油箱壁形成闭合磁路,如图 3-36 所示。由于磁路的磁阻很大,所产生的三次谐波磁通将大大削弱,所感应的三次谐波电动势也变得较小,因此相电动势波形接近正弦波,不会出现相电压尖峰。当然,三次谐波磁通会通过油箱壁,在其中感应涡流,产生附加损耗,并引起局部过热,因此,应对 Y/Y 连接方式的三相心式变压器的容量加以限制。

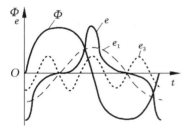

图 3-35　三相组式变压器 Y/Y 连接时的
磁通和相电动势波形

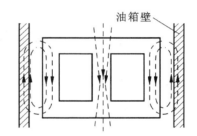

图 3-36　三相心式变压器中三次谐波
磁通的磁路结构

综上所述,可得如下结论:三相组式变压器不能采用 Y/Y 连接;三相心式变压器可以采用 Y/Y 连接,但容量不宜过大。

3. △/Y(或 Y/△)连接的三相变压器

对于△/Y 连接的三相变压器,由于其一次绕组为三角形连接,三次谐波电流分量可以在一次绕组中流通,因此,励磁电流中含有三次谐波电流。由前面介绍的预备知识可知,此时主磁通的波形接近正弦波,一、二次绕组所感应的相电动势也接近正弦波。因此,三相变压器无论是采用组式还是心式磁路结构,其三相绕组均可采用△/Y 连接。

对于 Y/△ 连接的三相变压器,由于其一次绕组为星形连接,三次谐波电流分量不能在其中流通,由前面介绍的预备知识可知,正弦波励磁电流将产生平顶波主磁通,因而主磁通和一、二次侧的相电动势中将出现三次谐波分量;但考虑到二次绕组采用三角形连接,同相位的三相三次谐波电动势会在闭合的三角形绕组内产生三次谐波电流,如图 3-37 所示。鉴于主磁通是由一、二次绕组电流所对应的磁动势共同作用产生的,因此,二次侧的三次谐波电流必然以励磁电流的身份产生三次谐波磁通。由于该磁通是由一次侧电动势(或磁通)在二次侧感应产生的,在性质上是去磁的,因而几乎可以完全抵消来自一次侧的三次谐波磁通,最终,磁路的主磁通以及由其感应的相电动势波形接近正弦波。因此可以说,二次绕组采用三角形连接,在效果上与一次绕组采用三角形连接完全相同。

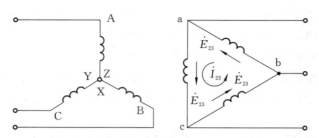

图 3-37　Y/△连接三相变压器的接线及二次侧的三次谐波电动势与电流

综上所述,可得到如下结论:为保证相电动势波形为正弦波,三相变压器最好有一侧绕组采用三角形连接。换句话说,对于有一侧绕组采用三角形连接的三相变压器,其磁路结构不受任何限制(无论磁路采用组式还是心式结构),这也是在三相相控变流器(整流与逆变)或直流调速系统中,三相整流变压器必须采用△/Y(或 Y/△)连接的原因。

3.9　电力拖动系统中的特殊变压器

除了前面介绍的普通电力变压器,电力拖动系统中还经常采用一些特殊用途变压器,如自耦变压器、电压互感器和电流互感器等。这些变压器在原理上与普通的双绕组变压器无本质区别,但考虑到运行条件的不同,其电磁过程又具有各自的特点。本节重点介绍这些特殊变压器的工作原理及其使用过程中应注意的事项。

3.9.1　自耦变压器

自耦变压器指的是一次侧和二次侧具有公共绕组的变压器,这种变压器有单相、三相之分,本节仅介绍单相自耦变压器,所得结论也适用于三相自耦变压器中的每一相绕组。

与普通双绕组变压器不同,自耦变压器的一、二次绕组之间不仅有磁的耦合,而且还有电的联系。图 3-38(a)(b)分别为自耦变压器的结构示意图和绕组接线图,在图 3-38(b)中,各物理量的正方向假定与前面介绍的双绕组变压器的正方向惯例相同。

与普通双绕组变压器一样,自耦变压器也存在主磁通和漏磁通,主磁通在一、二次绕组中分别感应出电动势 $\dot{E}_1$ 和 $\dot{E}_2$。忽略绕组的漏阻抗压降,则自耦变压器的变比为

$$K_A = \frac{N_1}{N_2} = \frac{E_1}{E_2} \approx \frac{U_{1N}}{U_{2N}} > 1 \tag{3-70}$$

电力系统使用的自耦变压器变比一般为 $K_A = 1.5 \sim 2$。

由基尔霍夫电流定律(KCL)得

$$\dot{I}_{12} = \dot{I}_{1N} + \dot{I}_{2N} \tag{3-71}$$

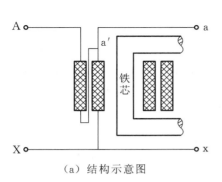
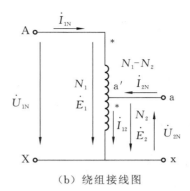

（a）结构示意图　　　　　　　（b）绕组接线图

图 3-38　自耦变压器

同双绕组变压器一样，由于电源电压保持不变，则主磁通以及励磁磁动势在负载前后将基本保持不变，由此获得自耦变压器的磁动势平衡方程，其表达式为

$$(N_1 - N_2)\dot{I}_{1N} + N_2\dot{I}_{12} = N_1\dot{I}_0 \tag{3-72}$$

忽略励磁电流 $\dot{I}_0$，则有

$$(N_1 - N_2)\dot{I}_{1N} + N_2\dot{I}_{12} = 0 \tag{3-73}$$

将式（3-71）代入式（3-73）得

$$N_1\dot{I}_{1N} + N_2\dot{I}_{2N} = 0 \tag{3-74}$$

结合式（3-70），则式（3-74）变为

$$\dot{I}_{2N} = -K_A\dot{I}_{1N} < 0 \tag{3-75}$$

由式（3-75）可见，$\dot{I}_{1N}$ 与 $\dot{I}_{2N}$ 相位互差 180°，且 $\dot{I}_{2N}$ 的实际方向与假定方向相反。将式（3-75）代入式（3-71）得

$$\dot{I}_{12} = (1 - K_A)\dot{I}_{1N} < 0 \tag{3-76}$$

式（3-76）表明，$\dot{I}_{12}$ 也与 $\dot{I}_{1N}$ 相位互差 180°，且 $\dot{I}_{12}$ 的实际方向与假定方向相反。

根据上述结论，可将式（3-73）写成标量形式，得

$$I_{1N} + I_{12} = I_{2N} \tag{3-77}$$

根据式（3-77）便可获得自耦变压器的额定容量（用 S_{1N} 表示），为

$$S_{1N} = U_{1N}I_{1N} = U_{2N}I_{2N} = U_{2N}(I_{1N} + I_{12}) = U_{2N}I_{1N} + U_{2N}I_{12} \tag{3-78}$$

式（3-78）说明，自耦变压器的容量是由两部分组成的，一部分是电磁功率 $U_{2N}I_{12}$，另一部分是传导功率 $U_{2N}I_{1N}$，前者是通过绕组 Aa 与公共绕组 ax 之间的电磁作用即磁耦合传递到负载的功率，后者是通过公共绕组 ax 的直接电传导传递到负载的功率。正是这部分传导功率，使得自耦变压器所传递的功率比同体积的双绕组变压器传递的功率大，换句话说，在传递相同功率的情况下，自耦变压器的体积较小，这是自耦变压器的主要特点。

自耦变压器除了作为电力变压器外，还经常将副边做成滑动触点形式，通过改变滑动触点的位置，便可改变副边的电压，这种自耦变压器又称为自耦调压器，自耦调压器通常用作实验室的调压装置。

3.9.2　互感器

在工业现场和电力系统中,出于安全需要,对高电压、大电流一般不采用高压电压表或大电流表直接测量,而是通过一种特殊变压器即互感器来完成高电压、大电流的间接测量。测量高电压用的互感器称为电压互感器,测量大电流用的互感器称为电流互感器。

1. 电压互感器

电压互感器相当于一台处于空载运行状态的降压变压器,将被测量的电压接至一次绕组,利用原、副边匝数不同,将一次侧的高电压变换为二次侧的低电压,然后再接至电压表或功率表的电压线圈进行测量。电压互感器二次侧的额定电压通常为 100 V。

图 3-39 所示为电压互感器使用时的接线图。设一次侧的被测电压为 U_1,二次侧接电压表,由于电压表的内阻抗较大,因此,二次侧相当于开路,于是有

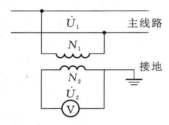

图 3-39　电压互感器接线图

$$\frac{U_1}{U_2} \approx \frac{E_1}{E_2} = \frac{N_1}{N_2} = k \qquad (3-79)$$

根据式(3-79)可求出电压表的读数为 $U_2 = \dfrac{U_1}{k}$,其中变比 $k>1$。

电压互感器在使用过程中需注意如下事项:①为确保安全,铁芯和二次侧必须一端接地;②二次侧绝不能短路,否则电压互感器将会被烧坏。

2. 电流互感器

电流互感器相当于一台处于短路状态的升压变压器,将被测大电流接在电流互感器的原边,其原边匝数较少,一般为一匝或几匝。利用原、副边匝数的不同,将一次侧的大电流变换为二次侧的小电流,然后再接至电流表或功率表的电流线圈进行测量。电流互感器二次侧的额定电流通常为 5 A 或 1 A。

图 3-40 所示为电流互感器使用时的接线图,设一次侧的被测电流为 I_1,二次侧接电流表,由于电流表的内阻抗较小,因此,二次侧相当于短路。忽略励磁电流,由磁动势平衡方程式得

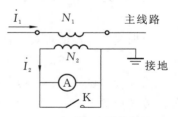

图 3-40　电流互感器的接线图

$$N_1 \dot{I}_1 + N_2 \dot{I}_2 = N_1 \dot{I}_0 \approx 0 \qquad (3-80)$$

根据式(3-80)可求出电流表的读数为 $I_2 = kI_1$,其中变比 $k<1$。

电流互感器在使用过程中需注意如下事项:①为确保安全,铁芯和二次侧必须一端接地;②二次侧绝不能开路或处于空载状态,否则会因二次侧匝数较多而在副边感应出较高的电压尖峰,不但会击穿互感器的绕组绝缘层,而且会危及操作人员的人身安全。为此,一般电流互感器的二次侧都有一短路环,串入电流表后将短路环断开,电流表未串入或更换电流表时应将短路环短接。

本章小结

变压器是通过磁路耦合实现电能传递的装置,可以实现诸如电压、电流或相位以及阻抗的改变等功能。从能量转换角度看,变压器并不能实现能量形式(如机电能量)的转换,仅能改变电量的大小;从电机学观点看,由于变压器的工作原理与交流电机类似,因此变压器又称为静止的交流电机,它的分析方法和结论可以推广至交流电机,尤其是异步电机。

除了采用电磁场的分析方法外,电机学中对变压器(或电机)的分析主要采用电路的方法。按照分类方法的不同,采用电路的分析方法主要分为两种:一种是按照绕组自感和互感的分类方法建立变压器(或电机)的基本方程和等效电路;另一种是按照主磁通和漏磁通的分类方法获得变压器(或电机)的基本方程与等效电路。前者主要用于不考虑铁芯饱和等非线性因素的动态性能分析,其内容已超出本书范围;后者则用于考虑铁芯饱和的变压器(或电机)的稳态性能分析,是本书分析变压器或交流电机的主要方法。

变压器内部的磁通可分为主磁通和漏磁通。主磁通主要经过铁芯的主磁路与原、副边绕组同时匝链,其磁路特点是铁芯存在饱和现象,该磁路可用励磁电抗与考虑铁芯损耗的励磁电阻来描述;而漏磁通则主要经过包括空气或变压器油在内的漏磁路与自身绕组匝链,其特点是磁路为线性的,该磁路可以通过漏电抗来表示。通过上述过程便可以将变压器的电路与磁路问题全部转化为电路问题,最后,利用基尔霍夫电压定律(KVL)和磁动势平衡原则获得变压器的基本方程。

按照循序渐进的步骤,本章首先分析了变压器空载时的电磁关系,采用上述分析方法引出了励磁阻抗和漏电抗等概念,获得了变压器空载时电磁关系的定量描述,即空载时的基本方程、等值电路和相量图;然后,在此基础上讨论了变压器负载后的电磁关系。

考虑到变压器的输入与输出之间存在一种自动供需平衡关系,空载时,变压器副边不需要输出电功率。变压器的原边输入电流主要用来建立励磁磁通,因此原边空载电流为励磁电流,所对应的磁动势为励磁磁动势。随着负载的加入和增加,变压器副边所需功率增加,此时,原边的输入电流除了产生励磁磁动势外,还要为副边输出功率的增加提供电流,该电流即原边电流的负载分量。负载越大,一次侧所提供的负载分量电流越大。鉴于负载前后原边电压保持不变,磁路的主磁通将基本保持不变,相应的励磁磁动势自然也保持不变,由此便可获得磁动势平衡方程。它与由基尔霍夫电压定律(KVL)获得的电压平衡方程一起组成了变压器的基本方程。根据基本方程可以很容易地获得变压器的其他两种数学模型,即等值电路和相量图。

利用变压器的基本方程、等值电路以及相量图,并根据由空载试验和短路试验所获得的励磁参数和漏磁参数,便可以对变压器的稳态性能进行分析和计算。

变压器的稳态性能主要用两条特性曲线来描述:一条是反映变压器供电质量的外特性曲线,即 $U_1 = U_{1N}$ 条件下 $U_2 = f(I_2)$ 对应的曲线;另一条是反映变压器在传输电能时自身所消耗功率的效率曲线,即 $\eta = f(I_2)$ 对应的曲线。为了讨论变压器的性能,我们引入了对应上述特性的两个重要指标,即电压变化率 Δu 和额定运行效率 η_N。

借助于变压器的等效电路和相量图,经分析可以得出如下结论:①电压变化率 Δu 既取决于变压器自身的漏阻抗(结构)参数,也与外部负载的大小和性质(电感性、电阻性和电容性)密切相关;②变压器的运行效率与内、外因均有关,即运行效率与空载、短路损耗以及负载的大小和性质有关。对 Δu 的分析表明,随着负载的增加,变压器二次侧的输出电压可能减小,也可能增大,具体结果取决于负载大小和性质;而对运行效率的分析表明,变压器应尽可能工作在额定负载附近,不要在空载或轻载状态下运行。

值得说明的是,尽管上述结论是通过单相变压器获得的,但对于对称运行的三相变压器,上述结论仍然成立,只不过性能计算结果仅是三相变压器中一相的结果。在利用等效电路进行计算时,需注意的是将线值转换为相值,然后再进行计算,最后将计算结果转换为三相结果。

除了基本性能的计算与单相变压器的相同外,三相变压器也有其自身的特殊问题,如三相变压器各相绕组之间的连接方式与连接组别问题、绕组连接方式与磁路结构的配合问题等。

尽管三相变压器原、副边各相绕组之间主要采用两种连接方式,即 Y 连接或 △ 连接,但各相绕组绕向(或同名端选取)的不同以及出线端子标号选取的不同,造成三相变压器的原、副边线电压之间存在相位差。鉴于该相位差均为 30° 的倍数,恰好与钟表上的整点数之间的角度相对应,因此,通常采用"时钟表示法"表示三相变压器中原、副边线电压之间的相位差。相应的相位差可用变压器的连接组别来描述,三相变压器共有12 种连接组别。当原、副边绕组连接方式相同时,对应偶数组别;相异时对应奇数组别。

在三相变压器的使用过程中,三相绕组的连接方式必须与三相变压器的磁路结构相配合,其配合原则是:①若三相变压器原、副边绕组的一侧有三次谐波电流通路亦即有一侧采用 △ 连接,则三相变压器可以采用任意一种磁路结构(组式或心式);②若三相变压器原、副边绕组皆无三次谐波电流通路亦即原、副边皆采用 Y 连接,则三相变压器磁路结构可以采用心式结构,绝对不能采用组式结构,否则,三相变压器的绕组绝缘将有可能因过压而被击穿,造成变压器的永久性损坏。

除了前面介绍的普通电力变压器,电力拖动系统中还经常采用一些特殊用途变压器,如自耦变压器、电压互感器和电流互感器等。这些变压器在原理上与普通的双绕组变压器无本质区别,但考虑到运行条件的不同,其电磁过程又具有各自的特点。

自耦变压器的特点是一、二次绕组之间不仅有磁的耦合,而且还存在电的联系,决定了其输出功率由两部分组成:一部分是通过电磁作用耦合到二次侧的功率,这部分功率与普通双绕组变压器的相同;另一部分是由一次绕组直接传递至二次侧的传导功率,这部分功率是普通双绕组变压器所没有的。因此,与普通变压器相比,自耦变压器具有体积小、效率高等优点。

电压互感器和电流互感器均是一种测量用变压器,它们分别相当于一台空载运行的变压器和一台短路运行的变压器。使用时需注意的是,除了安全接地外,电压互感器不能短路,否则有可能会被烧坏,而电流互感器不能开路,否则其绕组绝缘有可能会被击穿。

习题

3-1　主磁通和漏磁通有何区别？它们在变压器的等效电路中是如何反映的？

3-2　为了获得正弦波感应电动势，单相变压器铁芯饱和与不饱和时，其空载电流各呈现什么样的波形？为什么？

3-3　在其他条件不变的情况下，变压器仅将原、副边线圈的匝数改变 $\pm 10\%$，试问原边漏电抗 $X_{1\sigma}$ 与励磁电抗 X_m 如何变化？若外加电压改变 $\pm 10\%$，两者又如何变化？若仅外加电压的频率改变 $\pm 10\%$，情况又会怎样？

3-4　一台变压器原来的设计频率为 50 Hz，现将其接至 60 Hz 的电网上运行，保持额定电压不变。试问其空载电流、铁耗、原/副边漏电抗以及电压变化率如何变化？

3-5　两台单相变压器，$U_{1N}/U_{2N} = 220$ V/110 V，原边的匝数相等，但空载电流 $I_{01} = I_{02}$。今将两台变压器的原边线圈顺向串联起来，并外加 440 V 的电压，试问两台变压器的副边空载电压是否相等？

3-6　在实际应用场合下，有些装置经常需要高压输出，如氩弧焊机中的引弧装置、电视机中的行输出变压器（俗称高压包）以及霓虹灯电源等。这些场合下的电源往往所需的电压较高，但所需的电流较小。试利用所学变压器知识讨论这类电源的理论实现方法，并调查一下实际又是如何实现的。

3-7　Y/△连接的三相变压器空载运行，一次侧加正弦额定电压，则一次侧电流、二次侧相电流和线电流中有无三次谐波分量？

3-8　一台额定电压为 220 V/110 V 的单相变压器，不慎将其二次绕组接在 220 V 交流电源上，问其励磁电流、主磁通及二次绕组电动势波形会产生什么变化？

3-9　脉冲变压器的一次侧电压从其局部看为直流电压，为什么变压器仍能正常工作？

3-10　为什么电流互感器的负载电阻值不能过大？

3-11　用一台单相变压器将一个 8 Ω 的阻抗变换为 75 Ω 的阻抗，假设变压器是理想变压器，计算所需的匝数比。

3-12　一台单相变压器的额定值如下：$S_N = 50$ kV·A，$U_{1N}/U_{2N} = 2400$ V/240 V，$f = 50$ Hz。单相变压器的短路试验中，高压侧读数为 48 V、20.8 A 和 617 W；开路试验中，低压侧读数为 240 V、5.41 A 和 186 W。试确定此变压器的短路阻抗，以及在滞后功率因数为 0.80 时变压器满载运行的运行效率。

 思考题

3-1　变压器空载时一次侧的功率因数很低，而负载后功率因数反而大大提高，试解释其原因。

3-2　变压器负载后，二次侧的输出电压是否总是随着负载的增加而降低？试就电阻性负载、电感性负载和电容性负载分别加以讨论，并说明理由。

3-3　三相变压器是如何反映原、副边线电压之间的相位关系的？

3-4　一台三相心式变压器的端部接线标志已模糊不清，试讨论如何根据其端部判断其首尾端，以及如何将其接成所需的连接组别。

3-5 在三相变压器如三相整流变压器的使用过程中,为什么一般要求三相变压器的原、副边至少一侧接成三角形?

3-6 三相变压器的三相绕组之间的连接为什么要考虑其三相磁路的结构?两者不配合会出现什么后果?

3-7 与一般双绕组变压器相比,自耦变压器具有哪些优缺点?

3-8 电压互感器、电流互感器在使用过程中需注意哪些问题?

3-9 为什么需要进行折算才能得到变压器的等值电路?变压器的等值电路由哪几个方程组成?折算中采用一个匝数为多少的绕组代替二次绕组?折算的原则是什么?

3-10 变压器一、二次绕组间没有电路的连接,为什么在负载运行时,一次侧电流能跟着二次侧电流的变化而变化?

3-11 为什么三相组式变压器不采用 Y/Y 连接,而三相心式变压器可以采用 Y/Y 连接?

3-12 为什么单相变压器输入正弦电压而励磁电流却不能保持为正弦波?

3-13 为什么三相变压器只要一、二次绕组中有一侧接成三角形,即可使两侧电动势的波形近似为正弦波?

3-14 变压器若一次侧接与变压器交流额定电压相同的直流电压会产生什么结果?是否同样可以改变直流电压的电压比?

第4章 三相异步电动机的基本工作原理

本章全面探讨了三相异步电动机的基本工作原理、结构、定子绕组的设计与电动势,以及在空载和负载条件下的运行特性;介绍了异步电动机的分类和主要用途,详细解释了三相异步电动机通过旋转磁场与转子之间的相对运动产生转矩的原理。本章还讨论了定子绕组的不同配置方式,如单层绕组和双层绕组,以及这些绕组如何影响电动势的产生。通过分析空载和负载下的电磁关系,本章深入阐述了三相异步电动机的运行机制。此外,本章介绍了三相异步电动机的等值电路、功率和电磁转矩的计算方法及其工作特性,包括转速特性、定子电流特性、功率因数特性、转矩特性和功率特性。最后,本章讨论了如何通过空载试验和短路试验来确定三相异步电动机的参数,为三相异步电动机的设计和应用提供理论基础和试验支持。

◎ 知识目标

（1）了解三相异步电动机的结构、额定值;
（2）理解三相异步电动机的基本工作原理;
（3）理解三相异步电动机交流绕组的连接规律和特点;
（4）理解三相异步电动机的磁动势、感应电动势的性质;
（5）理解三相异步电动机的空载、负载运行特性及电磁关系;
（6）掌握三相异步电动机的负载等效电路;
（7）掌握三相异步电动机的功率和转矩平衡方程。

◎ 能力目标

（1）能够掌握三相异步电动机等值电路的画法;
（2）能够利用电压、功率、转矩平衡方程对三相异步电动机进行分析计算;
（3）能够掌握三相异步电动机工作特性的表达式及特性曲线的画法。

◎ 素质目标

从交流电产生旋转磁场开始,引导学生理解三相异步电动机原理,并分析交流电机与变压器、直流电机之间的异同,在对比分析中,体会事物的矛盾统一性;培养学生的逻辑思维能力以及创新意识。在探究三相异步电动机基本工作原理的过程中,引导学生分析三相异步电动机的结构,体会工匠精神,体会发明家思维之美妙;在分析电生磁、磁生电的过程中,引导学生感悟事物的对立统一关系,培养学生的辩证唯物主义科学发展观和世界观。

4.1 异步电动机的分类与主要用途

4.1.1 异步电动机的分类

交流电机主要分为同步电机和异步电机两大类,它们的工作原理和运行特性有很大差别。同步电机主要用作发电机,同步电动机只在少数不调速的大、中型生产机械(如空压机、球磨机)中应用。而异步电机则主要用作电动机。同步电机的转速 n_1 与所接电网的频率 f_1 之间存在着严格不变的关系,即 $n_1 = \dfrac{60 f_1}{p}$。当极对数 p 一定且电网频率 f_1 不变时,转速 n_1 为常数,不随负载大小而变化。而异步电机则不然,其转速与所接电网频率之间并无此种关系。当异步电动机的定子绕组接上电源以后,由电源供给励磁电流,建立磁场,依靠电磁感应作用,使转子绕组生成感应电动势和转子电流,产生电磁转矩,实现机电能量转换。因其转子电流是由电磁感应作用产生的,故异步电动机也称作感应电动机。

异步电动机的种类很多,从不同的角度看,有不同的分类方法。

(1) 按定子相数,异步电动机分为单相异步电动机、两相异步电动机、三相异步电动机。

(2) 按转子结构,异步电动机分为绕线形异步电动机、笼形(或鼠笼形)异步电动机(其又包括单笼形异步电动机、双笼形异步电动机、深槽笼形异步电动机)。

(3) 按有无换向器,异步电动机分为有换向器异步电动机和无换向器异步电动机。

此外,根据电动机定子绕组所加电压大小,异步电动机又有高压异步电动机、低压异步电动机之分。按机壳的防护形式,异步电动机又有防护式异步电动机、封闭式异步电动机、开启式异步电动机和防爆式异步电动机等。从其他角度看,异步电动机还包括高启动转矩异步电动机、高转差率异步电动机、高转速异步电动机等。

4.1.2 异步电动机的主要用途

异步电动机在工农业、交通运输、国防工业以及其他各行各业中应用非常广泛。例如:在工业方面,异步电动机用于拖动中小型轧钢设备、各种金属切割机床、轻工机械、矿山机械等;在农业方面,异步电动机用于拖动水泵、脱粒机、粉碎机以及其他农副产品的加工机械等;在民用电器方面,异步电动机用于驱动电风扇、洗衣机、电冰箱、空调等。

异步电动机的优点是结构简单、制造方便、运行可靠、价格低廉、坚固耐用和运行效率较高。特别是和同容量的直流电动机相比,异步电动机的重量约为直流电动机的一半,而价格仅为直流电动机的 $\dfrac{1}{3}$。据统计,交流异步电动机的用电量约为总用电量的 $\dfrac{2}{3}$。但是,异步电动机也有一些缺点,最主要的是:不能经济地实现范围较广的平滑调速,必须从电网吸取滞后的励磁电流,使电网功率因数变化。总的说来,由于大部分生产机械并不要求大范围的平滑调速,而电网的功率因数又可以采用其他办法进行补偿,因此,异步电动机(尤其是三相异步电动机)仍不失为电力拖动系统中一个极为重要的部件。本章后文所称异步电动机均指三相异步电动机。

4.2　三相异步电动机的基本工作原理及结构

4.2.1　三相异步电动机的基本工作原理

图 4-1 为三相异步电动机工作原理示意图。在图 4-1 中，N、S 是一对磁极，在两个磁极中间装有一个能够转动的圆柱形铁芯，在铁芯外圆槽内嵌有导体，导体两端用一圆环连在一起。

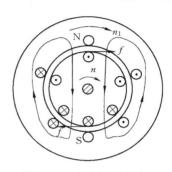

若使磁极以转速 n_1 逆时针旋转，在定子、转子之间的气隙中形成一个旋转磁场，转子导体切割磁力线而感应出电动势 e。用右手定则可以判定，在转子上半部分的导体中，感应电动势的方向为垂直于纸面向内 $\otimes$，下半部分导体的感应电动势方向为垂直于纸面向外 $\odot$。在感应电动势的作用下，导体中就有电流流通，若不计电动势与电流的相位差，则电流 i 与电动势 e 同方向。载流导体在磁场中将受到电磁力的作用，由左手定则可以判定电磁力 f 所形成的电磁转矩 T_{em} 使转子以转速 n 旋转，且转子的旋转方向与磁场的旋转方向相同。这就是三相异步电动机的基本工作原理。

**图 4-1　三相异步电动机
工作原理示意图**

旋转磁场的旋转速度 n_1 称为同步转速。转子转动的方向与磁场的旋转方向是一致的，如果 $n=n_1$，则磁场与转子之间就没有相对运动，它们之间就不存在电磁感应关系，也就不能在转子导体中感应电动势、产生电流和形成电磁转矩。所以，电动机的转子速度不可能等于旋转磁场转速，异步电动机由此而得名。

转子转速 n 与旋转磁场转速 n_1 之差称为转差 Δn，转差 Δn 与同步转速 n_1 之比称为转差率 s，即

$$s = \frac{n_1 - n}{n_1} \tag{4-1}$$

转差率 s 是异步电动机的一个重要参数。它对电动机的运行有着极大的影响，它的大小同样能反映转子的转速。即

$$n = n_1(1-s) \tag{4-2}$$

异步电机工作在电动状态时，其转速 n 与同步转速方向一致，但是数值小于同步转速。如果以同步转速 n_1 的方向作为正方向，则 $0<n<n_1$，可得转差率的范围为 $0<s<1$。在特殊情况下，异步电动机也可能工作在 $n>n_1(s<0)$ 和 $n<0(s>1)$ 的情况下，它们分别是回馈制动状态和反接制动状态。

对于普通异步电动机，为了使其在运行时效率较高，通常使它的额定转速略低于同步转速。故额定转差率 s_N 很小，一般在 2%～5% 之间。

4.2.2　三相异步电动机的结构

与其他旋转电动机一样,三相异步电动机主要由定子和转子两大部分组成,定子、转子之间有气隙。图 4-2 为三相笼形异步电动机的结构示意图。

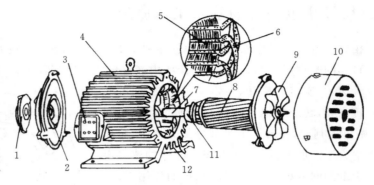

图 4-2　三相笼形异步电动机的结构示意图

1—轴承盖;2—端盖;3—接线盒;4—散热筋;5—定子铁芯;6—定子绕组;
7—转轴;8—转子;9—风扇;10—风罩;11—轴承;12—机座

1. 定子部分

1) 定子铁芯

定子铁芯是异步电动机主磁通磁路的一部分。为了减少旋转磁场在铁芯中引起的涡流损耗和磁滞损耗,定子铁芯由导磁性能较好、厚度为 0.5 mm 且冲有一定槽形的硅钢片叠压而成。对于容量较大(10 kW 以上)的异步电动机,在硅钢片两面涂以绝缘漆,作为片间绝缘层。在定子铁芯内圆上开有均匀分布的槽,槽内放置定子绕组。图 4-3 所示为定子铁芯,其中图(a)是开口槽,用于大中型容量的高压异步电动机;图(b)是半开口槽,用于中型(500 V 以下)的异步电动机;图(c)是半闭口槽,用于低压小型异步电动机。

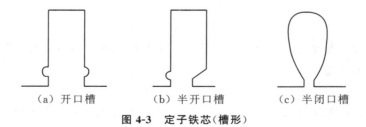

(a) 开口槽　　　　(b) 半开口槽　　　　(c) 半闭口槽

图 4-3　定子铁芯(槽形)

2) 定子绕组

定子绕组是异步电动机定子的电路部分,它由许多线圈按一定的规律连接而成,能分散嵌入半闭口槽。放入半开口槽的成型线圈用高强度漆包扁铝线/扁铜线或用玻璃丝包扁铜线绕成。开口槽中亦可放入成型线圈,其绝缘层通常采用云母带。

三相异步电动机的定子绕组是一个三相对称绕组,由三个完全相同的绕组所组成,每个绕组即一相,三个绕组在空间相差 120°电角度,每相绕组的两端分别用 U_1、U_2、V_1、V_2 和 W_1、W_2

表示,可以根据需要接成星形(Y 连接)或三角形(△连接),如图 4-4 所示。

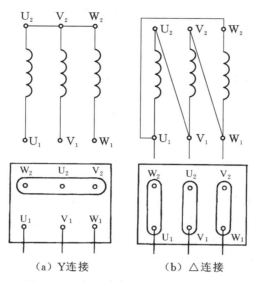

（a）Y连接　　　　（b）△连接

图 4-4　三相异步电动机的定子绕组连接

3）机座

机座的作用主要是固定与支撑定子铁芯,所以机座应当有足够的机械强度和刚度。中小型异步电动机通常采用铸铁机座,大型异步电动机一般采用钢板焊接的机座。

2. 转子部分

1）转子铁芯

转子铁芯是异步电动机主磁通磁路的一部分。转子铁芯的作用与定子铁芯相同,一方面作为电动机磁路的一部分,另一方面用来安放转子绕组。它用厚 0.5 mm 且冲有转子槽形的硅钢片叠压而成。中小型异步电动机的转子铁芯一般都直接固定在转轴上,而大型异步电动机的转子铁芯则套在转子支架上,转子支架固定在转轴上。

2）转子绕组

转子绕组的作用是产生感应电动势和转子电流,并产生电磁转矩。按其结构形式,转子绕组分为笼形和绕线形两种。下面分别说明这两种绕组的特点。

（1）笼形转子绕组。

笼形转子绕组有两种:在转子铁芯的每一个槽内插入一铜条作为导条,在铜条两端各用一铜环把所有的导条连接起来,所得结构称为铜排转子,如图 4-5（a）所示;也可用铸铝的方法,将导条、端环和风扇叶片一次铸成,所得结构称为铸铝转子,如图 4-5（b）所示。100 kW 以下的异步电动机一般采用铸铝转子。

笼形转子结构简单,制造方便,成本低,运行可靠,从而得到广泛应用。

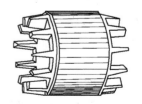

（a）铜排转子　　　　（b）铸铝转子

图 4-5　笼形转子绕组

143

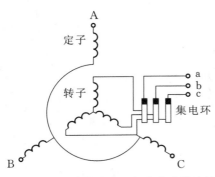

图 4-6　绕线形转子绕组与外电路的连接

（2）绕线形转子绕组。

与定子绕组一样，绕线形转子绕组也是一个对称三相绕组，一般接成星形，三根引出线分别接到转轴上的三个与转轴绝缘的集电环上，通过电刷装置与外电路相接，如图 4-6 所示。它可以把外接电阻串联到转子绕组回路中，以便改善异步电动机的启动及调速性能。为了减少电刷引起的损耗，中等容量以上的异步电动机上还装有一种电刷短路装置。

3. 其他部分及气隙

除了定子和转子外，三相异步电动机还有端盖、风扇等。端盖除了起防护作用外，还装有轴承，用以支承转子轴。风扇则用于通风冷却。

三相异步电动机的定子与转子之间的气隙，比同容量直流电动机的气隙小得多，一般为 0.2～2 mm。气隙的大小对电动机的运行性能影响很大。气隙越大，由电网供给的励磁电流也越大，则功率因数（$\cos\varphi$）越低。要提高功率因数，则气隙应尽可能地减小。但由于装配上的要求及其他原因，气隙又不能过小。

4.3　三相异步电动机的定子绕组

4.3.1　三相交流绕组的分类

三相异步电动机的定子绕组是三相交流绕组。三相交流绕组按照槽内元件边的层数，分为单层绕组和双层绕组。单层绕组按连接方式不同分为链式绕组、交叉式绕组和同心式绕组等；双层绕组则可分为双层叠绕组和双层波绕组。

单层绕组与双层绕组相比，电气性能稍差，但槽利用率高，制造工时少，因此小容量（$P_N < 10$ kW）异步电动机一般都采用单层绕组。

为了便于分析三相绕组的排列和连接，先介绍一些有关交流绕组的基本量，其中极距 τ、线圈节距 y_1 等和直流电枢绕组是一样的，此外，在交流绕组中，还需要知道下列基本量。

1. 电角度

电动机圆周在几何上分成 360°，这个角度称为机械角度。从电磁观点来看，若电动机的极对数为 p，则经过一对磁极，磁场变化一周，相当于 360°电角度。因此，电动机圆周按电角度计算为 $p \times 360°$，即

$$电角度 = p \times 机械角度$$

2. 槽距角 α

相邻两个槽之间的电角度称为槽距角 α。由于定子槽在定子内圆上均匀分布，所以当定子槽数为 Z_1、异步电动机极对数为 p 时，有

$$\alpha = \frac{p \times 360°}{Z_1} \tag{4-3}$$

3. 每极每相槽数 q

每一个极下每相所占有的槽数称为每极每相槽数 q，若绕组相数为 m_1，则

$$q = \frac{Z_1}{2m_1 p} \tag{4-4}$$

若 q 为整数，则绕组称为整数槽绕组；若 q 为分数，则绕组称为分数槽绕组。分数槽绕组一般用在大型、低速的同步电机中。

4.3.2　单层绕组

单层绕组的每个槽内只放置一个线圈边，整台电动机的线圈总数等于定子槽数的一半。单层绕组分为单层链式绕组、单层交叉式绕组和单层同心式绕组。

1. 单层链式绕组

单层链式绕组是由形状、几何尺寸和节距都相同的线圈连接而成，就整个外形来说，犹如长链，故称为链式绕组。

2. 单层交叉式绕组

单层交叉式绕组的特点是，线圈个数和节距都不相等，但同一组线圈的形状、几何尺寸和节距都相同，各线圈组的端部互相交叉。这种绕组由两个大小线圈交叉布置，故称交叉式绕组。交叉式绕组的端部连线较短，可节约大量原材料，因此广泛应用于 $q > 1$ 且为奇数的小型三相异步电动机中。

3. 单层同心式绕组

单层同心式绕组由几个几何尺寸和节距不等的线圈连成同心形状的线圈组构成。

4.3.3　双层绕组

双层绕组每个槽内有上下两个线圈边，和直流电枢绕组一样，一个线圈边在一个槽的上层，另一个线圈边放在相隔节距为 y_1 的另一个槽的下层，因此总的线圈数等于槽数。双层绕组的相带划分与单层绕组的相同，10 kW 以上的三相异步电动机一般采用双层绕组。双层绕组有叠绕组和波绕组两种，此处不赘述，读者可参阅其他有关书籍。一般三相绕组的排列和连接方法为：计算极距；计算每极每相槽数；划分相带；组成线圈组；按极性对电流方向的要求分别构成相绕组。

4.4　三相异步电动机定子绕组的电动势

三相异步电动机定子绕组接至三相电源后，在气隙内建立起旋转磁场。旋转磁场以同步转速 n_1 旋转，其幅值不变，其分布接近正弦波，就好像是一种旋转的磁极。它同时切割定子、转子绕组，从而感应出电动势。虽然在定子、转子绕组中所感应出的电动势，其频率有所不同，但两者的定量计算方法是一样的。在本节，我们将讨论正弦分布、以同步转速 n_1 旋转的旋转磁场在定子绕组中所产生的感应电动势。

和分析磁动势一样,我们先讨论一个线圈的感应电动势,进而讨论一个线圈组和一个相绕组的感应电动势。

4.4.1 线圈的感应电动势

1. 导体电动势

当磁场在空间中呈正弦分布并以恒定的转速 n_1 旋转时,导体感应的电动势亦为一正弦波,其最大值为

$$E_{clm} = B_{ml} l v$$

式中:B_{ml} 为正弦分布的气隙磁通密度的幅值;E_{clm} 为导体感应电动势的幅值;l 为导体的有效长度。

导体电动势的有效值则为

$$E_{cl} = \frac{E_{clm}}{\sqrt{2}} = \frac{B_{ml} l v}{\sqrt{2}} = \frac{B_{ml} l}{\sqrt{2}} \frac{2 p \tau}{60} n_1 = \sqrt{2} f B_{ml} l \tau \tag{4-5}$$

式中:τ 为极距;f 为电动势频率。

因为磁通密度呈正弦分布,所以每极磁通量 $\Phi_1 = \frac{2}{\pi} B_{ml} l \tau$,即

$$B_{ml} = \frac{\pi}{2} \Phi_1 \frac{1}{l \tau} \tag{4-6}$$

代入式(4-5),得

$$E_{cl} = \frac{\pi}{\sqrt{2}} f \Phi_1 = 2.22 f \Phi_1 \tag{4-7}$$

取磁通 Φ_1 的单位为 Wb,频率的单位为 Hz,则电动势 E_{cl} 的单位为 V。

2. 整距线圈的电动势

设线圈的匝数为 N_c,每匝线圈有两个有效边。对于整距线圈,如果一个有效边在 N 极下,另一个有效边在 S 极下,则此时两有效边的电动势瞬时值大小相等、方向相反。但就一个线匝来说,两个电动势串联刚好相加。若把每个有效边的电动势的正方向都规定为从上向下,则用相量图表示时,两有效边的电动势 $\dot{E}_{cl}$ 和 $\dot{E}'_{cl}$ 的方向正好相反,这样每个线匝的电动势为

$$\dot{E}_{t1} = \dot{E}_{cl} - \dot{E}'_{cl} = 2 \dot{E}_{cl} \tag{4-8}$$

其有效值为

$$E_{t1} = 2 E_{cl} = 4.44 f \Phi_1 \tag{4-9}$$

在一个线圈内,每一匝电动势在大小和相位上都是相同的,所以整距线圈的电动势为

$$\dot{E}_{y1} = N_c \dot{E}_{t1} \tag{4-10}$$

其有效值为

$$E_{y1} = 4.44 f N_c \Phi_1 \tag{4-11}$$

4.4.2 线圈组的感应电动势

若干个均匀分布的线圈组成线圈组,若干个线圈组按一定规律连成相绕组。在双层绕组中,每个极下 q 个线圈组成线圈组,而单层绕组中则由每对极下的 q 个线圈组成线圈组。虽然有些线圈组在形式上是由不同节距的线圈组成的,但实质上,由于线圈边连接次序对相电动势

（对于合成磁动势也一样）无影响，因此这些不同节距的线圈组可组成等效的等节距的线圈组。

线圈组中每个线圈的匝数相等，节距相同。由于线圈均匀分布，它们在空间上依次相差一个槽距角 α，因此旋转磁场在每个线圈中所感应的电动势大小、波形均相同，只是在时间上依次相差 α 电角度，故线圈组的总电动势应为 q 个线圈电动势的相量和，即

$$\dot{E}_{q1}=\dot{E}_{y1}\angle 0°+\dot{E}_{y1}\angle\alpha+\cdots+\dot{E}_{y1}\angle(q-1)\alpha \tag{4-12}$$

由于 q 个相量大小相等，又依次位移 α 角，所以它们依次相加便构成了一个正多边形的一部分，如图 4-7 所示（图中以 $q=3$ 为例），O 为正多边形外接圆的圆心，$\overline{OE_1}=\overline{OE_2}=R$ 为外接圆的半径，于是便可求得线圈组的电动势 E_{q1} 为

$$E_{q1}=\overline{E_1 E_2}=2R\sin\frac{q\alpha}{2} \tag{4-13}$$

而

$$R=\overline{OE_1}=\frac{E_{y1}}{2\sin\dfrac{\alpha}{2}} \tag{4-14}$$

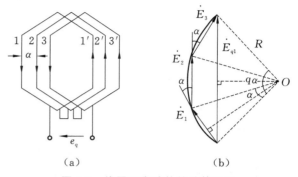

图 4-7　线圈组电动势的计算示例

所以

$$E_{q1}=E_{y1}\frac{\sin\dfrac{q\alpha}{2}}{\sin\dfrac{\alpha}{2}}=qE_{y1}\frac{\sin\dfrac{q\alpha}{2}}{q\sin\dfrac{\alpha}{2}}=qE_{y1}K_{q1} \tag{4-15}$$

式中：E_{q1} 为分布系数；$K_{q1}=\dfrac{\sin\dfrac{q\alpha}{2}}{q\sin\dfrac{\alpha}{2}}$。

由式（4-15）得

$$K_{q1}=\frac{E_{q1}}{qE_{y1}}=\frac{q\text{ 个线圈分布后的合成电动势}}{q\text{ 个线圈集中时的合成电动势}}$$

4.4.3　相电动势

相电动势即相绕组电动势，等于每一条并联支路的电动势。一般情况下，每条支路中所串联的几个线圈组的电动势都是大小相等、相位相同的，因此，其直接相加可得相电动势。对于双层绕组，每条支路由 $\dfrac{2p}{a}$ 个线圈组串联而成，对于单层绕组，每条支路由 $\dfrac{p}{a}$ 个线圈组串联而成，所以每相绕组电动势为

对于双层绕组：

$$E_{q1}=4.44fqN_c\frac{2p}{a}\Phi_1 K_{w1} \tag{4-16}$$

式中：$K_{w1}=K_{y1}K_{q1}$ 称为交流绕组的基波分布系数。

对于单层绕组：

$$E_{q1} = 4.44 f q N_c \frac{p}{a} \Phi_1 K_{w1} \tag{4-17}$$

式（4-16）和式（4-17）中，$q N_c \frac{2p}{a}$ 和 $q N_c \frac{p}{a}$ 分别表示双层绕组和单层绕组每条支路的串联匝数 N，这样就可得到绕组相电动势的一般计算式，为

$$E_{q1} = 4.44 f N \Phi_1 K_{w1} \tag{4-18}$$

式中：N 为每相绕组的串联匝数。

4.4.4　短距系数与分布系数

由上述分析可见，短距系数 K_{y1} 和分布系数 K_{q1} 都小于 1，因此短距分布绕组电动势将小于整距集中绕组电动势。虽然基波电动势减小了，但短距分布绕组电动势的波形却更接近于正弦波。因为实际上气隙磁通密度在空间中的分布不可能完全按照正弦规律，即气隙磁场除了基波外，还存在着一系列高次谐波，这样在绕组中除了感应有基波电动势外，同时也感应有高次谐波电动势。高次谐波电动势对相电动势大小的影响一般不太大，主要是影响它的波形，而采用短距绕组可以消除一部分高次谐波电动势。采用短距绕组消除 5 次谐波电动势时，5 次谐波磁场在线圈两个有效边中感应的电动势大小相等、方向相反，沿线圈回路，两个电动势正好相加。

一般谐波磁场都是奇次谐波，即 $\frac{m-1}{2}$ = 整数，所以 $K_{yn} = 0$。对于三相绕组，不论采用星形连接还是采用三角形连接，线电压都不存在 3 次或 3 的倍数次谐波。因此在选择线圈节距时，主要考虑削弱 5 次和 7 次谐波电动势，通常采用 $y_1 = \frac{5}{6} \tau$，这时 5 次和 7 次谐波电动势均被削弱。至于更高次的谐波电动势，由于幅值很小，其影响也很小。

因为单层绕组都是整距绕组，因此从电动势波形的角度来看，单层绕组的性能要比双层短距绕组的性能差一些。

4.5　三相异步电动机的空载运行

三相异步电动机的工作原理和变压器的相似，即通过电磁感应而工作，定子、转子电路之间没有直接的电的关系。三相异步电动机的定子绕组相当于变压器的一次绕组，转子绕组相当于变压器的二次绕组，因此对三相异步电动机的运行分析，可以参照对变压器的分析方法进行。

4.5.1　空载电流和空载磁动势

当电动机空载、定子三相绕组接到对称的三相电源时，在定子绕组中流过的电流称为空载电流 I_0，其大小为额定电流的 20%～50%。三相异步电动机的空载电流比变压器的空载励磁电流大，这是因为三相异步电动机的磁路中存在气隙。由于电动机空载，电动机轴上没有任何

机械负荷,所以电动机的空载转速将非常接近于同步转速 n_1,在理想空载的情况下,可以认为 $n=n_1$,即转差率 $s=0$,因而转子导体中的电动势 $E_2=0$,转子导体中的电流 $I_2=0$。所以空载时电动机气隙磁场完全由定子空载磁动势 F_0 所产生。空载时的定子磁动势 F_0 即为励磁磁动势,空载时的定子电流 I_0 即为励磁电流。

励磁磁动势产生的磁通绝大部分同时与定、转子绕组相交链,称为主磁通,用 Φ_m 表示。主磁通参与能量转换,在电动机中产生有用的电磁转矩。主磁通的磁路由定子、转子铁芯和气隙组成,它受磁路饱和效应的影响,为一非线性磁路。此外,还有一小部分磁通仅与定子绕组相交链,称为定子漏磁通。漏磁通不参与能量转换,并且主要通过空气闭合,受磁路饱和效应的影响较小,在一定条件下,漏磁通的磁路可以看作一线性磁路。

4.5.2　空载时定子电压平衡关系

设定子绕组上每相所加的端电压为 $\dot{U}_1$,相电流为 $\dot{I}_0$,主磁通在定子绕组中感应的每相电动势为 $\dot{E}_1$,定子漏磁通在每相绕组中感应的电动势为 $\dot{E}_{\sigma 1}$,相电流为 $\dot{I}_1$,定子绕组的每相电阻为 r_1,类似于变压器空载时的一次侧,根据基尔霍夫电流定律,可以列出电动机空载时每相的定子电压平衡方程:

$$\dot{U}_1=-\dot{E}_1-\dot{E}_{\sigma 1}+\dot{I}_0 r_1 \tag{4-19}$$

与变压器的分析方法相似,可写出

$$\dot{E}_1=-\dot{I}_0(r_m+jX_m)=-\dot{I}_0 Z_m \tag{4-20}$$

式中:Z_m 为励磁阻抗,$Z_m=r_m+jX_m$;r_m 为励磁电阻,是反映铁耗的等效电阻;X_m 为励磁电抗,与主磁通 Φ_m 相对应。

$$\dot{E}_{1\sigma}=-jX_{1\sigma}\dot{I}_1$$

式中:X_1 为定子漏电抗,与漏磁通 $\Phi_{\sigma 1}$ 相对应。

4.6　三相异步电动机的负载运行

负载运行时,三相异步电动机将以低于同步转速 n_1 的速度 n 旋转,其转向仍与气隙旋转磁场的转向相同。因此,气隙磁场与转子的相对转速为 $\Delta n=n_1-n=sn_1$,Δn 也就是气隙旋转磁场切割转子绕组的速度,于是在转子绕组中感应出电动势,产生电流,其频率为

$$f_2=\frac{p\Delta n}{60}=s\frac{pn_1}{60}=sf_1 \tag{4-21}$$

对异步电动机,一般 $s=0.02\sim0.06$,当 $f_1=50$ Hz 时,f_2 仅为 1～3 Hz。三相异步电动机负载运行时,除了定子电流 $\dot{I}_1$ 产生一个定子磁动势 F_1 外,转子电流 $\dot{I}_2$ 还产生一个转子磁动势,而总的气隙磁动势则是由 F_1 和 F_2 合成的。下面对转子磁动势 F_2 加以说明。

4.6.1　转子磁动势的分析

不论是绕线形异步电动机还是笼形异步电动机,其转子绕组都是对称的。对绕线形异步电动机而言,转子的极对数可以通过转子绕组的连接法做到与定子的一样;而对于笼形异步电

动机,转子导条中的电动势和电流由气隙磁场感应而产生,因此转子导条中电流分布所形成的磁极数必然等于气隙磁场的极数。由于气隙磁场的极数取决于定子绕组的极数,所以笼形异步电动机转子的极数与定子绕组的极数相等,而与转子导条的数目无关。实际上,对任何电动机,其定子、转子极数相等都是产生恒定平均电磁转矩的必要条件。

因为转子绕组是对称的多相绕组,转子绕组中的电流也是一个对称的多相电流,那么由此而产生的转子磁动势 F_2 也必然是一个旋转磁动势。若不计谐波磁动势,则转子磁动势的幅值为

$$F_2 = 0.45 \frac{m_2 N_2 K_{w2}}{p} I_2 \tag{4-22}$$

式中:m_2 为转子绕组的相数;N_2 为转子绕组的每相串联匝数;K_{w2} 为转子绕组的基波绕组系数。

1. 转子磁动势的旋转方向

转子电流的频率为 sf_1,转子绕组的极对数 $p_2 = p_1$,转子磁动势相对转子的旋转速度为 $n_2 = \frac{60f_2}{p_2} = s\frac{60f_1}{p_1} = sn_1$。若定子旋转磁场的转向为顺时针方向,因为 $n < n_1$,则转子感应电动势或电流的相序也必然按顺时针方向排列。由于合成磁动势的转向取决于绕组中电流的相序,所以转子磁动势 F_2 的转向与定子磁动势 F_1 的转向相同,也为顺时针方向。

2. 转子磁动势的旋转速度

转子磁动势 F_2 在空间中的(即相对于定子的)旋转速度为

$$n_2 + n = sn_1 + n = n \tag{4-23}$$

即转子磁动势 F_2 的旋转速度等于定子磁动势 F_1 在空间中的旋转速度。

式(4-23)是在任意转速下得出的,这说明无论三相异步电动机的转速如何变化,定子磁动势 F_1 和转子磁动势 F_2 总是相对静止的。而定子、转子磁动势相对静止是一切旋转电动机能够正常运行的必要条件,因为只有这样,电动机才能产生恒定的平均电磁转矩,从而实现机电能量的转换。

4.6.2 磁动势平衡方程

由于定子磁动势 F_1 和转子磁动势 F_2 在空间中相对静止,因此它们可以合并为一个合成磁动势 F_m,称为励磁磁动势。所以,异步电动机负载时,在气隙内产生旋转磁场的是定子、转子的合成磁动势,即

$$\dot{F}_1 + \dot{F}_2 = \dot{F}_m \rightarrow \dot{B}_m (\dot{\Phi}_m) \tag{4-24}$$

而空载时,有

$$\dot{F}_{10} = \dot{F}_0 \rightarrow \dot{B}_{m0} (\dot{\Phi}_{m0}) \tag{4-25}$$

式(4-24)就称为异步电动机的磁动势平衡方程,它也可以写成

$$\dot{F}_1 = -\dot{F}_2 + \dot{F}_m \tag{4-26}$$

4.6.3 电动势平衡方程

三相异步电动机负载时,定子电流为 $\dot{I}_1$,可列出负载时定子的电动势平衡方程:

$$\dot{U}_1 = -\dot{E}_1 + \dot{I}_1 (r_1 + jX_1) = -\dot{E}_1 + \dot{I}_1 Z_1 \tag{4-27}$$

$$E_1 = 4.44 f_1 N_1 K_{w1} \Phi_m \tag{4-28}$$

负载时转子电动势 E_{2s} 的频率为 $f_2 = sf_1$,大小为

$$E_{2s} = 4.44 f_2 N_2 K_{w2} \Phi_m \qquad (4\text{-}29)$$

因为异步电动机的转子电路自成闭路,端电压 $U_2 = 0$,所以转子的电动势平衡方程为

$$\dot{E}_{2s} - \dot{I}_2 (r_2 + jX_{2s}) = 0 \qquad (4\text{-}30)$$

即

$$\dot{E}_{2s} - \dot{I}_2 Z_2 = 0 \qquad (4\text{-}31)$$

式中:$\dot{I}_2$ 为转子每相电流;r_2 为转子每相电阻,对绕线形转子而言每相电阻包括外加电阻;X_{2s} 为转子每相漏电抗;Z_2 为转子每相漏阻抗。

转子电流的有效值为

$$I_2 = \frac{E_{2s}}{\sqrt{r_2^2 + X_{2s}^2}} \qquad (4\text{-}32)$$

4.7 三相异步电动机的等值电路

通过运行分析,我们得出了定子、转子电动势及电流的基本关系,但由于定子和转子的频率、相数、匝数不同,这些方程不利于分析和计算。如果将电磁关系用等值电路表示出来,就可使运算大为简化。要得出异步电动机的等值电路,需进行频率折算和绕组折算。

4.7.1 频率折算

图 4-8(a)为转子旋转时异步电动机的定子、转子原理示意图。频率折算实质上是用静止的转子代替实际转动的转子。转子静止时,$n = 0$,$s = 1$,这时 $f_2 = f_1$,即气隙磁场切割转子的速度为同步转速,因此在转子中感应的电动势 $\dot{E}_2$ 的频率为 f_1,该感应电动势的大小为

$$E_2 = 4.44 f_1 N_2 K_{w2} \Phi_m \qquad (4\text{-}33)$$

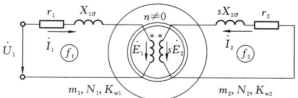

(a) 旋转时异步电动机的定子、转子原理示意图

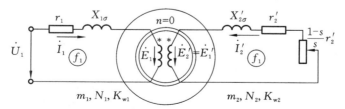

(b) 频率折算后异步电动机的定子、转子原理示意图

图 4-8 异步电动机的定子、转子原理示意图

因为转子转动时,转子电动势为

$$E_{2s} = 4.44f_2 N_2 K_{w2} \Phi_m = 4.44sf_1 N_2 K_{w2} \Phi_m \qquad (4-34)$$

所以

$$E_{2s} = sE_2 \qquad (4-35)$$

4.7.2 绕组折算

经过频率折算之后,由图 4-8(b)所示电路可知,定子、转子频率不同的问题虽解决了,但还不能把定子、转子电路连接起来,因为两个电路的电动势还不相等,即 $E_1 \neq E_2$,电动机两端不是等电位点,所以还要像变压器那样经过绕组折算才可得等值电路。

和变压器的绕组折算一样,异步电动机的绕组折算就是把实际相数为 m_2、每相匝数为 N_2、绕组系数为 K_{w2} 的转子绕组折算成与定子绕组完全相同的一个等效绕组。折算后转子各量称为折算量,在原本的各量右上方加上符号"′"表示。

若折算后的转子电流为 $\dot{I}_2'$,因要保持折算前后转子磁动势不变,所以

$$0.45 \frac{m_1 N_1 K_{w1}}{p} \dot{I}_2' = 0.45 \frac{m_2 N_2 K_{w2}}{p} \dot{I}_2 \qquad (4-36)$$

即

$$\dot{I}_2' = \frac{m_2 N_2 K_{w2}}{m_1 N_1 K_{w1}} \dot{I}_2 = \frac{1}{K_i} \dot{I}_2 \qquad (4-37)$$

式中: K_i 为电流变比, $K_i = \dfrac{m_1 N_1 K_{w1}}{m_2 N_2 K_{w2}}$ 。

4.7.3 异步电动机的等值电路

1. 基本方程组

经过两次折算后,异步电动机的基本方程组为

$$\left.\begin{array}{l} \dot{U}_1 = -\dot{E}_1 + \dot{I}_1(r_1 + jX_{\sigma1}) \\[4pt] \dot{E}_1 = -\dot{I}_0(R_m + jX_m) \\[4pt] \dot{E}_1 = \dot{E}_2' \\[4pt] \dot{E}_2' = \dot{I}_2'\left(\dfrac{r_2'}{s} + jX_{\sigma2}'\right) \\[4pt] \dot{I}_1 + \dot{I}_2' = \dot{I}_0 \end{array}\right\} \qquad (4-38)$$

2. 等值电路

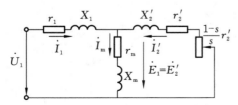

图 4-9 异步电动机的 T 形等值电路

根据基本方程组,仿照变压器的分析方法,可以画出异步电动机的 T 形等值电路,如图 4-9 所示。

1) 异步电动机的空载运行

异步电动机空载运行时,转子转速与同步转速非常接近,因此转差率 $s \approx 0$,T 形等值电路中代

表机械负载的附加电阻 $\dfrac{1-s}{s}r_2' \to \infty$,转子电路相当于开路。这时定子电路中的电流 $\dot{I}_m$ 滞后于外加电压 $\dot{U}_1$ 的相位差接近 $90°$,所以异步电动机空载运行时,功率因数是滞后的,而且很低。

2) 异步电动机在额定负载下运行

异步电动机带有额定负载时,转差率 s_N 大约为 5%,这时折算过的转子电路中的总电阻 $\dfrac{r_2'}{s}$ 为折算过的转子电阻 r_2' 的 20 倍左右,这使折算过的转子电路基本上成为电阻性的,所以转子电路的功率因数较高。

4.8　三相异步电动机的功率和电磁转矩

三相异步电动机的机电能量转换过程与直流电动机的相似,其关键在于作为耦合介质的磁场对电系统和机械系统的作用与反作用。在直流电动机中,这种磁场由定子、转子双边的电流共同励磁,而异步电动机的耦合介质磁场仅由定子一边的电流来建立。这种特殊性表现为直流电动机的气隙磁场随负载的变化而变化,由此产生电枢反应问题;而异步电动机的气隙磁场基本上与负载无关,故无电枢反应可言。尽管如此,异步电动机由定子绕组输入电功率,从转子轴输出机械功率的总过程和直流电动机还是一样的,不过在异步电动机中电磁功率却在定子绕组中产生,然后经由气隙送给转子,扣除一些损耗以后,在轴上输出。在机电能量转换过程中,不可避免地要产生一些损耗,其种类和性质也和直流电动机中的损耗相似,这里不再分析。下面仅就功率转换过程加以说明,然后导出功率平衡方程和相应的转矩平衡方程。

4.8.1　功率转换过程和功率平衡方程

异步电动机在负载时,由电源供给的、从定子绕组输入电动机的功率为 P_1,其中有一部分消耗在定子绕组电阻 r_1、r_m 上,称为定子铜耗 P_{Cu1} 和定子铁耗 P_{Fe1}。由于异步电动机正常运行时,转子额定频率很低,f_2 仅为 $1\sim 3$ Hz,转子铁耗很小,所以定子铁耗实际上也就是整个电动机的铁耗,$P_{Fe}=P_{Fe1}$。输入的电功率扣除了这部分损耗后,余下的部分便由气隙旋转磁场通过电磁感应传递到转子,这部分功率称为电磁功率 P_{em}。

$$P_{em}=P_1-P_{Fe}-P_{Cu1} \tag{4-39}$$

$$P_{\Omega}=P_{em}-P_{Cu2} \tag{4-40}$$

式中:P_{Ω} 表示总机械功率。

总机械功率减去机械损耗 P_m 和附加损耗 P_s 后,才是转子轴上端输出的机械功率 P_2:

$$P_2=P_{\Omega}-P_m-P_s \tag{4-41}$$

由式(4-39)~式(4-41),便可得出三相异步电动机的功率平衡方程:

$$\left.\begin{array}{l} P_1=P_{em}+P_{Cu1}+P_{Fe} \\ P_{em}=P_{\Omega}+P_{Cu2} \\ P_{\Omega}=P_2+P_m+P_s \end{array}\right\} \tag{4-42}$$

4.8.2 转矩平衡方程

当三相异步电动机稳定运行时,电磁转矩等于整个阻转矩。阻转矩又包括空载制动转矩 T_0 和负载的反作用转矩 T_2,即

$$T_{em} = T_0 + T_2 \tag{4-43}$$

式(4-43)就是稳态运行时,三相异步电动机的转矩平衡方程。此式也可从式(4-41)求得,只要在等式两边同时除以转子的机械角速度 Ω 即可,则

电磁转矩:

$$T_{em} = \frac{P_\Omega}{\Omega} \tag{4-44}$$

负载转矩:

$$T_2 = \frac{P_2}{\Omega} \tag{4-45}$$

空载转矩:

$$T_0 = \frac{P_\Omega + P_s}{\Omega} \tag{4-46}$$

将式(4-40)代入式(4-44),得

$$T_{em} = \frac{P_\Omega}{\Omega} = \frac{(1-s)P_{em}}{\Omega} = \frac{P_{em}}{\dfrac{\Omega}{1-s}} = \frac{P_{em}}{\Omega_1} \tag{4-47}$$

式中:$\Omega_1 = \dfrac{\Omega}{1-s}$ 为旋转磁场的旋转角速度,即同步角速度。

4.9 三相异步电动机的工作特性

三相异步电动机的工作特性是指在额定电压、额定频率下,电动机的转速 n、定子电流 I_1、功率因数 $\cos\varphi_1$、电磁转矩 T_{em}、效率 η 与输出功率 P_2 的关系。

4.9.1 转速特性

电动机的转速 n 与输出功率 P_2 的关系 $n = f(P_2)$ 为三相异步电动机的转速特性。
因为

$$P_{Cu2} = sP_{em} \tag{4-48}$$

所以

$$s = \frac{P_{Cu2}}{P_{em}} = \frac{m_1 I_2'^2 r_2'}{m_1 E_2' I_2' \cos\varphi_2} \tag{4-49}$$

理想空载时,$I_2 = 0$,$s = 0$,故 $n = n_1$。随着负载的增加,转子电流 I_2 增大,P_{Cu2} 和 P_{em} 也随之增大。因为 P_{Cu2} 与 I_2' 的平方成正比,而 P_{em} 则近似地与 I_2' 成正比,因此,随着负载的增大,s 增大,转速 n 降低。为了保证电动机有较高的效率,一般在额定负载时转差率 $s_N = 0.02 \sim$

0.06，相应的额定负载时的转速 $n_N = (1 - s_N)n_1 = (0.98 \sim 0.94)n_1$，与同步速度十分接近。由此可见，三相异步电动机的转速特性曲线 $n = f(P_2)$ 是一条略微下降、倾斜的曲线，与并励直流电动机的转速调整特性曲线相似。

4.9.2　定子电流特性

电动机的定子电流 I_1 与输出功率 P_2 的关系 $I_1 = f(P_2)$ 称为三相异步电动机的定子电流特性。根据磁动势平衡方程 $\dot{I}_1 = \dot{I}_0 + (-\dot{I}_2')$，理想空载时，$\dot{I}_2' = 0$，所以 $\dot{I}_1 = \dot{I}_0$。随着负载的增加，转子转速下降，转子电流增大，于是定子电流及磁动势也跟着增大，以抵消转子电流产生的磁动势，保持磁动势的平衡，所以 I_1 随 P_2 的增大而增大。

4.9.3　功率因数特性

电动机的功率因数 $\cos\varphi_1$ 与输出功率 P_2 的关系 $\cos\varphi_1 = f(P_2)$ 称为三相异步电动机的功率因数特性。三相异步电动机是从电网吸取滞后的无功电流进行励磁的。空载时，定子电流基本上是励磁电流，功率因数很低，仅为 $0.1 \sim 0.2$；随着负载的增加，定子电流的有功分量增加，功率因数逐渐上升，在额定负载附近，功率因数达最大值；超过额定负载后，由于转速降低，转差率增大，转子功率因数下降较多，使定子电流中与之平衡的无功分量也增大，功率因数反而有所下降。对小型异步电动机，额定功率因数在 $0.76 \sim 0.90$ 范围内。因此，电动机长期处于轻载或空载运行是很不经济的。

4.9.4　电磁转矩特性

电动机的电磁转矩 T_{em} 与输出功率 P_2 的关系 $T_{em} = f(P_2)$ 称为三相异步电动机的电磁转矩特性。因负载转矩 $T_2 = \dfrac{P_2}{\Omega}$，考虑到异步电动机从空载到满载的过程中机械角速度 Ω 变化不大，可以认为 T_2 与 P_2 成正比，所以 $T_2 = f(P_2)$ 近似为一直线。而 $T_{em} = T_2 + T_0$，因 T_0 近似不变，所以 $T_{em} = f(P_2)$ 也是一直线，且其斜率为 $\dfrac{1}{\Omega}$。

4.9.5　效率特性

电动机的效率 η 与输出功率 P_2 的关系 $\eta = f(P_2)$ 为三相异步电动机的效率特性。根据效率的定义，三相异步电动机的效率为

$$\eta = \frac{P_2}{P_1} = \frac{P_1 - \sum P}{P_1} = \frac{P_2}{P_2 + \sum P} \tag{4-50}$$

与直流电动机相似，异步电动机中的损耗也可分为不变损耗 P_{Fe}、P_Ω 和可变损耗 P_{Cu1}、P_{Cu2}、P_s 两部分。当输出功率 P_2 增加时，可变损耗增加较慢，所以效率上升很快；当可变损耗等于不变损耗时，异步电动机的效率达到最大值；随着负载继续增加，可变损耗增加很快，异步电动机的效率则随之降低。对于中小型异步电动机，最大效率大约出现在额定负载时；同时，电动机容量愈大，其效率就愈高。

4.10 三相异步电动机的参数测定

三相异步电动机有两种参数,一种是表示空载状态的励磁参数,即 r_m、X_m;另一种是表示短路状态的短路参数,即 r_1、r_2'、X_1、X_2'。前者取决于电动机主磁路的饱和程度,所以是一种非线性参数;后者基本上与电动机的饱和程度无关,是一种线性参数。励磁参数、短路参数可分别通过空载试验和短路试验测定。

4.10.1 空载试验与励磁参数的测定

1. 空载试验

异步电动机空载运行,是指在额定电压和额定频率下,轴上不带任何负载地运行。空载试

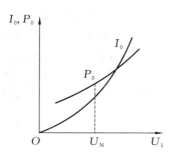

图 4-10 三相异步电动机的空载特性曲线

验在电动机空载时进行,定子绕组上施加频率为额定值的对称三相电压,电动机运转一段时间(30 min)使其机械损耗达到稳定值,然后调节电源电压,调节方法是从 $1.10\sim1.30$ 倍额定电压值开始,逐渐降低到可能达到的最低电压值,测量 $7\sim9$ 个点,每次记录端电压 U_1、空载电流 I_0、空载功率 P_0 和转速 n。根据记录的数据,绘制电动机的空载特性曲线 $I_0=f(U_1)$ 和 $P_0=f(U_1)$,如图 4-10 所示。

2. 励磁参数与铁耗及机械损耗的确定

由三相异步电动机的空载特性可确定其等值电路中的励磁参数、铁耗和机械损耗。

1)机械损耗和铁耗的分离

异步电动机空载时,$s\approx0$,$I_2\approx0$,此时输入电动机的功率用来补偿定子铜耗 P_{Cu1}、铁耗 P_{Fe} 和机械损耗 P_Ω,即

$$P_{10}\approx P_{Cu1}+P_{Fe}+P_\Omega=m_1I_0^2r_1+P_{Fe}+P_\Omega \tag{4-51}$$

在空载损耗中,定子铜耗和铁耗与电压大小有关,而机械损耗仅与转速有关。从空载功率中扣除定子铜耗以后,得铁耗与机械损耗之和,即

$$P_{10}-m_1I_0^2r_1\approx P_{Fe}+P_\Omega=P_0' \tag{4-52}$$

由于铁耗可认为与磁通密度的平方成正比,即与端电压的平方成正比,故须绘制铁耗与机械损耗之和与端电压的平方的关系曲线,即 $P_0'=f(U_1^2)$,如图 4-11 所示。将曲线延长使其与横轴相交于 $U_1=0$ 处,得交点 O',过 O' 作一水平虚线将曲线的纵坐标分为上下两部分,由于机械损耗仅与电动机的转速有关,而在空载状态下,电动机的转速 $n\approx n_1$,则机械损耗可认为是常数。所以虚线下部纵坐标表示与电压大小

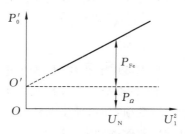

图 4-11 机械损耗和铁耗与端电压的平方的关系曲线

无关的机械损耗,虚线上部纵坐标表示对应于 U_1 的铁耗。

2）励磁参数的确定

空载时,转差率 $s \approx 0$,则 T 形等值电路中的附加电阻 $\frac{1-s}{s}r_2' \to \infty$,等值电路呈现短路状态。根据电路计算,可得励磁参数如下:

$$X_m + X_1 = X_0 \approx \frac{U_1}{I_0} \tag{4-53}$$

4.10.2　短路试验与短路参数的测定

1. 短路试验

就异步电动机而言,短路是指 T 形等值电路中无附加电阻的状态。在这种情况下,$s=1$,$n=0$,即电动机在外加电压下处于静止状态,因此短路试验必须在电动机堵转情况下进行,故短路试验亦称堵转试验。为了使短路试验时电动机的短路电流不致过大,可降低电源电压,电压值一般从 $U_1 = 0.4U_N$ 开始,然后逐渐降低。为了避免定子绕组过热,试验应尽快进行。测量 5~7 个点,每次记录端电压、定子短路电流和短路功率,并测量定子绕组的电阻。根据记录的数据,绘制电动机的短路特性曲线 $I_k = f(U_k)$ 和 $P_k = f(U_k)$,如图 4-12 所示。

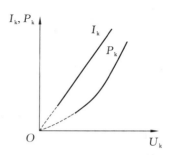

图 4-12　异步电动机的短路特性曲线

2. 短路参数的确定

电动机堵转时,$s=1$ 代表总机械功率的附加电阻 $\frac{1-s}{s}r_2' = 0$,可以认为励磁支路开路,则 $I_m \approx 0$,铁耗可忽略不计。此时输出功率和机械损耗为零,全部输入功率都用于补偿定子铜耗与转子铜耗。因为 $I_m \approx 0$,故可认为 $I_2' \approx I_1 = I_k$,则

$$P_k \approx m_1 I_1^2 r_1 + m_1 I_2'^2 r_2' = m_1 I_k^2 (r_1 + r_2') = m_1 I_k^2 r_k \tag{4-54}$$

根据短路试验数据,可求出短路阻抗 Z_k、短路电阻 r_k 和短路电抗 X_k,即

$$\left. \begin{array}{l} Z_k = \dfrac{U_k}{I_k} \\[2mm] r_k = r_1 + r_2' = \dfrac{P_k}{m_1 I_k^2} \\[2mm] X_k = X_1 + X_2' = \sqrt{Z_k^2 - r_k^2} \end{array} \right\} \tag{4-55}$$

式中:定子电阻 r_1 可直接测得;用 r_k 减去 r_1 即得 r_2'。对于大、中型异步电动机,可认为 $X_1 = X_2' = \frac{1}{2}X_k$;对于 100 kW 以下的小型异步电动机,有

$$\left. \begin{array}{l} 2p \leqslant 6 \text{ 时}, X_2' = 0.67X_k \\[2mm] 2p \geqslant 8 \text{ 时}, X_2' = 0.57X_k \end{array} \right\} \tag{4-56}$$

必须指出,短路参数受磁路饱和的影响,其数值随电流数值的不同而不同,因此,根据计算目的的不同,应该选取不同的短路电流进行计算,如求最大转矩时,应取 $I_k = (2\sim3)I_N$ 时的短路参数进行计算。

本章小结

三相异步电动机定子绕组接入三相交流电源电压,在定子、转子气隙中产生旋转磁场,该旋转磁场切割转子产生感应电动势,因转子是闭合的,导体中就有电流流通,电流与磁场作用产生电磁力及电磁转矩,从而使转子沿旋转磁场方向转动。转动时转子的转速与旋转磁场的转速不等,因而称其为异步电动机。转差率是三相异步电动机的一个重要参数,s 在 0.02~0.06 之间。

三相异步电动机的结构较直流电动机的结构简单。其静止部分称为定子,其转动部分称为转子,定子和转子均由铁芯和绕组组成。转子有两种结构形式,一种是笼形,另一种是绕线形。笼形转子是旋转电动机的转子中结构最为简单的类型。

定子绕组是三相异步电动机的主要电路。三相异步电动机从电源获得电功率以后,就在定子绕组中以电磁感应的方式将其传递到转子,再由转子输出机械功率。定子绕组也可以认为是三相异步电动机的"心脏"。因此,我们需要知晓电动机绕组的构成原则、定子绕组磁动势及感应电动势的性质。

三相绕组的构成原则:每相所占槽数相同,在空间互差 120°电角度;一相的相邻相带的电流方向相反。只要保持槽分配及电流方向不变,不论各导体端部怎样连接,产生的磁场都是相同的。

绕组有单层绕组和双层绕组之分,单层绕组又分为同心式绕组、链式绕组和交叉式绕组等,双层绕组又分为叠绕组和波绕组。

电动机负载运行时,机械负载以阻转矩形式作用于电动机轴,随负载的增加,转速降低,转子电流增加,通过磁耦合,定子电流也增大。电动机中存在着功率、转矩、电动势及磁动势的平衡关系。

等值电路是分析三相异步电动机的有效工具,可通过与分析变压器一样的"折算"方法得到。通过折算,将转动的转子折算成静止的转子,即进行频率折算,再把转子绕组的参数折算成与定子绕组的相数、匝数、绕组系数相同的参数,即进行绕组折算。三相异步电动机折算后的方程组与变压器的方程组基本相同,其 T 形等值电路与变压器的 T 形等值电路也相似。等值电路中出现附加电阻,应深刻理解它是机械负载的模拟电阻,与转差率 s 有关。三相异步电动机等值电路的参数可以通过空载试验与短路试验确定。

 习题

4-1 交流电机主要分为( )和( )两大类。

4-2　同步转速 n_1 与所接电网的频率 f_1 之间存在着严格不变的关系,即(　　)。

4-3　交流异步电动机的用电量约为总用电量的(　　)。

4-4　三相异步电动机旋转磁场的旋转速度称为(　　)。

4-5　三相异步电动机转子转动的方向与磁场的旋转方向(　　)。

4-6　三相异步电动机的旋转磁场与转子之间(　　)相对运动。

4-7　对于普通异步电动机,为了使其在运行时效率高,通常使它的额定转速略低于同步转速,故其额定转差率很小,一般在(　　)之间。

4-8　中国工业交流电标准频率为(　　)。

4-9　某些国家的工业交流电标准频率为 60 Hz,这种频率下三相异步电动机在 $p=1$ 时的同步转速是(　　)。

4-10　在中国工业交流电标准频率下,三相异步电动机在 $p=1$ 时的同步转速是(　　)。

4-11　三相异步电动机转子绕组的作用是产生(　　),流过电流并产生电磁转矩。

4-12　三相异步电动机旋转磁场是传递能量的(　　)。

4-13　若三相异步电动机的极对数为 p,则电动机运转一周的电角度为(　　)。

4-14　三相异步电动机主磁通参与能量转换,在电动机中产生(　　)。

4-15　三相异步电动机漏磁通(　　)能量转换。

4-16　在三相异步电动机励磁磁动势产生的磁通中,有一小部分磁通仅与定子绕组相交链,通过空气闭合,称为(　　)。

4-17　一台 6 极三相异步电动机接于 50 Hz 的三相对称电源,$s=0.05$,则此时转子转速为(　　)。

4-18　一台 6 极三相异步电动机接于 50 Hz 的三相对称电源,$s=0.05$,则定子旋转磁动势相对于转子的转速为(　　)。

 思考题

4-1　三相异步电动机的转子转动方向与旋转磁场的旋转方向是否一致?三相异步电动机的旋转磁场与转子之间是否存在相对运动?为什么?

4-2　当三相异步电动机运行时,定子、转子电动势的频率分别是多少?由定子电流产生的旋转磁动势以什么速度切割定子,又以什么速度切割转子?由转子电流产生的旋转磁动势以什么速度切割转子,又以什么速度切割定子?转子旋转磁动势与定子旋转磁动势的相对速度是多少?

4-3　简述感应电动势的产生原理及过程和转子的旋转原理及过程。

4-4　试简述三相异步电动机产生电磁转矩的必要条件。

第5章　三相异步电动机的电力拖动

本章专注于三相异步电动机在电力拖动系统中的应用,详细介绍了电动机的启动、调速和制动技术。首先,本章探讨了三相笼形和绕线形异步电动机的多种启动方法,包括直接启动、降压启动、软启动,以及针对高启动性能需求的特殊电动机设计。随后,本章详细讲解了三相异步电动机调速的几种常用方法,如变极调速、变频调速和改变转差率调速,以及应用综合矢量控制技术的高性能交流调速系统。此外,本章还讨论了电动机的制动方式,包括回馈制动、反接制动和能耗制动,以及在交流电力拖动系统中实现四象限运行的技术,旨在使读者全面理解电动机的控制和优化。

◎ 知识目标

(1) 了解拖动系统电动机的选择;
(2) 理解三相异步电动机的机械特性;
(3) 掌握三相异步电动机的启动方法;
(4) 掌握三相异步电动机的调速特性、方法;
(5) 掌握三相异步电动机的电气制动原理、方法。

◎ 能力目标

(1) 能够掌握三相异步电动机启动、调速、制动的实现方法;
(2) 能够分析简单电力拖动系统的设计、折算和运行状态等;
(3) 能够实施笼形交流电动机直接启动试验、星形/三角形启动试验,绕线形交流电动机串可变电阻器的启动和调速试验。

◎ 素质目标

引入典型工程案例,提炼科学问题,使学生了解整个学科发展的基础、学科知识的应用以及技术发展的前沿及瓶颈,激发学生热爱科学的精神,培养未来工程师与科研学者应具有的科学素养、责任意识和职业规范。

5.1　三相异步电动机的启动

生产机械对三相异步电动机启动性能的要求主要包括:
(1) 启动转矩大,确保生产机械正常启动;
(2) 启动电流小,以避免因启动造成对电网的冲击;

（3）启动时间尽量短；

（4）启动设备简单，操作方便；

（5）启动过程中能量消耗低。

对一般的三相异步电动机而言，若直接启动，则会产生较大的启动电流，而启动转矩却不会太大。通常启动电流 $I_{st} = (4\sim7)I_N$，而启动转矩 $T_{st} = (0.8\sim1.2)T_N$。过大的启动电流会造成电动机本身过热，影响电动机寿命；同时，还会因供电变压器的容量限制，造成电网电压下降，影响周围设备的正常运行，甚至使电动机自身不能启动。因此，为了满足上述要求，确保在获得较大启动转矩的同时降低启动电流，除小容量或轻载运行的三相异步电动机可以直接启动外，大部分三相异步电动机须采取相应的启动措施。

对于笼形异步电动机，除直接启动外，还可以采用如下启动方法：①定子降压启动，通过降低定子电压以减小启动电流；②选用特殊转子结构的高转矩启动，通过改进电动机自身转子结构，如增加转子导条电阻、改进转子槽形，采用深槽式或双笼形结构的转子，可以达到既减小启动电流又提高启动转矩的目的；③软启动，这是目前较为流行的启动方案，不仅可以满足启动性能的基本要求，同时还可以降低启动过程的能量消耗，因此特别适用于需要频繁启动、制动的应用场合。

对于绕线形异步电动机，可采用转子绕组外串电阻等措施达到在减小启动电流的同时提高启动转矩的目的。下面分别介绍上述各种启动方法。

5.1.1　三相笼形异步电动机的直接启动

当自身容量不大或电动机拖动负载较轻时，三相异步电动机可以采用直接启动方案。

一般规定，额定功率低于 7.5 kW 的异步电动机允许直接启动。对于额定功率超过 7.5 kW 的异步电动机，可以根据式(5-1)来判断电动机是否可以直接启动。若电动机参数满足

$$\frac{I_{st}}{I_N} \leqslant \frac{1}{4}\left[3 + \frac{\text{电源总容量(kVA)}}{\text{启动电动机容量(kW)}}\right] \tag{5-1}$$

则异步电动机可以采用直接启动；否则，必须采取其他措施启动。

5.1.2　三相笼形异步电动机的降压启动

1. 定子串电阻或电抗的降压启动

定子绕组串电阻或电抗相当于降低定子绕组的外加电压。启动电流正比于定子绕组的电压，因而定子绕组串电阻或电抗可以达到减小启动电流的目的，但考虑到启动转矩与定子绕组电压的平方成正比，启动转矩会降低更多。因此，这种启动方法仅适用于轻载启动场合。

对容量较小的异步电动机，一般采用定子绕组串电阻降压启动；但对于容量较大的异步电动机，考虑到定子绕组串电阻造成定子铜耗较大，故多采用定子绕组串电抗降压启动。

2. 自耦变压器的降压启动

三相笼形异步电动机采用自耦变压器降压启动的接线图如图 5-1 所示。图中，K 为三相单刀双掷开关，启动时，开关 K 掷到"启动"侧，三相定子绕组通过自耦变压器降压启动。转子达到一定转速后，再将开关 K 掷到"运行"侧，电动机便直接接到三相电源上，进入正常运行状态。

图 5-2 所示为采用自耦变压器降压启动时一相的电路图。与施加额定电压 U_{1N} 直接启动相比，自耦变压器降压启动时定子绕组的电压降为 U_x，有下列关系式：

$$\frac{I_x}{I_{st}} = \frac{U_x}{U_{1N}} = \frac{N_2}{N_1} \tag{5-2}$$

式中：I_x 为定子电压为 U_x 时电动机定子侧的启动电流；I_{st} 为定子电压为 U_{1N} 时的启动电流；N_1、N_2 分别为自耦变压器一次、二次绕组的匝数。

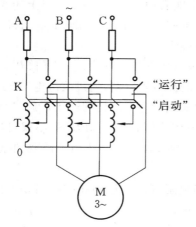

图 5-1　采用自耦变压器降压启动的接线图

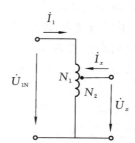

图 5-2　采用自耦变压器降压
启动时一相的电路图

与直接启动相比，采用自耦变压器降压启动时，电压减小 N_2/N_1，但电网所承担的启动电流和启动转矩均降低 $(N_2/N_1)^2$。考虑到定子串电阻或电抗降压启动过程中，启动电流降低一半时，启动转矩将降至全压启动时的 $1/4$，而采用自耦变压器时启动转矩仅降低至一半。因此，与定子绕组串电阻或电抗降压启动相比，在启动电流相同的前提下，采用自耦变压器降压启动可以获得更大的启动转矩。

为了满足不同负载的要求，自耦变压器的二次绕组一般有三个抽头，它们的电压分别为额定电压的 40%、60% 和 80%，供选择使用。

采用自耦变压器降压启动的优点是自耦变压器一般有三个抽头可供灵活选择，而且同样的启动电流下可以拖动较大的负载；缺点是设备的体积大、价格高。

3. 星形/三角形（Y/△）降压启动

对于正常运行时采用三角形连接的三相笼形异步电动机，若启动时改成星形连接，则定子相电压可降为电源电压的 $\sqrt{3}/3$，从而实现降压启动，这种方法被称为星形/三角形降压启动，其符号表示为 Y/△。Y/△降压启动中，电网所承担的启动电流只有三角形连接直接启动时的 $1/3$。考虑到启动转矩正比于定子每相绕组上电压的平方，因此，Y/△降压启动中启动转矩仅为三角形连接直接启动时的 $1/3$。

显然，Y/△降压启动相当于自耦变压器降压启动且抽头为 $\sqrt{3}/3$ 时的情况。与自耦变压器降压启动相比，Y/△降压启动的设备简单，只需一套 Y/△转换开关（即 Y/△ 启动器），价格低、重量轻，因而特别适用于定子三相绕组的 6 个接线端都引出的电动机轻载启动。

5.1.3　三相笼形异步电动机的软启动

前面介绍了几种传统的降压启动方法,这些启动方法的缺点是:发动机均需在转子转速升至一定值时切换至全压正常运行。如果切换时刻把握不好,不仅会造成启动过程不平滑,而且会在启动过程中引起两次电流冲击,从而延长启动过程。

随着微处理器和电力电子技术的发展、控制策略在电力拖动领域中的广泛应用,上述启动问题早已迎刃而解。目前,在电力拖动领域内得到广泛应用的方案主要有两种,一种是采用变频器启动,另一种是采用软启动器(soft starter)启动。前者通过变频与调压来满足启动要求,因而性能优于后者,其缺点是价格较高,不经济;后者在启动过程中保持频率不变,仅通过改变定子电压满足启动要求,因而性能略逊于前者,但在价格上有一定的优势,此外还可以根据不同的应用场合选择合适的启动控制方案。除此之外,软启动器还可以实现软停车(又称为软制动)、轻载节能,以及过流保护、过压保护、缺相保护等多种功能,因而有一定的市场空间。

软启动器有许多具体方案,这里仅介绍电子式软启动器的工作原理与系统组成。

电子式软启动器本质是一种由三相反并联晶闸管及其他电子线路(包括单片机等)组成的交流调压器,其工作原理是:在启动过程中,通过控制移相角来调节定子电压,并采用系统闭环限制启动电流,确保启动过程中的定子电流、电压或转矩按预定函数关系(或目标函数关系)变化,直至启动过程结束;然后将软启动器切除,使得电动机与电源直接相连。

5.1.4　三相笼形异步电动机的特殊转子结构高转矩启动

前面介绍的启动方法皆着眼于从电动机外部采取措施来降低启动电流、提高启动转矩。实际上,也可以从电动机内部出发,寻找改善三相笼形异步电动机启动性能的办法,其基本思想是选用特殊转子结构,适当增大启动时转子导条的电阻,以实现高转矩启动。适当增大转子导条的电阻,不仅可以降低启动电流,而且可以提高启动转矩。下面介绍几种通过增加启动时转子导条电阻来改善启动性能的特殊笼形异步电动机。

1. 直接增大转子电阻的笼形异步电动机

为了增大转子电阻,转子导条不采用纯铝,而改用电阻率较高的铝合金浇注而成。采用这种转子的电动机在正常运行时的转差率比一般笼形异步电动机的高,故其又称为高转差率笼形异步电动机。转子电阻增大,则启动转矩加大,启动电流减小,但正常运行时的损耗也相应增大,故电动机运行效率有所降低。

2. 深槽笼形异步电动机

深槽笼形异步电动机的转子采用深而窄的槽形。对于一般笼形异步电动机,其槽深与槽宽之比一般为 5 左右,而深槽笼形异步电动机的槽深与槽宽之比可达 10~20。

采用深槽笼形转子结构改善电动机启动性能的基本思想是利用集肤效应。启动时,转子感应电流的频率较高,导条中由于深槽漏磁的分布不均匀,造成槽底比槽口的漏阻抗大,结果大部分电流将集中在槽口处,产生集肤效应。这样,转子导条的等效截面积减小,转子电阻加大,既限制了启动电流,又增大了启动转矩。电动机正常运行时,由于转子频率较低,集肤效应则基本消失。此时,导条中的电流分布趋于均匀,截面积恢复,于是转子电阻减小,正常运行时的转子铜耗也相应减小。

3. 双笼形异步电动机

双笼形异步电动机的转子绕组采用上、下笼形结构。上笼采用电阻率较大的材料如黄铜等制成，且截面积较小；下笼采用电阻率较小的材料如紫铜等制成，且截面积较大。根据集肤效应，电动机启动时，由于转子频率较高，转子电流主要集中在电阻较大的上笼，故上笼又称为启动笼。电动机通过启动笼达到在降低启动电流的同时提高启动转矩的目的。电动机正常运行时，转子频率较低，转子电流则主要集中在电阻较小的下笼，故下笼又称为运行笼。

与一般笼形异步电动机相比，上述三种特殊笼形异步电动机尽管可以大大改善启动性能，但因转子漏抗较大，额定功率因数相对较低，且转子导条用铜量大，制造工艺复杂，故一般仅适用于对启动有特殊要求的场合。

5.1.5 三相绕线形异步电动机的启动

三相绕线形异步电动机的转子绕组可以通过电刷和滑环外串三相对称电阻，达到降低启动电流并同时提高启动转矩的目的。特别是当外串电阻适当时，电磁转矩可以在启动时达到最大值。启动结束后，外串电阻被集电环短路，以确保电动机的运行效率不受影响。

绕线形异步电动机主要有两种转子外串电阻的启动方法：一种是转子直接外串电阻的分级启动方法；另一种是转子外串频敏变阻器的启动方法。下面分别对其进行介绍。

1. 转子外串电阻的分级启动

为了使启动过程中转子转速的变化尽可能平稳，传统的绕线形异步电动机多采用逐级切除外串转子电阻的方法启动。图 5-3（a）（b）分别为转子外串三级电阻启动时的接线图与相应的机械特性曲线。

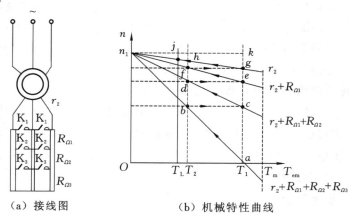

（a）接线图　　　　　（b）机械特性曲线

图 5-3　绕线形异步电动机转子外串三级电阻的分级启动

2. 转子外串频敏变阻器的启动

转子外串电阻分级启动方法的不足是由于各级电阻逐段切除，电磁转矩变化较大，易对生产机械造成冲击。除此之外，这种启动方法耗能较大，不适用于频繁启动场合。采用转子外串频敏变阻器来取代转子外串电阻的方法，可以克服上述不足，从而可以使绕线形异步电动机实现真正意义上的平滑启动。

频敏变阻器实际上是一台三相心式铁芯线圈。与一般三相变压器的铁芯不同,频敏变阻器的铁芯采用厚钢板或铸铁叠压而成,具有较大的磁滞和涡流损耗。当电动机启动时,转子电流的频率较高,铁芯内的涡流损耗与频率的平方成正比,等效铁耗电阻 r_m 自然较大。因而,采用频敏变阻器的启动方法既能限制启动电流,又达到了提高启动转矩的目的。随着转子转速的上升,转子电流的频率下降,频敏变阻器铁芯内的涡流损耗以及相应的 r_m 也随之下降,从而确保了绕线形异步电动机的平滑启动。启动过程结束后,可通过集电环将频敏变阻器短接后切除。

绕线形异步电动机转子外串频敏变阻器的启动方法,因其设备具有结构简单、价格低、运行可靠等优点,故特别适用于大、中容量的绕线形异步电动机的重载启动。

5.2　三相异步电动机的调速

三相异步电动机的转子转速可由式(5-3)表示:

$$n = \frac{60 f_1}{p}(1-s) \tag{5-3}$$

根据式(5-3),三相异步电动机的调速方法大致分为如下几种:①变极调速;②变频调速;③改变转差率调速。

其中,改变转差率调速又可以进一步采取如下几种措施:①改变定子电压的调压调速;②绕线形异步电动机的转子外串电阻调速;③电磁离合器(滑差离合器)调速;④绕线形异步电动机的双馈调速与串级调速。

下面分别介绍上述各种调速方法。

5.2.1　变极调速

变极调速是一种通过改变定子绕组极对数来实现转子转速调节的调速方法。在一定电源频率下,由于同步转速与极对数成反比,因此,改变定子绕组极对数便可以改变转子转速。

原则上,定子可以通过两套独立的绕组实现极对数的改变。但实际应用中,定子绕组极对数的改变大都是通过一套定子绕组、几种不同的接线方式来实现的。下面仅介绍后一种情况下变极调速的基本工作原理与机械特性。

要想实现极对数的改变,只要改变定子半相绕组的电流方向即可。考虑到变极调速方法只能成倍地改变极对数,转子转速也只能成倍地变化,因此,变极调速属于有级调速。

实际上电动机要产生有效的电磁转矩,其定子、转子绕组的极对数就必须相等,这就要求在定子绕组极对数改变的同时,转子绕组的极对数必须做出相应的改变。考虑到实现的方便性,一般情况下,变极调速仅适用于笼形异步电动机。

需要说明的是,就三相异步电动机而言,为了确保变极前后转子的转向不变,变极的同时必须改变三相定子绕组的相序。这是因为,对极对数为 p 的电动机,其电角度是机械角度的 p 倍。变极前,若极对数为 p 的三相绕组空间互差 120°电角度,即 A、B、C 三相依次为 0°、120°、240°电角度,则变极后,极对数为 $2p$ 的三相绕组空间互差 240°电角度,即 A、B、C 三相依次为

0°、240°、120°电角度。显然,变极前后相序发生了改变。为了确保转子转向不变,在改变定子每相绕组接线的同时,必须改变三相绕组的相序。

5.2.2　变频调速

变频调速是一种通过改变定子绕组供电频率来改变转子转速的调速方法。由于同步转速与定子频率成正比,改变定子绕组的供电频率便可实现转子转速的平滑调节,并且可以获得较宽的调速范围和足够硬的机械特性,因而,在各种调速方法中,变频调速是一种高性能的调速方案。

变频调速可以在基频以下进行,也可以在基频以上进行。但无论是何种形式的变频调速,都应尽可能满足下列两个约束条件:①主磁通不应超过额定运行时的数值;②电动机的过载能力保持不变。若不满足前者,即主磁通 Φ_m 超过额定运行时的数值,则容易造成定子铁芯过饱和,励磁电流过大,甚至烧坏电动机。后者则是电动机可靠运行的必要条件。

当变频调速在基频以下进行时,根据三相异步电动机的定子电压平衡方程可知: $U_1 \approx E_1 = 4.44 f_1 N_1 K_{w1} \Phi_m$。为确保主磁通 Φ_m 不变,定子电压和频率必须协调控制,亦即在变频的同时必须调节定子电压 U_1,且满足 $U_1/f_1 =$ 常数。当变频调速在基频以上进行时,受电动机绕组绝缘耐压的限制,定子电压只能维持额定值不变,故随着定子频率 f_1 的上升,主磁通 Φ_m 下降。

5.2.3　改变转差率调速

三相异步电动机通过改变转差率 s 可以调节转子转速,具体调速方法包括改变定子电压的调压调速、转子绕组外串电阻调速、利用电磁滑差离合器调节转速,以及双馈调速与串级调速等。这些调速方法的共同特点是低速时转子铜耗 $P_{Cu2} = s P_{em}$ 较大,造成转子发热严重。

对于改变转差率 s 实现调速的方案,电动机运行效率可由式(5-4)给出:

$$\eta = \frac{P_2}{P_1} \approx \frac{P_{mec}}{P_{em}} = \frac{(1-s)P_{em}}{P_{em}} = 1-s \tag{5-4}$$

式(5-4)表明,转子转速越低,转差率 s 越大,则电动机运行效率越低。因此,改变转差率 s 的调速方案经济性较差(双馈调速与串级调速除外)。

下面分别对上述改变转差率的调速方案进行介绍。

1. 改变定子电压的调压调速

三相异步电动机改变定子电压后的人为机械特性已在前面介绍,其特性曲线如图 5-4(a)所示。图 5-4(a)中还绘出了恒转矩负载的转矩特性曲线(曲线 1)以及风机类负载的转矩特性曲线(曲线 2)。改变定子电压,可以改变转差率,调节转子转速。定子电压越低,转差率越大,转子转速越低。但考虑到最大电磁转矩与定子外加电压的平方成正比,随着定子电压的降低,电动机过载能力将明显降低,因此,改变定子电压的调压调速方案仅适用于轻载调速场合。

由图 5-4(a)可见:对于风机、泵类负载,可以直接采用一般笼形异步电动机进行调压调速。对于恒转矩负载,若采用一般笼形异步电动机,则调速范围较窄;要想获得较宽的调速范围,可采用高转差率电动机(如双笼形异步电动机或深槽笼形异步电动机),其特性曲线如图 5-4(b)所示,但其运行效率有所降低。

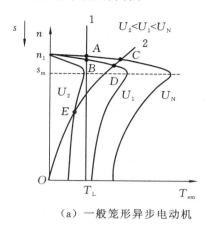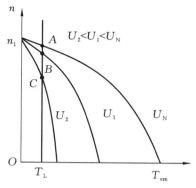

（a）一般笼形异步电动机　　　　　　　（b）高转差率笼形异步电动机

图 5-4　三相异步电动机的调压调速机械特性曲线

2. 绕线形异步电动机的转子外串电阻调速

同样,三相绕线形异步电动机转子外串电阻的人为机械特性已在前面介绍,其机械特性曲线如图 5-5 所示。

由图 5-5 可见,对于三相绕线形异步电动机,外加电阻 R_Ω 越大,则转差率越大,转子转速越低。通常,绕线形异步电动机转子外串电阻的调速范围可达原来的 $2\sim3$ 倍。

传统意义上,绕线形异步电动机转子外串电阻的调速大多是采用机械式变阻器来实现的。这种方案的可靠性较差,同时,由于机械式变阻器的触点易造成火花,运行环境自然也受到一定限制。利用电力电子技术便可对上述方案加以改进,改进方法是在转子回路中加入不可控二极管整流桥、直流斩波器和外加电阻,由其取代机械式变阻器,实现转子外串电阻斩波调速方案。

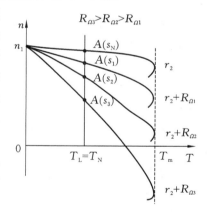

绕线形异步电动机转子外串电阻斩波调速的基本工作原理是:定子绕组仍直接接到电网上,而转子回路则首先通过由二极管组成的三相整流桥将转子的三相转差电动势整成直流的,然后借助大电感将直流电压变为恒流源,最后将其送至绝缘栅双极晶体管(IGBT)实现的直流斩波器和并联电阻上。斩波器工作在直流 PWM(脉冲宽度

图 5-5　绕线形异步电动机转子外串电阻的人为机械特性曲线

调制)方式,其占空比为 $\delta=\dfrac{t_{on}}{T}$。尽管绕线形异步电动机转子外串电阻调速方案在低速时运行效率较低,但由于这种调速方案具有启动平滑、可以额定转矩启动、启动电流小、调速范围宽和投资小等优点,因此仍在一定范围内应用于起重机负载、通风机类负载。

3. 电磁滑差离合器调速

滑差离合器电动机又称为电磁调速电动机,是指在笼形异步电动机的转子机械轴上装一电磁滑差离合器,通过调节离合器的励磁电流来调节离合器的输出转速,最终实现负载调速。滑差离合器电动机的基本结构示意图如图 5-6 所示。

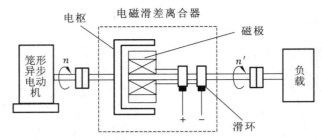

图 5-6　滑差离合器电动机的基本结构示意图

滑差离合器电动机由笼形异步电动机、电磁滑差离合器及控制电源等组成,其中电磁滑差离合器由电枢和磁极两部分组成。电枢与笼形异步电动机转子通过联轴器连接,作为主动部分;磁极通过联轴器与负载相连,作为从动部分。通常,电枢由整块铸钢组成,相当于笼形异步电动机的转子,可以认为是由无数根鼠笼导条并联而成的,其内产生涡流;磁极上装有励磁绕组。外加电源通过滑环、电刷加至励磁绕组,控制直流励磁电流的大小,改变负载转速。

以上各种改变转差率的调速方式有一个共同特点:转子的转差功率皆消耗在转子电阻上,通过损耗的改变实现调速。因此这些调速方式皆属于低效率的调速方式。如果能将这部分转差功率回收到电网上,则调速系统的效率便可以大大提高。这一思想可以通过双馈调速和串级调速方案实现。

4. 绕线形异步电动机的双馈调速与串级调速

双馈是指绕线形异步电动机的定子、转子绕组皆通过两个独立的三相对称电源供电,即双边励磁,这一点与普通异步电动机的单边励磁有明显的不同。就双馈电动机而言,通常,绕线形异步电动机的定子绕组接到固定频率的电网上,而转子绕组则借助于电力电子变流器接到一个幅值、频率和相位皆可调的三相交流电源上。通过改变转子绕组电源的幅值、频率和相位就可以调节异步电动机的转矩、转速和定子侧的功率因数,而且有可能使转子在同步转速甚至超同步转速下运行。

如果转子绕组借助于电力电子变流器接到一幅值可调的直流电源上,通过改变直流电源电压的大小间接改变转子绕组外加交流电压的幅值,则双馈调速即变为串级调速。因此可以讲,串级调速是双馈调速的一个特例。

5.2.4　基于综合矢量控制的高性能交流调速系统方案

标量控制仅对三相定子电压的幅值和频率进行控制,考虑到任何正弦交流量都是由三要素(幅值、频率、初相位)组成的,这三要素可以由统一相量来表示。而对由逆变器供电的三相异步电机而言,其三相定子电流或定子磁链等均可以由统一的综合时空向量(即综合矢量)来表示。定子电流或定子磁链的综合矢量中既包含了三相电流幅值、频率的信息,也囊括了各相电压初始相位的信息。标量控制仅考虑了幅值和频率两个要素,故系统的动态性能自然要受到影响。只有对定子电流或定子磁链综合矢量的三要素进行全面控制,才能真正有效地控制动态转矩,获得高性能的动态响应。

为此,本节将介绍两类常见的基于定子综合矢量控制的高性能交流调速系统方案:一类是基于定子电流综合矢量控制的调速方案——转子磁场定向的矢量控制方案;另一类是基于定子磁链综合矢量控制的调速方案——直接转矩控制方案。这两类方案代表了当今运动控制领域内最流行的两大流派。这些方案的应用大大改善了包括异步电动机和同步电动机在内的交流电动机的性能,在运动控制领域具有里程碑式的意义。

考虑到上述两类方案涉及的交流电动机的动态模型已经超出本书的范围,为此,本节仅从物理概念出发,采用类比的方法,在前面所学知识的基础上,简要讨论这两种方案的基本思想和系统组成。

1. 基于定子电流综合矢量控制的调速方案——转子磁场定向的矢量控制方案

磁场定向的矢量控制(flux-oriented vector control,FOC)简称矢量控制(vector control,VC)。矢量控制是相对标量控制而言的。顾名思义,矢量控制不仅要控制定子电流综合矢量的大小(幅值和频率),而且需要严格控制定子电流综合矢量的空间位置(即三相电流的相位)。通过对定子电流综合矢量(幅值和空间相位)(亦即两个正交电流分量的大小)的准确控制,达到对电磁转矩和磁场单独控制的目的,矢量控制由此而得名。

从电动机控制的角度看,矢量控制的目的是使交流电动机获得类似于他励直流电动机的性能。鉴于他励直流电动机的主磁场是由定子侧的励磁电流产生的,而电磁转矩是主磁场和来自转子侧的电枢电流相互作用的结果,为了获得类似于他励直流电动机解耦控制的效果,矢量控制将定子电流综合矢量分解为两个分量:转矩分量和磁场分量(与他励直流电动机不同的是,这两个分量均来自定子侧)。矢量控制通过这两个分量分别对交流电动机的电磁转矩和磁场单独进行控制,从而使交流电动机获得了类似于他励直流电动机的动态性能。

从控制理论的角度看,矢量控制的基本思想是借助于坐标变换,将静止坐标系下描述三相电流的定子电流综合矢量变换至同步旋转坐标系下,然后在同步旋转坐标系下对定子电流综合矢量的两个分量(转矩分量和磁场分量)单独进行控制。事实上,正是因为采用了非线性的坐标变换,将非线性对象(指交流电动机)变换为线性对象(类似于直流电动机),然后采用类似于线性对象的控制策略(如 PI 控制、极点配置等),所以由交流电动机组成的交流传动系统才具有了类似于直流传动系统的性能。

2. 基于定子磁链综合矢量控制的调速方案——直接转矩控制方案

直接转矩控制(direct torque control,DTC)是转矩与定子磁链直接控制(direct torque and flux control,DTFC)的简称。顾名思义,直接转矩控制就是通过选择合适的定子电压矢量控制定子磁链综合矢量,实现对电磁转矩和定子磁链的直接控制。由直接转矩控制方案所组成的调速系统是继矢量控制系统之后发展起来的另一种具有高动态性能的交流电动机变频调速系统。

与矢量控制通过两个电流闭环"间接"控制电磁转矩不同,DTC 方案直接采用转矩闭环来控制电磁转矩,它利用转矩的给定值与反馈值(这里指估计值)的偏差以及定子磁链给定值与反馈值的偏差,根据转矩偏差和定子磁链偏差的处理结果以及定子磁链所处的空间位置,得到所期望的定子电压综合矢量,由此决定三相逆变器的开关状态,最终达到对电磁转矩和定子磁链直接控制的目的。

通常,对异步电动机而言,由于转子时间常数较大,转子磁链变化较慢。在短时间内,转子磁链矢量(包括幅值和空间位置)可认为是固定不变的。若定子磁链的幅值保持不变,则电磁转矩可以通过改变定子磁链矢量相对于转子磁链矢量的夹角 γ 而迅速改变。换句话说,通过引前、退后定子磁链矢量以及使定子磁链矢量停止旋转,便可控制电磁转矩的大小和正负。这就是 DTC 方案控制电磁转矩的基本思想。通过改变定子磁链矢量的旋转速度调整磁链角 γ,达到快速控制瞬时电磁转矩的目的。简而言之,通过对定子磁链综合矢量(包括幅值和其相对于转子磁链的角度)的控制,便可迅速调整电动机的电磁转矩。

DTC 方案的关键是:①如何使定子磁链的幅值保持在目标范围内? ②如何利用定子磁链矢量相对于转子磁链矢量的夹角 γ 来控制电磁转矩? 通常,这些任务是依靠三相逆变器输出的定子电压矢量来完成的。

为了确保定子磁链矢量的幅值基本不变,对不同空间位置的定子磁链矢量需要施加不同的定子电压矢量。为了区分定子磁链矢量所在的空间位置,通常将整个平面分为 6 个扇区,每个扇区对应的角度为 $60°$。每一个扇区的中心线与非零基本定子电压矢量重合。根据定子磁链矢量所在的扇区,以及定子磁链矢量的期望值与估计值的偏差,便可选择合适的定子电压矢量。

对于电磁转矩,可以采用类似的处理方法,根据电磁转矩的期望值与估计值的偏差和定子磁链矢量所在的扇区,满足其增大、减小或不变的要求。具体说明如下:同定子磁链幅值的处理方法一样,为了获得所期望的瞬时转矩 τ_{em}^*,也需对电磁转矩的瞬时值进行估计。然后,计算 τ_{em}^* 与瞬时电磁转矩的估计值 τ_{em} 的偏差,并利用转矩滞环控制器对该偏差进行处理。根据滞环控制器处理结果以及定子磁链矢量所在的扇区,选择合适的定子电压矢量,满足定子磁链矢量引前或退后的需要,最终达到控制电磁转矩的目的。

需要说明的是,为了同时满足定子磁链幅值和瞬时电磁转矩的要求,需要根据定子磁链矢量所在的扇区、磁链滞环控制器与转矩滞环控制器的处理结果,并遵循逆变器开关次数最小的原则,来选择最优的定子电压矢量。对于这些定子电压矢量,可将其制作成定子电压空间矢量表(又称为定子电压矢量表)并预先存放在程序存储器中,供实际系统在线选择使用。

无论是矢量控制还是 DTC 方案,最终都是通过三相逆变器产生所需的定子电压矢量来完成的。所不同的是,在刷新周期内,对于矢量控制方案,定子电压矢量是通过相邻两个基本电压矢量共同作用来产生的;而对于 DTC 方案,在刷新周期内,定子电压矢量则是由 8 个基本矢量(包括 2 个零矢量)中的某一定子电压矢量单独作用来实现的。换句话说,在 DTC 方案中,矢量控制中的 SVPWM(空间矢量脉宽调制)方案由定子电压矢量表取代。不过,这一结论并不是绝对的,考虑到采用 SVPWM 调制技术的三相逆变器开关频率固定,许多 DTC 新方案正在融合 SVPWM 技术。

5.3 三相异步电动机的制动

同直流电动机一样,三相异步电动机制动是指电磁转矩与转子转速方向相反的一种运行状态。通过制动可以使电力拖动系统快速停车,也可以使之保持重物匀速下放。在制动状态下,三相异步电动机吸收轴上的机械能,并将其转变为电能。

三相异步电动机常用的制动方式有三种,即回馈制动、反接制动和能耗制动。现分别对其介绍如下。

5.3.1　三相异步电动机的回馈制动

三相异步电动机的回馈制动是指其转子实际转速超过同步转速的一种制动状态,其中,三相异步电动机的同步转速相当于直流电动机的理想空载转速。电磁转矩为制动性的。回馈制动有时也发生在变极调速由少极向多极的转换过程中,或变频调速由高频向低频的转换过程中。上述两种情况均可能造成转子的实际转速超过同步转速。需要说明的是,回馈制动时电动机尽管工作在发电制动状态,但仍需从电网吸收滞后无功功率。

5.3.2　三相异步电动机的反接制动

三相异步电动机的反接制动是指改变外加三相交流电源的相序或保持定子侧交流电源相序不变而通过外部条件使转子反转,引起电磁转矩与转速方向相反的一种制动状态。对于三相异步电动机,外加交流电源相序的改变相当于直流电动机电枢绕组外加直流电源的反接。

对于反抗性负载,可直接通过定子绕组两相供电电源的对调,使定子旋转磁场反向,从而实现反接制动。而对于位能性负载,当重物提升时,电动机工作在电动机状态;当重物下降时,定子绕组接线不变,但由于转子转速的反向导致机械轴上的输出功率反向,此时电动机的运行情况同反抗性负载定子两相绕组反接时的情况相同,因而也将其归类于反接制动。对于三相绕线形异步电动机,可以通过转子绕组外串电阻来限制制动电流并改变制动转矩的大小。

5.3.3　三相异步电动机的能耗制动

考虑到他励直流电动机采用的是双边励磁,即定子励磁绕组和转子电枢绕组均外接电源,而三相异步电动机则采用的是单边励磁,即仅定子绕组通电,因此,三相异步电动机无法像他励直流电动机那样,将电枢绕组(对三相异步电动机即为定子绕组)从电网上切除,然后串入外加电阻从而实现能耗制动。因为一旦定子绕组脱离电源,则气隙内将不再存在任何磁场,更谈不上产生制动性质的电磁转矩。因此,能耗制动时,对异步电动机需提供额外的励磁电源。

通常的做法是将所要制动的异步电动机的定子绕组迅速从电网上断开,同时将其切换至直流电源上,通过给定子绕组加入直流励磁电流以建立恒定磁场。于是,旋转的转子和该恒定磁场之间相互作用,便产生具有制动性的电磁转矩,从而确保拖动系统快速停车或使位能性负载匀速下放。由于制动过程中,大部分动能或势能均转变为电能消耗在转子回路的电阻上,因此,这种制动方式称为能耗制动。静止的定子磁场 $\overline{B}_s$ 与以转速 n 逆时针旋转的转子可以看作定子磁场以转速 n 顺时针旋转,而转子则静止不动,于是转子产生与旋转磁场方向相同的电磁转矩 T_{em}(类似于普通异步电动机)。显然,T_{em} 与实际转子转速 n 方向相反,转子处于制动状态。

为了计算三相异步电动机能耗制动时的机械特性,通常引入等效电流的概念。具体做法是:将直流电流 I_- 等效为三相交流电流 $I_\sim$,并确保等效前后定子绕组所产生的旋转磁动势不变。换句话说,等效前后,需确保磁动势的幅值以及该磁动势与转子之间的相对速度保持不变。这样,便可以获得能耗制动时三相异步电动机的机械特性。

5.4　交流电力拖动系统的四象限运行

对于由异步电动机组成的交流电力拖动系统,同直流电力拖动系统一样,有时也需要其具有正转、反转和快速启动、快速制动的功能。由于这种拖动系统的异步电动机的机械特性曲线位于四个象限,故其又称为具有四象限运行能力的交流电力拖动系统。本节将简要总结电网供电下异步电动机的四象限机械特性及其运行状态。在此基础上,将重点讨论变流器供电条件下三相异步电动机的制动及具有四象限运行能力的交流电力拖动系统。

5.4.1　三相异步电动机四象限运行时的机械特性及其工作状态

图 5-7 给出了工频电网供电时三相异步电动机四象限运行时的运行状态及其相应的机械

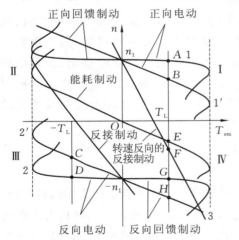

图 5-7　三相异步电动机各种运行状态下的机械特性曲线

特性曲线。由图 5-7 可见,各种运行状态下的机械特性曲线分别处于不同的象限中。当电动机正转时,特性曲线 1 和 1′ 以及特性曲线 3 位于第 Ⅰ 、Ⅱ 、Ⅳ 象限,其中,第 Ⅰ 象限对应于电动机运行状态,第 Ⅱ 象限对应于回馈制动状态,第 Ⅳ 象限对应于转速反向的反接制动状态。当电动机反转时,特性曲线 2 和 2′ 位于第 Ⅲ 、Ⅱ 、Ⅳ 象限,其中,第 Ⅲ 象限对应于电动运行状态,第 Ⅱ 象限对应于转速反向的反接制动状态,第 Ⅳ 象限对应于回馈制动状态。能耗制动时的机械特性曲线位于第 Ⅱ 、Ⅳ 象限,其中,第 Ⅱ 象限对应于电动机正转运行状态,而第 Ⅳ 象限则对应于电动机反转运行状态。图 5-7 中,特性曲线 1、2 对应于转子未串联电阻时的情况,而特性曲线 1′、2′ 则对应于转子串联电阻时的情况。

若三相异步电动机工作在稳定运行区域(或线性区域),则其机械特性与他励直流电动机的机械特性几乎无任何区别。此时,其机械特性的分析方法与他励直流电动机的相似。

5.4.2　变流器供电下三相异步电动机的制动

对于由变流器(变频器或伺服系统)供电的交流电力拖动系统,为了加快系统的降速过程或使系统迅速停车,可以采用机械抱闸或电气方案制动。在电气方案制动过程中,三相异步电动机往往工作在发电机运行状态,其电磁转矩为制动性的,此时,储存在系统惯量中的动能(或势能)将被转化为电能。

对于由变流器供电的三相异步电动机,电制动一般发生在电力拖动系统的降频降速过程中。在这一过程中,由于异步电动机转子的实际转速有可能超过同步转速,因此,异步电动机将处于发电制动状态。根据对电力拖动系统由机械端转换而来的电能的处理方式的不同,电制动方案可分为两类:能耗制动和再生(或回馈)制动。

本章小结

本章利用三相异步电动机的稳态机械特性和各种类型负载的转矩特性对三相异步电动机电力拖动的相关问题进行了讨论。内容包括三相异步电动机各种常用的启动、调速和制动方法以及各种方法的工作原理与结论。本章最后通过实例对三相异步电动机的四象限运行状态进行了讨论。

电动机启动时,转子转速 $n=0$,转差率 $s=1$,从三相异步电动机的等值电路可以看出:启动时转子的等效机械负载电阻$(1-s)r_2'/s=0$,因此,启动瞬时三相异步电动机相当于处在短路(或堵转)状态,一方面启动电流较大,另一方面堵转时转子侧的等效阻抗减小导致主磁通 Φ_m 减小,引起启动转矩降低。对于容量较小的供电电源来讲,大的启动电流易造成对电源的冲击,影响周围设备的正常运行;启动转矩的降低导致电动机拖动负载难以正常启动。为此,三相异步电动机启动时应遵循在确保启动转矩的前提下尽可能降低启动电流的原则。

根据电动机容量的大小以及其拖动负载的类型不同,可以采取不同的启动措施。对于笼形三相异步电动机,常用的启动方法有直接启动、降压启动(包括定子绕组串电阻或电抗启动、采用自耦变压器降压启动以及 Y/△启动)以及软启动等。直接启动方法仅适用于小容量的三相异步电动机,而降压启动方法则适用于电动机轻载或低于额定负载以下运行的场合,并且负载大小不同和定子绕组的接线方式不同时所采用的降压启动方法也不同。在某些特殊场合,也可以选择专为满足启动性能要求而特殊设计的三相笼形异步电动机,如转子采用特殊材料的笼形异步电动机、深槽笼形异步电动机以及双笼形异步电动机。这些转子结构特殊的电动机通过直接或间接改变启动时转子绕组的电阻,可确保在启动电流较低的条件下获得较大的启动转矩。绕线形异步电动机的启动比较容易,常用的启动方法包括转子外串电阻的分级启动和转子外串频敏变阻器启动,这两种方法均可确保在启动电流较小的情况下获得较大的启动转矩。

三相异步电动机的调速方法大致可分为三大类,即变极调速、变频调速和改变转差率调速。

变极调速通过改变定子绕组的连接方法而获得不同的极数和转速,是一种有级调速方式,无法实现平滑调速。

改变转差率便可以改变三相异步电动机转子的转速,具体方法包括改变定子电压的调压调速、绕线形异步电动机的转子外串电阻调速、采用电磁滑差离合器的调速以及包括串级调速在内的绕线形异步电动机的双馈调速等。

目前,普遍应用的矢量控制调速方案和直接转矩控制调速方案大大提高了包括异步电动机在内的交流电动机的调速性能。上述两种方案均是基于综合矢量的调速方案,可将其归类至变频调速范畴。综合矢量不仅包含幅值、频率信息，而且还含有空间相位信息，因此通过控制综合矢量的两个正交分量便可以达到控制综合矢量（幅值和相位）的目的，进而获得较常规变频调速方案更好的动态性能。

制动是指电磁转矩与转速方向相反的一种运行状态。通过制动可以使电力拖动系统快速停车，也可以保持重物匀速下降（对卷扬机而言）。在制动过程中，电动机工作在发电运行状态，它吸收转子的机械能，将其转变为电能。与直流电动机类似，三相异步电动机常用的制动方式有三种，即回馈制动、反接制动和能耗制动。

回馈制动发生在转子转速超过同步转速（即 $n>n_1$）的过程中。此时，同步转速相当于直流电机的理想空载转速。由于 $n>n_1$，转差率 $s<0$，因此，与电动机运行状态相比，回馈制动时经过气隙的电磁功率和定子侧输入的电功率均将反向。一方面电磁转矩为制动性的；另一方面，异步电动机将转子位能性负载输入的机械能转换为电能，并回馈至电网。由于回馈制动经常发生在位能性负载的反接制动过程中，因此，回馈制动时异步电机的机械特性是其作电动机运行的机械特性（位于第Ⅰ、Ⅲ象限）在第Ⅱ、Ⅳ象限的延伸。此外，回馈制动也发生在由少极向多极转换的变极调速过程中或高频向低频转换的变频调速过程中。在这两种情况下，转子转速均超过同步转速。

反接制动则对应两种情况，一是通过直接改变外加三相交流电源的相序来改变定子旋转磁场的转向，从而获得制动性的电磁转矩；另一种情况是通过转子外串电阻使位能性负载的转速反向而获得制动性的电磁转矩。前者相当于直流电动机电枢绕组供电电源的反接；后者与直流电机电枢回路串电阻制动类似。反接制动时电机的机械特性曲线是电动机运行状态的机械特性（位于第Ⅰ、Ⅲ象限）在第Ⅳ、Ⅱ象限的延伸。反接制动时，异步电机工作在发电机运行状态，此时，来自电网的电功率与来自转子的机械功率全部被转换为转子回路上的电阻铜耗而消耗掉。

直流电动机要想实现能耗制动，只需将电枢绕组从电网断开，然后将其与外接电阻相串联即可。此时，由于定子主磁通仍存在（励磁绕组继续通电），因而直流电机靠相对切割仍然可以在电枢绕组中产生电流和制动性的电磁转矩。三相异步电动机则不然，一旦定子绕组从电网断开，则气隙内将不再存在磁场，更谈不上产生制动性质的电磁转矩。因此，一般异步电动机能耗制动时需提供额外的励磁电源。

习题

5-1 一台运行在额定状态下的三相异步电动机，若保持其供电电压的幅值不变，仅将定子的供电频率升高到 $1.5f_N$，假定其机械强度许可。试问：①若负载是恒转矩性质的，则电动机能长时间运行吗？为什么？②若负载为恒功率性质的，情况又如何？

5-2 对恒功率负载，若采用变频调速，为了保持调速前后电动机的过载能力不变，定子端电压与定子频率之间符合什么样的协调关系最好？对通风机类负载，情况又如何？试推导之。

5-3 笼形异步电动机和绕线形异步电动机各有哪些调速方法？这些调速方法各有何优缺点，分别适用于什么性质的负载？

思考题

5-1　三相异步电动机分别采用定子外串电抗器启动、Y/△启动和采用自耦调压器降压启动时,其启动电流、启动转矩与直接启动时的相比有何变化?

5-2　绕线形异步电动机转子回路外串电阻与没有外串电阻相比,其主磁通、定子电流、转子电流、启动转矩如何变化? 是否转子外串电阻越大,启动转矩就越大?

5-3　为什么深槽笼形异步电动机与双笼形异步电动机既能降低启动电流又能同时增大启动转矩?

5-4　什么是软启动? 试说明其基本思想。

5-5　三相异步电动机变极调速时,为什么变极的同时必须改变供电电源的相序? 若保持相序不变,则由低速到高速变极时,会发生什么现象?

5-6　三相异步电动机拖动恒转矩负载运行,在变频调速过程中,为什么变频的同时必须调压? 若保持供电电压为额定值不变,仅改变三相定子绕组的供电频率,则会导致什么后果?

第6章　交流同步发电机

本章全面介绍了交流同步发电机的基本结构、工作原理、等值电路模型、功率和转矩的计算,以及负载运行特性,详细讨论了交流同步发电机的结构和感生电压的生成,以及在负载运行时电枢反应的影响。本章特别强调了凸极结构对电枢反应磁场的影响,并通过双反应理论解析了直轴和交轴电枢反应电抗的计算方法,进一步探讨了交流同步发电机在不同负载条件下的功率、功角特性及其物理意义。此外,本章介绍了交流同步发电机参数的测定方法和额定数据的确定,以及交流同步发电机接入无穷大电网时的负载运行特性及其物理解释,旨在使读者深入理解交流同步发电机的设计和运行特性。

◎ 知识目标

(1) 理解交流同步发电机的结构、工作原理;
(2) 掌握交流同步发电机的电动势平衡方程、等值电路图、相量图;
(3) 掌握交流同步发电机的功角特性、功率因数调节;
(4) 理解交流同步发电机的负载运行特性。

◎ 能力目标

(1) 能够掌握交流同步发电机的等值电路图画法;
(2) 能够利用机械特性公式对交流同步发电机进行简单计算和分析;
(3) 能够通过试验测定交流同步发电机的参数。

◎ 素质目标

探索交流同步发电机与变压器及交流绕组之间的区别和联系,从中发现事物的发展规律,培养学生运用基本原理解释物理现象的能力。

通过交流同步发电机有限元仿真实例及短路和并联试验,培养学生将抽象理论可视化的能力;同时通过动手试验,将理论与实践相结合,探索交流同步发电机电枢反应的内在规律,培养学生团结合作、有责任有担当的意识。

6.1　交流同步发电机的结构与工作原理

6.1.1　交流同步发电机的结构

与直流发电机磁极空间静止、电枢旋转的结构不同,交流同步发电机采用的通常是一种旋转磁极式结构,而电枢空间静止。同步电机的定子绕组结构与异步电机的相同,也是在定子铁芯槽内嵌放三相空间对称绕组。电励磁型同步发电机转子上装有磁极和励磁绕组。励磁绕组采用直流供电,当励磁绕组中通有直流电流时,电机内就会产生磁场。同步电机作发电机运行时,转子由原动机(如水轮机、汽轮机、风力等)拖动后,磁场旋转切割定子绕组,在三相定子绕组中感生出三相交流电动势而输出。这个交流电动势的频率 f 取决于电机的磁极对数和转子转速 n,与三相异步电动机的同步转速与频率的关系表达式完全相同,即

$$f = \frac{pn}{60} \tag{6-1}$$

式(6-1)表明,当发电机的磁极对数和转速一定时,发出的交流电动势的频率也是一定的。我国电网规定交流电的频率为 50 Hz,这个频率一般也称作工频,因此如果同步发电机有 1 对磁极,则发电机运行的额定转速就应为 3000 r/min,有 2 对磁极时额定转速就应为 1500 r/min,以此类推。

如果同步电机作电动机运行,则与三相异步电动机运行一样,需要在定子绕组中通以三相交流电。时间对称的三相交流电流流过空间对称的三相定子绕组,就会在电机内产生一个旋转磁场。当转子绕组中已通入直流励磁电流,则转子就像一个"磁铁",于是旋转磁场就依靠磁极间异性相吸的磁力带动这个"磁铁",并按照旋转磁场的转速和方向旋转,其转速表达式与三相异步电动机的同步转速表达式相同,为

$$n = \frac{60f}{p} \tag{6-2}$$

注意,这个表达式中转速并没有下标"0",说明同步电机作电动机运行时不论负载在允许负载能力范围内如何变化,其稳定运行时的转速都是没有转差的。

同步发电机的转子绕组称为磁场绕组或励磁绕组,定子绕组称为电枢绕组。

同步发电机的转子基本上是一个大的电磁铁。同步发电机的磁极有凸极和隐极两种基本结构,如图 6-1 所示。定子、转子铁芯之间具有均匀气隙的同步发电机,称为隐极同步发电机;气隙不均匀的则称为凸极同步发电机。凸极结构加工比较简单,制造成本低。中小容量同步发电机一般采用凸极结构以降低成本;大容量、高转速原动机拖动的高速旋转发电机的转子将承受很大的离心力,采用隐极结构可以更好地固定励磁绕组。水轮机转速低(每分钟几十、几百转),常采用凸极结构;汽轮机转速高(3000 r/min),常采用隐极结构。由于汽轮机转速很高,转子直径受离心力影响,因此为增大容量,汽轮机通常采用细长的转子结构。

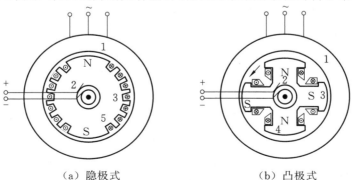

（a）隐极式　　　　　　　（b）凸极式

图 6-1　同步发电机的磁极结构

1—定子铁芯;2—电刷、滑环;3—转子铁芯;4—定子绕组;5—转子励磁绕组

普通凸极同步发电机结构如图 6-1(b)所示。其主要部件包括转子铁芯(凸极)、转子励磁绕组、三相定子电枢交流绕组、定子铁芯、电刷和滑环。

6.1.2 交流同步发电机的感生电动势

同步电机作发电机运行时,转子中通入直流电流,建立转子直流主磁动势 F_r 和主磁极磁场,原动机拖动电机转子磁极旋转,定子电枢三相对称绕组中即感生出三相正弦交流电动势。

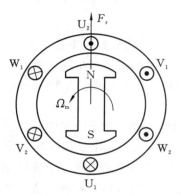

图 6-2 开路运行发电机的电动势与磁动势

如图 6-2 所示,当原动机拖动同步发电机转子逆时针旋转时,依图示假定正方向,磁极逆时针旋转而切割定子绕组,等价于磁极不动而定子绕组在磁场中顺时针旋转,根据右手定则,可知在 N 极上方定子导体中感生电动势的方向是垂直于纸面向外的,而 S 极下方的导体中感生电动势的方向则是垂直于纸面向内的。

1. 相电动势的幅值

三相同步电机的定子绕组结构与三相异步电机的相同,不论它作发电机还是作电动机运行,感生电动势的表达式形式都是一样的,为

$$E_s = 4.44 f N_s K_{Ns} \Phi_m \qquad (6-3)$$

电动势的幅值取决于电机中的每极磁通、转速(或频率)以及电机的结构。由于同步电机的转速与负载大小无关,与频率成正比,因此同步电机的定子电动势表达式在电机接工频电网时可简化为

$$E_s = K \Phi_m \omega = K' \Phi_m \Omega \qquad (6-4)$$

式中:K、K' 为由电机结构决定的常数;ω 为电机旋转磁场的电角速度;Ω 为电机转子的机械角速度。

同步发电机的定子绕组按惯例又称为同步发电机的电枢绕组,定子电动势也称为电枢电动势或发电机电动势,与直流发电机相似,也用 E_a 表示,但应注意它是交流电动势。

$$E_a = E_s = K \Phi_m \omega = K' \Phi_m \Omega \qquad (6-5)$$

发电机电动势与磁通和转速的乘积成比例,发电机开路运行时磁通仅取决于转子励磁电流。

2. 开路特性(空载特性)

同步发电机的特性很大程度上取决于磁性材料的性能。随着磁通的增加,磁性材料会逐渐饱和,磁导率随之下降。所有电机中的电磁转矩和感应电动势都取决于绕组的磁链,根据安培环路定理,电机中的气隙磁通量由磁路铁芯段和气隙段磁阻决定。磁路一旦饱和,铁芯段磁阻会产生相当大的变化,从而会在相当程度上影响电机的性能。

如果没有试验数据与理论分析进行比较,精确估计电机铁芯的饱和程度是十分困难的。在一些基本假设的基础上得到的一些近似方法可以用来研究电机铁芯饱和程度的影响。气隙磁动势的关系通常建立在忽略铁芯磁阻这一假设基础上。当这一关系被用于不同饱和程度的实际电机时,理论分析结果会出现一定的偏差。为了改进这些关系,可以用等效电机来代替实际电机以考虑铁芯饱和程度的影响。其中一种等效电机就是忽略铁芯磁阻,但气隙长度被增

大一定的量,以计及实际电机在铁芯中的磁位降。同样,气隙不均匀,如槽、通风道等所带来的影响也可以用增大有效气隙的方法来分析。最终,这些近似方法必须通过试验验证。在这些简单方法不能适用的情况下,就要用详细的分析方法如有限元法或其他数值方法来近似处理,但模型的复杂程度会随之加大。

6.2 交流同步发电机的等值电路

E_a 是交流同步发电机每相内部的感生电动势,它通常并不是发电机输出电压,仅当没有电枢电流(定子电流)时它才和发电机每相输出电压相等。发电机输出电压的影响因素有以下几点:

(1)电枢电流产生电枢反应使气隙磁场畸变;

(2)电枢绕组自感压降;

(3)电枢绕组电阻压降;

(4)转子凸极效应。

其中,电枢反应的影响最大。当发电机工作时,电枢绕组感生出电动势。如果发电机带有负载,感生电动势将形成绕组电流。三相定子电流将产生磁场,使原有的转子磁场发生畸变,进而影响定子最终的输出电压。

6.2.1 交流同步发电机负载运行时的电枢反应影响

以 1 对磁极的交流同步发电机为例说明电枢反应的影响。电枢开路时,转子磁场旋转,在定子电枢绕组中感生出电动势 E_a,依照发电机原理,位于磁极轴线下的电枢绕组导体中感生的电动势幅值最大,即 E_a 的最大值与磁场方向一致。由于电枢开路,没有定子电枢电流,发电机输出电压 U_s 与内部电动势 E_a 相等。

当发电机向电网或负载输出电能时,电枢绕组中有三相对称交流电流流过,如同三相异步电动机一样,这个三相对称电流也将在发电机内合成而建立一个以同步转速旋转的电枢反应磁动势 F_a。因此,同步发电机稳定负载运行时,气隙中有两个磁动势:直流主磁动势 F_r 和交流电流建立的电枢反应磁动势 F_a。二者均以同步转速相对定子旋转,相对转子静止,且二者也相对静止。这样,当同步发电机稳速运行时,由它们合成产生的气隙磁场仅在定子绕组中感生电动势。

如果发电机处于负载突变的瞬态或不平衡状态,则发电机转子的转速与定子电流形成的旋转磁场会产生瞬间的转差,励磁绕组的磁链将随时间变化,转子励磁电路中的感生电动势会对发电机性能产生重大影响。本书对此不展开深入讨论,而将重点放在稳态模型的建立与分析上。

在对三相异步电动机的分析中我们已经了解到,异步电动机运行时,定子电流总是滞后于定子电压的。这对同步发电机而言却不一定。同步发电机电枢电流的相位是可通过控制来调节的,它既可滞后于定子电压,也可超前于定子电压,还可与相电压相位保持一致。图 6-3(a)所示为同步发电机在电枢电流相位与电动势相位一致时的磁动势分布情况。这时直流磁动势 F_r 的方向为垂直向上,由于假定电枢电流与电枢电动势同相位,电枢反应磁动势 F_a 的方向依右手定则是水平向右的。由这两个空间磁动势矢量合成的总磁动势的方向将向右倾斜,即与电动势同相的电枢反应磁动势对原无电枢电流(空载)时空间磁动势产生的磁场产生歪扭作用。当电枢电流 $\dot{I}_U$ 滞后于电枢电动势 $\dot{E}_U$ 90°,即 $\theta=90°$ 时,F_a 与 F_r 方向相反,表明滞后电流将产生去磁作用,如图 6-3(b)所示;当 $\dot{I}_U$ 超前于 $\dot{E}_U$ 90°,即 $\theta=-90°$ 时,F_a 与 F_r 方向相同,表明超前电流将产生助磁作用,如图 6-3(c)所示。当电动势与电流相差任意角度时,可正交分解,这时电枢反应磁动势分解所得的与原磁动势同轴的分量产生去磁或助磁作用,与原磁动势正交的分量产生歪扭作用。

当同步发电机接有滞后型负载时,定子负载相电流 $\dot{I}_a$ 的峰值将滞后于发电机输出电压 $\dot{U}_s$ 峰值一个角度,这个电流产生的磁动势与另两相电流产生的磁动势合成,得到旋转磁场磁通和磁通密度 B_{sa},方向由右手定则决定,如图 6-4 所示,其旋转方向和旋转速度与转子磁场保持同步。该磁场依据发电机原理 $e_{sa}=B_{sa}lv$ 也在定子绕组中感生出电枢反应电动势 $\dot{E}_{sa}$。设同步发电机定子绕组为 Y 连接,忽略磁路饱和并利用叠加原理,这时定子绕组总电压等于两电压的相量和,总磁通密度等于两磁通密度的矢量和,即

$$\dot{U}_s=\dot{E}_a+\dot{E}_{sa} \tag{6-6}$$

$$\boldsymbol{B}_{net}=\boldsymbol{B}_r+\boldsymbol{B}_{sa} \tag{6-7}$$

式中:$\boldsymbol{B}_{net}$ 代表总磁通密度。

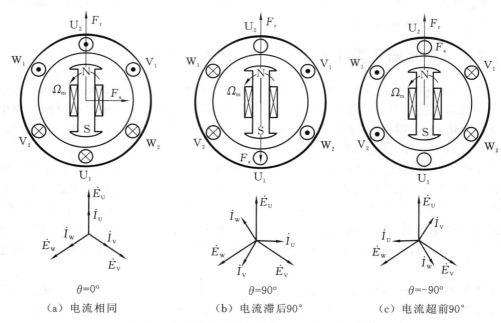

（a）电流相同　　　　　　　　（b）电流滞后90°　　　　　　　（c）电流超前90°

图 6-3　交流同步发电机负载运行的磁动势分布

6.2.2　三相隐极同步发电机的等值电路

注意到由 $e_{sa}=B_{sa}lv$ 决定的电枢反应电动势 $\dot{E}_{sa}$ 滞后于电流 90°,如图 6-4 所示,图中 $\dot{I}_{aU}$ 为 U 相电流,假定磁路不饱和,隐极同步发电机具有均匀的气隙,磁通密度 B_{sa} 与它的励磁电流 $\dot{I}_a$ 成比例,故电枢反应电动势的大小也与电流 $\dot{I}_a$ 成比例,令比例常数为 X,则电枢反应电

动势可以表示为

$$\dot{E}_{sa} = -jX\dot{I}_a \tag{6-8}$$

发电机输出相电压为

$$\dot{U}_s = \dot{E}_a - jX\dot{I}_a \tag{6-9}$$

除了电枢反应外,与异步电机一样,同步发电机各相定子绕组中还存在电阻 R_s 和漏电抗 X_s,负载电流也将在其上产生压降,将漏电抗与 X 合并,称为同步电抗 X_c,有

$$X_c = X + X_s \tag{6-10}$$

则同步发电机在负载条件下的输出电压方程为

$$\dot{U}_s = \dot{E}_a - jX_c\dot{I}_a - R_s\dot{I}_a \tag{6-11}$$

三相负载平衡时,每相等值电路如图 6-5 所示。

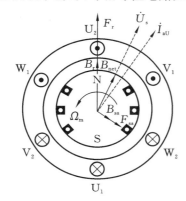

图 6-4 三相隐极同步发电机的
滞后负载运行特性

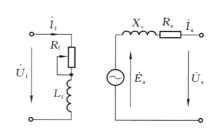

(a) 转子直流励磁 (b) 定子交流输出

图 6-5 三相隐极同步发电机
每相的等值电路

上述三相隐极同步发电机的电磁关系,可总结如图 6-6 所示。

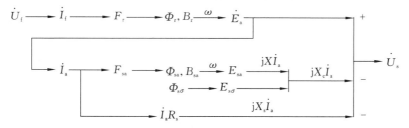

图 6-6 三相隐极同步发电机电磁关系示意图

6.2.3 交流同步发电机等值电路的相量图

交流同步发电机在带不同性质负载时,相电流与相电压的相位关系也不同。根据式(6-11),考虑电流的不同相位,可绘出交流同步发电机等值电路的相量图,如图 6-7 所示。

由图 6-7 可知,相电压和相电流幅值不变时,滞后型电感性负载下的电枢电动势幅值要高于超前型电容性负载下的电枢电动势,因此,如果要求发电机保持输出电压幅值不变,那么滞后型电感性负载所需要的励磁电流要大于超前型电容性负载所需要的励磁电流。这一特点同时也表明,同步发电机不能采用永磁转子结构而必须采用磁场强度可调的直流励磁结构。发

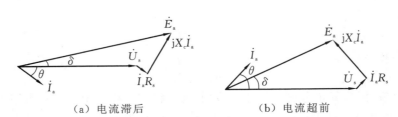

图 6-7　交流同步发电机等值电路的相量图

电机输出电压频率的稳定性则应由原动机转速的恒定性来保证。

如果保持励磁电流不变,则交流同步发电机带电感性负载时输出电压将较低,而带电容性负载时输出电压会较高。

由于电枢反应的影响已经在同步电抗压降上考虑,因此等值电路中的电动势 E_a 的大小仅由直流励磁决定,即仅由转子磁通密度 B_r 决定,与电枢反应磁通密度 B_{sa} 无关。

6.3　凸极结构对电枢反应磁场的影响

凸极同步发电机的主要特点是其转子磁路沿气隙是不均匀的,在两极间存在很大的空隙。因此当定子电流形成空间旋转磁动势时,相应的磁通与磁动势间并不保持简单线性关系。由于同步,定子旋转磁场和转子磁场间没有相对运动,它们的相对位置由负载性质决定。

6.3.1　凸极同步发电机电枢磁动势的分解

因为定子电枢反应基波磁动势 F_a 是呈正弦分布的,所以可以把它分解成两个分量:一个沿着转子磁极轴线,称为 d 轴(直轴)分量,用 F_{ad} 表示,$F_{ad} = F_a \sin\gamma$;另一个垂直于转子磁极轴线,且超前于 d 轴 90°,称为 q 轴(交轴)分量,用 F_{aq} 表示,$F_{aq} = F_a \cos\gamma$。其中,γ 为电枢相电流滞后于相电动势的角度,如图 6-8 所示。作用于 d 轴的磁动势分量沿 d 轴磁路形成 d 轴磁通分量,该磁路气隙较小,磁阻较小,而 q 轴磁路气隙较大,磁阻也较大,因此如果两个磁动势分量数值相等,则 d 轴分量形成的磁通要远大于 q 轴分量形成的磁通。

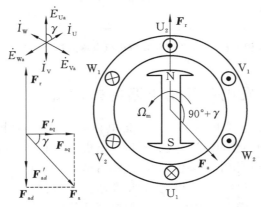

图 6-8　凸极同步发电机电枢磁动势的 d、q 分解

分解的目的是根据 d、q 轴不同的磁阻,分别按各自磁动势求出对应的磁通。给定气隙和极靴尺寸时,用磁场作图法和富氏分析法可以得到如图 6-9 所示曲线。图中曲线 1 表示磁动势,曲线 2 表示实际气隙磁通密度,曲线 3 表示磁通密度的基波分量。

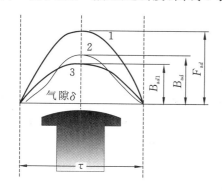 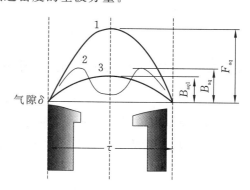

（a）凸极 d 轴电枢反应磁动势与磁通密度分布　　（b）凸极 q 轴电枢反应磁动势与磁通密度分布

图 6-9　凸极同步发电机的 d、q 轴磁动势和磁通密度分布

6.3.2　电枢反应磁动势的折算

假定电枢反应磁动势 d 轴分量的大小 F_{ad} 与转子直流励磁磁动势的大小 F_r 相等,F_{ad} 所产生的基波磁通密度幅值为 B_{ad1},F_r 产生的磁通密度基波幅值为 $B_{\delta1}$,则有 $B_{ad1} < B_{\delta1}$。这是因为 F_{ad} 的空间分布波形是正弦波而 F_r 的空间分布波形是矩形波,如图 6-10 所示,它们不是等效的。这表明 F_{ad} 中一安匝磁通势产生基波磁通的效果不如 F_r 的好。令其比例为

$$k_{ad} = \frac{B_{ad1}}{B_{\delta1}} < 1 \qquad (6\text{-}12)$$

如果 $F_{ad} \neq F_r$,则由其产生的磁通密度基波必须乘上 F_r/F_{ad} 后才能得到两者相等时的磁通密度 B_{ad1},因此有

$$k_{ad} = \frac{B_{ad1}}{B_{\delta1}} \times \frac{F_r}{F_{ad}} \qquad (6\text{-}13)$$

即

$$B_{ad1} = B_{\delta1} \frac{k_{ad}F_{ad}}{F_r} \qquad (6\text{-}14)$$

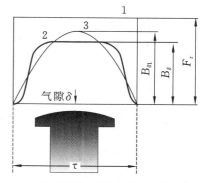

图 6-10　d 轴直流励磁磁动势与磁通密度分布

这个公式表明 F_{ad} 在乘以 k_{ad} 后与 F_r 产生同样大小的基波磁通。这一做法称为电枢反应 d 轴基波磁动势向转子基波磁动势的折算。

因为电枢绕组中感应的基波电动势正比于相应的基波磁通,那么在发电机负载运行时,就可以根据负载时的 d 轴磁动势 $F_d = F_r - k_{ad}F_{ad}$,从开路特性上直接查出这个磁动势在定子绕组中所产生的电动势大小,而不必计算这时的基波磁通。

同理,电枢反应磁动势 q 轴分量所产生的基波磁通折算到与等效直流励磁磁动势产生基波磁通的系数为

$$k_{aq} = \frac{B_{aq1}}{B_{\delta 1}} \times \frac{F_r}{F_{aq}} \tag{6-15}$$

即

$$B_{aq1} = B_{\delta 1} \frac{k_{aq} F_{aq}}{F_r} \tag{6-16}$$

6.3.3 直轴、交轴电枢反应电抗

在交流同步发电机中，定子漏电抗主要为槽漏电抗和端接漏电抗，与气隙间磁导率变化无关。凸极同步发电机定子漏电抗在直轴（d 轴）、交轴（q 轴）上的差异很小，可以忽略。磁路不饱和时，电枢反应磁动势的 d、q 轴分量将分别按比例产生电动势：

$$\dot{E}_d = -\mathrm{j}X_{ad}\dot{I}_d \tag{6-17}$$

$$\dot{E}_q = -\mathrm{j}X_{aq}\dot{I}_q \tag{6-18}$$

式中：X_{ad}、X_{aq} 分别定义为 d 轴、q 轴电枢反应电抗。

凸极同步发电机中，$X_{aq} < X_{ad}$。隐极同步发电机中，则有 $X_a = X_{aq} = X_{ad}$。对定子漏电抗压降按 d 轴、q 轴分解，有

$$\dot{E}_\sigma = -\mathrm{j}X_s\dot{I}_a = -(\mathrm{j}X_s\dot{I}_q + \mathrm{j}X_s\dot{I}_d) \tag{6-19}$$

定义 d 轴、q 轴同步电抗分别为

$$X_d = X_{ad} + X_s \tag{6-20}$$

$$X_q = X_{aq} + X_s \tag{6-21}$$

这两个同步电抗分别计及了沿 d 轴和沿 q 轴的电枢电流各自产生的总磁通的感应作用，这里的总磁通包括电枢漏磁通和电枢反应磁通。

磁路饱和对 X_{aq} 影响不大，对 X_{ad} 的影响与隐极同步发电机的情况类似。随着磁路的饱和，d 轴电枢反应电抗的数值将减小，凸极同步发电机 q 轴同步电抗的大小一般为 d 轴同步电抗的 60%～70%。同步电抗的饱和值适用于发电机的典型运行状态，后续章节中，如无特别声明，同步电抗均指饱和值。

6.3.4 凸极同步发电机的相量图

通常情况下，已知量是发电机定子侧功率因数角、相电压和相电流。为了实现电枢电流的分解，必须首先对轴进行定位，确定相电压 $\dot{U}_s$ 和相电动势 $\dot{E}_a$ 间的夹角，这个夹角称为功率角 δ，简称为功角，$\delta = \angle(\dot{U}_s, \dot{E}_a)$。

为了确定功角，绘制凸极同步发电机的相量图，如图 6-11 所示，图中 $\overline{O'a'}$ 垂直于 $\dot{I}_a$，且 $\overline{O'a'} = \mathrm{j}X_q\dot{I}_a$，这个结果可以证明如下：令 $\overline{b'a'} = X_q|\dot{I}_q|$，则由图 6-11(a) 知，三角形 $O'a'b'$ 和 Oab 对应边均正交，所以这两个三角形是相似三角形，因此有

$$\frac{\overline{O'a'}}{\overline{Oa}} = \frac{\overline{b'a'}}{\overline{ba}} \tag{6-22}$$

$$\overline{O'a'} = \left(\frac{\overline{b'a'}}{\overline{ba}}\right)\overline{Oa} = \frac{|\dot{I}_q|X_q}{|\dot{I}_q|}|\dot{I}_a| = X_q|\dot{I}_a|$$ 且与电流 $\dot{I}_a$ 正交，所以 $\overline{O'a'}$ 等于相量 $\mathrm{j}X_q\dot{I}_a$。

由于 $\dot{I}_a = \dot{I}_d + \dot{I}_q$，两个分量相互垂直，故有

$$jX_q \dot{I}_a = jX_q \dot{I}_d + jX_q \dot{I}_q \tag{6-23}$$

因此

$$\overline{b'a'} = jX_q \dot{I}_q \tag{6-24}$$

$$\overline{O'b'} = jX_q \dot{I}_d \tag{6-25}$$

同理可证

$$\overline{a'c} = j\dot{I}_d(X_d - X_q) \tag{6-26}$$

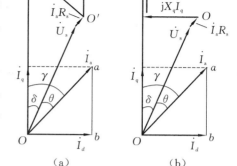

图 6-11　凸极同步发电机的相量图

这样，相量和 $\dot{U}_s + \dot{I}_a R_s + j\dot{I}_a X_q$ 就确定了感应电动势 $\dot{E}_a$ 的相位，也就确定了 d 轴和 q 轴的方位。通过电动势和电压的相位可得到功角 δ，进而得到

$$\dot{E}_a = \dot{U}_s + R_s \dot{I}_a + jX_d \dot{I}_d + jX_q \dot{I}_q \tag{6-27}$$

或

$$\dot{E}_a = \dot{U}_s + R_s \dot{I}_a + jX_q \dot{I}_a + j(X_d - X_q)\dot{I}_d \tag{6-28}$$

凸极同步发电机的输出电压

$$\dot{U}_s = \dot{E}_a - jX_d \dot{I}_d - jX_q \dot{I}_q - R_s \dot{I}_a \tag{6-29}$$

从而得到相量图，如图 6-11(b)所示。忽略定子电阻影响时，有

$$\dot{U}_s \approx \dot{E}_s - jX_d \dot{I}_d - jX_q \dot{I}_q \tag{6-30}$$

分别考虑电流超前、滞后两种不同负载情况，并假定发电机磁路处于不饱和状态，可得到凸极同步发电机的磁动势、电动势相量图。

实际应用中，同步发电机铁芯常处于一定程度的饱和状态。饱和时，应先获得总磁动势，再根据磁化曲线求所产生的电动势。只有在不饱和情况下，才能由磁动势相量图转化至电动势相量图。不饱和状态下的磁动势、电动势相量图中，磁动势、电动势关系清楚，有助于研究同步发电机电压控制和稳定。饱和情况会带来一定的分析误差。实际应用中应根据发电机饱和状态考虑适当修正。

6.4　交流同步发电机的功率和转矩

6.4.1　交流同步发电机的功率

交流同步发电机的功率源为原动机，原动机能够提供机械能，如柴油机、汽轮机、水轮机等均属于原动机。无论什么功率源，其共同特点是其旋转速度应该保持常数而与功率无关，否则发电机提供的电力系统的频率将不能保持恒定。并不是所有进入同步发电机的机械功率都能转变为电功率而输出。

原动机提供的机械功率以 $P_1 = P_{mec} = \Omega T_{mec}$ 的形式从同步发电机轴上输入，其中：Ω 为原动机的机械角速度，也是交流同步发电机的机械角速度；T_{mec} 为原动机作用于同步发电机轴上的转矩。这一输入总功率除了一小部分被同步发电机的寄生损耗（也称为附加损耗）P_s、风阻摩擦损耗（也称为机械损耗）P_{fv}、铁芯损耗 P_{Fe} 和同步发电机励磁功率 P_F 消耗外，其余部分通

过同步发电机转换为电磁功率,通过气隙传到定子,再除去定子铜耗 P_{Cu},余下部分成为同步发电机输出的电功率 P_2。其中,电磁功率 P_{em} 的表达式为

$$P_{\mathrm{em}} = \Omega T_{\mathrm{em}} = 3E_a I_a \cos\gamma \tag{6-31}$$

式中:γ 为电动势 $\dot{E}_a$ 和电流 $\dot{I}_a$ 间的相角,$\gamma = \angle(\dot{E}_a, \dot{I}_a)$。

而同步发电机的输出电功率 P_2 的表达式为

$$P_2 = \sqrt{3} U_L I_L \cos\theta \tag{6-32}$$

式中:U_L 为线电压;I_L 为线电流;θ 为输出相电压与相电流间的相角,$\theta = \angle(\dot{U}_s, \dot{I}_a)$。输出的无功功率表达式为

$$Q_2 = \sqrt{3} U_L I_L \sin\theta \tag{6-33}$$

当用相量表示时,有

$$P_2 = 3U_s I_a \cos\theta \tag{6-34}$$

$$Q_2 = 3U_s I_a \sin\theta \tag{6-35}$$

6.4.2　隐极同步发电机的功角特性

一般情况下,同步发电机中同步电抗在数值上远大于定子电阻,忽略定子电阻,则可以得到一个实用的隐极同步发电机输出功率近似表达式。

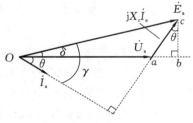

图 6-12　忽略定子电阻时隐极同步发电机的相量图(电流滞后时)

根据式(6-11),忽略定子电阻时,隐极同步发电机的相量图可用图 6-12 表示,这里假定负载为滞后性质的。由图中几何关系,有

$$\overline{bc} = E_a \sin\delta = X_c I_a \cos\theta \tag{6-36}$$

因此,有

$$I_a \cos\theta = \frac{E_a \sin\delta}{X_c} \tag{6-37}$$

由式(6-34),有

$$P_2 = 3U_s I_a \cos\theta \approx \frac{3U_s E_a \sin\delta}{X_c} \tag{6-38}$$

在忽略定子电阻的假定前提下,不计定子铜耗,输出功率和电磁功率相等,故隐极同步发电机输出的有功功率和电磁功率为

$$P_{\mathrm{em}} = P_2 = \frac{3U_s E_a \sin\delta}{X_c} \tag{6-39}$$

此外,由图 6-12 可知

$$E_a \cos\delta = U_s + I_a X_c \sin\theta \tag{6-40}$$

因此,有

$$I_a \sin\theta = \frac{E_a \cos\delta - U_s}{X_c} \tag{6-41}$$

故隐极同步发电机在忽略定子电阻影响时的输出无功功率为

$$Q_2 = 3U_s I_a \sin\theta = 3U_s \times \frac{E_a \cos\delta - U_s}{X_c} \tag{6-42}$$

式(6-42)说明同步发电机的输出电功率取决于输出电压相量与电动势相量间的夹角 δ。因此,δ 称为同步发电机的功角。如果功角达到 $90°$,则同步发电机输出功率达到最大。通常,同步发电机的功角不会达到这个极限,额定负载时功角一般为 $15°\sim20°$。

按照电磁功率与电磁转矩的关系,不难得到忽略定子电阻时隐极同步发电机的电磁转矩表达式,为

$$T_{em}=\frac{3U_sE_a\sin\delta}{\Omega X_c} \tag{6-43}$$

显然该电磁转矩也是功角的函数,故功角有时也被称为转矩角或矩角。当矩角增加到 $90°$ 时,电磁转矩达到最大,该值称为临界转矩。到达临界转矩后,任何原动机转矩的继续增加将无法由对应的同步电磁转矩的增加来平衡,其结果是发电机同步性难以维持,转子将会升速,这种现象称为失步。在这种情况下,发电机应通过断路器的自动动作脱离电网,并迅速令原动机制动停机,以防止发电机因超速而引发的危险。

该电磁转矩也可以通过两个磁场间的作用力得到。同步发电机转子直流励磁形成的磁通密度为 $\boldsymbol{B}_r$,定子交流电流电枢反应形成的磁通密度为 $\boldsymbol{B}_{sa}$,则电磁转矩的大小可表示为

$$T_{em}=k\,|\,\boldsymbol{B}_r\times\boldsymbol{B}_{sa}\,| \tag{6-44}$$

气隙磁通密度 $\boldsymbol{B}_{net}$ 由转子磁通密度与电枢反应磁通密度合成,为

$$\boldsymbol{B}_{net}=\boldsymbol{B}_r+\boldsymbol{B}_{sa} \tag{6-45}$$

因此

$$T_{em}=k\,|\,\boldsymbol{B}_r\times\boldsymbol{B}_{sa}\,|=k\,|\,\boldsymbol{B}_r\times(\boldsymbol{B}_{net}-\boldsymbol{B}_r)\,| \tag{6-46}$$

6.4.3　凸极同步发电机的功角特性

凸极同步发电机在忽略定子电阻时的相量图如图 6-13 所示。

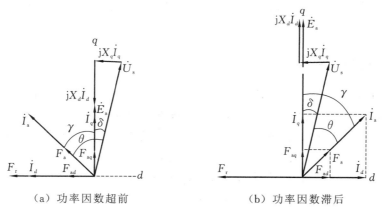

（a）功率因数超前　　　　　　（b）功率因数滞后

图 6-13　忽略定子电阻时凸极同步发电机的相量图

现以图 6-13(b)所示功率因数滞后的情况为例,分析凸极同步发电机的功角特性。由图可知

$$X_dI_d=E_a-U_s\cos\delta \tag{6-47}$$

$$X_qI_q=U_s\sin\delta \tag{6-48}$$

有

$$I_d = \frac{E_a - U_s \cos\delta}{X_d} \qquad (6\text{-}49)$$

忽略定子电阻时,有

$$I_q = \frac{U_s \sin\delta}{X_q} \qquad (6\text{-}50)$$

$$\theta = \gamma - \delta \qquad (6\text{-}51)$$

$$P_{em} = P_2 = 3U_s I_a \cos\theta = 3U_s I_a \cos(\gamma - \delta)$$
$$= 3U_s I_a \cos\gamma \cos\delta + 3U_s I_a \sin\gamma \sin\delta$$

又因

$$I_d = I_a \sin\gamma \qquad (6\text{-}52)$$

$$I_q = I_a \cos\gamma \qquad (6\text{-}53)$$

故

$$P_{em} = 3U_s I_q \cos\delta + 3U_s I_d \sin\delta$$
$$= 3U_s \frac{U_s \sin\delta}{X_q} \cos\delta + 3U_s \frac{E_a - U_s \cos\delta}{X_d} \sin\delta$$
$$= 3\frac{E_a U_s}{X_d} \sin\delta + 3U_s^2 \left(\frac{1}{X_q} - \frac{1}{X_d}\right) \sin\delta \cos\delta$$

最后得到

$$P_{em} = 3\frac{E_a U_s}{X_d} \sin\delta + \frac{3U_s^2}{2}\left(\frac{1}{X_q} - \frac{1}{X_d}\right) \sin 2\delta \qquad (6\text{-}54)$$

$$T_{em} = \frac{P_{em}}{\Omega} = 3\frac{E_a U_s}{\Omega X_d} \sin\delta + \frac{3U_s^2}{2\Omega}\left(\frac{1}{X_q} - \frac{1}{X_d}\right) \sin 2\delta \qquad (6\text{-}55)$$

上述分析表明,当输出电压和相电动势为常数时,凸极同步发电机的电磁功率只随功角变化而变化。

6.4.4 功角的双重物理意义

同步发电机的功角从定义上看首先是电动势 $\dot{E}_a$ 和电压 $\dot{U}_s$ 间的时间相位角。功角实际上也是由合成磁通 Φ_{net}(该合成磁通是由直流励磁磁动势 F_r 产生的主磁通 Φ_r 与电枢反应磁动势 F_{sa} 产生的磁通 Φ_{sa} 共同形成的)与主磁通 Φ_r 在空间中的夹角决定的。假定合成磁通 Φ_{net} 是由定子的一个等效合成磁动势 F_{net} 所产生的,那么功角也就是直流励磁磁动势 F_r 和合成磁动势 F_{net} 的空间夹角,同时也是转子磁极轴线与该假想定子合成磁通磁极轴线间的夹角。

同步发电机在运行时要输出有功功率,则必须满足 $\delta > 0°$,这意味着转子磁极轴线超前于定子合成磁极轴线的角度为 δ。同步发电机稳定运行时,转子磁极拖动定子合成磁极同步旋转,定子合成磁极给转子磁极一个反作用力,形成制动转矩。

因原动机的驱动转矩克服定子合成磁极的制动转矩,故转子做功,实现机电能量转换,将由原动机输入的机械能转变为电能而输出。分析可见,功角是研究同步发电机运行状态的一个重要参数,它不仅决定了发电机输出有功功率的大小,而且还反映发电机转子的相对空间位置,可以将同步发电机的电磁关系和机械运动紧密联系起来。

6.5　交流同步发电机的参数与额定数据

6.5.1　交流同步发电机的参数及其试验测定

为了得到隐极同步发电机的等值电路,必须知道以下三个参数:

(1) 励磁电流(或磁动势)与磁通(或磁通密度)的关系,即励磁电流与电动势的关系;

(2) 同步电抗;

(3) 定子电阻。

下面介绍上述参数的试验测定方法。

1. 开路试验

令同步发电机在原动机拖动下运行于额定转速下,定子绕组开路。励磁电流从零逐渐增加,使定子输出电压达到 1.2 倍额定值,测量记录此时的定子输出电压和励磁电流,然后逐渐将励磁电流减小到零,测量记录若干点数据,平滑作图,得到发电机的励磁电流与输出电压的关系曲线,如图 6-14 所示。将试验结果曲线向右平移并使其通过原点,此时的曲线即为交流同步发电机的开路特性曲线 $E_a = f(I_f)$。

由于开路,输出电压等于电动势。根据获得的开路特性曲线,可以求得在任意给定励磁电流条件下交流同步发电机的电动势。

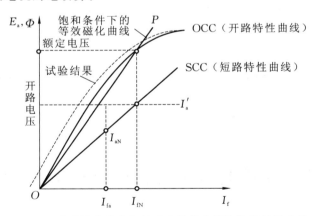

图 6-14　交流同步发电机的开路特性曲线和短路特性曲线

2. 短路试验

交流同步发电机短路试验的接线图如图 6-15 所示。试验中首先令励磁电流为零,发电机定子输出端用电流表短路。然后使交流同步发电机在原动机拖动下运行于额定转速下,逐渐增大励磁电流,测量短路电流。根据试验数据绘制励磁电流与电枢电流的关系曲线,称为短路特性曲线,它基本上是一条直线(见图 6-14)。

定子短路时,定子电枢电流为

$$\dot{I}_a = \frac{\dot{E}_a}{R_s + jX_c}, \quad I_a = \frac{E_a}{\sqrt{R_s^2 + X_c^2}} \tag{6-56}$$

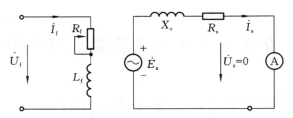

图 6-15　交流同步发电机短路试验接线图

6.5.2　交流同步发电机的额定数据

交流同步发电机的额定数据有如下几个。

1. 额定容量 S_N

交流同步发电机的输出额定值用额定容量 S_N 表示，其单位为 kVA 或 MVA。额定容量表示交流同步发电机的输出额定视在功率。

2. 额定功率 P_N

额定功率 P_N 表示交流同步发电机输出的有功功率，单位为 kW 或 MW。当电机作电动机时，P_N 指电动机轴上的输出机械功率。

3. 额定电压、额定电流

交流同步发电机的额定电压、额定电流与异步电机的相同，均为线值。其关系为

$$P_N = S_N \cos\theta_N = \sqrt{3} U_N I_N \cos\theta_N \qquad (6-57)$$

$$S_N = \sqrt{3} U_N I_N \qquad (6-58)$$

4. 其他额定数据

交流同步发电机的其他额定数据包括功率因数、效率、频率、转速、励磁电流、励磁电压等。其关系为

$$P_N = P_1 \eta_N = \sqrt{3} U_N I_N \cos\theta_N \eta_N \qquad (6-59)$$

6.6　交流同步发电机的负载运行特性

6.6.1　交流同步发电机接无穷大电网负载时的运行特性

交流同步发电机的特性与其负载类型有关。负载类型主要可分为以下两大类。

（1）单台发电机独立对负载供电，负载性质包括电阻性、电感性、电容性及其组合，其特性前面已讨论。

（2）发电机输出接入电网——无穷大电网负载。一旦发电机接入无穷大电网，它就成为电网中成百上千台发电机之一，电网驱动成千上万的负载，这时该发电机的负载性质不可能确定，但可以确定的是该发电机的端电压和频率是恒定的，它们完全由无穷大电网决定。因此该发电机可改变的参数只有两个，即励磁电流和由原动机提供的机械转矩。下面分别讨论这两

个参数变化时交流同步发电机的运行特性。

1. 无穷大电网下励磁电流变化的影响

假定一交流同步发电机接入无穷大电网时,发电机电动势等于电网电压并且二者同相。这时负载电流 $\dot{I}_a$ 为零,发电机不消耗功率,称为浮在线上,其相量图如图 6-16 所示。

如果增大转子直流励磁电流,电动势将增大,忽略定子电阻时有

$$\dot{U}_s = \dot{E}_a - jX_c\dot{I}_a = \dot{E}_a - \dot{E}_x \tag{6-60}$$

$$\dot{I}_a = (\dot{E}_a - \dot{U}_s)/X_c \tag{6-61}$$

式中:$\dot{E}_x = jX_c\dot{I}_a$ 为同步电抗压降。此时相量图如图 6-17 所示。

图 6-16　交流同步发电机浮在线上时的相量图

图 6-17　交流同步发电机过励、忽略定子电阻、
无有功功率输出时的相量图

由于同步电抗是电感性质的,因此电流滞后电压90°。无穷大电网看起来像是发电机的一个纯电感性负载,发电机将对其输出电感性(滞后)的无功功率 $Q = 3U_aI_a\sin 90° > 0$。

这种通过增大转子直流励磁电流使交流同步发电机的电动势幅值大于额定电压幅值的励磁工作状态,称为交流同步发电机的"过励"工作状态。

如果减小转子直流励磁电流,则交流同步发电机的电动势降低,低于电网电压,导致电枢电流反向,此时相量图如图 6-18 所示,电流 $\dot{I}_a$ 反向变为超前于电压90°,$\dot{E}_x$ 也反向、水平向左。

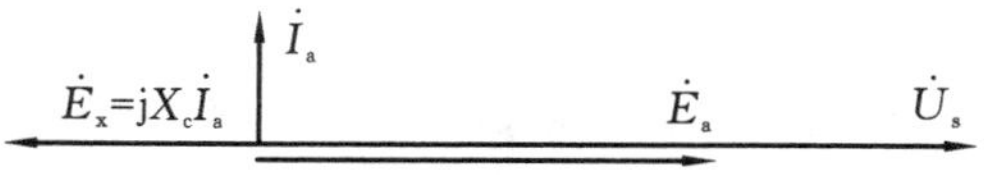

图 6-18　交流同步发电机欠励、忽略定子电阻、无有功功率输出时的相量图

这时电网看起来像是交流同步发电机的一个电容性负载,发电机输出的无功功率为

$$Q = 3U_aI_a\sin(-90°) < 0 \tag{6-62}$$

也可以说,减小励磁电流时,交流同步发电机将消耗无功功率,这种工作状态也称为交流同步发电机的"欠励"工作状态。

上述两种情况下,由于交流同步发电机不消耗有功功率,因此功角等于 0° 或 180°,电动势始终保持与电压同相或反相。

2. 无穷大电网下机械转矩变化的影响

设交流同步发电机初始工作于浮在线上状态,电动势与电压相等且同相。若加大汽轮机蒸汽供应量,则交流同步发电机的机械转矩将增大,使转子加速,电动势 $\dot{E}_a$ 也瞬间略微增大且相位超前于电压 $\dot{U}_s$ 一个相位角 δ。由功率表达式可知,功角大于 0° 时,发电机将对负载(电网)输出有功功率。功角越大,输出的有功功率也越大。输出有功功率的同时,负载电流将形成电磁力,进而对转子形成阻转矩。当输出的有功功率等于汽轮机增加的机械功率时,转子将停止加速,如果这时转子的转速高于同步转速,功角将进一步增大,输出有功功率增大,同时阻转矩也进一步增大使转速回落;反之,若转子转速低于同步转速,功角将减小,输出有功功率降

低,同时阻转矩相应减小,转子转速回升,经过短暂调整,转子转速将重新达到同步转速,功角保持为某一常数,发电机稳定运行。

6.6.2　发电机性质的物理解释

当发电机浮在线上时,定子电流为0,没有电磁力作用于转子,发电机磁场仅由直流励磁产生,它在定子绕组中感生出电动势$\dot{E}_a$,如图 6-19 所示。

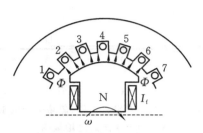

图 6-19　发电机浮在线上

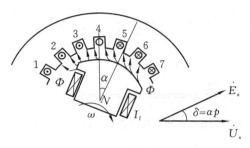

图 6-20　N 极超前于定子 S 极

当机械转矩增大时,转子逐渐超前于原来位置一个机械角度 α,如图 6-20 所示,电动势和电压对应出现一个功角相位差:$\angle(\dot{E}_a,\dot{U}_s)=\delta=p\alpha$,其中 p 为磁极对数。这时定子电动势与电压虽然幅值仍然相等,但相位不同,形成定子电流 $\dot{I}_a$。三相定子电流形成旋转磁场和相应的磁极。定子、转子磁极同性相斥,异性相吸。

本章小结

　　交流同步发电机是一种将原动机机械能转换成具有特定电压和频率的交流电能的装置。同步意味着发电机的电频率被锁定或同步到机械轴的额定旋转速度。交流同步发电机是现代电力系统中最主要的发电设备。

　　发电机电动势取决于其轴旋转的速度和磁通的幅值。受电枢反应和定子绕组阻抗的影响,输出相电压与电动势有一定的幅值和相位差。

　　发电机在实际电力系统中的运行状态取决于其约束条件。单独运行时,其有功功率和无功功率由负载决定,同步转速和励磁电流决定了发电的频率和电压的幅值。

　　如果发电机被连接到无穷大电网,则其输出电压的频率和幅值是固定的,控制其轴上的输入转矩和励磁电流,可控制发电机的有功功率和无功功率。在实际电网中,同一电网的同步发电机容量基本相同。转速转矩调节器控制频率和功率流,励磁电流影响端电压和无功功率流。

　　交流同步发电机的发电能力主要受限于其内部的发热量。一旦发电机绕组过热,会导致发电机寿命显著缩短。由于存在两个不同的绕组(即电枢和励磁),同步发电机有两个不同的约束条件。电枢绕组的最大允许温升决定发电机的最大容量,励磁绕组的最大温升决定电动势的最大值。电动势的最大值和电枢电流的最大值共同决定发电机的额定功率。

给交流同步发电机转子绕组施加直流励磁,它将产生相当于转子静止时的磁场。当转子由原动机驱动时,它将产生旋转磁场,使三相定子绕组产生三相感应电压。感应电压的幅值与磁通成正比,与转速成正比(也就是与频率成正比)。

受电枢反应、定子电阻、漏电抗和凸极的影响,发电机端电压和感应电动势间存在压差。引入同步电抗(不饱和/饱和)以建立受到不同影响时发电机的等值电路模型。对给定的相电压、电流,电感性负载需要更大的励磁电流;对给定的励磁,接电感性负载时端电压较低。

发电机带上负载后,电枢反应磁动势的基波在气隙中使气隙磁通的大小及位置均发生变化,这种影响称为同步发电机的电枢反应。电枢反应的性质取决于电枢反应磁动势基波和励磁磁动势基波之间的相对位置,即电枢反应与空载电动势和电枢电流之间的夹角 γ 有关。电枢反应磁动势可分解为直轴分量和交轴分量。交轴分量对气隙磁场起歪扭作用,直轴分量起去磁或助磁作用。发电机带电感性、阻感性负载时,直轴分量是去磁的;发电机带电容性、阻容性负载时,直轴分量是助磁的。电枢反应是同步发电机在负载运行时的重要物理现象,不仅是引起端电压变化的主要原因,而且是发电机实现机电能量转换的枢纽。

交轴的电枢反应磁场与励磁电流共同作用,在发电机转轴上产生的制动性质的电磁转矩功角越大,则发电机输出的有功功率相应就越大,有功分量电流也越大。交轴电枢反应越强,就要求原动机输入更大的驱动转矩,以维持发电机的转速不变。

习题

6-1 在欧洲某地,需要提供 300 kW 、60 Hz 电力。可获得的电网频率是 50 Hz。若采用一套由同步电动机和同步发电机组成的机组供电,为了将 50 Hz 变换为 60 Hz,需要分别采用多少对磁极的同步电动机和同步发电机?

6-2 交流同步发电机参数如下:滞后功率因数为 0.8,频率为 60 Hz,1 对磁极,Y 连接,每相同步电抗为 12 Ω,每相电枢电阻为 1.5 Ω,工作于无穷大电网。

(1)求额定状态下 E_a 的幅值和额定状态下的功角。

(2)如果励磁恒定,则该发电机的最大输出功率为多少? 额定功率运行时还有多大的功率储备?

思考题

6-1 为什么交流同步发电机的输出电压频率完全由轴的旋转速度决定?

6-2 为什么交流同步发电机在突加滞后型负载时输出电压会显著降低,而在突加超前型负载时输出电压会显著升高? 为了保证输出电压恒定,应该如何处理?

6-3 交流同步发电机的电枢电阻和同步电抗如何测定? 为什么交流同步发电机的短路特性曲线为直线?

第7章　同步电动机运行基本原理

本章首先介绍了同步电机的可逆原理，然后深入探讨了同步电动机的等值电路、机械特性、功率和转矩的关系，以及附加转矩和磁阻电机等相关内容。本章详细描述了同步电动机的运行特性，包括负载变化和励磁变化对其运行的影响，同步电动机的工作特性和 V 形曲线，以及同步电动机的启动方法和特性比较。特别地，本章对永磁同步电动机进行了专门讨论，包括其结构、稳态性能、效率和功率因数特性，以及速度调节方法。本章内容有助于读者深入理解同步电机的运行机制和控制策略，为工程应用中的电机选择和性能优化提供理论依据。

◎ 知识目标

（1）理解同步电动机的可逆原理；
（2）掌握同步电动机的等值电路、机械特性、功率和转矩方程；
（3）掌握同步电动机的运行特性；
（4）理解永磁同步电动机的结构、稳态特性；
（5）掌握永磁同步电动机的速度调节方法。

◎ 能力目标

（1）能够绘制同步电动机的等值电路图；
（2）能够利用机械特性、功率和转矩方程对同步电动机进行简单计算分析；
（3）能够掌握常见的同步电动机（如永磁同步电动机）的工作特性。

◎ 素质目标

引入三峡、白鹤滩等水电站发电项目，讲述同步电机的演变历程及同步电机在我国的发展历史，培养学生积极探索、开拓创新的精神，同时培养学生投身祖国建设的爱国主义精神。

7.1　同步电机运行原理

本节首先介绍普通电励磁同步电机。下面叙述中如无特别声明，同步电机均指电励磁同步电机。

7.1.1　同步电机的可逆原理

与直流电机、异步电机一样，同步电机的运行也是可逆的，即同步电机既可以作为发电机，也可以作为电动机。同步电机运行于发电机状态时的电流滞后负载运行情况如图 7-1 所示。在原动机的拖动下,转子磁极轴线超前定子合成磁极轴线,功角 $\delta > 0$,同步电机把机械能转变成电能,原动机产生的机械转矩 T_{mec} 拖动发电机转子以速度 n 旋转,定子绕组感生出电动势,在输出电功率的同时产生电枢电流,形成的电磁转矩 T_{em} 为制动性质的转矩。同步电机稳定运行时,有

$$T_{mec} = T_{em} + T_0 \tag{7-1}$$

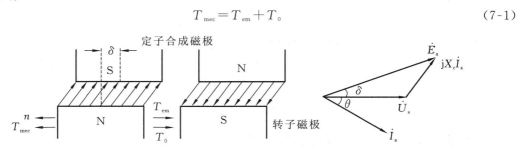

图 7-1　同步电机在发电机状态下电流滞后负载运行

减小同步电机的输入功率,则转子将瞬时减速,功角 δ 减小,相应的电磁功率和电磁转矩也减小。当输入功率减小到只能满足空载损耗时,同步电机处于空载运行状态,相应的电磁功率和电磁转矩均为零,如图 7-2 所示。此时同步电机不输出有功功率,$T_{mec} = T_0$,功角为零。

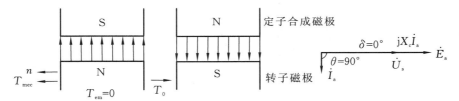

图 7-2　同步电机在发电机状态下空载运行

继续减小同步电机的输入功率,转子磁极轴线将落后于定子合成磁极轴线,功角 δ 和电磁功率 P_{em} 变为负值,电磁转矩 T_{em} 改变方向,与原动机机械转矩共同平衡空载阻转矩,稳态转矩平衡方程变为 $T_{mec} + T_{em} = T_0$。卸掉原动机,则有 $T_{em} < T_0$,转子减速使功角进一步增大,此时同步电机将从电网吸收电功率以满足空载损耗,成为空载运行的电动机,同时电磁转矩相应增大,转子转速逐渐回到同步转速,稳定在 $T_{em} = T_0$ 运行。

在同步电机轴上加机械负载,对应的负载转矩为 T_L,转子瞬间减速使负值的功角进一步增大,由电网向同步电机输入的电功率和电磁功率也相应增大,转子受到增大的驱动性质的电磁转矩作用,转速回升到同步转速,稳定运行时 $T_{em} = T_0 + T_L$,如图 7-3 所示。

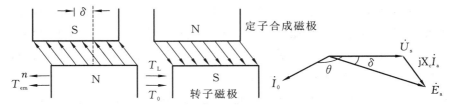

图 7-3　同步电机在电动机状态下电流滞后负载运行

同步电机转子通过直流电励磁产生磁通为 Φ_r、磁通密度为 B_r 的主磁场,定子绕组中则通过外加三相电流产生磁通为 Φ_sa、磁通密度为 B_sa 的旋转磁场,同时定子绕组还产生漏磁通 Φ_sr。与作发电机时一样,同步电机作电动机运行时,Φ_sa、Φ_sr、Φ_r 共同形成合成磁通 Φ_net。由 Φ_net、Φ_r 决定的两个磁场的转速、旋转方向均相同,在空间中相对静止。两个磁场相互作用,磁力使转子磁场试图跟随定子磁场旋转。合成磁场 Φ_net 与转子磁场磁极间的夹角 $|\delta|$(即功角或矩角)越大,作用于转子磁极的转矩也越大($\delta \leqslant \delta_\mathrm{max}$ 时)。同步电动机的基本运行原理本质就是通过三相交流电流产生的定子合成旋转磁场磁极拖动转子磁极同步旋转,对电磁转矩大小和方向的分析仍可依照一般电动机原理进行。由于同步电动机的物理结构与同步发电机的相同,所有关于同步发电机转速、转矩、功率的结论可完全适用于同步电动机,应用公式时仅需注意发电机与电动机电路各电参数的假定正方向对公式中物理量符号的影响。

7.1.2 隐极同步电动机等值电路

隐极同步电动机等值电路的结构与发电机的相同,但由于同步电动机与同步发电机功率传递方向相反,按照惯例,在等值电路中定子电流的假定正方向变更为与发电机的相反,如图 7-4 所示。

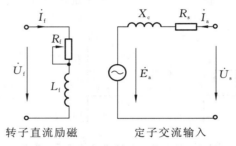

转子直流励磁   定子交流输入

图 7-4 隐极同步电动机一相的等值电路

根据图示假定正方向,可得到隐极同步电动机的电动势平衡方程,为

$$\dot{U}_\mathrm{s} = \dot{E}_\mathrm{a} + \mathrm{j}X_\mathrm{c}\dot{I}_\mathrm{a} + R_\mathrm{s}\dot{I}_\mathrm{a} \tag{7-2}$$

7.1.3 同步电动机的机械特性、功率与转矩

1. 机械特性

开环运行的同步电动机以恒定的同步转速向负载提供机械功率。它们的供电系统功率通常远远大于异步电动机供电系统功率。对同步电动机供电的电网常被视为无限大电网,无限大电网的电压、频率恒定,与提供给电动机的能量无关。而现代变频驱动的同步电动机中,由于驱动器电源采用闭环控制,虽然驱动器不是无穷大电网,但它输出的电压、频率也可不受电动机负载影响而自动保持恒定,因此对电动机而言驱动器也可视为理想电压源。这样,同步电动机的稳态转速将被供电电源频率锁定,即 $n = 60f/p$,与负载大小无关。从空载到所能提供的最大转矩 T_max(失步转矩)点,稳态转速一直保持为常数。机械特性无静差,转差率为零,是同步电动机运行的一个显著特点。同步电动机的机械特性曲线如图 7-5 所示。

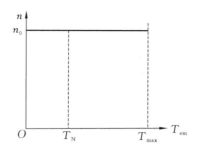

图 7-5　同步电动机的机械特性曲线

对隐极同步电动机,忽略定子电阻时有

$$T_{max} = \frac{3U_s E_a}{\Omega X_c} \tag{7-3}$$

2. 同步电动机的功率平衡关系

同步电动机的功率平衡关系可通过功率流图表示,如图 7-6 所示。电网输送到同步电动机的电功率 P_1 扣除定子铜耗 P_{Cu1} 后,转变为电磁功率 P_{em} 并通过气隙传递到转子,即

$$P_{em} = P_1 - P_{Cu1} \tag{7-4}$$

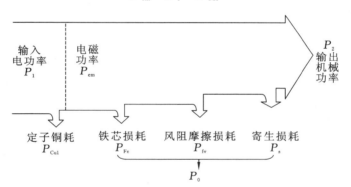

图 7-6　同步电动机的功率流图

从电磁功率中再减去同步电动机的空载损耗 P_0,得到轴上输出机械功率 P_2。空载损耗 P_0 包括铁耗 P_{Fe}、风阻摩擦损耗 P_{fv} 和寄生损耗 P_s。实际上在同步电动机稳定运行时,转子铁芯与磁场同步旋转,定子铁芯与磁场的相对转速等于同步转速,铁耗主要在定子铁芯中产生,但按照惯例,一般将铁耗归并到空载损耗中考虑。由此可得

$$P_2 = P_1 - P_{Cu1} - P_{Fe} - P_{fv} - P_s \tag{7-5}$$

令 $P_0 = P_{Fe} + P_{fv} + P_s$,则有

$$P_2 = P_{em} - P_0 \tag{7-6}$$

相应地,由电磁功率表示的同步电动机电磁转矩为

$$T_{em} = \frac{P_{em}}{\Omega} \tag{7-7}$$

式中: $\Omega = \dfrac{2\pi}{60}n$ 为同步电动机的同步角速度。式(7-7)与异步电动机电磁转矩表达式是一致

的。将式(7-6)同除 Ω，就得到同步电动机的稳态转矩平衡方程，为

$$T_2 = T_{em} - T_0 \tag{7-8}$$

3. 隐极同步电动机的电磁功率与转矩

忽略电枢电阻时，同步电动机的电磁功率和电磁转矩也可用同步电机作发电机运行时的近似表达式(6-39)、(6-43)求得。但是，当同步电机作电动机运行时，功角为负值，因此需要将式(6-39)、式(6-43)中的 δ 用 $-\delta$ 代替，$\sin(-\delta) > 0$。对隐极同步电动机，电磁功率为

$$P_{em} = \frac{3U_s E_a \sin(-\delta)}{X_c} \tag{7-9}$$

对应电磁转矩为

$$T_{em} = \frac{3U_s E_a \sin(-\delta)}{\Omega X_c} \tag{7-10}$$

最大转矩发生在 $-\delta = 90°$ 处。为了防止同步电动机在突加负载时出现失步现象，同步电动机的额定转矩一般设计得远小于最大转矩，最大转矩的典型值通常是额定转矩的 $2\sim3.5$ 倍，对应的额定功角 δ 一般为 $-30°\sim-16.5°$。

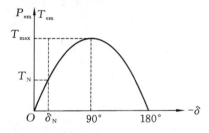

图 7-7 隐极同步电动机的功角特性曲线

当负载转矩超过最大转矩时，同步电动机转子将无法保持与旋转磁场的锁定状态，形成转差，随着转子转速的下降，定子磁场将重复地时而超前、时而滞后于转子磁场，电磁转矩也重复改变方向，形成很大的转矩波动，导致电动机轴产生强烈振动，严重时可能导致拖动系统损坏。这种现象称为同步电动机的失步现象，是同步电机必须避免的运行状态。隐极同步电动机的功角特性曲线如图 7-7 所示。

同步电动机的最大电磁转矩为 $T_{max} = \dfrac{3U_s E_a}{\Omega X_c}$，励磁电流越大，电枢电动势 E_a 越大，从而最大转矩也越大。因此，大的励磁电流可增强电动机的负载能力，提高其运行的稳定性。

7.1.4 附加转矩与磁阻式同步电动机

凸极同步电动机的电磁功率由两部分组成：第一项是与隐极同步电动机相同的基本电磁功率；第二项称为附加电磁功率，它是由 d 轴、q 轴的磁阻不等引起的，其产生的转矩又称为磁阻转矩。

当凸极转子轴线与定子磁场轴线错开一个角度时，定子绕组产生的磁通斜着通过气隙，会产生切线方向的磁拉力，形成拖动转矩。只要定子存在旋转磁场，即使没有电励磁，凸极同步电动机也会产生磁阻转矩，拖动电动机运行。这种没有电励磁的同步电动机又被称为磁阻式同步电动机或反应式同步电动机。由于没有直流励磁，这种同步电动机的功率因数不能调节，只能在由定子绕组决定的滞后功率因数下运行，电磁转矩也仅由定子电流产生的磁场和功角决定，因此这种同步电动机不易获得很大的电磁转矩和输出机械功率。磁阻式同步电动机由于可以不要转子励磁绕组，因此结构简单，成本低，在一些对输出特性要求不高的场合应用较多。

7.2 同步电动机的运行特性

7.2.1 负载变化对同步电动机运行的影响

假定隐极同步电动机运行在恒定励磁状态。由于电动机的稳态转速与负载无关,因此定子绕组中因转子磁场产生的感应电动势幅值也与负载无关,即

$$E_a = k\Phi_r\Omega = KB_r\Omega = C \tag{7-11}$$

假定电动机轻载时运行在功率因数超前状态,即电枢电流 $\dot{I}_a$ 超前于定子电压 $\dot{U}_s$。负载增大时,转子转速瞬间降落,使矩角 δ 变大,电磁转矩增大,最终使电动机转子加速恢复至同步转速,但是具有较大的矩角 δ。由于 E_a 保持为常数,与负载无关,因此忽略定子电阻影响时,输入功率为

$$P_1 = 3U_sI_a\cos\theta \approx \frac{3U_sE_a\sin(-\delta)}{X_c} \approx P_{em} \tag{7-12}$$

输入功率随负矩角 δ 增大而增大。从等值电路和相量图中可以看出,负载增大时,δ 增大,E_a 不变,意味着 $\dot{E}_a$ 沿顺时针方向旋转,连接 $\dot{E}_a$ 和 $\dot{U}_s$ 的相量 $jX_c\dot{I}_a$ 必须相应增大,即定子电枢电流须相应增大,功率因数角也发生改变。随着负载的逐渐增大,超前角度变得越来越小,随后由正变负,越来越滞后。

7.2.2 励磁电流变化对同步电动机运行的影响

假定隐极同步电动机初始运行在功率因数滞后状态,其相电动势为 $\dot{E}_{a2}$,电枢电流为 $\dot{I}_{a2}$,如图 7-8 所示。当励磁电流增大时,电动势幅值相应增大,而由于此时负载没变,电动机提供的有功功率 P_1 不发生变化,电动机转速也不变化。电动机的输入相电压 U_s 为电网电压,设为常数,则 $P_1 = 3U_sI_a\cos\theta \approx \frac{3U_sE_a\sin(-\delta)}{X_c} = C$,也就是相量图中的距离 $I_a\cos\theta$ 和 $E_a\sin(-\delta)$ 保持为常数,如图 7-8 所示。当励磁电流增大时,E_a 幅值逐渐增大,沿恒功率线 $\overline{AB}$ 由下向上滑动。电流 I_a 则沿 $\overline{CD}$ 线水平从右向左滑动,先逐渐减小,在与电压同相时最小,此时对应的电动势和电流分别为图中的 $\dot{E}_a$、$\dot{I}_a$,然后电流 I_a 相位超前,幅值又逐渐增大,如图中 $\dot{E}_{a1}$、$\dot{I}_{a1}$ 所示。励磁电流较小、电动势 E_a 幅值较小时,电流相位滞后,电动机相当于一个电感性负载,它的作用相当于一个电感和电阻组合的作用,主

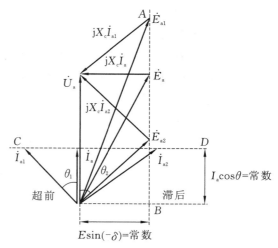

图 7-8 励磁电流变化对隐极同步电动机运行的影响

要消耗无功功率。随着励磁电流的增大,电枢电流逐渐减小,最终可以达到与电压同相,这时电动机相当于一个纯电阻负载。进一步增大励磁电流,电枢电流变得相位超前,电动机呈现电容性负载性质,它的作用相当于一个电容和电阻组合的作用,主要消耗负的无功功率,或者说提供无功功率给电网。

当相量 $\dot{E}_a$ 在相电压上的投影比相电压短时,电流相位滞后,电动机消耗无功功率,这时的励磁电流小于额定值,称为欠励;反之则电流相位超前,电动机输出无功功率,对应励磁电流较大,称为过励。通过调节励磁电流可以调节同步电动机的功率因数,这是同步电动机运行的一个重要特性,在这一点上同步电动机与三相异步电动机是不同的。

在向负载提供相同有功功率的情况下,同步电动机的线路损耗降低 28.5%。这说明同步电动机运行时可以通过调节功率因数来显著调控电力系统的运行效率。

同步电动机也可以专门运行在无功状态,既不输出有功功率,也不拖动机械负载,仅用于功率因数补偿。这时的同步电动机也称为功率因数补偿机或调相机。为取得超前功率因数,同步电动机须运行在过励状态,但励磁电流大、铁芯饱和程度高,可能导致转子发热严重,因此应用中须防止励磁电流超过额定值的工况。

利用同步电动机或其他设备来提高电力系统的功率因数,称为功率因数校正。由于同步电动机可以进行功率因数校正,降低电力系统成本,因此许多恒速系统都采用同步电动机驱动。虽然同步电动机价格一般高于三相异步电动机,但同步电动机运行于超前功率因数时的功率因数校正能力有助于电力系统节约更多的费用。

7.2.3　同步电动机的工作特性和 V 形曲线

1. 工作特性

当电源电压 U_s、频率 f 和转子励磁电流 I_f 保持为常数时,同步电动机电磁转矩 T_{em}、电枢电流 I_a、运行效率 η、功率因数 $\cos\theta$ 与输出功率 P_2 之间的关系称为同步电动机的工作特性。

从图 7-9 中可以看出,同步电动机与异步电动机相比,功率因数特性有很大差别,这主要是因为两种电动机主磁场的励磁方式不同。同步电动机转子采用直流励磁,电动机运行时定子电流主要为有功分量,无论电动机空载还是满载,功率因数变化都很小;异步电动机采用定子电流励磁,电动机空载时无功电流所占比例很大,功率因数很小,随着负载增大,定子电流有功分量逐渐增大,功率因数相应增大。

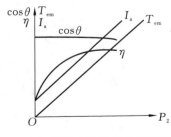

（a）同步电动机的工作特性

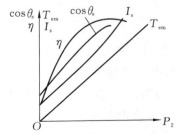

（b）异步电动机的工作特性

图 7-9　同步电动机与异步电动机工作特性的比较

2. V 形曲线

不同负载功率下励磁电流与电枢电流的关系称为同步电动机的 V 形曲线。通过控制同步电动机的励磁电流,可以控制其无功功率。

负载恒定时,若正常励磁,功率因数为 1,电枢电流达到最小值。此时无论是增大还是减小励磁电流,电枢电流均会增大,因此两电流的关系曲线呈 V 形,如图 7-10 所示。负载恒定时,$T_{em} = \dfrac{3E_a U_s}{\Omega X_c} \sin(-\delta) =$ 常数,若励磁电流减小,则电动势减小,负功角必然增大。励磁电流减小到一定值时,负功角将达到 90°,若继续减小励磁电流,负功角将大于 90°,电磁转矩不再能保持为常数,电动机进入不稳定区,如图 7-10 中虚线所示。由图可知,同步电动机运行时具有以下特性:

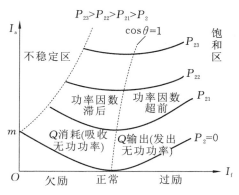

图 7-10　同步电动机的 V 形曲线

(1) 励磁电流一定时,输出功率越大,定子电流越大;

(2) 随着励磁电流减小,负功角将逐渐增大,导致失步。

7.2.4　同步电动机的启动特性

在异步电动机中,已知电磁力 $F = i(l \times B)$ 作用于转子载流为 i 的导体 l,产生电磁转矩 $T_{em} = r \times F$(其中 r 为力矩的杠杆臂长),同时转子电流产生磁通,依照安培环路定理,其磁场强度 H_r 的大小正比于转子电流。因此,转矩又可以表示为

$$T_{em} = k \left| H_r \times B_s \right|, \qquad H_r = Ci \tag{7-13}$$

式中:k 为比例系数;B_s 为磁通密度幅值。

即交流异步电动机的转矩与定子、转子磁通密度向量积的大小成比例。此结论同样适用于交流同步电动机。此结论一般仅用于定性分析,系数 k 的大小并不重要。考虑同步电动机的电磁转矩可以表示为

$$T_{em} = k \left| B_r \times B_s \right| \tag{7-14}$$

给同步电动机定子绕组加三相交流电源,产生的三相交流电流形成旋转磁场,对应磁通密度大小为 B_s。假定在 $t = 0$ 时刻,定子、转子磁场方向相同,这时作用于转子轴上的电磁转矩为 0,如图 7-11(a) 所示。经过 1/4 周期(即 $t = T/4$ 时),定子磁场转过 90°,假设电源频率为 50 Hz,对应时间为 5 ms,在这样短的时间内,受机械转动惯量和加速度的制约,转子很难从原来的静止状态产生大的角度移动,但是定子磁场已指向左,根据磁极同性相斥,转子轴上的转矩应为逆时针方向,如图 7-11(b) 所示。经过 1/2 周期(即 $t = T/2$ 时),如果转子的移动角度可以忽略,则两磁场将方向相反,电磁转矩再次变为 0,如图 7-11(c) 所示。经过 3/4 周期(即 $t = 3T/4$ 时),定子磁场方向指向右,转子轴上的电磁转矩变为顺时针方向,如图 7-11(d) 所示。因此在一个电源周期内,定子磁场形成的电磁转矩先以逆时针方向、后以顺时针方向作用于转子轴,周期平均转矩等于 0,同步电动机会反复落入失步状态,电动机轴在每个电源周期内将

呈现剧烈的振动,最终将导致电动机过热。因此,同步电动机如不采取措施,则不能突加工频电源直接启动。为了保证同步电动机顺利启动,必须在其转速到达同步转速前解决其失步问题。

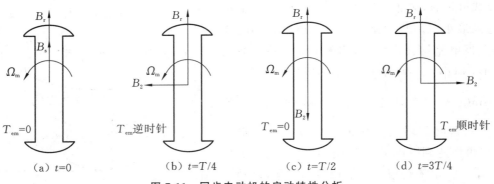

图 7-11　同步电动机的启动特性分析

7.3　永磁同步电动机

20 世纪 70 年代以前,由于难以获得成本低、体积小的高性能变频电源,以及难以较好地解决同步电动机的启动控制问题,同步电机作为电动机应用受到很大限制,它主要被用作发电机、功率因数补偿机和不调速运行电动机。随着功率电子技术、微电子技术和现代交流调速技术的进步,现代高性能、低成本、小体积的交流变频电源已十分容易得到,为同步电机的电动机应用扫清了技术方面的阻碍,使同步电动机迅速成为交流电力拖动系统中的一种主要驱动电动机。这时,同步电动机通常与变频电源(交流变频驱动器)共同组成一个拖动系统,该系统称为同步电动机驱动系统,通过对电动机的交流变频调速可使同步电机作为电动机在较宽的调速范围内运行。为进一步提高功率密度、减小体积和惯量,提升交流同步电动机的响应速度,在 20 世纪 70 年代末至 80 年代初,英国学者 Merrill 提出了永磁交流同步电动机的设计方案,德国西门子公司成功研制了一种称为"Buried Magnet(埋磁体)"的永磁转子,从 1979 年开始,永磁同步电动机(permanent magnet synchronous motor,PMSM)及其驱动系统的设计与控制技术渐渐成为从事电力拖动技术研究的学者的一个重要热点领域。

7.3.1　永磁同步电动机的结构

永磁同步电动机的转子励磁绕组被永磁体所取代,所采用的永磁磁性材料主要包括 AlNiCo (铝镍钴合金)、Ceramic(陶瓷)、Rare Earth(含钐或钕聚合键的稀土材料)、Ferrites (铁氧体材料)、NdFeB(钕铁硼合金)、Barium(钡)或 Strontium (锶)等铁磁性材料,其中钕铁硼合金由于具有磁特性和物理特性优异、成本低且材料来源有保证等优点,很快成为永磁同步电动机永磁转子的主要制作材料。

永磁同步电动机转子有多种不同结构,其中最典型的三种结构如图 7-12 所示。

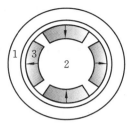　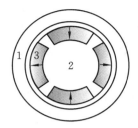　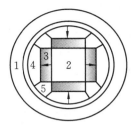

（a）嵌入式永磁转子　　　　　（b）表面贴装式永磁转子　　　　　（c）内置式永磁转子

图 7-12　永磁同步电动机的转子结构

1—定子铁芯；2—转子铁芯；3—永久磁铁；4—磁性材料磁极；5—非磁性材料

虽然 PMSM 在价格上高于普通同步电动机和异步电动机，但在中小功率的应用场合中，由于在电动机稳态运行时 PMSM 转子无须励磁，没有转子直流励磁绕组，因此转子惯量可以做得更小，功率质量比显著提高（这对于电动机在航空、航天中的应用十分重要）。同时，永磁同步电动机没有转子电阻功率损耗，转子上的永久磁铁使得电枢侧的励磁电流也可大大减小，电动机定子侧的电阻功率损耗也相应减小，功率因数提高（通过永磁体设计，功率因数可以达到 1，甚至呈现电容性）。此外，电动机运行时总损耗的降低还可以减小用于散热的风扇的尺寸（小容量电动机甚至可以去掉风扇），从而减小因风阻产生的摩擦损耗。由此可见，PMSM 可以获得比普通同步电动机和异步电动机高得多的功率变换效率，其功率变换效率比同功率的异步电动机高 2%～8%，且 PMSM 具有更高的功率密度，并在 25%～120% 额定负载范围内均可保持较高的效率和功率因数，特别是在轻载运行时节能效果更为显著。这些特点使 PMSM 取得了应用上的优势。

由于不能改变转子励磁，永磁交流同步电动机一般不再如普通同步电动机那样被用作补偿机（补偿机通过改变转子励磁电流来调节功率因数），而主要应用于交流变频调速和位置伺服控制，其优良的快速响应特性、转速无静差和良好的位置控制性能使其在数控机床、电动汽车、工业机器人等驱动系统的应用中都获得了令人相当满意的运行效果。

与其他电动机相比，永磁同步电动机具有以下优点。

（1）由于永磁同步电动机的转子采用高性能永磁材料提供磁场，磁能密度大，因此其尺寸较同功率的电动机小，重量相对比较轻。

（2）由于定子旋转磁场和转子磁场同步，转子铁芯损耗基本可以忽略，因此永磁同步电动机的效率和功率因数都比异步电动机的高。

（3）永磁同步电动机具有无静差的机械特性，抗负载扰动能力也比电励磁类同步电动机的强，即使在低速下，也具有较高的效率和较大的输出转矩。

（4）永磁同步电动机省去了滑环和电刷结构，可靠性更高。

永磁同步电动机按其启动性能，可分为电源启动型和逆变器启动型两大类型。电源启动型的永磁同步电动机的转子设计有类似于异步电动机转子的笼形绕组，电动机启动时依靠笼形转子形成启动转矩，取得类似于三相异步电动机的启动特性。而逆变器启动型的永磁同步电动机转子则可以有笼形绕组，也可以没有笼形绕组，这种电动机可依靠变频器控制在很低的频率下启动，其逆变器提供的电源又可分为正弦类型和方波类型。

永磁同步电动机转子的永久磁铁已充磁至充分饱和,转子直轴磁路中永磁体的磁导率很小,对稀土永磁材料来说其相对磁导率约等于1,即已十分接近空气磁导率,这使得电动机直轴电枢反应电感一般小于交轴电枢反应电感。分析时我们应注意这一与普通电励磁凸极同步电动机不同的特点。

永磁同步电动机的定子电枢绕组既有集中整距绕组,也有短距分布绕组或非常规绕组。一般来说,方波永磁同步电动机通常采用集中整距绕组,而正弦波永磁同步电动机常采用短距分布绕组。

需要注意的是,永磁同步电动机在温度过高(采用钕铁硼材料永久磁铁时易发生)或过低(采用铁氧体材料永久磁铁时易发生),或受到冲击电流产生的电枢反应作用,或在剧烈的机械振动时均有可能产生不可逆退磁,性能降低。虽然现代制造技术已经在很大程度上提高了永磁同步电动机的抗去磁能力,但在实际应用中仍应采取相应措施,以防止电动机剧烈振动和在异常温度环境下运行。

7.3.2　永磁同步电动机的稳态性能

正弦波永磁同步电动机与普通电励磁凸极同步电动机的内部电磁关系基本相同。电动机稳定运行于同步转速时,其电动势平衡方程与凸极同步电动机的一样,可表示为

$$\dot{U}_s = \dot{E}_a + \dot{I}_a R_s + \dot{I}_d X_d + \dot{I}_q X_q \tag{7-15}$$

虽然永磁同步电动机不能像普通励磁同步电动机那样通过改变直流励磁电流大小来改变电枢电流与电压相位的超前/滞后关系,但同样可以依据实际应用需要通过对永久磁铁的构造来产生不同大小的空载电动势,以适应各种应用场合对电动机功率因数的不同要求。永久磁铁的磁场越强,电动机同步运行时的空载电动势就越大,运行特性就与普通同步电动机过励时的运行特性越相似,功率因数相位就越超前;反之,则功率因数就越滞后。当然,一台电动机只能适用于一种功率因数需求,根据电动势平衡方程可以画出不同永磁结构的永磁同步电动机稳定运行时的典型相量图,如图7-13所示。

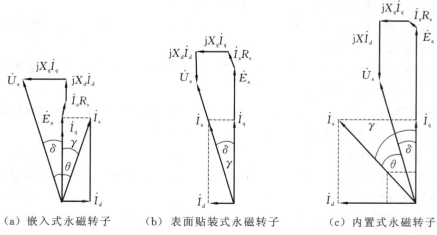

（a）嵌入式永磁转子　　（b）表面贴装式永磁转子　　（c）内置式永磁转子

图7-13　不同结构的永磁同步电动机稳定运行时的典型相量图

根据相量图可得出如下关系：

$$\gamma = \arctan \frac{I_d}{I_q} \tag{7-16}$$

$$\theta = \delta - \gamma \tag{7-17}$$

$$U_s \sin\delta = I_q X_q \pm I_d R_s \tag{7-18}$$

其中电流滞后于电动势时取负号。

$$U_s \cos\delta = E_a \mp I_d X_d + I_q R_s \tag{7-19}$$

7.3.3 永磁同步电动机的效率与功率因数特性

永磁同步电动机的效率和功率因数典型值与异步电动机相比较的结果如图 7-14、图 7-15 所示，图中 P_2/P_N 代表电动机的负载率。从图 7-14 可以看出，由于主磁场无须励磁，永磁同步电动机在空载、轻载情况下运行效率明显高于需要交流电流励磁的异步电动机的运行效率；永磁同步电动机的功率因数也明显优于异步电动机的功率因数，并且永磁同步电动机还可以根据运行需求从制造上保证在额定负载下，分别以超前功率因数、滞后功率因数和单位功率因数运行。

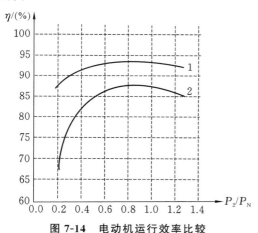

图 7-14 电动机运行效率比较
1—永磁同步电动机；2—异步电动机

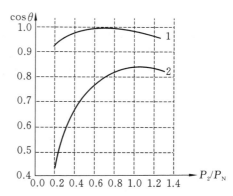

图 7-15 电动机功率因数比较
1—永磁同步电动机；2—异步电动机

7.3.4 永磁同步电动机的速度调节

现代永磁同步电动机调速普遍采用变频调速。它在额定转速以下调速时，与异步电动机的情况类似，在降低频率时定子电压相应降低，属于恒转矩性质调速方式；在高于额定转速时，同样因定子电压必须保持在额定值不变，故随着频率的升高，磁通相应下降。

前述章节在分析异步电动机等值电路的时候，已经建立了时空矢量的概念。定子相电流可以被视为一种与旋转磁动势以同步转速旋转的相量，现代交流变频调速的矢量控制技术认为，该电流相量可以通过正交分解得到与转子磁极轴线同轴的励磁分量 I_d 和与之正交的转矩分量 I_q，如图 7-16 所示。励磁分量产生的磁动势形成去磁磁通 Φ_s。在额定转速以下调速时，一般采用 $I_d = 0$ 的控制策略，定子电流可全部用于与气隙磁通作用以产生电磁转矩，这时的气

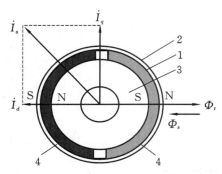

图 7-16　表面转子永磁同步电动机的弱磁
1—气隙；2—定子；3—转子铁芯；4—永久磁铁

隙磁通由永久磁铁产生的磁通 Φ_r 决定。当转速高于额定转速时，为了使气隙磁通减弱，I_d 必须为负，即由 Φ_r 产生与其反方向的磁通 Φ_s。

对采用永久磁铁转子的同步电动机，弱磁实际上是利用定子电流励磁分量形成的磁场将转子永久磁铁形成的磁场磁力线逼向磁铁表面，使气隙磁通减弱来实现的，定子电流励磁分量并不能使永久磁铁退磁。永久磁铁在磁路空间上的磁阻与气隙磁阻相当，与普通电动机相比，相当于等效气隙增大，获得相同弱磁效果所需的去磁磁动势（即电流）要增大许多。对永久磁铁紧贴在转子表面的永磁同步电动机，由于其不易弱磁，调速范围一般控制在额定转速以下或略高于额定转速，虽然通过增大电流励磁分量可以获得一定的弱磁升速效果，但由于所需的电流励磁分量较大，受定子额定电流的限制，电流的转矩分量必然将显著下降，因此这种电动机在弱磁高速下长期运行时的负载能力很低。

隐极永磁同步电动机也可以被视为一种没有凸极的永磁步进电动机，但它没有凸极转矩，各定子绕组可以采用直流方波励磁，使转子从一个平衡位置向下一个平衡位置跳跃。利用同轴安装的位置传感器，可控制绕组通电顺序和切换频率，从而控制电动机的速度和转角。不过，采用这种方式控制的永磁电动机现习惯上被归类为另一种电动机，称为永磁直流无刷电动机。为了更适于在直流脉冲式电源下工作，永磁直流无刷电动机在结构上与交流永磁同步电动机已有所不同，具体情况将在后续章节中详细介绍。

本章小结

无论同步电动机是空载还是满载，其转速都是恒定的，$n=60f/p$。

隐极同步电动机能产生的最大功率是 $P_{max}=\dfrac{3U_sE_a}{X_c}$，如果功率超过该值，那么转子将不能保持与定子磁场同步旋转，导致电动机失步现象。

负载不变时，通过改变励磁电流大小，可以改变同步电动机的无功功率。当 $E\cos\delta>U$ 时电动机输出无功功率，当 $E\cos\delta<U$ 时电动机消耗无功功率。

突加额定频率电源时，普通同步电动机不能形成方向固定的启动转矩，因此不能直接启动。普通同步电动机主要有三种启动方法，即利用变频驱动器降频启动、使用外接原动机启动、在励磁绕组中通励磁电流之前利用阻尼绕组将电动机加速到接近同步转速启动。阻尼绕组对负载变化时同步电动机的工作稳定性有一定改善。

同步电动机与同步发电机物理结构相同。一台同步电机在一定条件下，可以由发电机状态转到电动机状态，也可由电动机状态转到发电机状态。同步电机既可提供无功功率，也可消耗无功功率。电动势相位超前电压相位时，同步电机处于发电机状态，滞后时则处于电动机状态。

　　　　同步发电机的等值电路、电压、电流、功率、相量图等分析方法同样适用于同步电动机,只是依照惯例,同步电机作电动机工作时其定子电流的假定正方向与作发电机工作时的相反,相应方程、相量图中的符号需相应地按假定正方向改变。励磁电流不变而负载增大时,同步电动机功角增大,电动势幅值不变但以相量原点为中心顺时针旋转,同步电抗压降必须增大以满足电压平衡方程,导致定子电流增大。

　　　　负载不变,电动机有功功率不变,增大励磁电流,则电动势幅值增大,电动势相量沿恒功率线水平滑动,同步电抗压降相位随之改变,导致定子电流相位逆时针旋转,甚至变为超前相位,即调节励磁电流大小可改变同步电动机的功率因数。同步电动机的电枢电流与励磁电流的关系曲线呈 V 形。调节励磁电流大小,可使同步电动机工作在单位功率因数且电枢电流最小状态,也可使同步电动机的功率因数相位超前或滞后。这是同步电动机最大的优点。

 ## 习题

　　7-1　什么是同步电动机的 V 形曲线?为什么在 V 形曲线中存在不稳定工作区?

　　7-2　在额定电压和额定频率下,某同步电动机的满载矩角为 35°电角度,忽略电枢电阻和漏抗的影响。如果励磁电流保持为常数,而电动机运行时分别发生下列变化:

　　(1)频率降低 10%,负载转矩和外施电压保持为常数;

　　(2)频率降低 10%,负载功率和外施电压保持为常数;

　　(3)频率和外施电压均降低 10%,负载转矩保持为常数;

　　(4)频率和外施电压均降低 10%,负载功率保持为常数。

那么满载矩角分别会如何变化?

 ## 思考题

　　7-1　同步电动机中的气隙磁场在空载时是如何形成的?其在负载时又是如何形成的?

　　7-2　同步电动机正常运行时,转子励磁绕组中是否存在感应电动势?在同步电动机启动过程中,转子励磁绕组中是否存在感应电动势?为什么?

　　7-3　同步电动机的功角是如何定义的?怎样用功角来判断同步电机是运行在电动机还是运行在发电机状态?隐极与凸极同步电动机的电磁转矩表达式有何不同?产生最大功率的功角有何不同?

　　7-4　在励磁电流恒定、负载变化时,同步电动机是如何能够继续保持以同步转速运行的?

　　7-5　为什么没有阻尼绕组的同步电动机不能加额定三相电压直接启动?同步电动机的启动方法主要有哪几种?

　　7-6　为什么在负载转矩增大时,异步电动机的稳态转速会降低,而同步电动机却仍然能够保持原来的转速?

　　7-7　励磁电流增大对同步电动机的最大电磁转矩、最大电磁功率有何影响?

7-8　普通电励磁同步电动机和永磁同步电动机的最大电磁转矩对应的功角有什么不同？哪种电动机对控制更为有利？试说明理由。

7-9　为什么同步电动机运行时的抗负载强烈冲击能力不及异步电动机？

7-10　因为采用永磁结构，所以永磁同步电动机不能弱磁运行，这种说法对吗？试说明理由。

7-11　要改变同步电动机的转速，可以采用什么方法？

7-12　什么是同步电动机的失步状态？什么情况可能导致同步电动机进入失步状态？

7-13　为什么同为交流电动机，在空载和轻载运行时永磁同步电动机的效率要高于普通电励磁同步电动机和普通异步电动机的效率？

7-14　如果永磁同步电动机运行在比额定频率低的电源频率下，电源电压可以保持为额定值吗？请说明理由。

第8章　其他常用电机

本章介绍了三相异步电动机和同步电机之外的其他常用电机类型,包括单相异步电动机、步进电动机、无刷直流电动机、直线电动机、双馈电机,以及直流测速发电机、通用电动机、自整角机和旋转变压器等。8.1 节介绍了单相异步电动机的运行原理、等值电路、分类与启动方法,以及三相异步电动机的单相运行。8.2 节讨论了步进电动机的工作原理、控制方法、工作特性与运行参数及主要类型。8.3 节的内容包括无刷直流电动机的工作原理、结构类型、数学模型、调速和制动技术,以及无位置传感器控制和转矩脉动问题。此外,本章其他小节还探讨了直线电动机和磁悬浮技术、双馈电机在风力发电中的应用,以及其他特殊类型的电机,为读者提供了广泛的电机技术知识。

◎ 知识目标

（1）理解常见的控制电机类型;

（2）理解单相异步电动机的工作特性;

（3）理解步进电动机的工作特性;

（4）理解无刷直流电动机的结构、数学模型;

（5）掌握无刷直流电动机的调速、制动方法;

（6）掌握其他特殊类型电机,如直流测速电动机、通用电动机等。

◎ 能力目标

（1）能够认识常见的控制电机;

（2）能够利用调速、制动方法对无刷直流电机进行控制。

◎ 素质目标

以控制电机技术在我国的应用与发展作为切入点,介绍我国基本国情,激发学生的爱国情怀和使命意识。本章节适合采用多媒体教学,尤其是要充分利用视频、动画等帮助学生了解控制电机的应用。

以课堂互动的形式让学生自由阐述课堂所学。通过问题讨论、小组汇报等检验学生对重点和难点问题的理解情况,提高学生分析问题、解决问题的能力,培养学生的团队协作能力。

8.1 单相异步电动机

采用单相交流电源供电的异步电动机称为单相异步电动机,其基本结构与三相异步电动机的结构相似,但其定子绕组为单相绕组,称为工作绕组或功率绕组;转子绕组一般为鼠笼形结构。单相异步电动机运行的主要问题是如何建立旋转磁场。通过前面的学习我们已经知道,对空间中沿圆周对称分布的多相绕组注入时间对称的多相电流,可以在空间中形成旋转磁场。因此,在单相异步电动机中,要形成旋转磁场,也必须设法构造至少两相在空间中沿圆周对称分布的绕组,并且使这两个绕组中有时间对称的电流流过,这样,通过旋转磁场就可以在鼠笼形转子中感生出电动势,形成转子短路电流,短路电路与磁场相互作用而产生电磁转矩。

8.1.1 单相异步电动机运行原理

对单相异步电动机,可以在定子侧构造出两相对称的绕组,但由于只有一相电源,因此如何在两相绕组中产生时间对称的电流就成为在单相异步电动机中产生旋转磁场的关键问题。单相定子绕组接交流电源后所建立的磁动势是脉振磁动势,这个脉振磁动势可以分解为两个幅值相等、旋转速度相同但旋转方向相反的旋转磁动势。由单相交流电流建立的脉振磁动势的基波分量为

$$F_1(x,t) = F_{m1}\cos\frac{\pi}{\tau}x\sin\omega t \tag{8-1}$$

利用三角公式,可以将它分解为两个幅值相等、旋转方向相反的旋转磁动势之和,即

$$F_1(x,t) = \frac{F_{m1}}{2}\left[\sin\left(\omega t - \frac{\pi}{\tau}x\right) + \sin\left(\omega t + \frac{\pi}{\tau}x\right)\right] \tag{8-2}$$
$$= F_{1F}(x,t) + F_{1R}(x,t)$$

式中:下标"F"代表正向;下标"B"代表反向。

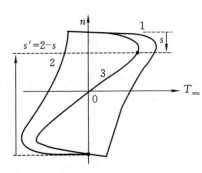

图 8-1 单相异步电动机的转矩
与机械特性曲线

$F_{1F}(x,t)$ 和 $F_{1R}(x,t)$ 分别代表两个幅值相等、方向相反的旋转磁动势。这两个旋转磁动势分别产生正转磁场和反转磁场,与三相异步电动机电磁转矩的形成原理一样,它们切割笼形转子绕组,便形成使电动机正转和反转的电磁转矩,这两个电磁转矩与转速的关系如图 8-1 中的曲线 1、2 所示,这两个电磁转矩的合成电磁转矩与转速的关系如图 8-1 中的曲线 3 所示。由图可见,单相异步电动机的电磁转矩具有如下特点:$n=0$ 时,合成电磁转矩为 0,电动机无启动转矩;$n\neq 0$ 时,合成电磁转矩也不为 0。因此,单相异步电动机一启动,就有可能形成足够大的电磁转矩以维持电动机持续旋转。

下面分析单相异步电动机电磁转矩的形成原理。

对于结构对称的笼形转子,从电磁效应考虑,可用两正交轴线上的两对导条组成的线圈来等效导条均匀分布的实际转子绕组,如图 8-2 所示。当定子绕组接单相电源时,沿定子磁动势轴线建立起 d 轴脉振磁场。电动机不转时,d 轴脉振磁场仅在 q 轴线圈 1、1′ 中感生电动势与电流,假定正方向如图 8-2 所示。依楞次定律,产生的磁通 $\dot\Phi_{dr}$ 将阻止定子磁通变化,定子电流随之增大,产生磁通 $\dot\Phi_{ds}$,抵消转子绕组的去磁作用,维持 $\dot\Phi_d$ 基本不变。线圈 2、2′ 不与脉振磁场交链,无电动势、电流产生。作用在线圈 1、1′ 上的电磁力是水平方向的(根据左手定则判定),不能形成电磁转矩。此时电动机的工作状况如同二次侧短路的变压器。

若电动机转动,移动中的线圈 2、2′ 切割 d 轴磁场,感生速度电动势,如图 8-3 所示。设脉振磁通为 $\Phi_d = \Phi_{md}\cos\omega t$,则速度电动势为

$$e_q = 2N_q B_d lv = \frac{2N_q lv}{S}\Phi_{md}\cos\omega t \tag{8-3}$$

式中:N_q 为线圈匝数;l 为切割磁场的导线长度;v 为导线切割磁场的垂直速度;S 为磁路的等值截面面积。

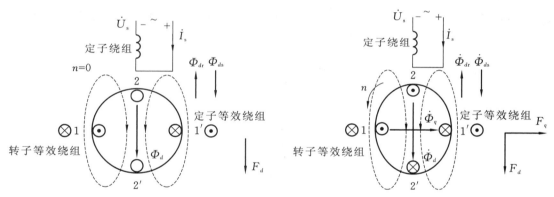

图 8-2　单相异步电动机转速 $n=0$ 时的　　　　图 8-3　单相异步电动机转速 $n\neq0$ 时的
　　　　　磁动势与磁通　　　　　　　　　　　　　　　磁动势与磁通

这个速度电动势在闭合的转子绕组线圈 2、2′ 回路中形成转子短路电流 $\dot I_q$。忽略线圈电阻,则因电抗作用,$\dot I_q$ 滞后于 $\dot E_q\,90°$,由式(8-3)可知,$\dot E_q$ 与 $\dot\Phi_d$ 同相位(n 的旋转方向如图中所示时),因此 $\dot I_q$ 建立的磁动势 F_q 在时间上滞后于 $\dot\Phi_d$、$F_d\,90°$。又因为线圈 2、2′ 与线圈 1、1′ 在空间中正交,因此,电动机转动时的合成磁动势为

$$
\begin{aligned}
f_m = f_d + f_q &= F_d\cos\frac{\pi}{\tau}x\cos\omega t + F_q\sin\frac{\pi}{\tau}x\sin\omega t\\
&= \frac{1}{2}(F_d+F_q)\cos\left(\frac{\pi}{\tau}x-\omega t\right) + \frac{1}{2}(F_d-F_q)\cos\left(\frac{\pi}{\tau}x+\omega t\right)\\
&= F_+\cos\left(\frac{\pi}{\tau}x-\omega t\right) + F_-\cos\left(\frac{\pi}{\tau}x+\omega t\right)
\end{aligned}
\tag{8-4}
$$

式中:$F_+ = \dfrac{1}{2}(F_d+F_q)$;$F_- = \dfrac{1}{2}(F_d-F_q)$。

8.1.2 单相异步电动机的等值电路

单相异步电动机运行时其中用于将电功率转换为机械功率的绕组称为主工作绕组或功率绕组,用于形成启动转矩的绕组称为启动绕组或辅助绕组。与三相异步电动机的等值电路类似,单相异步电动机在转子静止、定子功率绕组通电时的等值电路如图 8-4(a)所示,使用时应将图中被忽略的铁耗计入空载损耗中。由于定子磁动势可以分解为幅值折半的正、反两个旋转磁动势,因此可将图 8-4(a)所示电路改为如图 8-4(b)所示电路,其中代表气隙磁通效应的等值电路端口被分为两个端口,分别代表正、反向磁场的效应。现假定当电动机通过某种启动方法旋转起来以后,电动机可仅靠功率绕组以转差率 s 沿正向旋转磁场方向运行。这时,正向旋转磁场感生的转子电流频率为转差频率 $f_{rF} = sf$,其中 f 为电网频率。与三相异步电动机等值电路一样,通过零速等效和折算,可得到如图 8-4(c)所示的等值电路,右上端口转子参数的折算方法与三相异步电动机的相同。对于反向旋转的磁场,当转子相对正向旋转磁场以转差率 s 运行时,其转速标幺值为 $1-s$,而转子相对反向旋转磁场的转速标幺值是 $1+s$,转差率为 $2-s$(见图 8-1),相应反向旋转磁场在转子中感应的电动势和电流频率为 $f_{rB} = (2-s)f$。从定子侧观察,这时转子侧等值电路与转差率为 $2-s$ 的三相异步电动机的等值电路类似,可表示为图 8-4(c)中右下端口的形式。

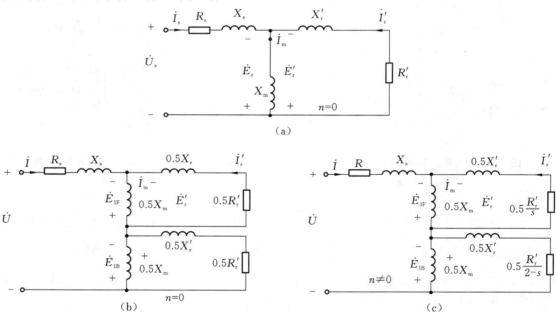

图 8-4　单相异步电动机的等值电路

由图 8-4 可知,当转子正向旋转后,转子等效电阻对正向旋转磁场的阻抗效应 $0.5R'_r/s$ 远比转子静止时的大,而对反向旋转磁场的阻抗效应 $0.5R'_r/(2-s)$ 却比转子静止时的小。由电路理论不难得知,这时必然有代表正向旋转磁场效应的右上端口电动势比转子静止时的大,而代表反向旋转磁场效应的右下端口电动势比转子静止时的小。由于等值电路电动势的频率已经折算为定子侧电源频率,转子正向旋转会导致正向气隙磁通增大而反向气隙磁通减小。

与三相异步电动机一样,单相异步电动机的功率和电磁转矩也可以通过等值电路计算。

对右上、下端口,阻抗分别为

$$Z_F = \frac{j0.5X_m(0.5R_r'/s + j0.5X_r')}{0.5R_r'/s + j0.5(X_r' + X_m)} = R_F + jX_F \tag{8-5}$$

$$Z_B = \frac{j0.5X_m[0.5R_r'/(2-s) + j0.5X_r']}{0.5R_r'/(2-s) + j0.5(X_r' + X_m)} = R_B + jX_B \tag{8-6}$$

忽略励磁铁耗时,正向旋转磁场产生的电磁转矩和电磁功率的关系式为

$$T_{emF} = T_+ = \frac{P_{emF}}{\Omega_0} \tag{8-7}$$

根据能量守恒,正向旋转磁场对应的电磁功率 P_{emF} 等于右上端口等值电路中等效电阻上的功耗,即

$$P_{emF} = I_s^2 R_F \tag{8-8}$$

同理,反向旋转磁场产生的电磁转矩 T_{emB} 和电磁功率 P_{emB} 的关系式为

$$T_{emB} = T_- = \frac{P_{emB}}{\Omega_0} \tag{8-9}$$

$$P_{emB} = I_s^2 R_B \tag{8-10}$$

反向旋转磁场的转矩方向与正向旋转磁场的转矩方向相反,所以单相异步电动机的合转矩为

$$T_{em} = T_+ - T_- = \frac{P_{emF} - P_{emB}}{\Omega_0} = \frac{I_s^2(R_F - R_B)}{\Omega_0} \tag{8-11}$$

总的转子铜耗为

$$P_{Cu} = sP_{emF} + (2-s)P_{emB} \tag{8-12}$$

机械功率、轴上输出机械功率 P_{mec} 和转矩的定义与三相异步电动机的相同,且其满足

$$P_{mec} = (1-s)\Omega_0 T_{em} = (1-s)(P_{emF} - P_{emB}) \tag{8-13}$$

$$T_2 = T_{em} - T_0 \tag{8-14}$$

其中,空载损耗包括风阻损耗、摩擦损耗和铁耗。

8.1.3　单相异步电动机的分类与启动方法

由图 8-1 可知,单相异步电动机在转速为零时电磁转矩也为零,为了保证电动机通电后能自行启动,必须解决单相异步电动机的启动问题。对交流三相异步电动机,要想获得启动转矩,必须要建立旋转磁场。三相异步电动机原理告诉我们,在空间圆周对称的绕组中注入时间对称的电流,即可获得旋转磁场,因此单相异步电动机建立启动转矩的设计思路也是如此,即在定子上加装一启动绕组,并使启动绕组轴线与原有的功率绕组的轴线互成 90° 空间电角度,构成空间圆周对称绕组。如果在电动机启动时能够设法使两个绕组中的电流相位差为 90°,那么即可保证两个绕组的合成磁动势为圆形旋转磁动势,从而获得圆形旋转磁场。若启动绕组中的电流与功率绕组中的电流存在相位差,但相位差没有 90°,则可以对启动绕组中的电流进行正交分解,得到相位差为 90° 的分量,这时启动绕组中电流的正交分量幅值小于功率绕组中电流的幅值,将依式(8-2)形成椭圆形旋转磁动势与磁场,使电动机获得一定的启动转矩。

1. 电容分相单相异步电动机

为了获得具有一定相位差的两相电流,可以在启动绕组中串接电容 C 来改变启动绕组的

电机及电力拖动基础

电流相位。只要绕组设计合理,电容 C 的大小设计得当,就能使单相异步电动机产生较大的启动转矩,保证电动机正常启动。这种电动机称为电容分相单相异步电动机,包括电容分相启动电动机和电容分相运转电动机两种类型。

电动机启动完成后可依靠功率绕组中的电流形成的转矩稳定运行,因此可以在启动完成后通过一种安装在电动机上的离心式开关,在电动机达到一定转速时将启动绕组自动切除。采用这种结构以获得启动转矩的单相异步电动机称为电容分相启动电动机。电容分相启动电动机在启动绕组中串联电容,选择适当的电容参数,可使 $\dot{I}_{sa}$ 超前 $\dot{I}_{sm}$ 近 90°,建立起近圆形的旋转磁场,获得大的启动转矩。这种电动机一般在 n 达到 75% 的同步转速以上时,令离心式开关动作,使启动绕组脱离电源。

另一种形式是启动绕组不脱离电源,所选择的电容参数应尽可能使电动机运行时产生接近圆形的旋转磁场。这种形式的电动机称为电容分相运转电动机。其启动转矩较电容分相启动电动机的小,启动电流较大,启动性能不如电容分相启动电动机。但由于其不需要离心开关,因此成本比电容分相启动电动机的低。

对于电容分相单相异步电动机,改变启动绕组与功率绕组并联接线端,可改变电动机的旋转方向。

2. 电阻分相单相异步电动机

为了进一步降低成本,还可以将启动绕组回路中的电容省掉,而采用细导线制造启动绕组,并使其匝数与功率绕组不同,造成两个绕组回路时间常数间的明显差异,形成电流相位差,从而获得启动转矩。这时两绕组中阻抗均为电感性的,电流相位差不大,启动时旋转磁场椭圆度较大,启动转矩较小,启动电流较大。这种电动机称为电阻分相单相异步电动机。

8.1.4 三相异步电动机的单相运行

三相异步电动机因某种原因仅剩下一相电源或两相电源供电时,形成单相运行状态,如图 8-5 所示。这时其运行原理与单相异步电动机的相同:无启动转矩,运行中断相,可运转,但定子电流中励磁电流分量有较大增加,功率因数、效率、最大输出功率均大大下降。

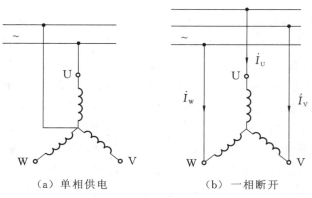

（a）单相供电　　　　　（b）一相断开

图 8-5　三相异步电动机的单相运行

下面以图 8-5(b)中的 U 相断电为例,对此状态下的电磁转矩进行分析。由于一相断开,原来对称的三相电路变为不对称的,对此需采用电路理论中的对称分量法分析。

214

已知 $\dot{I}_U=0,\dot{I}_V=-\dot{I}_W$,以 U 相作参考相,利用对称分量法,定义零序相量为

$$\dot{I}_{U0}=0 \tag{8-15}$$

正序相量为 $\dot{I}_{U+}$(顺时针对称),负序相量为 $\dot{I}_{U-}$(逆时针对称),算子为

$$\begin{cases} \alpha = e^{\frac{2\pi}{3}} = \cos\dfrac{2\pi}{3} + j\sin\dfrac{2\pi}{3} = -\dfrac{1}{2} + j\dfrac{\sqrt{3}}{2} \\[2mm] \alpha^2 = e^{j\frac{4\pi}{3}} = e^{-j\frac{2\pi}{3}} = \cos\dfrac{2\pi}{3} - j\sin\dfrac{2\pi}{3} = -\dfrac{1}{2} - j\dfrac{\sqrt{3}}{2} \\[2mm] \alpha^3 = 1 \end{cases} \tag{8-16}$$

可得

$$\begin{cases} \dot{I}_U = 0 = \dot{I}_{U+} + \dot{I}_{U-} \\ \dot{I}_V = \alpha^2 \dot{I}_{U+} + \alpha \dot{I}_{U-} \\ \dot{I}_W = -\dot{I}_V = \alpha \dot{I}_{U+} + \alpha^2 \dot{I}_{U-} \end{cases} \tag{8-17}$$

三相异步电动机单相运行的对称分量法相量图如图 8-6 所示。

根据零序相量及式(8-16)、式(8-17),不难得到

$$\dot{I}_U = \dot{I}_{U0} + \dot{I}_{U+} + \dot{I}_{U-} \tag{8-18}$$
$$\alpha\dot{I}_V = \alpha\dot{I}_{U0} + \dot{I}_{U+} + \alpha^2\dot{I}_{U-} \tag{8-19}$$
$$\alpha^2\dot{I}_W = \alpha^2\dot{I}_{U0} + \dot{I}_{U+} + \alpha\dot{I}_{U-} \tag{8-20}$$

和

$$\dot{I}_U = \dot{I}_{U0} + \dot{I}_{U+} + \dot{I}_{U-} \tag{8-21}$$
$$\alpha^2\dot{I}_V = \alpha^2\dot{I}_{U0} + \alpha\dot{I}_{U+} + \dot{I}_{U-} \tag{8-22}$$
$$\alpha\dot{I}_W = \alpha\dot{I}_{U0} + \alpha^2\dot{I}_{U+} + \dot{I}_{U-} \tag{8-23}$$

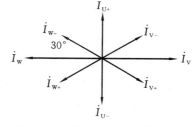

图 8-6 三相异步电动机单相运行的对称分量法相量图

因三相对称电流之和为 0,故有任一电流 $\dot{I}_x$ $(1+\alpha+\alpha^2)=0$,其中 $x=U,V,W$,从上述两组方程可解得

$$\dot{I}_{U+} = \frac{1}{3}(\dot{I}_U + \alpha\dot{I}_V + \alpha^2\dot{I}_W) = \frac{1}{3}(\alpha - \alpha^2)\dot{I}_V = j\frac{\sqrt{3}}{3}\dot{I}_V \tag{8-24}$$

$$\dot{I}_{U-} = \frac{1}{3}(\dot{I}_U + \alpha^2\dot{I}_V + \alpha\dot{I}_W) = \frac{1}{3}(\alpha^2 - \alpha)\dot{I}_V = -j\frac{\sqrt{3}}{3}\dot{I}_V \tag{8-25}$$

$$P_{em+} = 3I_{U+}^2\frac{R_r'}{s} = I_V^2\frac{R_r'}{s} \tag{8-26}$$

$$P_{em-} = 3I_{U-}^2\frac{R_r'}{2-s} = I_V^2\frac{R_r'}{2-s} \tag{8-27}$$

从而得到

$$T_{em} = \frac{P_{em+} + P_{em-}}{\Omega_0} = \frac{p}{2\pi f}I_V^2\left(\frac{R_r'}{s} + \frac{R_r'}{2-s}\right) \tag{8-28}$$

即

$$T_{em} = \frac{p}{2\pi f} \times \frac{U_{VW}^2\left(\dfrac{R_r'}{s} + \dfrac{R_r'}{2-s}\right)}{\left[\left(2R_s + \dfrac{R_r'}{s} + \dfrac{R_r'}{2-s}\right)^2 + (2X_s + 2X_r')^2\right]} \tag{8-29}$$

可见,当运行中的三相异步电动机的某一相断路时,电动机转速将降低,而电流会急剧增大。

如果三相异步电动机在没有转动时出现单相运行,则由于没有启动转矩,电动机不能启动,转子绕组的短路状态使电动机此时剩余两相绕组中有很大的电流,此时情形类似于有一相一次侧断开、二次侧短路的三相变压器的运行情况,时间稍长即有可能损坏电动机。

如果三相异步电动机在运行中出现一相电源断开的情况,只要剩余两相中的电流不超过额定值,那么电动机就仍可继续运行,但电动机的负载能力会明显下降。这是因为电动机由三相运行变为单相运行时,最大输入视在功率由 $3U_{sN}I_{sN}$ 下降为 $\sqrt{3}U_{sN}I_{sN}$,额定功率仅为三相运行时的 $\sqrt{3}/3$ 左右,考虑到功率因数的影响,一般可以用下降一半近似估计。若轴上负载超过额定值的 50%,电动机就可能过载运行。

8.2　步进电动机

步进电动机是一种将电脉冲信号转换成角位移或直线位移的执行元件,广泛用于各种形式的数字控制系统中。它每接收一个输入脉冲,转子即移动一步,故得名步进电动机或脉冲电动机,习惯上简称为步进电机。

步进电动机种类繁多,其中又以同步反应式步进电动机最为常见。本节以三相反应式步进电动机为例,说明步进电动机的工作原理和工作特性。

8.2.1　步进电动机的基本工作原理与控制方法

三相反应式步进电动机的原理模型如图 8-7 所示,定子上有 3 对磁极,其励磁绕组构成的三相定子绕组接成有中线的对称星形,称为控制绕组。转子仅为一软磁材料制成的铁芯,有 4 个齿,没有转子绕组。

若三相定子绕组分别接入波形关系如图 8-8 所示的电压,则在 $0 < t < \dfrac{T}{3}$(T 为脉冲周期)期间,仅 U 相绕组中有电流 i_U 流过,该电流所形成的气隙磁场的轴线与 U 相磁极轴线 U—U' 重合。

由于磁力线总是力图从磁阻最小的路径通过,并使自己的长度缩至最短,所以转子会受到一个转矩的作用,此转矩称为同步转矩,记作 T_s。同步转矩迫使转子旋转到 1、3 齿与 U 相定子绕组轴线 U—U' 对齐的位置,使整个磁路的磁导率变为最大值,如图 8-7(a)所示。当转子齿与绕组轴线对齐后,同步转矩即下降为零,此时转子只受到径向力的作用。这种径向力可以保证转子被锁定在这一空间位置,任何试图使转子偏离这一位置的负载扰动都会受到径向力的抑制。一旦转子发生偏离,同步转矩即同时产生,只要负载扰动转矩小于同步转矩,转子就可被重新拉回此空间位置。这一特性被称为电气自锁能力。电气自锁是位置控制中对电动机驱动系统的一种重要性能要求。

在 $\dfrac{T}{3} \leqslant t < \dfrac{2T}{3}$ 期间,U 相绕组断电,三相绕组中仅 V 相通电,气隙磁场顺时针旋转 120°机

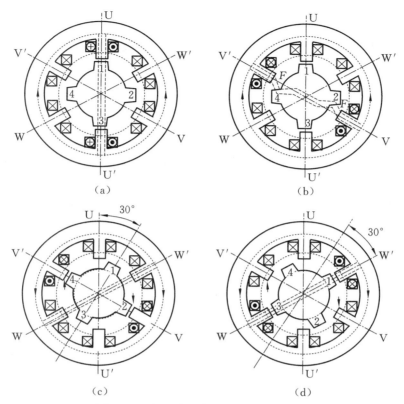

（a）　　　　　　　　　　　（b）

（c）　　　　　　　　　　　（d）

图 8-7　三相反应式步进电动机原理模型

械角度,切换瞬间的磁场与磁路分布如图 8-7
（b）所示。同步转矩将迫使转子旋转到 2、4 齿
与 V 相定子绕组轴线 V—V′对齐的位置,即转
子将顺时针旋转 30°机械角度,如图 8-7（c）
所示。

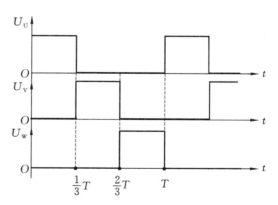

图 8-8　三相单三拍运行的控制脉冲

同理,在 $\frac{2T}{3} \leqslant t < T$ 期间,仅 W 相绕组通
电,气隙磁场继续顺时针旋转 120°机械角度,
转子顺时针旋转 30°机械角度后到达 1、3 齿与
W 相定子绕组轴线 W—W′对齐的位置。这
样,当三相控制绕组按 U—V—W—U 的顺序
循环通电时,转子则分三步旋转一个转子齿
距,每步旋转 30°机械角度,每步转过的空间角度称为步距角,简称步距。

　　若将三相绕组上脉冲电源的任意两相对调,使三相绕组通电顺序变为 U—W—V—U,则
电动机的转子将改变旋转方向。

　　步进电动机中,控制绕组每换接一次称为一拍。按上述方式运行时,每次只有一相绕组通
电,绕组在每个控制周期内换接三次,因此这种运行方式称为三相单三拍运行方式。每次切换

时,步进电动机旋转的角度为一个步距角。

8.2.2　步进电动机的工作特性与运行参数

步进电动机的主要工作特性和运行参数包括步距角、矩角特性、稳定区域、启动频率、最大负载转矩和矩频特性。

1. 步距角

步距角即每拍对应的转子角位移,也即一个指令脉冲对应的机械角位移。步距角决定了步进电动机拖动系统的最高位置控制精度。从改善步进电动机的工作性能和提高系统的分辨能力与精度等方面考虑,步距角应尽可能小一些。增加运行拍数可减小步距角。而运行拍数的大小与电动机的相数和通电方式有关,增加电动机的相数,可以使运行拍数增大,但相数过多会使电动机的驱动器结构复杂化。普通的反应式步进电动机的相数有 3、4、5、6、8 等几种。新型步进电动机多以增加齿数的方式来减小步距角,其典型结构将在后面介绍。

2. 矩角特性

步进电动机空载且一相控制绕组中有电流通过时,这一相极靴下的定子齿轴线必然会稳定到与转子齿轴线重合,使同步转矩 $T_s = 0$,如图 8-9(a)所示。假定以此位置为平衡位置,若转子上出现逆时针方向的负载转矩 T_L,使转子逆时针偏离初始平衡位置一个不大的角度 θ,则转子上将出现由磁力 F 产生的顺时针同步转矩 T_s 以平衡 T_L。当 $T_s = T_L$ 时,转子重新处于静止状态,如图 8-9(b)所示,此时的转子偏转角称为失调角,与 T_L 相等的同步转矩称为静态转矩。转子上出现顺时针方向的负载转矩时的情况与此类似,如图 8-9(c)所示。

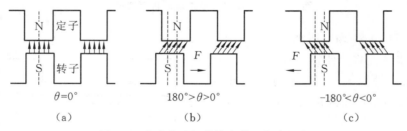

图 8-9　步进电动机的静态转矩与失调角

不改变控制绕组的通电方式、状态时,静态(同步)转矩与失调角之间的函数关系 $T_s = f(\theta)$,称为步进电动机的矩角特性,其函数图像近似为正弦曲线,如图 8-10 所示。图中 θ 为正代表逆时针方向的转角,T_s 为正代表逆时针方向的同步转矩。步进电动机两相或三相同时通电时的矩角特性为各相单独通电时的矩角特性的合成。

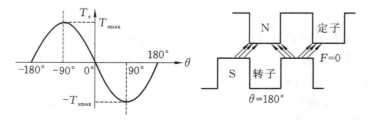

图 8-10　步进电动机的矩角特性

3. 稳定区域

步进电动机有两个关于稳定区域的概念,即静稳定区和动稳定区。

1）静稳定区

从矩角特性曲线上可以看出,当转子在外力作用下产生一定大小的失调角 θ 时,只要满足 $-180°<\theta<180°$,则同步转矩的方向恒取反对 θ 增大的方向。在外力取消后,转子在同步转矩的作用下总能回到 $\theta=0°$ 的平衡位置,因此称图 8-11 中的 O_U 点是 U 相通电时转子的稳定平衡点,称($-180°,180°$)为静稳定区。若失调角超出了此范围,则同步转矩将改变方向,致使失调角进一步增大,直到 $\theta=360°$ 或 $\theta=-360°$,即电动机转动一个齿距角为止。

2）动稳定区

图 8-11 中,曲线 U 为 U 相通电时的矩角特性曲线,曲线 V 为 V 相通电时的矩角特性曲线,两者在横坐标轴上相距一个步距角 θ_b,单位为电角度。从图中可以看出,当通电绕组由 U 相切换为 V 相时,U 相的平衡点必须落在区间 $[-(180°-\theta_b),180°+\theta_b]$ 内,否则转子将不可能前进到新的平衡点 O_V,此区间称为步进电动机的动稳定区。显然,步距角越小,动稳定区就越接近于静稳定区,步进电动机的稳定性就越好。

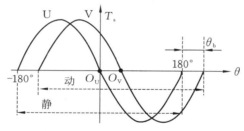

图 8-11　静稳定区与动稳定区

4. 启动频率

由于转子转动惯量的作用,步进电动机从静止到被拉入同步的过程中,转子跟上脉冲的更迭需要一定的时间,这就使启动频率受到一定的限制。以图 8-12 所示的三相单三拍运行方式为例,若每拍末转子都能进入其对应的平衡位置,则下一拍开始时步进电动机的最大失调角均为步距角,使转子可按给定脉冲频率的大小一步不失地被拉入同步。若频率过高,转子在第一拍末尚未到达相应的平衡位置,而第二拍已开始,则对第二拍而言,转子的实际失调角将大于步距角 θ_b,如图 8-12 中的 θ_1。由于 θ_1 仍在第二拍的动稳定区内,故转子仍可继续沿原方向转动,但在第二拍结束时转子离平衡位置的距离将更远,致使第三拍开始时的失调角进一步增大。如此持续下去,在某一拍上必然会产生失调角超出稳定区的情况,转子此时将会受到反方向同步转矩的作用而减速。这种现象称为"失步"。如果此步进电动机用于位置控制驱动(如用于数控机床的刀具或工作台进给驱动),那么失步即意味着步进电动机将不能完成这一拍脉冲指令所对应的空间角度位移,故也称为"丢步"或"丢脉冲"。步进电动机空载时使转子能从静止状态不失步地被拉入同步的最大指令脉冲频率,称为步进电动机的启动频率,记作 f_s。步进电动机的动稳定区越大,步距角越小,启动频率越高。

5. 最大负载转矩

若步进电动机轴上带有负载转矩 T_L,则 U 相通电时系统的稳定平衡点将由图 8-12(a)中

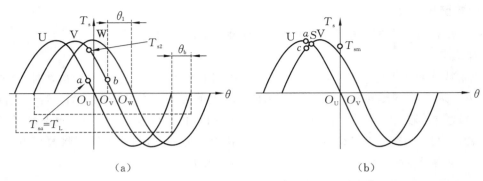

图 8-12　三相单三拍运行方式下步进电动机的启动失步问题

的 O_U 点上升到 a 点,此时对应的失调角等于 θ_a。当通电绕组由 U 相换接到 V 相瞬间,由于机械惯性,θ_a 不能突变,故同步转矩变为 T_{s2}。从图中可以看出,由于 $T_{s2}>T_L$,转子可以在加速转矩 $T_{s2}-T_L$ 的作用下沿 V 相矩角特性曲线向新的平衡点 b 运动,最后到达 b 点。

如果负载转矩大于 U、V 两相矩角特性曲线交点 S 处对应的电动机转矩 T_{sm},则在从 U 相切换到 V 相的瞬间,电动机转矩将下降到图 8-12(b)中 c 点对应的转矩 T_{sc} 且 $T_{sc}<T_L$,转子将减速,不能继续按指令频率要求向新的平衡点运动,最终将产生失步。因此,两矩角特性曲线交点处的同步转矩 T_{sm} 是步进电动机负载能力的上限,称为步进电动机的最大负载转矩,也称为步进转矩或启动转矩。步距角越小,T_{sm} 越大。所以,从增大 T_{sm} 的角度考虑,应该尽量采用较多的运行拍数以减小步距角。

6. 矩频特性

步进电动机绕组换接的过程中,受绕组中的电磁惯性影响,控制电流实际上均按指数形曲线增减。当脉冲频率高到一定程度时,每个周期中控制电流的数值来不及达到稳定值,致使气隙磁通下降,同步转矩减小,如图 8-13(a)～(c)所示。电流的上升率除受绕组阻抗影响,还与突加到绕组上的电压幅值有关,因此,为了提高步进电动机在高速时的负载能力,在绕组绝缘允许的条件下,一些驱动装置常采取提高电压的方式来加快电流升降速度。恒频运行时,步进电动机的平均同步转矩与脉冲频率之间的函数关系称为步进电动机的矩频特性。其典型函数图像如图 8-13(d)所示。

图 8-13 中,T_{sh} 称为保持转矩,代表绕组通电时能维持静止状态的最大转矩。

图 8-13(d)所示的曲线 2 下方,是步进电动机的自启动区域。在此区域内,突加频率为 f 的指令脉冲,步进电动机可以不失步地可靠启动,实现与指令脉冲频率的同步运动。曲线 2 给出了在某一负载转矩下步进电动机允许的最大自启动频率。曲线 2 与曲线 1 之间的区域称为旋转区域,在此区域内,缓慢增加指令频率 f 或负载转矩时,步进电动机能保证不失步运转。曲线 1 上方为失步区域,步进电动机在此区域内不能正常工作。因此,曲线 1 也称为失步转矩曲线,代表了步进电动机失步转矩随指令频率变化的对应关系。

矩频特性曲线的形状与步进电动机驱动器的参数有密切关系。负载转动惯量和步进电动机驱动电路的方式不同,步进电动机的矩频特性及其曲线也不同。因此,图 8-13 所示的特性对步进电动机而言并不是固定不变的,随着负载转动惯量和驱动方式的不同,自启动区域和旋转区域会有较大变化,特别要注意的是,负载转动惯量很大时,自启动频率将明显下降。

控制中为了保证步进电动机能正常启动,通常要采用按一定规律变化的加/减速指令频率,加速时指令频率逐渐升高,减速时指令频率逐渐降低,以避免步进电动机在加/减速运行过程中产生失步。典型指令频率升降规律有直线形、指数形和古钟形等三种。

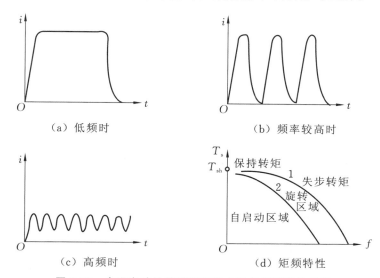

图 8-13　步进电动机的励磁特性曲线与矩频特性曲线

8.2.3　步进电动机的主要类型

1. 反应式步进电动机

前述步进电动机即为反应式步进电动机,又称为变磁阻式步进电动机,其结构与无转子励磁绕组的凸极同步电动机类似。这种步进电动机的主要优点是结构简单、成本低、驱动控制容易,缺点是完全依靠定子绕组电流建立磁场和转矩,效率较低,电动机尺寸较大。

2. 永磁式步进电动机

永磁式步进电动机的转子由永久磁铁制成,转子极数与每相绕组极数相同。由于可以利用定子绕组电流和转子永久磁铁共同建立磁场和转矩,因此永磁式步进电动机的效率和同步转矩均高于反应式步进电动机的。某种永磁式步进电动机的结构如图 8-14所示。图中给出的是定子 B 相绕组通电时的情况。这种永磁式步进电动机的定子结构为空间正交的两个单相绕组,转子是由充磁磁极构成多极环形转子。这种结构的步进电动机部件少,可用压力机和树脂成形机等实现大批量生产,在办公自动化设备和家电中应用广泛。

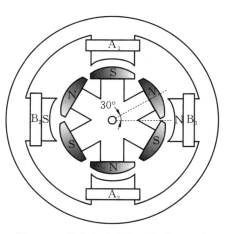

图 8-14　某种永磁式步进电动机结构

永磁式步进电动机和反应式步进电动机在绕组

初始上电时的运动情况有所不同。反应式步进电动机的转子本身无极性,上电时定子形成的磁场就近将转子凸极拉向定子磁极轴线;永磁式步进电动机转子本身有磁极,定子绕组上电后形成的磁极依据"同极性相斥,异极性相吸"的原则将转子异极性磁极拉向定子磁极轴线,定子磁极如果靠近转子同极性磁极则会将其推离。

3. 混合式步进电动机

混合式步进电动机的定子结构与反应式步进电动机的相同,定子磁极上装有多相控制绕组,转子由位于中部的永久磁钢和位于两端的无磁性铁芯组成。环形磁钢轴向充磁,两端的铁芯上开有齿槽,形成类似于凸极的结构。某种混合式步进电动机的结构如图 8-15 所示,可见其实为反应式步进电动机和永磁式步进电动机混合而成的。

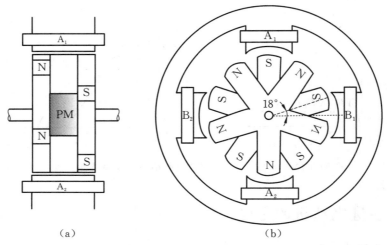

（a）　　　　　　　　　　　　（b）

图 8-15　某种混合式步进电动机的结构

为了获得更高的角度分辨率,实际的混合式步进电动机的转子极数通常多于图 8-15 所示电动机的转子极数。

现代三相混合式步进电动机为了保证在不增大绕组相电流的条件下获得最大转矩,一般采用三相-两相-三相通电方式,如图 8-16 所示。图中所示仅代表工作原理,转子旋转一周等价于实际电动机转子转过 360°电角度的过程。可以证明,三相同时通电励磁时电动机的转矩可以达到单相通电励磁时的两倍。

研究数据表明,混合式步进电动机的功率密度比同体积的反应式步进电动机的高 50%,且步距角很小、效率高、力矩大、运行平稳、高频运行时矩频特性好的混合式步进电动机易制造。与永磁转子相比,混合式步进电动机的转子只需要一块简单的磁铁,而永磁转子需要多极的永磁体。若要产生同等转矩,与反应式步进电动机相比,混合式步进电动机需要的励磁电流较小,因为永磁体可以提供部分励磁电流。另外,当定子励磁电流撤去后,混合式步进电动机仍能依靠永磁体磁力维持转子位置,因此,它近年来逐渐成为步进电动机拖动系统的主流选择,其中以三相和五相混合式步进电动机应用最为广泛。

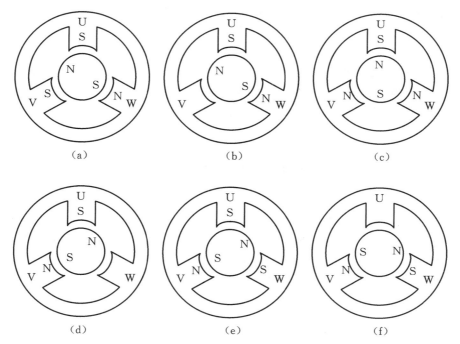

图 8-16　三相混合式步进电动机的通电方式

8.3　无刷直流电动机

在仅可获得直流电源的场合,如航空航天器、汽车等无交流电网连接的移动交通运载工具上,拖动系统采用直流电动机更为方便。虽然现代功率变换技术可以很容易地将直流电变换为交流电,但功率变换必然存在一定的能量损耗,对移动设备上的有限能源是不利的。用于移动设备的直流拖动电动机主要为微型、小型电动机,要求具备动作灵敏、启动/制动快、转速高的特点。这时如果采用普通直流电动机,则直流电动机的许多固有缺陷就将非常明显地暴露出来。通过对直流电动机的学习,我们已经了解到,直流电动机结构性的缺陷在于,电刷和换向器的存在导致电动机在高速或重载条件下运行时可能产生换向火花,电刷磨损也不可避免。电动机经常高速运行时,电刷的维护周期仅为数千小时,如果电动机工作在低气压环境中,电刷的磨损会更严重,甚至不到 1 个小时就必须更换电刷。况且,某些运行环境不可能允许停机更换电刷。换向火花的存在则使普通直流电动机无法用于易燃易爆环境。常规普通直流电动机通过增设换向极来抑制电动机换向时的电枢反应,以改善换向,同时延长电刷的使用寿命。但在移动设备中,受空间的限制,直流电动机的体积必须很小,在微型直流电动机中很难腾出空间加装换向极,因此必须从结构上改变直流电动机的设计,去除电刷和换向器。

既能使用直流电源又没有电刷和换向器,根据这种要求设计出来的电动机就是无刷直流电动机。

20 世纪 30 年代,已经有学者开始研究以电子换向取代机械换向的无刷直流电动机,但由于当时功率电子器件和微电子技术尚不能提供支撑,因此这种电动机只能停留在实验研究阶段。1955 年,美国的 D.Harrison 等人首次申请了用晶体管换向电路代替电刷的专利。1978 年,德国 Mannesmann 公司在汉诺威贸易博览会上推出了方波直流无刷电动机及其驱动器,标志着无刷直流电动机进入实用阶段。随后,采用正弦电流驱动的永磁无刷直流电动机诞生,这种电动机的反电动势和供电电流波形均为正弦波,其控制需要更为精密的转子位置信号,转矩波动较小,主要用于伺服控制系统。后来,随着现代交流传动技术的进步,这种采用正弦电流的电动机被归类为永磁式交流同步电动机,无刷直流电动机则指的是方波永磁无刷直流电动机。

8.3.1　无刷直流电动机的工作原理

无刷直流电动机的结构与永磁式步进电动机和永磁式交流同步电动机的结构非常相似。无刷直流电动机的永磁转子可以采用隐极结构也可以采用凸极结构,定子为多相绕组,可以是三相的也可以多于三相。由于需要电子换向,无刷直流电动机不能直接连接直流电网电源而运行,即在直流电源和电动机间必须加入驱动器。两相导通 Y 连接三相六状态无刷直流电动机的工作原理如图 8-17 所示,主电路如图 8-18 所示。

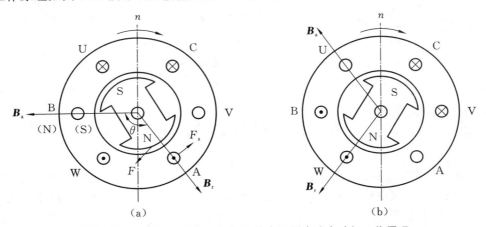

图 8-17　两相导通 Y 连接三相六状态无刷直流电动机工作原理

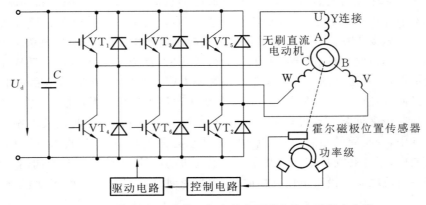

图 8-18　两相导通 Y 连接三相六状态无刷直流电动机主电路

无刷直流电动机的运行原理与永磁式交流同步电动机的类似。对凸极转子电动机,仅进行定性分析时,可认为其电磁转矩来源于由转子永久磁铁所产生的磁场与定子绕组电流励磁所形成的磁场共同作用而产生的相互磁拉力。若记转子永久磁铁产生的磁通密度的矢量表示为 $\boldsymbol{B}_r$,定子绕组电流励磁产生的磁通密度的矢量表示为 $\boldsymbol{B}_a$,则该电磁转矩的大小可表示为

$$T_{em} = |k\boldsymbol{B}_r \times \boldsymbol{B}_a| \tag{8-30}$$

式中:k 为由无刷直流电动机结构决定的常数。该电磁转矩方向依据电动机原理左手定则可判定,即图 8-17(a)所示的 $\boldsymbol{B}_r$ 沿 θ 角朝 $\boldsymbol{B}_a$ 旋转的方向。

无刷直流电动机与永磁式交流同步电动机也有许多相似之处,永磁式交流同步电动机也可以按照图 8-18 所示的主电路用直流电压来驱动,它们的转子上均有永磁磁极。但无刷直流电动机定子绕组依靠近似方波的电流来产生磁场和转矩,其反电动势是梯形波,如图 8-19 所示;而永磁式交流同步电动机定子绕组需要近似正弦波的交变电流来建立旋转磁场和转矩,依靠对开关管按正弦规律进行脉冲宽度调制来实现,对应定子绕组的反电动势为正弦波,采用180°换相导电方式。

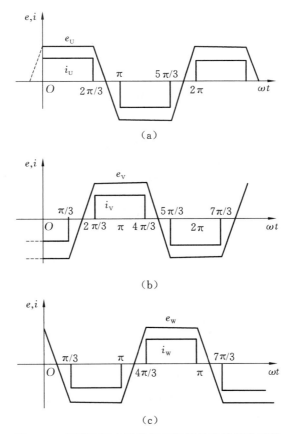

图 8-19　无刷直流电动机各相绕组的电流与电动势

连续旋转时,永磁式交流同步电动机的磁场为连续旋转磁场,而无刷直流电动机的磁场为跳跃式旋转磁场。这样,无刷直流电动机运行时,特别是在低速运行时的转矩波动大于永磁式交流同步电动机的转矩波动,但由于无刷直流电动机采用120°换相导电方式,功率电路中的换

流在不同相的上、下管之间进行,不存在永磁式交流同步电动机驱动时因同一相上、下管换流时可能发生的上、下管同时导通而形成电源瞬间短路的条件,这使得高速运行时无刷直流电动机的驱动器工作更加安全,故障率更低。

在电子开关的切换控制方面,永磁式交流同步电动机与无刷直流电动机有明显的区别。前者采用的是一种固定频率模式的开关管理,按给定频率的正弦脉冲宽度调制方法切换电子开关,使三相绕组中的电流按三相对称正弦规律变化,从而形成连续的旋转磁场,电动机的转速严格地与给定电源频率同步。而后者电子开关的切换是"等待"磁极信号的到来,转速低时切换自动变慢,转速高时切换自动变快。因此,无刷直流电动机的运行机械特性与他励直流电动机的相似,转速会随负载变化而改变。

无刷直流电动机也可以采用三相绕组同时供电方式,这时通过控制可使电流的波形为任意期望形态,可进一步降低转矩脉动,但随之出现的问题是控制趋于复杂,对转子位置的检测分辨率要求大大提升,控制成本相应上升。

8.3.2　无刷直流电动机的结构类型

按照不同的应用需求,无刷直流电动机有多种不同的结构类型,其中几种常用的结构如图8-20所示。

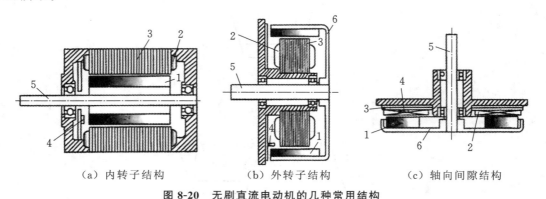

（a）内转子结构　　　　（b）外转子结构　　　　（c）轴向间隙结构

图 8-20　无刷直流电动机的几种常用结构

1—永久磁铁;2—线圈;3—定子磁轭;4—磁极位置传感器;5—轴;6—转子磁轭

图8-20(a)所示的为内转子结构,与普通电动机的结构类似。内转子结构的特点是转子的转动惯量较小,易于实现灵敏、快速的启停控制。图8-20(b)所示的为外转子结构,其特点是转子的转动惯量相对大一些,利于电动机高速、稳速运行。图8-20(c)所示的为轴向间隙结构,这种结构的定子绕组可以采用印刷绕组,体积可以很小,并且印刷绕组电感小,易于电流的快速变化,因此采用这种结构的无刷直流电动机的速度可以达到很高,如某产品的最高转速可以达到50000 r/min。不过这种电动机的功率一般都比较小,通常在20 W以下。采用内转子结构的无刷直流电动机功率可以做得比较大,这种电动机体积小,重量轻,控制简单,低速转矩大,动态响应好,可用作电动汽车的驱动电动机。

永磁无刷直流电动机的转子结构与永磁式交流同步电动机的类似,根据用途可有许多种不同的类型。其中最典型的两类为径向磁化型和切向磁化型。图8-21(a)所示的为瓦形永磁体径向磁化类型;图8-21(b)所示的为矩形永磁体切向磁化类型。永磁体转子外径上套有一个 0.3～0.8 mm 的紧圈,以防止高速运行时离心力将永磁体甩出。紧圈材料通常为不导磁不锈钢。

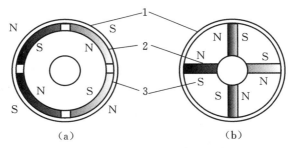

图 8-21　永磁转子的典型结构
1—紧圈;2—永磁体;3—转子铁芯

除此之外,还有非永磁转子的无刷直流电动机,这类电动机的转子与反应式步进电动机的一样,由软铁构成,完全依靠定子绕组励磁电流而产生转矩。有时这种无刷直流电动机也称为开关磁阻无刷直流电动机。这种电动机除具备成本低的优点,还因没有永磁体而容易弱磁以获得较高的转速,调速范围宽。结合永磁转子与磁阻转子各自的优点,各种不同永磁材料及非永磁材料组合成的混合型转子无刷直流电动机正不断涌现,使得无刷直流电动机的运行性能不断得到提高,应用范围不断扩展。

8.3.3　无刷直流电动机的数学模型

无刷直流电动机的数学模型与电动机结构紧密相关,现假定无刷直流电动机定子为三相对称绕组,采用星形连接,转子采用内转子隐极结构,并假定:

(1) 忽略电动机铁芯饱和和铁芯损耗;

(2) 考虑永磁转子磁体充磁充分饱和,磁导率与空气磁导率相近,电枢反应可以忽略;

(3) 忽略齿槽效应,电枢导体连续均匀分布于电枢(定子内圆周)表面;

(4) 驱动器中功率器件均具有理想开关特性。

由于绕组对称,各相绕组的电阻、自感和互感均相等,三相绕组的电压平衡方程可表示为

$$\begin{bmatrix} u_U \\ u_V \\ u_W \end{bmatrix} = \begin{bmatrix} R_s & 0 & 0 \\ 0 & R_s & 0 \\ 0 & 0 & R_s \end{bmatrix} \begin{bmatrix} i_U \\ i_V \\ i_W \end{bmatrix} + \begin{bmatrix} L & M & M \\ M & L & M \\ M & M & L \end{bmatrix} \frac{d}{dt} \begin{bmatrix} i_U \\ i_V \\ i_W \end{bmatrix} + \begin{bmatrix} e_U \\ e_V \\ e_W \end{bmatrix} \tag{8-31}$$

式中 :u_U、u_V、u_W 分别为各相绕组对星形中性点的电压;i_U、i_V、i_W 分别为定子绕组相电流;e_U、e_V、e_W 分别为定子绕组反电动势;R_s、L、M 分别为定子相绕组的电阻、自感和互感。如果以功率地即直流电源地为参考点,则在式(8-31)右侧还应加上定子绕组星形中性点对功率地电压 u_N。

对永磁隐极结构,转子磁阻不随转子位置变化而变化,定子绕组的自感与互感均可视为常数。定子绕组星形无中线连接时,有

$$i_U + i_V + i_W = 0 \tag{8-32}$$

在式(8-32)两端同乘以互感,有

$$Mi_V + Mi_W = -i_U M \tag{8-33}$$

将式(8-32)、式(8-33)代入式(8-31),可得

$$
\begin{bmatrix} u_{\mathrm{U}} \\ u_{\mathrm{V}} \\ u_{\mathrm{W}} \end{bmatrix} = \begin{bmatrix} R_{\mathrm{s}} & 0 & 0 \\ 0 & R_{\mathrm{s}} & 0 \\ 0 & 0 & R_{\mathrm{s}} \end{bmatrix} \begin{bmatrix} i_{\mathrm{U}} \\ i_{\mathrm{V}} \\ i_{\mathrm{W}} \end{bmatrix} + \begin{bmatrix} L-M & 0 & 0 \\ 0 & L-M & 0 \\ 0 & 0 & L-M \end{bmatrix} \frac{\mathrm{d}}{\mathrm{d}t} \begin{bmatrix} i_{\mathrm{U}} \\ i_{\mathrm{V}} \\ i_{\mathrm{W}} \end{bmatrix} + \begin{bmatrix} e_{\mathrm{U}} \\ e_{\mathrm{V}} \\ e_{\mathrm{W}} \end{bmatrix} \tag{8-34}
$$

这样,方波永磁无刷直流电动机的稳态等效电路如图 8-22 所示。

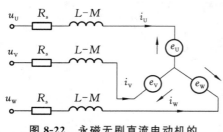

图 8-22 永磁无刷直流电动机的
稳态等效电路

永磁无刷直流电动机在采用径向励磁结构、稀土永磁体直接面向均匀气隙时,由于稀土永磁体的取向性好,可以方便地获得具有较好方波形状的气隙磁场。这时若定子绕组采用集中整距绕组,方波磁场在定子绕组中感应的电动势波形将为梯形波。对两相导电星形连接的以三相六状态方式工作的永磁无刷直流电动机,方波气隙磁通密度在空间上的宽度应大于 120°电角度,在定子电枢绕组中感应的梯形波反电动势的平顶宽度也相应大于 120°电角度。驱动器提供的三相对称、宽度为 120°电角度的方波电流应与电动势同相位,或位于梯形波反电动势的平顶宽度范围内。

8.3.4 无刷直流电动机的调速

无刷直流电动机可采用的调速方法应当与普通直流电动机采用的调速方法相同。现代直流调速普遍采用脉冲宽度调制(PWM)技术来调节加到直流电动机电枢绕组上的平均直流电压。其基本思想就是通过对恒定直流电压在微小周期 T(通常为数十微秒)内进行斩波来降低直流电压的平均值,从而实现调压。斩波实为通断控制,周期 T 内接通时间 t_{on} 与周期的比值称为占空比,用 α 表示,$\alpha = t_{\mathrm{on}}/T$。这样,采用 PWM 斩波可以通过控制使直流电压在 $[0, U_{\mathrm{d}}]$ 区间内线性调节。

对三相永磁无刷直流电动机,可以采用图 8-23 所示的几种 PWM 调压调速方法。在这几种方法中,功率管做脉宽调制工作时会产生一定的开关损耗,不难看出:图 8-23(e)所示方法的管耗最大;图 8-23(c)(d)中,上 3 管调制、下 3 管恒通或下 3 管调制、上 3 管恒通,开关损耗可以降低接近一半,但 6 个功率管管耗不均匀,调制管功耗会显著大于恒通管功耗;而图 8-23(a)(b)中的开关损耗分布是均匀的,又可达到显著降低开关损耗的目的,因此在直流无刷电动机调压调速中应用最为普遍。采用 PWM 调压调速方法后,若直流电源电压为 U_{d},则加到电动机定子绕组的平均直流电压为

$$
U = \alpha U_{\mathrm{d}}, \quad 0 \leqslant \alpha \leqslant 1 \tag{8-35}
$$

改变占空比 α,就可以线性地改变电压。与普通直流电动机一样,无刷直流电动机要想获得高于额定的运行速度,必须减弱磁场。对采用永磁转子结构的无刷直流电动机,磁场主要依靠永磁体产生,这部分磁场是不可调节的,弱磁只能依靠调节定子电流产生的电枢反应来实现。近年来,国内外学者针对永磁无刷直流电动机的恒功率弱磁调速,在从电动机结构到控制方法等方面做了大量的研究工作,取得了一定成果。对无永磁体的磁阻转子无刷直流电动机,则可以很方便地实现弱磁,获得很宽的弱磁升速运行范围,其转速可以达到每分钟数万转以上。

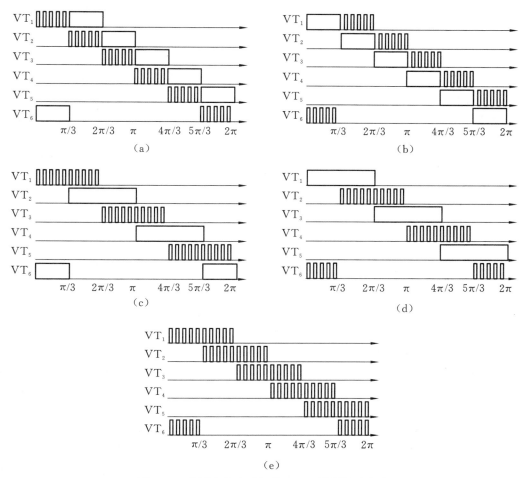

图 8-23　无刷直流电动机的 PWM 调压调速方法

8.3.5　无刷直流电动机的制动

与普通直流电动机一样,无刷直流电动机同样可以采取能耗制动、回馈制动和反接制动方式来实现快速制动。对采用 PWM 驱动的系统,一般通过反馈闭环自动调节脉冲宽度来实现最大制动转矩和最大允许制动电流的控制,使电动机取得最佳制动效果,其中应用最为普遍的是具有节能效果的回馈制动方式。

回馈制动一般采用全 PWM 控制方式,即图 8-23(e)所示的控制方式。在制动运行状态,调制管开通时,电流流经调制管,电动机反接制动;调制管关断时,电动机回馈制动,电流在同一相桥臂上下换流,即电流如果原来从上臂调制管流过,则在调制管关断时必从下臂二极管续流,如果调制管在下,则必换到同相上臂的二极管续流。依此类推,不难得到其他区间的电流流动情况与电动机工作状况。

8.3.6 无位置传感器的无刷直流电动机

由前面对无刷直流电动机的运行与制动的分析可知,无刷直流电动机运行中电力电子驱动器功率开关器件的切换完全取决于电动机转子的位置,因此转子位置信号是必不可少的。为此,多种不同结构的转子磁极位置传感器被研制出来,主要可分为电磁式、光电式、霍尔磁敏式。但位置传感器的存在不仅将增加电动机的体积和成本,还将使电动机难以适应高温、高湿、有污浊气体等恶劣环境,且电动机接线增多,抗干扰能力降低,因此转子位置传感器的存在,在一定程度上限制了永磁无刷直流电动机的应用范围。为了解决某些特殊应用场合的需求,一些无位置传感器的无刷直流电动机控制方案被连续提出。在无刷直流电动机控制中,如果没有位置传感器,就必须借助于对电动机转子位置有关量的检测和计算来获得转子的位置信息。

8.3.7 转矩脉动问题

与永磁式交流同步电动机相比,永磁无刷直流电动机转矩脉动较大。根据转矩脉动产生的原因,永磁无刷直流电动机的转矩脉动主要可以分为齿槽转矩脉动和换相转矩脉动两种。齿槽转矩脉动产生的原因是定子槽的存在使不同位置磁路的磁阻略有差异,气隙磁场在空间分布上会存在锯齿形脉动,造成电动机反电动势波形畸变。永磁无刷直流电动机的电磁转矩正比于反电动势,因而反电动势的畸变必然会带来转矩的脉动。为了抑制这种脉动,设计人员从电动机制造角度提出了许多抑制方法。例如,在电动机设计中采用分数槽、斜槽或斜极等,可以有效地对齿槽转矩脉动进行抑制。这样,在实际应用场合,换相转矩脉动就成为转矩脉动的主要原因。

无刷直流电动机通常采用120°两相导电方式工作,电动机每转过60°电角度就换相(见图8-24)。换相时,定子磁场磁极出现60°跳跃旋转,根据图8-24(b)(c),为了保证换相转矩平稳,换相应当在转子旋转到$\theta=60°$时进行,即转子磁极旋转到图8-24(b)所示的位置时切换,使换相后载流导体呈图8-24(c)所示分布,这样载流导体在磁极下分布情况相同,理论上可以保证换相前后转矩相等。但实际换相时,由于定子绕组电感的影响,绕组的电流并不能以理想方波的形式变化,不可避免地存在一个由电路时间常数决定的暂态,电流有一个按指数规律增减变化的过渡过程,关断相电流不能立即为零,开通相电流也不能立即达到稳态值。

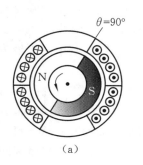  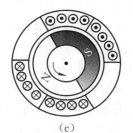

(a)   (b)   (c)

图 8-24 无刷直流电动机的换相

换相时刻相位的不准确也会导致转矩脉动,即换相转矩脉动。与齿槽转矩脉动相比,换相转矩脉动频率较低且幅值较大。转矩脉动必然会导致转速的波动。为了提高永磁无刷直流电动机的运行性能,抑制换相转矩脉动自然成为驱动系统设计研究的一个重要内容,设计时应注意参考国内外学者提出的多种抑制换相转矩脉动的方法。

8.4　直线电动机

在自动化领域,电动机被广泛用于驱动各种机械实现直线运动。旋转电动机是通过中间机械变换装置将旋转运动变换为直线运动的。例如,通过安装在电动机轴上的齿轮与安装在欲做直线运动的机械上的齿条,即可方便地将电动机的旋转运动变换为机械的直线运动。但中间机械变换装置(如齿轮和齿条)通常有间隙、制造误差、环境变化产生的形变误差(如温度变化导致的热胀冷缩),它们都会影响直线运动控制的性能。能否省去中间机械变换装置,直接由电动机实现直线运动驱动?答案是肯定的。在直流电动机诞生不久,英国人 Wheatstone 于 1845 年研制出了直线电动机(linear machine,LM),这种直线电动机实现了电能和直线运动的机械能间的直接转换。

1890 年,美国匹兹堡市首次发表了关于直线感应电动机(linear induction machine,LIM)的专利。1954 年,英国皇家飞机制造公司研制了双边型直线电动机驱动的导弹发射装置。1979 年,日本建成长 7.5 km、时速高达 530 km 的宫崎磁悬浮铁道试验线。1984 年,英国建成直线感应电动机驱动的磁悬浮运输线。近年来,随着永磁材料、功率电子技术、微电子技术的进步,永磁直线同步电动机(permanent magnet linear synchronous motor,PMLSM)及其驱动技术发展很快。日本 FANAC 公司生产的 PMLSM 最高移动速度可以达到 240 m/min,最大推力可以达到 9000 N。美国 Kollmorgen 公司生产的 PMLSM 低速平滑运行速度可达到低于微米每秒的水平。2003 年,美国成功研制推力超过 2 MN 的 PMLSM 航空母舰飞机推进器(电磁甲板),可使飞机起飞速度在较短的距离和时间内提高至升空速度。起飞时间的缩短,意味着可增加单位时间内飞机起飞的架数;起飞距离的缩短,意味着可以减小航空母舰的体积。直线电动机还可以用于其他水平运输系统和垂直运输系统,水平运输系统有过山车、移动人行道、行李运输线等,垂直运输系统则有高层建筑电梯和矿井提升系统等。研究数据表明,采用永磁直线电动机驱动的垂直提升系统,在系统驱动载荷相同的情况下,可比普通旋转电动机驱动的系统节能 10% 左右,且易于实现快速、频繁的启动和制动。直线电动机在需要直线运动驱动的场合应用越来越广泛。

8.4.1　异步直线电动机的基本结构和工作原理

1. 基本结构

与普通旋转电动机一样,直线电动机也可分为直流和交流两大类型。其中,交流直线电动机又分为异步式、同步式和永磁同步式几种。

如图 8-25 所示,将一台三相交流异步电动机沿剖面 A 剖开,水平展开即形成一台三相交流异步直线电动机的原型结构。其中,如果将通以三相交流电的一侧固定,即得直线电动机的定子,则三相交流电流在定子绕组与水平转子间的气隙磁场由原来的旋转磁场变为水平地向一个方向扫动的磁场,产生的电磁力将推动转子向一个方向做水平直线运动。由于原来的旋转运动变为直线运动,因此原来的转子改称为滑子。

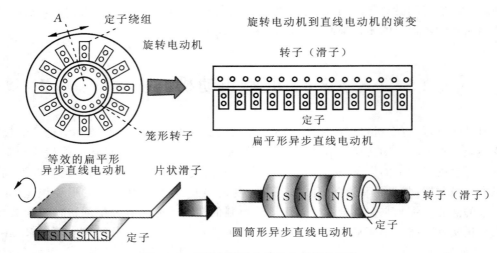

图 8-25　三相交流异步直线电动机的结构

直线电动机运行时,定子、滑子间有相对直线运动,须有一方延长,才能使运动连续。滑子延长的直线电动机称为短定子直线电动机,定子延长的直线电动机称为短滑子直线电动机。仅在滑子一边安装定子的直线电动机称为单边型直线电动机,滑子对应两边都安装定子的直线电动机称为双边型直线电动机。对于单边型直线电动机,滑子运动时除了受到水平直线方向的推力(切向力),还会同时受到垂直方向的推力(法向力)。除此之外,直线电动机还可以制成图 8-25 所示的圆筒形。当有特殊需求时,圆筒形直线电动机的滑子可以实现在做直线运动的同时做旋转运动。

2. 工作原理

异步直线电动机的定子绕组在空间中沿水平方向对称分布。当三相(U、V、W)绕组中通入时间对称的三相正弦交流电流时,在空间中即形成正弦分布的沿 U、V、W 方向直线运动的气隙行波磁场。直线运动速度用 v_0 表示。运动磁场切割滑子导体感生出电动势,形成滑子电流,磁场对载流导体产生沿磁场运动方向的电磁力。如果定子固定,则电磁力将带动滑子及负载做直线运动,运动速度用 v 表示。对于普通旋转式三相异步电动机,气隙磁场的同步转速是

$$n_0 = \frac{60f}{p} \tag{8-36}$$

旋转电动机每转一周将转过 $2p$ 个极距,即 $2p\tau$ 空间电角度。对于直线电动机,气隙磁场转为水平直线运动,对应地在定子内表面磁场运动的线速度为

$$v_0 = \frac{n_0}{60} \times 2p\tau = 2\tau f \tag{8-37}$$

可见,异步直线电动机的同步速度 v_0 与极距 τ 成正比,而与磁极对数 p 无关。

与旋转电动机的转差率对应,若直线电动机滑子的运动速度为 v,则滑差率定义为

$$s = \frac{v_0 - v}{v_0} \tag{8-38}$$

这样,滑子的运动速度也可以表示为

$$v = v_0(1-s) = 2\tau f(1-s) \tag{8-39}$$

3. 推力滑差特性

与旋转电动机的机械特性对应,直线电动机的机械特性用推力滑差特性来描述。异步直线电动机的工作原理与异步旋转电动机的工作原理是完全相同的,它们各自内部的电磁关系、功率关系也是一样的。异步直线电动机的电磁功率为

$$P_{em} = P_1 - P_{Cus} - P_{Fe} \qquad (8\text{-}40)$$

异步直线电动机正常运行时,滑差率很小,滑子中磁通频率 sf 很低,滑子铁耗可以忽略不计,因此机械功率为

$$P_{mec} = P_{em} - P_{Cur} \qquad (8\text{-}41)$$

忽略机械损耗 P_0 时,可认为输出机械功率 P_2 等于滑子所受电磁推力 F 乘以滑子直线运动速度 v,这样,电磁推力可表示为

$$F \approx \frac{P_2}{v} = \frac{P_2}{2\tau f(1-s)} \qquad (8\text{-}42)$$

利用与鼠笼形电动机相似的等值电路,经转换即可得到推力与滑差率的关系曲线,如图 8-26 所示。与绕线转子异步电动机类似,改变滑子电阻即可改变异步直线电动机启动时推力的大小。

4. 端部效应

异步直线电动机虽然可以看作将异步旋转电动机的定子、转子和气隙沿径向剖开后水平展开形成,但异步旋转电动机的铁芯是连续的,而异步直线电动机的定子、滑子铁芯必然有中间段和两个边端。铁芯两端的气隙磁场分布显然与铁芯中间段的存在明显区别,对电动机的运行也将产生很大影响。这种现象称为异步直线电动机的端部效应。

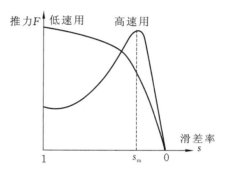

图 8-26　异步直线电动机的
推力滑差特性曲线

端部效应有横向和纵向之分。直线电动机的定子、滑子的长和宽都是有限的。在有限宽的情况下,滑子电流和滑子形状均会对气隙磁场产生影响,这种影响称为异步直线电动机的横向端部效应。例如,若滑子横向宽度远大于定子的横向宽度,则滑子在定子上方时,导体在横向上的阻抗参数变化会使涡流分布不均,其电枢反应使横向的气隙磁场也分布不均,在铁芯横向端部产生畸变。对于一般的异步直线电动机,横向端部效应影响较小,常可以忽略不计。

纵向端部效应产生在磁场行波方向,有静态和动态之分。其中,由铁芯断开所引起的各相绕组互感不相等以及脉振磁场、反向行波磁场的现象,称为静态纵向端部效应。定子铁芯断开及端部绕组半填充(单层)使得许多磁力线从铁芯的一端经过气隙直达铁芯的另一端,使线圈的电感变为与对应气隙的位置有关——铁芯中间段的电感与普通旋转电动机的类似,两端的电感则相差很大。三相绕组之间的互感也不再相等,因此直线电动机的三相阻抗是不相等的,这必然导致即使三相电源电压对称,相电流仍然是不平衡的,对应磁场可以采用对称分量法分解为正序、负序和零序分量来进行分析。正序和负序分量对应的是两个相反方向的行波,零序分量对应的是驻波。正序行波磁场是产生直线运动推力所需磁场,而负序、零序磁场则将形成阻力和附加损耗。研究表明,随着电动机磁极对数的增加,定子三相电流不平衡度会相应下降。如果磁极对数在 3 以上,由定子电路三相不平衡所导致的影响可以忽略不计,静态纵向端

部效应对电动机运行性能的影响也是十分有限的。

当电动机滑子相对定子做高速运动时,以图 8-25 所示的短定子直线电动机为例,滑子中原来位于空气中的部分突然进入定子铁芯上方,或原来位于定子铁芯上方的部分突然离开而进入无定子铁芯的空气中时,滑子这部分铁芯中会因磁通强烈变化而产生涡流,在定子进入端和离开端将分别产生削弱和加强磁场的作用,使气隙磁场产生畸变。这种现象称为动态纵向端部效应,也称为"进入、穿出效应"。动态纵向端部效应所产生的涡流会产生附加损耗和附加力,引起推力波动,减小电动机输出功率,对电动机运行性能产生较大的影响。

直线电动机端部铁芯磁路断开,使安放在铁芯中的绕组两端的铁芯磁路不连续,产生端部效应。将旋转电动机的分析理论直接应用在直线电动机上会带来一定的偏差,为此国内外学者提出了许多分析方法来解决直线电动机相对精确的控制模型问题,主要有直接解法、分层理论与傅里叶法、等效磁网络法、有限元法、边界元法等。本书对此不再详细阐述。读者在进行直线电动机驱动系统设计时如需解决端部效应问题请参阅相关文献。

异步直线电动机在城市轨道交通领域获得了很好的应用。1974 年,日本的高速地面运输系统开始采用异步直线电动机驱动,这种驱动方式的动力来自异步直线电动机,轮轨仅用于支撑和导向,可以将由普通旋转电动机驱动的快速列车爬坡的最大坡度由 5%~6% 提高到 6%~8%,将最小曲线半径由 250 m 降低到 80 m,特别适合在城市轨道交通如地铁列车驱动中应用。2007 年,我国也通过核心技术引进,在广州地铁 4 号线上应用了异步直线电动机驱动运载系统。

异步直线电动机的缺点是存在端部效应,漏磁比旋转电动机的大,机电能量转化的效率低于旋转电动机的效率,并且承袭了异步电动机需要定子电流建立磁场、功率因数较低的缺点,因此总效率比较低。

异步直线电动机的启动、调速、制动需要采用现代交流调速技术,常用的控制方式有转差频率控制(标量控制)、矢量控制和直接转矩控制。

8.4.2 交流同步直线电动机与磁悬浮现象

现代变频驱动技术的进步,使交流同步电动机的启动、调速、制动均不再成为问题。对滑子绕组通入直流励磁电流,即可构成电励磁的交流同步直线电动机,滑子采用永磁结构则得到交流永磁同步直线电动机。同步直线电动机的主磁场由滑子侧建立,定子侧电流可主要用于产生电磁转矩,功率因数得以提高,在轻载时表现得更为明显。

同步直线电动机与异步直线电动机一样,也是由相同的旋转电动机演化而来的,其工作原理与普通旋转电动机的相同。20 世纪 60 年代后,同步直线电动机常用作高速地面运输的推进装置;20 世纪 80 年代后同步直线电动机作为提升装置的动力源,逐渐变得重要起来;现代数控机床的伺服进给驱动系统也越来越多地采用同步直线电动机。与普通旋转式同步电动机一样,同步直线电动机也具有多相电枢绕组和采用直流励磁的主磁场或永磁体主磁场。从控制角度而言,电励磁型直线同步电动机(见图 8-27(a))由于直流励磁可控,易于实现弱磁调速,容易获得较宽的运行速度范围;永磁型直线同步电动机(见图 8-27(b))则具有较高的功率密度,不需要直流励磁电源,容易获得较大的推力和实现快速、灵敏的启动及制动,但其磁场调节困难,调速范围受到一定限制。综合两者长处的永磁和电励磁混合型直线同步电动机分别如图 8-27(c)(d)所示。混合型电动机可在额定速度范围内仅依靠永久磁铁提供主磁场,电励磁绕组不供电,在需要弱磁升速运行时才对电励磁绕组供电,从而达到既有较高的功率密度又有较宽的调速范围的效果,付出的代价则是制造成本的增加。

从原理上,直线同步电动机又可以分为电枢(定子)移动式的或磁场(滑子)移动式的,其中方便供电的磁场移动式结构更为实用。图 8-27(a)所示的电励磁型直线同步电动机就是一种长定子(电枢)、短滑子(磁场)的直线同步电动机。

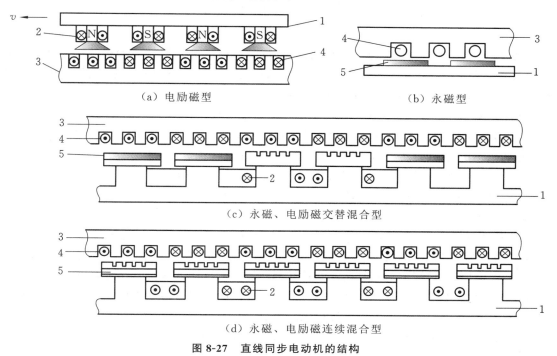

图 8-27 直线同步电动机的结构

1—滑子;2—直流励磁线圈;3—定子;4—定子绕组;5—永久磁铁

同步直线电动机滑子的直线运行速度等于三相定子绕组电流产生的行波气隙磁场速度。运动速度 $v = 2\tau f$,运动方向可由电动机左手定则、作用力与反作用力及牛顿运动规律确定,如图 8-27(a)所示。当三相电源电流相序改变时,滑子受水平推力的方向将随之改变。

当定子磁场做水平方向运动时,同步直线电动机不仅能产生水平方向的电磁力,同时还可产生垂直方向的电磁力。如果电动机定子与地面平行,则这种垂直方向的电磁力将会使滑子克服重力,使滑子和负载悬浮起来,形成磁悬浮现象。

在导体上高速运动的磁极既受到水平方向的电磁力作用,又受到垂直方向的电磁力作用。如果这种垂直向上的电磁力大到足以克服磁极重力,磁极将在导体上方悬浮。这种依靠相互排斥的磁力形成磁悬浮的现象称为斥浮型磁悬浮。一块钢板可以看作由无限多根导体并联形成,使磁极在钢板上方以较高的速度做水平直线运动时,磁极同样会受到磁悬浮力的作用。磁悬浮列车将固定在铁路上的钢轨作为无限长的固定钢板,将磁极安装在车厢底部以正对钢轨。列车由直线电动机拖动,当列车高速运行时,随着速度的增大,磁悬浮力将大到足以克服列车重力,使列车悬浮在轨道上方滑行,这就是磁悬浮列车的运行原理。这种磁极与闭合回路导体在平面上做相对高速直线运动而产生的磁悬浮现象在异步直线电动机拖动中也可发生,因此磁悬浮列车既可以采用异步直线电动机也可采用同步直线电动机拖动。由于三相交流直线电动机无论是异步的还是同步的,均无可避免地存在端部效应,因此三相电路不再对称,非线性、强耦合的特征更加明显,电动机的数学模型(即使是稳态模型)也要比旋转电动机的复杂得多,通常需要借助于有限元法和仿真软件平台进行分析。

8.5　双馈电机

双馈电机是一种三相交流电机。所谓双馈,就是将电能分别馈入电动机的定子绕组和转子绕组,其中定子绕组一般接固定频率的工频电源,而转子绕组电源的频率、电压幅值和相位则需按运行要求分别进行调节。绕线转子异步电动机的串级调速,就是一种双馈的形式,因此三相交流绕线转子异步电动机也可以视为一种双馈电动机。

当电动机采用双馈方式运行时,通过改变转子电源的频率、幅值和相位,可以调节电动机的转速、转矩和定子侧无功功率,使电动机不但可以在常规的异步(亚同步)转速区运行,而且可以在超同步转速区运行,因此,双馈调速也被称为超同步串级调速。

但是,采用普通三相交流绕线转子异步电机进行双馈调速或发电时存在一些固有的缺陷,主要表现如下。

(1)作为异步电机,它需要从定子侧励磁,这会给功率因数带来不利影响。

(2)普通异步电动机正常运行时转差极小,转子绕组中电流的频率 sf 很低,转子铁耗可以忽略不计,因此设计转子铁芯时通常不将抑制铁耗作为设计重点。但双馈运行时,定子电源为固定工频,转子电源频率需要根据运行需求调节。而串级调速属于变转差率调速,向下调速时转差率增大,转子绕组电流的频率也相应增大,此时可能导致转子铁耗显著增加,电动机运行效率随之降低,严重时可能危及电动机运行安全。因此,普通绕线转子异步电动机用于双馈调速时,调速的范围应受到限制。

双馈电机除了作为电动机用于串级调速,更广泛的应用是作为发电机应用于风力发电系统。普通绕线转子异步电机用于风力发电机时,转子铁芯的转速在风力驱动下按风力强弱变化,与由定子工频电流决定的同步转速的转差不再能维持在很小的范围。风力弱时转子电流频率会比较高,导致转子铁耗显著增加,显然双馈电机也不能适应速度变动范围较大的场合。为适应宽速度变化范围的运行要求,用于风力发电的双馈电机需要有特殊的结构。

8.5.1　变速双馈风力发电机的基本工作原理

现代变速双馈风力发电机通过叶轮实现由风能形成的机械转矩驱动主轴传动链,经齿轮箱增速使转子旋转,同时由转子侧三相变频器提供的三相电源在转子绕组上产生三相电流,与旋转的转子共同形成旋转磁场,该旋转磁场切割定子绕组,感生电动势,将转子机械能转化为电能,从定子绕组将电能输送到电网,实现发电。当风力使发电机转子转速低于由电网频率决定的同步转速,即发电机亚同步运行时,转子侧变频器向转子馈送能量;如果风力使转子转速超过发电机同步转速,即发电机超同步运行,则转子也处于发电状态,转子侧电能也通过变频器向电网回馈电能,形成定子、转子均向电网馈送电能的情况,故这种发电机称为双馈发电机。如果发电机以同步转速运行,则仅需由变频器为转子提供直流励磁电流。

最简单的风力发电机(简称为风机)可由叶轮和发电机两部分构成,立在一定高度的塔干上,即小型离网风机。最初的风机发出的电能随风速变化而变化,时有时无,电压和频率均不稳定,没有实际应用价值。为了解决这些问题,现代风机增加了齿轮箱、偏航系统、液压系统、刹车系统和控制系统等。齿轮箱可以将很低的叶轮转速(1500 kW 的风机的叶轮转速通常为 12～22 r/min)变为很高的发电机转速(发电机同步转速通常为 1500 r/min),同时也使得发电机易于控制,实现稳定的频率和电压输出。风机含有许多转动部件:机舱在水平面旋转,随时偏航对准风向;叶轮沿水平轴旋转,以便产生动力扭矩;对于变桨距风机,组成叶轮的叶片要围绕根部的中心轴旋转,以便适应不同的风况而改变桨距,在停机时,叶片要顺桨,以便形成阻尼而刹车。早期风机采用液压系统调节叶片桨距(同时在阻尼、停机、刹车等状态下使用),现代风机中电变距系统逐步取代了液压变距系统。偏航系统可以使叶轮扫掠面总是垂直于主风向。1500 kW 的风机一般在 4 m/s 左右的风速下自动启动,在 13 m/s 左右的风速下可发出额定功率,在风速达到 25 m/s 时会自动停机,所能承受的极限风速为 60～70 m/s,在极限风速下风机不会立即损坏。理论上的 12 级飓风,其风速范围也仅为 32.7～36.9 m/s。风机的控制系统要根据风速、风向实施控制,使风机在稳定的电压和频率下运行,自动地并网和脱网,同时监视齿轮箱、发电机的运行温度及液压系统的油压,对出现的任何异常情况进行报警,必要时自动停机,属于无人值守独立发电系统单元。

双馈风力发电的主要优点包括:投资小,只在发电机转子侧使用容量为发电机容量 1/3 的双向变频器(变流器);风机转速随风速变化,可以实现最优控制;采用绝缘栅双极型晶体管(IGBT)变流器,可调节发电机的输出功率因数;采用多电平脉冲宽度调制(PWM)控制,系统损耗小,发电量高;并网时冲击小。因此,双馈风力发电机是我国风力发电的主流机型。下面以一种采用双馈异步风力发电机的系统为例,介绍双馈风力发电系统的组成与双馈异步发电机的工作原理。

8.5.2 双馈风力发电系统的组成

1. 机械结构

双馈异步风力发电又称为变速恒频风力发电。该双馈风力发电系统主要由双馈异步发电机、变频器励磁系统、检测控制系统等组成。

2. 系统结构

一种绕线转子双馈风力发电系统的结构如图 8-28 所示。发电机定子绕组接交流电网,转子绕组由滑环引出,接至频率、电压可调的低频电源。电源由闭环控制的双向功率变换器提供,该变换器又称为循环变换器、双向变频器、双向变流器。变换器对转子绕组供给或从转子绕组吸收三相变频(低频)交流电流。

双馈异步发电机的定子绕组发出的电能直接接入电网中,转子绕组通过双向变流器与电网相连接。当风机的叶轮转速发生变化时,风力系统控制器首先调整桨距,使得叶轮的转速保持在规定的范围内。同时风力系统控制器调节转子上电流的频率,保证定子总是能够发送频率恒为 50 Hz 的电能。当转子转速高于发电机同步转速时,转子处于发电状态,否则处于电动状态,即需要从电网中获取能量。转子电流基本上是定子电流的 1/3,因而双向变流器的容量较小,其电压等级一般是低压(690 V),同时也逐渐向中压(3 kV)发展。

3. 双馈异步发电机的结构

为了适应风力发电系统运行的特点,提高发电机能量转换效率,用于风力发电的绕线转子

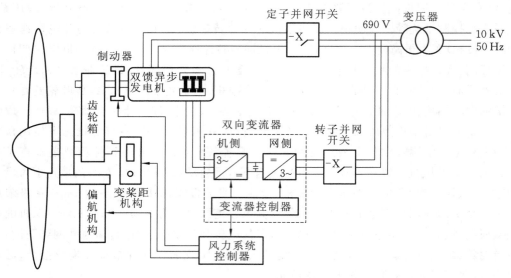

图 8-28　绕线转子双馈风力发电系统结构

双馈异步发电机在结构上有不少改进,主要可分为以下几种类型。

1) 有刷双馈发电机

常规有刷双馈发电机的结构与绕线转子异步电机的结构相似,转子绕组经滑环和碳刷引出,如图 8-29 所示。由于风力发电的工作环境一般比较恶劣,滑环和碳刷(尤其是碳刷)的存在严重影响了双馈发电机的使用寿命,因此这种发电机基本已不为风力发电系统所采用。

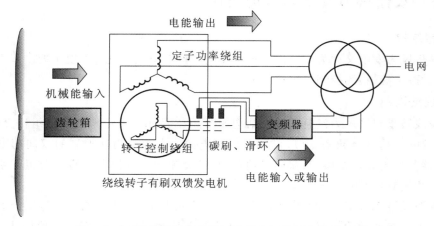

图 8-29　采用绕线转子有刷双馈发电机的风力发电系统

2) 级联式无刷双馈发电机

为了解决发电机的免维护问题,可采用两台绕线转子发电机同轴相连,转子绕组直接相互连接,从而省去了常规绕线转子发电机的滑环和碳刷,如图 8-30 所示。这样就大大延长了系统的有效运行寿命,降低了运行维护成本。其缺点是需要两台发电机,系统笨重、庞大,对机械连接精度要求也比较高。

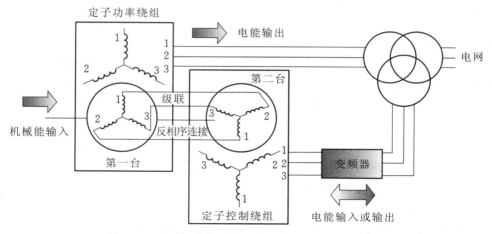

图 8-30　采用级联式无刷双馈发电机的风力发电系统

3）单转子无刷双馈发电机

由图 8-30 可知,级联式无刷双馈发电机的转子绕组从电路上看是相互并联连接的,运行时同轴旋转,因此可以考虑将它们绕制在同一个转子铁芯上,以减小体积,同时也可避免机械安装上的麻烦。根据这种思路,单转子(也称为独立转子)无刷双馈发电机被设计出来。单转子无刷双馈发电机的基本结构是一个定子、一个转子,其中定子绕组有两套,两套绕组的磁极对数不相同。对应不同极数的出线端,一套绕组出线接往工频三相电源作为功率绕组,另外一套绕组接变频电源作为控制绕组,如图 8-31 所示。这种单转子无刷双馈发电机结构最为紧凑,是当前发展、应用和研究的主流机型。

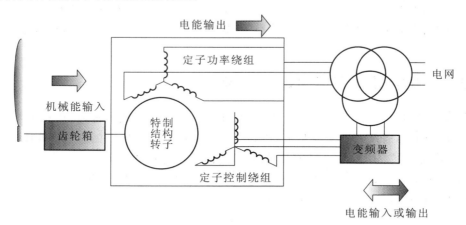

图 8-31　采用单转子无刷双馈发电机的风力发电系统

当双馈异步发电机采用级联结构时,两台发电机气隙磁场是完全独立的,对于单转子双馈发电机,两定子绕组电流各自产生的两个转速不同的旋转磁场的磁路是共用的。这样,如何通过在同一定子上的两种绕组的合理分布与排列组合,使它们能够在同一气隙中产生两种磁极对数、旋转速度均不同的磁场,尽量消除因相互磁耦合带来的不利影响,保证能量能通过气隙从而得到有效的传递,就成为无刷双馈异步发电机结构设计必须要解决的问题。当定子采用双绕组结构时,两个绕组电流的频率是相互独立的。若它们的频率不相同,则必然会产生两个旋转速度不同的旋转磁动势和磁场,两绕组均嵌放在定子槽中,绕组间因磁耦合也可能会产生互感效应,如果不加处理,这两个磁场的相互耦合将导致绕组中产生谐波环流,并引起转矩的较大波动,输出电动势中也会含有较大谐波。为避免共存于同一发电机中的两个磁极对数不同的磁场产生不对称的磁拉力和电磁噪声,目前研究人员针对无刷双馈发电机已提出了多种定子和转子结构,其设计与传统交流发电机有较大的不同。研究表明,对定子具有功率绕组和控制绕组的单转子双馈发电机,为有效抑制磁耦合的不利影响,两个绕组必须具有不同的磁极对数。

与普通异步电动机一样,稳速运行时,三相转子电流形成的旋转磁场同步转速与定子功率绕组电流形成的旋转磁场同步转速相同,即定子、转子旋转磁场在空间中相对保持静止。合成气隙旋转磁场切割定子三相功率绕组,就可以在发电机定子功率绕组中感应出与同步转速对应的工频三相交流电压。

与串级调速类似,通过独立调节控制绕组侧电压的幅值和相位,还可以控制双馈发电机的有功功率和无功功率。采用现代交流调速中的矢量控制技术来调节控制绕组励磁电流的幅值和相位,可以确保定子侧有功功率和无功功率的控制互不干扰。

基本的控制方法是用两个独立的转矩指令以合成所要求的输出转矩。选择适当的电流指令,使这两个独立的转矩可相加或相减,这样等于提供了一条额外控制励磁频率的途径。低速时,控制应当使两绕组电流分别产生正负相反的同步转速,合成得到所要求的低速转速,这样可以使低速对应的驱动电源频率比普通单绕组的高,从而可以克服常规电压频率协调控制低速时定子电阻压降对调速性能的不利影响。

双馈异步发电机调速时的另一个优点是,其定子的功率绕组和控制绕组可以采用不同的电压等级。传统高压电机因供电电压在数千伏以上,若采用交流变频调速,则需要能够在高压环境下可靠工作的功率变频驱动电源,这将大大增加系统成本。采用双馈异步发电机时,定子功率绕组采用高压供电,控制绕组可采用普通低压变频器供电,从而大大降低系统成本,显著提高可靠性。

8.5.3　双馈异步发电机的工作原理

由异步电机原理可知,当三相交流异步电机定子绕组接三相电源时,电机的同步转速为 $n_0 = 60f/p$。同理,若绕线转子异步电机的转子三相空间对称绕组中通入时间对称三相交流电,则可在电机气隙中产生旋转磁场,此旋转磁场的转速与所通入的交流电频率 f_c 及电机转子绕组的磁极对数有关。通常,普通绕线转子异步发电机定子、转子绕组的磁极对数相同,记作 p,则此旋转磁场相对于转子的转速为

$$n_c = 60f_c/p \tag{8-43}$$

旋转方向由通入转子绕组的三相电流相序决定。

双馈异步发电机的转子由风力机械驱动,具有转速 n_r,因此,转子电流形成的气隙旋转磁场相对于定子绕组的旋转速度就是 n_c 与 n_r 的代数和。此时若设 n_p 是电网频率为工频 $f_p = 50\ \text{Hz}$ 时双馈异步发电机的同步转速,则只要通过控制使 $n_r \pm n_c = n_p$ 不变,那么由此旋转磁场切割双馈异步发电机定子绕组产生的感应电动势频率就可以保持不变(等于电网频率)。

绕线转子双馈异步发电机的转差率为

$$s = \frac{n_p - n_r}{n_p} \tag{8-44}$$

这样,发电机定子绕组输出电动势频率恒定时,通入的转子电流的频率应为

$$f_c = \frac{p n_c}{60} = \frac{p(n_p - n_r)}{60} = \frac{p n_p (n_p - n_r)}{60 n_p} = f_p s \tag{8-45}$$

式(8-45)表明,对普通绕线转子双馈异步发电机,当风力波动使转子转速变动时,只要改变转子电流的频率且使之等于转差频率,就可以保证定子侧绕组发出的电动势频率恒等于电网频率。

8.6 其他特殊电机

8.6.1 直流测速发电机

直流测速发电机有永磁式和他励式两种,其主要功能是将机械转速按比例变换成电压信号,广泛用于自动控制系统中。

直流测速发电机一般与被测电机同轴连接,由被测电机带动与之同速旋转。他励式直流测速发电机需外部提供微小功率的直流励磁电源。被测电机转速通过测速发电机电压测定,由发电机输出端通过负载电阻取样获得,如图 8-32 所示。

直流测速发电机接负载电阻 R_L 时,输出电压为

$$U = E_a - I_a R_a \tag{8-46}$$

式中:$E_a = K_e \Phi n$ 为电枢电动势;R_a 为直流测速发电机的电枢电阻。

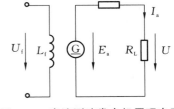

图 8-32 直流测速发电机原理电路

将 $I_a = U/R_L$ 代入式(8-46)并略加整理,得

$$U = \frac{E_a}{1 + \dfrac{R_a}{R_L}} = \frac{K_e \Phi}{1 + \dfrac{R_a}{R_L}} n \tag{8-47}$$

式(8-47)表明,当磁通 Φ、电枢电阻和负载电阻保持不变时,U 与发电机转速 n 成正比,表明直流测速发电机输出端提供了一个与被测电机转速成正比的电压信号,既可通过 R_L 上的压降取样作为反馈信号用于实现电机转速的自动调整,也可将 R_L 换成电压表对电机转速进行间接测量,这时电压表的内阻就成为负载电阻 R_L。

然而,在实际应用中用直流测速发电机的输出电压间接测量电机转速时,测量的精确程度会受以下因素影响:

(1) 他励式直流测速发电机励磁电压的波动、励磁绕组电阻值因工作温度而产生的变化,以及测速发电机电枢反应的影响,都会使磁通 Φ 发生变化。高速时,电压高,负载电流相应增大,电枢反应会导致负载电阻上的取样电压比线性关系对应的电压略有降低。

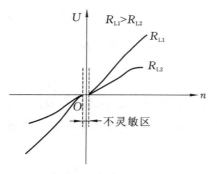

图 8-33　直流测速发电机的输出特性曲线

（2）电刷接触压降的存在,会引起低速时出现 $n \neq 0$ 而 $U = 0$ 的状况,形成如图 8-33 所示的不灵敏区,破坏了输入与输出的线性关系。

（3）由于换向片数目有限,低速时输出电压纹波对有效电压信号的影响相对较大。

针对上述情况,通常采用以下措施来提高测速发电机的检测精度:

（1）采用稳压电源励磁,并在励磁电路中串入阻值较大且受温度影响极小的电阻,以减小电压波动和工作温度变化造成的磁通变化。

（2）按提高检测精度的要求确定负载电阻的最佳值,以减小电枢反应的影响。

（3）选用接触电阻较小的金属电刷,以减小低速时的不灵敏区。

（4）增加电枢导体数和换向片数,以减小低速时输出电压中的谐波分量。

永磁式直流测速发电机不需励磁,其检测精度受温度影响较小。

8.6.2　通用电动机

把一台直流电动机接到单相交流电源并期望它能运转起来,可以考虑图 8-34 所示的接线方法。回顾直流电机原理可知,直流电机的电磁转矩 T_{em} 可表示为

$$T_{em} = K_T \Phi I_a \tag{8-48}$$

式中: K_T 表示转矩系数。

如果电源改变极性,对串励(见图 8-34(a))或并励(见图 8-34(b))接法,励磁电流与电枢电流将一同改变极性,导致它们产生的电磁转矩不会改变方向。因此,如果采用交流电源供电,电动机应当可以获得同一个方向的电磁转矩,只是这种转矩的脉动比较大,实际应用中仅采用串励接法。因为励磁绕组的电感通常远大于电枢绕组的电感,并励时励磁电流换向会严重滞后于电枢电流,这样会大大降低电动机的平均电磁转矩。而串励励磁电流和电枢电流为同一电流,不存在相位问题。

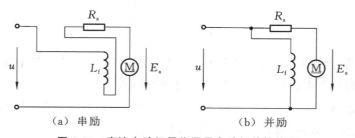

（a）串励　　　　　　　　　　（b）并励

图 8-34　直流电动机用作通用电动机的接线图

为了使一台串励直流电动机有效运行于交流电源供电状态,它的磁极和定子铁芯都需要采用叠片结构,否则会因磁场交变而产生严重的铁耗。磁极和定子均采用叠片结构的电动机通常被称为通用电动机,因为它既可运行于直流电源供电状态又可运行于交流电源供电状态。

电动机运行于交流电源供电状态时,电动机的换向环境要比运行于直流电源供电状态时

的环境差很多,换向时电刷与换向器间的火花现象要严重得多。火花会显著缩短电刷的寿命,同时对周围环境产生射频干扰。

交流电源下通用电动机的机械特性主要有以下两个方面的变化。

(1)电枢和励磁绕组对工频电源有较大的阻抗,形成的压降远大于直流供电情况下的压降,使电枢反电动势对应的有效电压明显减小。由于 $E_a = K_e \Phi n$,对同样大小的电枢电流或电磁转矩,转速也明显降低。

(2)此外,因为交流电压的峰值为有效值的 $\sqrt{2}$ 倍,电枢电流达到峰值时可能产生磁饱和,电枢反应的弱磁升速效应可部分弥补(1)中对转速降落的影响。

这样,通用电动机在交流供电时的机械特性硬度要高于串励直流供电时的机械特性,而因反电动势低,整个特性曲线位于直流供电机械特性曲线的下方。通用电动机主要应用在家用电器领域。

8.6.3　自整角机

自整角机是一种特殊的精密微型交流电动机,作为一种测量机械轴转角(角位移)的位置传感器,常在随动系统中被成对用于测量执行轴和指令轴间的角差,也可单独用于测量机械轴的转角。自整角机的定子绕组一般是三相对称绕组,与交流电机相似,通常接成 Y 形,转子绕组则是单相绕组。

随动系统总是用一对相同的自整角机来检测执行轴和指令轴间的角差。两台自整角机可分别安装在处于不同地点的相应系统中,以实现远距离传输,使机械不相连的两轴可同步旋转,即形成"电轴",实现角度的准确跟踪。

1. 机电型自整角机

两自整角机组成的角差测量线路如图 8-35 所示。工作时发送机转子绕组作励磁绕组,接交流励磁电压 $u_m(t) = U_m \sin \omega t$;接收机转子绕组作角差信号电压的输出绕组。位置指令通过发送机转子轴输入。当发送机转子绕组与定子绕组相对位置如图 8-35 所示时,发送机转子绕组励磁电压所形成的交变磁通在发送机定子绕组中感生的电动势为

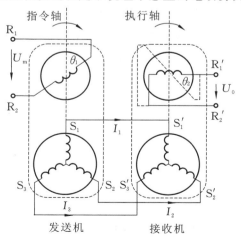

图 8-35　两自整角机组成的角差测量线路

$$E_{S1} = K_1 U_m \cos\theta_1 \sin\omega t \tag{8-49}$$

$$E_{S2} = K_1 U_m \cos(\theta_1 - 120°) \sin\omega t \tag{8-50}$$

$$E_{S3} = K_1 U_m \cos(\theta_1 - 240°) \sin\omega t \tag{8-51}$$

式中：K_1 为发送机转子、定子绕组间的电磁耦合系数；θ_1 为发送机转子转角，当转子绕组轴线与定子 S_1 相绕组轴线重合时 $\theta_1 = 0°$。

发送机定子感应电动势被用作接收机的励磁电压，在接收机中产生交变磁通。三相对称时，接收机定子绕组各相励磁电动势在转子绕组感生的电动势幅值分别为

$$E_{S1'} = K_2 I_1 \sin\theta_2 = K_2 \frac{K_1 U_m \cos\theta_1}{2Z} \sin\theta_2 \tag{8-52}$$

$$E_{S'} = K_2 I_3 \sin(\theta_2 - 240°) = K_2 \frac{K_1 U_m \cos(\theta_1 - 240°)}{2Z} \sin(\theta_2 - 240°) \tag{8-53}$$

式中：K_2 为接收机转子、定子绕组间的电磁耦合系数；Z 为各相定子绕组阻抗，为简化分析，假定两机各相绕组阻抗相同；θ_2 为接收机转子转角，当接收机转子绕组轴线与定子 S_1' 相绕组轴线垂直时，$\theta_2 = 0°$。

接收机转子绕组输出电动势大小为上述各电动势之和，最终可得

$$E_0 = E_{0m} \sin(\theta_1 - \theta_2) = E_{0m} \sin\theta \tag{8-54}$$

式中：$\theta = \theta_1 - \theta_2$ 称为失调角；幅值 $E_{0m} = 3K_1 K_2 U_m / 4Z$。式(8-54)说明，由两自整角机构成的角差测量电路得到的检测输出是幅值为失调角的正弦函数且与发送机励磁电压同频率的交流电压信号。其输出电压幅值与失调角的关系为

$$U_0 = U_{0m} \sin\theta \tag{8-55}$$

当失调角很小时，式(8-55)可近似为

$$U_0 = U_{0m} \sin\theta \approx U_{0m}\theta \tag{8-56}$$

这样，接收机转子输出电压幅值可同时反映失调角的大小和方向，为位置闭环调节提供正确的位置反馈信号。

自整角机角差检测电路输出的是交流电压，该电压信号一般还需要通过解调和滤波，如通过相敏整流等电路，转换成位置调节所要求的直流误差电压信号。

上述自整角机的位置指令是通过发送机转子轴输入的，故这种自整角机称为机电型自整角机。为方便分析，机电型自整角机可简化成如图 8-36(a)所示的形式。

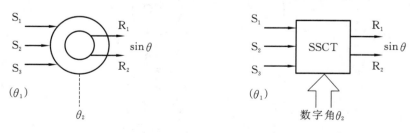

(a) 机电型(接收机)　　　　　(b) 固态型自整角变压器

图 8-36　自整角机的简化图形

2. 固态型自整角变压器

机电型自整角机的位置指令必须通过发送机的转子轴输入,为构成位置控制系统,必须有相应的指令执行机械,因此机电型自整角机较适用于构造两旋转机械的随动系统。与速度控制一样,现代位置控制系统越来越趋于使用计算机指挥和控制,这时若还用机电型自整角机,必然要附加数字/机械转换装置,即增加系统的复杂性和体积,降低系统性能价格比,还可能增加系统的非线性程度,影响控制精度。

固态型自整角变压器(SSCT)是一种与机电型自整角机功能相似的电子集成模块。它同样可从三个 S 端子接收代表模拟轴角 θ_1 的三线自整角机模拟量(定子绕组电动势)信号,同时以 10～16 位并行二进制码输入一个数字化的轴角 θ_2 相关信号,得到与机电型自整角机角差检测电路输出的性质相同的信号,即输出电压幅值也是正比于角差的正弦函数。某种固态型自整角变压器的结构原理图如图 8-37 所示,其简化图形如图 8-36(b)所示。

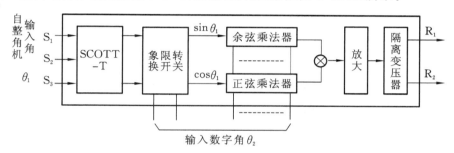

图 8-37　某种固态型自整角变压器的结构原理图

三线自整角机信号输入到一个特殊的变压器(称为 SCOTT-T 变压器),进行信号隔离和变换。SCOTT-T 变压器实际上是两个高精度小型变压器,其原理如图 8-38 所示。这两个变压器间完全没有磁耦合,每个变压器的静电隔离完全相同,有良好的一、二次线性关系,漏抗很小。SCOTT-T 变压器将输入的自整角机三线信号电压精确地转换为两路信号电压,即

$$U_{\mathrm{S3-S1}} = U_2\sin\theta\sin\omega t \tag{8-57}$$

$$U_{\mathrm{S2-S4}} = U_2\cos\theta\sin\omega t \tag{8-58}$$

这两个电压信号被送往象限转换开关。在此,由输入数字角信号的最高两位控制,确定输入轴角所在象限,以便确定后面两个函数发生器输出信号的极性。在正、余弦乘法器中,输入数字角经正弦、余弦函数发生器转换后的值 $\sin\theta_2$、$\cos\theta_2$,分别和前述两路来自自整角机的信号在乘法器中运算,得到

$$\sin\theta_1\cos\theta_2 - \cos\theta_1\sin\theta_2 = \sin\theta \tag{8-59}$$

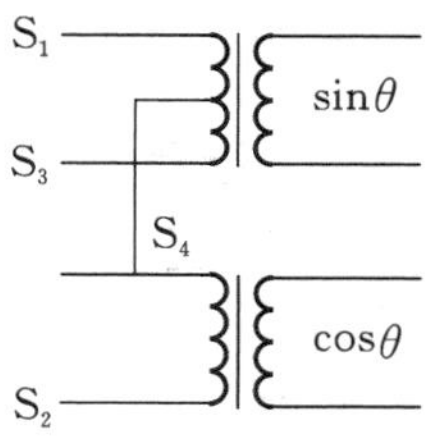

最后,这个被励磁参考频率调制的信号经隔离变压器输出,得到与机电型自整角机输出的性质相同的角差信号电压。

图 8-38　SCOTT-T 变压器原理图

8.6.4　旋转变压器

与自整角机相似,旋转变压器也是一种角度测量元件,其结构与两相绕线转子异步电动机的相似,由定子和转子组成,如图 8-39 所示。旋转变压器分为有刷的和无刷的两种。有刷旋

转变压器的定子和转子上均为两相交流分布绕组,绕组轴线分别互相垂直。无刷旋转变压器由两部分组成:一部分称为分解器,其结构与有刷旋转变压器的结构基本相同;另一部分称为变压器,它的一次绕组绕在与分解器转子轴固定在一起的线轴上,与转子一起旋转,二次绕组则绕在与转子同心的定子线轴上。分解器定子线圈接外加的励磁电压,转子线圈输出信号接到变压器的一次绕组,从变压器的二次绕组引出最后输出信号。旋转变压器可做成多极式的,多极式旋转变压器可以直接与伺服电动机同轴安装,以提高检测精度。

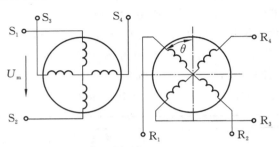

图 8-39　旋转变压器原理图

旋转变压器与自整角机相同,也是根据互感原理工作的。当给定子绕组加交流励磁电压时,转子绕组中将产生与转子空间位置相关的感应电动势。由于定子有两相绕组,加励磁电压可有不同的方式,因此随之得到的转子绕组输出电动势与转角的关系也不同。

当采用数字控制时,可以采用旋转变压器/数字转换器(RDC)集成模块直接将旋转变压器检测的模拟转角位置信号变换成数字信号。

本章小结

　　单相异步电动机仅依靠功率绕组时没有启动转矩,但一旦电动机具有一定速度,其机械特性就几乎与同等功率的三相异步电动机的机械特性相当。增设启动绕组结构,可以在启动时形成椭圆形旋转磁场,为电动机提供启动转矩。单相异步电动机的启动转矩取决于功率绕组与启动绕组的电流相位差,当相位差达到90°时转矩最大。电阻分相的单相异步电动机启动转矩很小;电容分相启动电动机的相差可接近90°,启动转矩最大;电容分相运转电动机的启动转矩居中。

　　步进电动机是一种可以通过指令脉冲个数精密控制旋转角度,通过指令脉冲频率精确控制旋转速度的电动机,其原理属同步电机性质,在需要进行位置控制的自动化系统中应用十分普遍。步进电动机的绕组通常采用在一个周期中按一定规律顺序轮换供电的方式运行。根据绕组结构,三相绕组常采用单三拍、双三拍、六拍的方式运行。步进电动机在绕组供电时具备电气自锁功能。步距角是衡量步进电动机性能的重要指标。混合式步进电动机具有最小的步距角,是当前性能最优良的步进电动机。步进电动机在启动时有最大启动频率限制,运行中受负载冲击可能会产生丢步现象。步进电动机的矩频特性与负载惯量有关,应用中必须使其运行在特性所允许的指令频率范围内,防止失步现象的发生。

　　无刷直流电动机与永磁式交流同步电动机具有基本相同的结构,通常采用 120°方波两相轮换方式供电。无刷直流电动机具有与他励直流电动机相似的转矩电流特性、转速反电动势特性和机械特性。无刷直流电动机不能直接加直流电压运行,需要经过驱动器将直流电压加到电动机绕组,调速、启动与制动一般采用脉冲宽度调制方式。由于没有电刷和换向器,无刷直流电动机可以获得很高的运行速度。无刷直流电动机绕组供电切换时需要转子磁极位置信息。常规无刷直流电动机转子上装有磁极位置传感器。无转子磁极位置传感器的无刷直流电动机的控制驱动已取得一定进展。利用反电动势、电动机绕组电感等可实时计算转子磁极位置。

　　三相异步直线电动机的原理与一般三相异步电动机的基本相同。三相电流在直线电动机气隙中形成的磁场为行波扫动磁场。不同之处在于直线电动机存在端部效应,三相电路不再对称,依照三相对称等值电路分析其电流、推力和直线运动会有一定误差。在一定条件下,直线电动机定子、滑子之间除了存在水平推力,还可有垂直推力,从而可形成磁悬浮现象。基于此可驱动磁悬浮列车运行。

　　双馈电机是一种具有功率绕组和控制绕组两套三相绕组的电机。通常功率绕组接固定工频电源,控制绕组接变频电源。两者相互配合可实现电机的电动调速或发电运行。用于风力发电的双馈发电机常采用双定子绕组、独立转子结构,两定子绕组具有不同的磁极对数,典型的磁极对数之比为 1 : 3。特殊的设计使两绕组各自通以不同频率电流形成不同转速的旋转磁场时相互磁耦合被基本解除,利用对控制绕组电流频率的控制可以确保发电机输出电压频率的稳定。两绕组控制上的独立性使现代交流电机控制的各种技术方案均可有效应用于双馈发电机。无论采用哪种结构,双馈发电机都具有两个与外部连接的绕组,即功率绕组和控制绕组。在风力发电系统中,功率绕组输出电能到电网,控制绕组通过变频装置根据转子转速决定能量流动方向,变频装置必须具备能量双向流动功能。变频器向控制绕组提供低频电源,在转子中形成一个相对于转子低速旋转的磁场,通过闭环控制使旋转磁场的转速与转子转速相加等于同步转速,保证旋转磁场对定子绕组的切割速度恒定保持同步转速,以获得恒定频率的交流电压输出。当发电机参数和转速已知,发电机输出电压、电流要求已知时,可以通过等值电路确定控制绕组需要提供的电压和电流的频率、幅值及相位,保证发电机稳定运行。双馈电机的运行状态和转差率没有直接关系,在某一转差率下它既可运行于发电状态也可运行于电动状态,取决于控制电压、电流的幅值和相位。

　　直流测速发电机是一种可提供正比于被测电机转速的电压信号的检测用发电机,在需要进行速度精确控制的电力拖动自动控制系统中应用比较广泛,其输出特性基本是线性的,但在接近零速或超过额定转速时有不灵敏区和饱和区,应用时应予以注意。

 习题

　　8-1　单相异步电动机中辅助绕组的作用是什么? 如何改变具有辅助绕组的单相异步电动机的旋转方向?

8-2　步进电动机启动时为什么要限制指令脉冲的频率不能超过最大启动频率？如果稳定运行时指令脉冲的频率高于最大启动频率,应该如何处理？

8-3　什么是无刷直流电动机的 120°换相导电控制方式？为什么换相控制时需要知道转子磁极位置？

8-4　无位置传感器的无刷直流电动机可以依靠什么得到转子磁极位置信息？

8-5　永磁式交流同步电动机与无刷直流电动机结构基本相同,为什么负载变化时当动态过程结束后永磁式交流同步电动机能保持同步运行,而采用 120°换相导电控制方式的无刷直流电动机会产生转速降落？

8-6　什么是直线电动机的端部效应？为什么说直线电动机的三相等值电路是不对称的？

思考题

8-1　什么是磁悬浮现象？磁悬浮列车的主要优点是什么？

8-2　在风力发电系统中常采用双馈发电机进行变速恒频发电。请说明当风速变化分别使发电机转速高于同步转速、等于同步转速、低于同步转速时,应如何控制以保证恒频发电输出。

8-3　为什么双馈电机的控制绕组使用的变频装置必须具备能量双向流动能力？

8-4　独立转子双馈电机的定子、转子磁极对数有什么特点？为什么两定子绕组的磁极对数不相同？

8-5　如果励磁电流恒定,那么直流测速发电机的输入输出特性是完全线性的吗？

第9章　电力拖动系统中电动机的选择

本章全面讨论了在电力拖动系统中如何根据应用需求选择合适的电动机。首先,介绍了电动机容量的选择,通常要考虑电动机的发热、过载能力以及启动能力等三方面因素。然后,探讨了电动机的发热和冷却规律,以及基于发热观点的电动机工作机制,包括连续工作制、短时工作制和断续周期工作制,并详细说明了在不同工作机制下如何选择电动机的容量,以及如何根据负载特性来确定最适合的电动机类型。最后,讨论了电动机电流种类、结构形式、额定电压和额定转速的选择,为电力拖动系统的设计和优化提供了重要的指导。

知识目标

(1) 理解电动机容量选择方法;
(2) 理解电动机的发热和冷却规律;
(3) 理解电动机的多种工作机制;
(4) 掌握连续工作制电动机的容量选择方式;
(5) 掌握短时工作制电动机的容量选择方式;
(6) 掌握电动机其他参数或结构的选择,如电流种类、结构形式、额定电压、额定转速等。

能力目标

(1) 能够正确选择电动机的容量;
(2) 能够利用标准正确选择电动机的工作机制、电流种类等。

素质目标

讲述我国制造永磁体的材料、稀土矿的行业发展现状,培养学生的科技人文情怀,激发学生对科学的兴趣和爱国情怀。

通过实物展示,引导小组讨论思考电动机的设计过程。采用互动式教学,让学生分组进行讨论,教师总结评价,培养学生严谨的学习与工作态度和团队协作精神。

9.1　电动机容量选择概述

选择电动机容量通常表现为选择电动机的额定功率,要兼顾电动机的发热、过载能力与启动能力等三方面的因素。一般情况下,根据电动机的发热情况来确定电动机额定功率,所以发热问题最为重要。

9.1.1　电动机的发热现象和绝缘材料

电动机在进行机电能量转换的过程中内部产生损耗,包括铜损耗、铁损耗及机械损耗等。铜损耗随负载的变化而变化,称之为可变损耗;其他损耗与负载无关,称之为恒定损耗。这些损耗最终将转变为热量使电动机的温度升高,这种现象称为电动机的发热。在旋转电动机中,绕组和铁芯是产生损耗和发出热量的主要部件,而耐热性能最差的是与这些部件相接触的绝缘材料。温升越高则电动机本身的温度越高,高温加速了电动机绝缘材料的老化,会缩短电动机的使用寿命。电动机的环境温度是随季节和使用地点不同而变化的,为了统一,国家标准规定周围环境温度的参考值为 40 ℃,温升就是电动机的温度对 40 ℃的升高值。例如,当电动机本身的温度为 105 ℃时,其温升为 65 ℃。我国电动机常用的绝缘材料耐热等级如下。

A 级绝缘材料:经过绝缘浸渍处理的棉纱、丝、纸等;普通漆包线的绝缘漆。

E 级绝缘材料:有机合成材料所组成的绝缘制品,如环氧树脂、聚乙烯、三醋酸纤维薄膜等;高强度漆包线的绝缘漆。

B 级绝缘材料:以有机胶做黏合剂的云母、玻璃丝、石棉制品,如云母纸、石棉板等;矿物填料塑料。

F 级绝缘材料:以合成胶做黏合剂的云母、玻璃丝、石棉制品。

H 级绝缘材料:以硅有机漆做黏合剂的云母、玻璃丝、石棉制品及硅弹性体等材料;无机填料塑料。

9.1.2　电动机的过载能力

电动机运行时的温升随负载的变化而变化。受热惯性的影响,温升的变化总是滞后于负载的变化,当负载出现较大的冲击时,电动机瞬时温升变化并不大,但电动机过载能力是有限的,因此在确定电动机的额定功率时,除应使其温升不超过允许温升、温度不超过允许温度,还应考虑其短时过载能力。特别是在电动机运行时间短而温升不高的情况下,过载能力就成为决定电动机额定功率的主要因素了。

9.1.3　电动机的启动能力

对于笼形异步电动机,有时还要进行启动能力的校验。如果该电动机的启动转矩较小,在启动时低于负载转矩,则不能满足生产机械的要求,可能使电动机严重发热,甚至被烧坏,因此必须改选启动转矩较大的异步电动机或功率较大的电动机。对于直流电动机与绕线转子异步电动机,则不必校验启动能力,因其启动转矩的数值可调。

9.1.4　确定电动机额定功率的方法

要确定电动机的额定功率,首先要知道生产机械的工作情况,也就是负载图。生产机械在生产过程中的功率或(静阻)转矩与时间的变化关系图称为生产机械的负载图。电动机在生产过程中的功率、转矩或电流与时间的变化关系图称为电动机的负载图。然后根据生产机械的负载图或者经验数据,预选一台容量适当的电动机,再用该电动机的数据和生产机械的负载图,求出电动机的负载图。最后按电动机的负载图从发热、过载能力和启动能力等方面进行校验。如果不合适(电动机的功率过大或过小),就要再选一台电动机,重新进行计算,直到合适为止。根据负载图计算电动机额定功率的方法比较精确。还有一些方法,如统计法、类比法、能量消耗指标法等,本书不做具体介绍。

9.2　电动机的发热和冷却规律

电动机内部的发热与电动机自身的功耗以及额定容量等密切相关,因此,在选择电动机的额定功率之前,首先应对电动机的发热与冷却规律有所了解。

9.2.1　电动机发热过程

在负载运行过程中,由于内部的各种损耗(包括绕组铜损耗、铁损耗、机械损耗等),电动机自身会发热,造成电动机的温度超过环境温度(标准环境温度为 40 ℃),超出的部分称为电动机的温升。由于存在温升,电动机便向周围的环境散热。当电动机发出的热量等于散出的热量时,电动机自身便达到一个热平衡状态。此时,温升为一稳定值。上述温度升高的过程即是电动机的发热过程。

为了分析发热过程,假定:①电动机为一均匀发热体,即各点的温度相同;②电动机向周围环境散发的热量与温升成正比。

在发热过程中,一部分热量被电动机自身吸收,而另一部分热量则向周围介质散发,由此可得到电动机的热平衡方程,为

$$Q\mathrm{d}t = C\mathrm{d}\tau + A\tau\mathrm{d}t \tag{9-1}$$

式中:Q 为电动机在单位时间内所产生的热量;C 为电动机的热容量,表示电动机温度升高 1 ℃时所需的热量;$A\tau$ 为电动机在单位时间内散发的热量,其中 A 为电动机的散热系数,表示单位时间内温升提高 1 ℃时电动机的散热量;τ 为电动机的温升。

式(9-1)经整理后得

$$T_\theta \frac{\mathrm{d}\tau}{\mathrm{d}t} + \tau = \tau_\mathrm{L} \tag{9-2}$$

式中:$T_\theta = \dfrac{C}{A}$ 为发热时间常数,表示热惯性的大小,与电动机的尺寸及散热条件有关;$\tau_\mathrm{L} = \dfrac{Q}{A}$ 为温升的稳态值,即稳定温升。

设初始条件为 $\tau\big|_{t=0} = \tau_0$,由三要素法得式(9-2)的解为

$$\tau = \tau_\mathrm{L} + (\tau_0 - \tau_\mathrm{L})\,\mathrm{e}^{-\frac{t}{T_\theta}} \tag{9-3}$$

根据式(9-3)绘出电动机发热过程的温升曲线,如图 9-1 所示。图中,曲线 1 是电动机从非零初始温升开始运行时的温升曲线,曲线 2 则是电动机从零初始温升开始运行时的温升曲线。

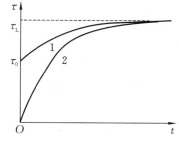

图 9-1　电动机发热过程的温升曲线

9.2.2　电动机冷却过程

冷却过程与发热过程类似,不同的是冷却过程发生在负载减小或停车过程中。电动机内部损耗的降低,导致单位时间内所产生的热量 Q 减少,发热少于散热,使得原来的热平衡状态被破坏,电动机的温度自然下降。当发热量与散热量重新达到相等时,电动机又处在一个新的热平衡状态。此时,温升也达到一个新的稳定值。上述温度降低的过程即是电动机的冷却过程。

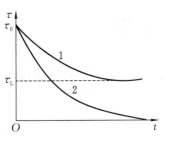

图 9-2　电动机冷却过程的温升曲线

冷却过程仍可用式(9-3)来描述。相应的冷却过程的温升曲线如图 9-2 所示。图中,曲线 1 是负载减小时的温升曲线,曲线 2 则是电动机完全停车时的温升曲线。

9.3　电动机的工作机制

为了确保电动机的合理使用,在制造过程中,按发热情况一般将电动机的工作机制分为三种,即连续工作制、短时工作制和断续周期工作制。电动机的工作机制与电动机的额定功率密切相关,现就这三种工作机制分别介绍如下。

9.3.1　连续工作制

连续工作制又称为长期工作制,其特点是电动机的工作时间较长,一般大于 $(3\sim4)T_\theta$,工作过程中的温升可以达到稳态值。

若未加声明,则电动机铭牌上的工作方式均指连续工作制。采用连续工作制电动机拖动的生产机械有通风机、水泵、造纸机以及机床的主轴等。

图 9-3 所示为连续工作制下电动机的输出功率与温升随时间的变化曲线。

9.3.2　短时工作制

短时工作制的特点是电动机的工作时间较短,一般小于 $(3\sim4)T_\theta$,工作过程中温升达不到稳定值,而停歇时间又较长,停歇后温升降为零。

短时工作制电动机铭牌上的额定功率是按 30 min 、60 min 、90 min 三种标准时间规定的。采用短时工作制电动机拖动的生产机械有吊车、闸门提升机构以及机床夹紧装置等。

图 9-4 给出了短时工作制下电动机的输出功率与温升随时间的变化曲线。

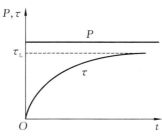

图 9-3　连续工作制下电动机的
输出功率与温升曲线

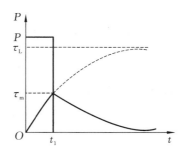

图 9-4　短时工作制下电动机
的输出功率与温升曲线

9.3.3　断续周期工作制

断续周期性工作制又称为重复短时工作制,其特点是电动机工作与停歇交替进行,两者持续的时间都比较短,工作时间 t_g 和停歇时间 t_o 均小于 $(3 \sim 4)T_\theta$。电动机工作时温升达不到稳定值,停歇时温升降不到零。

国家标准规定,断续周期工作制下,电动机工作与停歇周期 $t_T = t_g + t_o$ 应小于 10 min。

断续周期工作制下,电动机每个周期内的工作时间与整个周期之比定义为负载持续率 ZC%,即

$$\mathrm{ZC}\% = \frac{t_g}{t_g + t_o} \times 100\% \tag{9-4}$$

断续周期工作制电动机共有四种标准的负载持续率,即 15%、25%、40% 和 60%。

图 9-5 所示为断续周期工作制下电动机的输出功率与温升随时间的变化曲线。

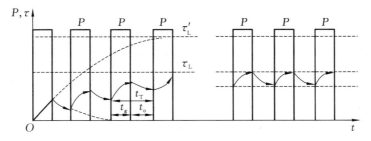

图 9-5　断续周期工作制下电动机的输出功率与温升曲线

9.4　连续工作制电动机容量的选择

各式各样连续工作的生产机械很多,电动机长时间负载运行以后,电动机温升达到一个与负载大小相对应的稳态值。虽然负载性质各不相同,但综合起来可分为两种类型:恒定负载和变动负载(大多数情况属于周期性变化负载)。因此连续工作制电动机容量选择也可分两种情况来研究。

9.4.1　负载恒定或基本恒定时连续工作制电动机容量的选择

负载恒定或基本恒定的这类生产机械的连续工作制电动机容量选择比较简单,不需要按发热条件来校验电动机,只需根据生产机械所需要的功率 P_L,从电动机产品目录中选出合适的电动机即可。如果目录中没有容量正好合适的电动机,可以选择额定功率 P_N 略大于 P_L 的电动机,即

$$P_N > P_L \tag{9-5}$$

这个条件本身是从温升(环境温度为 40 ℃)的角度考虑的,因此不必再校核电动机发热问题了,只需校核其过载能力,必要时还要校核其启动能力。对有冲击性负载的生产机械,如球磨机等,要在产品目录中选择过载能力较大的电动机,并进行电动机过载能力的校核。当选用异步电动机时,需使生产机械可能出现的最大转矩小于或者等于电动机临界转矩的 60% ～ 65%。若选择的是直流电动机,则只要生产机械的最大转矩不超过电动机的最大允许转矩即可。另外,当选择笼形电动机时,还要考虑启动问题,例如启动电流对电网的影响、启动转矩是否合适等。

以上关于额定功率的选择都是在国家标准环境温度(40℃)前提下进行的。电动机工作时的环境温度直接影响电动机的实际输出容量。例如常年工作于偏低环境温度下的电动机,其实际额定容量应比标准规定的 P_N 高;相反,常年温度偏高的,应降低功率使用。为了充分利用电动机的容量,应对电动机的额定功率进行修正。

在连续工作制电动机中,电动机的额定温升 τ_{max} 即为电动机的稳定温升 τ_L,故在额定情况下有

$$\tau_{max} = \tau_L = \frac{Q_N}{A} = \frac{0.24(P_0 + P_{Cu})}{A} = \frac{0.24(\alpha P_{CuN} + P_{CuN})}{A}$$
$$= \frac{0.24(\alpha + 1)}{A} P_{CuN} \tag{9-6}$$

式中:Q_N 为电动机在额定情况下的发热量;0.24 为热功当量;P_0 为电动机的不变损耗(空载损耗);P_{Cu} 为电动机的可变损耗(铜损耗),在额定情况下 $P_{Cu} = P_{CuN}$;$\alpha = \dfrac{P_0}{P_{CuN}}$ 为在额定情况下不变损耗与可变损耗的比例系数,一般在 0.4～1.1 之间变化。

若 θ_m 为电动机的最高允许温度,则电动机的额定温升又可写为

$$\tau_{max} = \theta_m - 40 \tag{9-7}$$

假定电动机的实际环境温度为 θ,在此温度下电动机长期工作的最大允许电流为 I,相应的发热量为 Q。这种情况下电动机长期工作的实际稳定温升记为 τ,则

$$\tau = \frac{Q}{A} = \frac{0.24(P_0 + P_{Cu})}{A} = \frac{0.24(\alpha P_{CuN} + P_{Cu})}{A} \tag{9-8}$$

因为

$$\tau = \theta_m - \theta = \theta_m - 40 + 40 - \theta = \tau_{max} + (40 - \theta) \tag{9-9}$$

所以

$$\tau_{max} + (40 - \theta) = \frac{0.24(\alpha P_{CuN} + P_{Cu})}{A} \tag{9-10}$$

比较公式(9-10)与式(9-6)可得:

$$\frac{\tau_{max}+(40-\theta)}{\tau_{max}}=\frac{\alpha P_{CuN}+P_{Cu}}{(1+\alpha)P_{CuN}}, \quad \frac{\tau_{max}+(40-\theta)}{\tau_{max}}(1+\alpha)=\alpha+\frac{P_{Cu}}{P_{CuN}} \tag{9-11}$$

由于电动机的可变损耗与电流的平方成正比,则

$$\frac{P_{Cu}}{P_{CuN}}=\frac{I^2}{I_N^2} \tag{9-12}$$

所以

$$\frac{\tau_{max}+(40-\theta)}{\tau_{max}}(1+\alpha)=\alpha+\frac{I^2}{I_N^2} \tag{9-13}$$

整理得

$$I=I_N\sqrt{1+\frac{40-\theta}{\tau_{max}}(1+\alpha)} \tag{9-14}$$

由于电动机的功率与电流成正比,故有

$$P=P_N\sqrt{1+\frac{40-\theta}{\tau_{max}}(1+\alpha)} \tag{9-15}$$

通过式(9-15)即可计算电动机在实际环境温度为 θ 时的允许输出功率 P,显然:$\theta>40\ ℃$ 时,$P<P_N$;$\theta<40\ ℃$ 时,$P>P_N$。

电动机额定功率的选择一般分三步:

(1) 计算负载功率 P_L;

(2) 根据负载功率,预选电动机的额定功率;

(3) 校核预选电动机,一般先校核发热温升,再校核过载能力。

在满足生产机械要求的前提下,电动机额定功率越小越经济。

9.4.2　负载变动时连续工作制电动机容量的选择

电动机在变动负载下运行时,其功率是在不断变化的,时大时小,因此电动机内部的损耗也在变动,发热和温升都在变动。这样经过相当一段时间后,在一个周期内电动机的稳定温升不会随负载变化有过大的波动。

图 9-6 所示为负载变动时的生产机械负载图,图中只展示了生产过程的一个周期。当电动机拖动这一生产机械工作时,因为输出功率周期性地改变,其温升也必然周期性地波动。如按最大负载选择电动机容量,则电动机将不能得到充分利用;而若按最小负载选择电动机容量,电动机又有超过许可温升的危险。由此可知,电动机容量可以在最大负载和最小负载之间适当选择,使电动机既能得到充分利用,又不至于过载。

负载变动时电动机的容量选择比较复杂,一般步骤如下:首先计算出生产机械的负载功率,绘制生产机械负载图;其次预选电动机的容量。

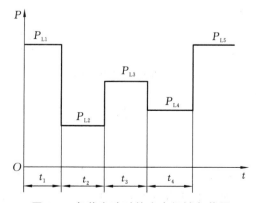

图 9-6　负载变动时的生产机械负载图

1. 根据生产机械的负载图求出其平均功率 P'_L 或平均转矩 T'_L

$$P'_L = \frac{P_{L1}t_1 + P_{L2}t_2 + P_{L3}t_3 + \cdots + P_{Ln}t_n}{t_1 + t_2 + t_3 + \cdots + t_n} = \frac{\sum\limits_1^n P_{Li}t_i}{\sum\limits_1^n t_i} \tag{9-16}$$

$$T'_L = \frac{T_{L1}t_1 + T_{L2}t_2 + T_{L3}t_3 + \cdots + T_{Ln}t_n}{t_1 + t_2 + t_3 + \cdots + t_n} = \frac{\sum\limits_1^n T_{Li}t_i}{\sum\limits_1^n t_i} \tag{9-17}$$

式中：$P_{L1}, P_{L2}, P_{L3}, \cdots, P_{Ln}$ 为各段负载功率；$T_{L1}, T_{L2}, T_{L3}, \cdots, T_{Ln}$ 为各段负载转矩；$t_1, t_2, t_3, \cdots, t_n$ 为各段工作时间。

在过渡过程中，可变损耗与电流的平方成正比，电动机发热较为严重，而上述 P'_L 及 T'_L 的表达式没有反映过渡过程中的发热情况。因此，电动机额定功率可按下述经验公式预选：

$$P_N = (1.1 \sim 1.6)P'_L \tag{9-18}$$

或

$$P_N = (1.1 \sim 1.6)\frac{T'_L \eta_N}{9550} \tag{9-19}$$

系数的选用应根据负载变动的情况确定。如过渡过程在整个工作过程中占较大比重，则系数应选得偏大一些。

2. 对预选的电动机进行发热校验

要进行发热校验，绘制电动机的发热曲线是比较困难的。因此一般用下述几种方法进行发热校验。

1）平均损耗法

预选电动机功率以后，根据该电动机的额定数据，按式（9-20）计算额定损耗功率：

$$\sum P_N = \frac{P_N}{\eta_N} - P_N \tag{9-20}$$

然后，根据绘制的电动机负载图 $P = f(t)$，以及查得的效率曲线，求出每个工作段的损耗功率：

$$\sum P_i = \frac{P_{Li}}{\eta_i} - P_{Li} \tag{9-21}$$

一个工作周期的平均损耗为

$$\sum P_{pj} = \frac{\sum P_1 t_1 + \sum P_2 t_2 + \sum P_3 t_3 + \cdots + \sum P_n t_n}{t_1 + t_2 + t_3 + \cdots + t_n} = \frac{\sum\limits_1^n \sum P_i t_i}{\sum\limits_1^n t_i} \tag{9-22}$$

式中：$\sum P_{pj}$ 为平均损耗；$\sum P_i$ 为在 t_i 时间内输出功率为 P_{Li} 时的损耗。

因为电动机的发热是由其内部损耗所决定的，所以电动机的损耗的大小直接反映了电动机的温升情况。将式（9-22）计算出的平均损耗与预选电动机的额定损耗相比较，如果满足下列关系：

$$\sum P_{pj} \leqslant \sum P_N \tag{9-23}$$

则预选电动机的发热校验通过。如果不能满足式(9-23)，说明电动机的发热比预选电动机所允许的发热要大，即电动机容量选小了，应再选容量大一点的电动机并重新校验。如果 $\sum P_{pj}$ 远小于 $\sum P_N$，表明电动机容量选得太大了，电动机没有被充分利用，应再选容量小一点的电动机并重新校验，直到 $\sum P_{pj}$ 等于或略小于 $\sum P_N$ 为止。

发热校验通过后，再校验电动机过载能力。要求负载图中最大转矩 $T_{Lm} \leqslant$ 电动机产生的最大电磁转矩 T_m。对于交流异步电动机，考虑到电网电压可能发生波动，要求

$$T_{Lm} \leqslant 0.65^2 \lambda T_m = 0.42 \lambda T_m \tag{9-24}$$

应用平均损耗法进行发热校验是比较准确的，平均损耗法可用于大多数情况。t_i 越小、$\sum t_i$ 越大时，计算所得的平均损耗越接近电动机的实际损耗，其精度就越高。但是这样的计算相当复杂，而且有时电动机的效率曲线不易得到，因此可采用等效法进行发热校验。

2）等效法

等效法包括等效电流法、等效转矩法和等效功率法。

（1）等效电流法。

等效电流法以一个不变的等效电流 I_d 来代替实际变动的负载电流，代替的条件是在同一周期内它们所产生的热量是相等的。由上述平均损耗法可推导出等效电流法。负载变动时第 i 段的损耗可以写成

$$P_i = P_{0i} + P_{Cui} = P_{0i} + I_i^2 r \tag{9-25}$$

式中：P_{0i} 为第 i 段损耗中的不变损耗；P_{Cui} 为第 i 段损耗中的铜损耗。

电动机总的平均损耗用其等效电流来表示，即为

$$P_d = P_0 + I_d^2 r \tag{9-26}$$

将式(9-25)与式(9-26)所表示的 P_i 和 P_d 之值代入式(9-22)，则有

$$P_0 + I_d^2 r = \frac{\sum_1^n (P_{0i} + I_i^2 r) t_i}{\sum_1^n t_i} = \frac{P_0 \sum_1^n t_i + r \sum I_i^2 t_i}{\sum_1^n t_i} = P_0 + r \frac{\sum_1^n I_i^2 t_i}{\sum_1^n t_i} \tag{9-27}$$

在推导过程中，假定不变损耗 P_0 及电动机主电路电阻 r 不变，等号两边的 P_0 和 r 可以消去，则式(9-27)变为

$$I_d = \sqrt{\frac{I_1^2 t_1 + I_2^2 t_2 + I_3^2 t_3 + \cdots + I_n^2 t_n}{t_1 + t_2 + t_3 + \cdots + t_n}}$$

$$= \sqrt{\frac{\sum_1^n I_i^2 t_i}{\sum_1^n t_i}} \tag{9-28}$$

等效电流法的实质是不考虑电动机空载损耗的变化，只要平均的铜损耗等于或小于额定电流的铜损耗，电动机即不至于过热。若已知电动机的电流负载图 $I = f(t)$，则用等效电流法是很方便的。

从以上的分析可知,在 I_d 的推导过程中,假定不变损耗 P_0 和电阻 r 是不变的,这在一般电动机中是可以保证的,但是对于深槽式和双笼形异步电动机,在经常启动和反转时,其电阻 r 与铁损耗均在变化,将带来很大的误差,则不能用等效电流法校验发热,此时必须改用平均损耗法。

(2)等效转矩法。等效转矩法是由等效电流法推导出来的。有时已知的不是负载电流图,而是转矩图,如果转矩与电流成正比则可用等效转矩法 T_d 来代替等效电流 I_d,利用此关系即可导出等效转矩:

$$T_d = \sqrt{\frac{T_1^2 t_1 + T_2^2 t_2 + T_3^2 t_3 + \cdots + T_n^2 t_n}{t_1 + t_2 + t_3 + \cdots + t_n}} = \sqrt{\frac{\sum_1^n T_i^2}{\sum_1^n t_i}} \tag{9-29}$$

等效转矩法应用比较方便,只要先绘制出以转矩表示的生产机械负载图,然后再作出已选电动机的转矩负载图 $T = f(t)$,就可按公式(9-29)计算出等效转矩,将其与预选电动机额定转矩相比较,如果满足下列关系

$$T_d \leqslant T_N \tag{9-30}$$

则发热校验通过。

等效转矩法适用于磁通不变的他励直流电动机,或负载接近额定负载且功率因数变化不大的异步电动机。对于改变励磁调速的并励电动机,需要修正转矩负载图时才可以应用此种方法。

(3)等效功率法。当我们已知的是以功率表示的负载图时,由 $P = \dfrac{Tn}{9550}$ 可知,当电动机的转速基本不变时,P 与 T 成正比,由等效转矩引出等效功率的公式:

$$P_d = \sqrt{\frac{P_1^2 t_1 + P_2^2 t_2 + P_3^2 t_3 + \cdots + P_n^2 t_n}{t_1 + t_2 + t_3 + \cdots + t_n}} = \sqrt{\frac{\sum_1^n P_i^2 t_i}{\sum_1^n t_i}} \tag{9-31}$$

用公式(9-31)计算出等效功率 P_d,若其等于或略小于预选电动机的额定功率,则所选电动机发热校验通过。

等效功率法应用范围较等效转矩法小,因为它仅适用于转速基本不变的情况。否则要对负载图功率进行修正。

如果电动机在一个周期内的变化负载包括启动、制动、停歇等过程,且采用自扇冷式散热方式,则其散热条件变坏,实际温度将要提高。一般应把平均损耗或等效电流、转矩及功率提高一点来反映这个散热条件变坏的影响。

9.5 短时工作制电动机容量的选择

电动机工作在短时工作制时,可选用为连续工作制而设计的电动机,也可选用专为短时工作制而设计的电动机。

9.5.1　直接选用短时工作制电动机

为了满足短时工作制生产机械的要求,有专为短时工作制而设计的电动机,其时间规格有 15 min、30 min、60 min、90 min 四种。因此当工作时间接近上述标准时间时,可以按生产机械的功率、工作时间及转速的要求,从产品目录上直接选取电动机。

如果短时负载是变动的,电动机实际工作时间 t_r 与标准值 t_{rb} 不同时,应把 t_r 下的功率 P_L 折算为标准时间 t_{rb} 下的功率 P_N,再按 P_N 来进行电机功率的选择和发热校验。折算的依据是 t_r 与 t_{rb} 下的损耗相等,即发热情况相同。假设 t_r 与 t_{rb} 下的 $\sum P_r$ 与 $\sum P_N$ 均由不变损耗和可变损耗两部分组成,而且在额定状态下,两者的比值为损耗系数 α,即

$$\alpha = \frac{P_0}{P_{CuN}} \tag{9-32}$$

则可得出

$$\left[P_0 + P_{CuN} \left(\frac{P_L}{P_N} \right)^2 \right] t_r = (P_0 + P_{CuN}) t_{rb} \tag{9-33}$$

$$\left[\alpha + \left(\frac{P_L}{P_N} \right)^2 \right] t_r = (\alpha + 1) t_{rb} \tag{9-34}$$

解出 P_N 与 P_L 的关系为

$$P_N = \frac{P_L}{\sqrt{\dfrac{t_{rb}}{t_r} + \alpha \left(\dfrac{t_{rb}}{t_r} - 1 \right)}} \tag{9-35}$$

当 t_r 与 t_{rb} 相差不太大时,可略去 $\alpha \left(\dfrac{t_{rb}}{t_r} - 1 \right)$,得

$$P_N \approx P_L \sqrt{\frac{t_r}{t_{rb}}} \tag{9-36}$$

式(9-36)中的 t_r 应尽量接近标准工作时间 t_{rb}。

由于折算系数本身就是以发热和温升等效为前提而推导出来的,因此按标准时间折算后,温升就不必校验了。

当没有合适的短时工作制的电动机时,可采用专为断续周期工作制设计的电动机来代替。短时工作时间与负载持续率 FS% 之间的换算关系,可近似地认为:30 min 相当于 FS%＝15%;60 min 相当于 FS%＝25%;90 min 相当于 FS%＝40%。

9.5.2　选用连续工作制电动机

当选用为连续工作制而设计的电动机时,我们可以选择容量比所需功率小的电动机,让它在温升不超过允许值的条件下,在短时间内运行。

由图 9-7 可看出,电动机的工作情况是工作时间较短而停歇时间较长,每次负载运行时,初始温升都为零。如果选择连续工作制电动机,使 $P_L' \geqslant P_L$,显然在 $t = t_r$ 时,温升按曲线 1 只能达到 τ_L',而达不到稳定温升 τ_{max},因此电动机得不到充分利用。为此选用 $P_N < P_L$ 的电动机,在工作时间 t_r 内电动机过载运行,温升按曲线 2 上升,在 $t = t_r$ 时达到 τ_r,使 τ_r 与稳定温升 τ_L 相等,

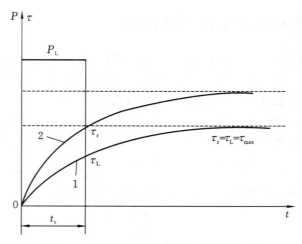

图 9-7 短时工作时的电动机负载与温升

亦即与绝缘材料允许的最高温升 $\tau_{\max}$ 相等,这样,电动机在散热性能上得到了充分利用。

选择 P_N 的依据就是 $\tau_r = \tau_L = \tau_{\max}$,即

$$\tau_r = \frac{\sum P_L}{A}(1 - e^{-t_r/T_\theta}) = \tau_L = \frac{\sum P_N}{A} \tag{9-37}$$

经化简整理,得

$$\frac{P_{Cu}}{P_{CuN}} = \frac{1 + \alpha e^{-t_r/T_\theta}}{1 - e^{-t_r/T_\theta}} \tag{9-38}$$

因为

$$\frac{P_{Cu}}{P_{CuN}} = \frac{I^2}{I_N^2} \tag{9-39}$$

所以

$$\frac{I}{I_N} = \sqrt{\frac{1 + \alpha e^{-t_r/T_\theta}}{1 - e^{-t_r/T_\theta}}} \tag{9-40}$$

因 $\dfrac{P_L}{P_N} = \dfrac{I}{I_N}$,对式(9-40)整理得

$$\lambda = \frac{P_L}{P_N} = \sqrt{\frac{1 + e^{-t_r/T_\theta}}{1 - e^{-t_f/T_\theta}}} \tag{9-41}$$

式中:λ 为按发热观点所得的功率过载倍数。

如果已知电动机的发热时间常数 T_θ 和短时运行时间 t_r,即可求出功率过载倍数 λ,从而求出应选的电动机容量。

在大多数情况下,短时运行电动机容量的选择,主要受转矩的过载能力限制,也就是说,短时过载运行下,往往电动机在温升方面满足要求,而转矩不能满足要求,电动机最大转矩小于负载最大转矩,电动机仍然不能应用。

9.6　断续周期工作制电动机容量的选择

断续周期工作制的每个工作周期包含一个工作段和停止段。由于许多生产机械在断续周期工作制下工作，因此专为这一工作制设计了电动机，供这类生产机械选用。这类电动机的共同特点是启动能力强、过载能力大、惯性小（飞轮力矩小）、机械强度大、绝缘材料等级高，多采用封闭式结构，临界转差率 s_m（对于笼形异步电动机）设计得较高，并能在金属粉尘潮高温环境下工作，是专为频繁启动、制动、过载、反转以及工作环境恶劣的生产机械设计制造的，如起重机、冶金机械等，这些生产机械一般不采用其他工作制的电动机。

断续周期工作制电动机功率选择步骤与负载变动时连续工作制电动机的功率选择是相似的，在一般情况下，也要经过预选及校验等步骤。在计算负载功率后作出生产机械负载图，初步确定负载持续率 FS％。根据负载功率的平均值 P_L'（计算时不应包括停歇时间）及 FS％预选电动机功率。作出电动机的负载图，进行发热、过载能力及必要的启动能力校验。如果在工作时间内负载是变化的，可用等效法来校验发热。但公式中不应把停歇时间计入，因为它已在 FS％中考虑过了。在计算过程中还应验算一下实际工作时的负载持续率与初步确定的是否相同。对于自扇冷式电动机，在启动及制动时散热条件变坏的影响可在等效值计算公式考虑。

与短时工作制电动机相似，断续周期工作制的电动机，其额定功率是与铭牌上标出的负载持续率相对应的。如果负载图中的实际负载持续率与标准负载持续率（15％、25％、40％、60％）相同，且负载恒定，则可直接按产品样本选择合适的电动机。如果实际负载持续率 FS％与标准的 FS_b％不同，应把 FS％下的功率 P_L 换算成 FS_b％下的功率 P_L'，再选择电动机容量和校验发热。换算方法的依据是实际负载持续率 FS％下与标准值 FS_b％下损耗相等，即发热相同。

$$(P_0 + P_{Cu}) FS\% = (P_0 + P_{CuN}) FS_b\% \tag{9-42}$$

将 $\alpha = \dfrac{P_0}{P_{CuN}}$ 代入式（9-42），可得

$$\left[\alpha + \left(\frac{P_{Cu}}{P_{CuN}} \right)^2 \right] FS\% = (\alpha + 1) FS_b\% \tag{9-43}$$

可解出

$$P_N = \frac{P_L}{\sqrt{\dfrac{FS_b\%}{FS\%} + \alpha \left(\dfrac{FS_b\%}{FS\%} - 1 \right)}} \tag{9-44}$$

当 FS％与 FS_b％相差不大时，$\alpha \left(\dfrac{FS_b\%}{FS\%} - 1 \right) \approx 0$，可忽略不计，式（9-44）变为

$$P_N \approx P_L \sqrt{\frac{FS\%}{FS_b\%}} \tag{9-45}$$

使用式（9-45）时，应将 FS％向其最接近的 FS_b％值进行换算。根据 P_N 及 FS_b％，在产品目录中选择合适的电动机，应满足 $P_N \geqslant P_L$。然后对预选的电动机进行过载能力和启动能力校验。

如果负载持续率 FS％＜10％，可按短时工作制选择电动机；FS％＞70％时，可按连续工作制选择电动机。

9.7　电动机电流种类、结构形式、额定电压和额定转速的选择

电动机的选择,除了前面介绍的选择电动机的功率外,还有:①根据生产机械在技术与经济等方面的要求选择电动机的电流种类,即选用交流或直流电动机;②根据生产机械对电动机安装位置的要求和周围环境的情况选择电动机的结构形式(包括防护类型);③根据电源的情况及控制装置的要求选择电动机的额定电压;④根据电动机与生产机械配合的技术经济情况选择电动机的额定转速。

9.7.1　电动机电流种类的选择

电动机电流种类的选择原则大体如下:

(1) 尽量优先选用价格便宜、结构简单、维护方便的交流笼形异步电动机。这种电动机在水泵、通风机等生产机械上得到广泛应用。其中高启动转矩的笼形电动机适用于某些要求启动转矩较大的生产机械,如某些纺织机械、压缩机及皮带运输机等。笼形多速异步电动机可用于要求有级调速的生产机械,如电梯及某些机床等。随着变频调速的不断发展,笼形电动机将大量应用在无级调速的生产机械上,它们的应用范围将大大扩大。

(2) 滑差电动机和交流换向器电动机目前一般应用在要求平滑调速但调速范围不大($D<10$)的生产机械上。交流换向器电动机价高且维护复杂,但目前在纺织、造纸等工业中都有应用。随着交流调速系统的不断改进,滑差电动机及交流换向器电动机将逐步被取代。

(3) 绕线转子异步电动机能限制启动电流与提高启动转矩(与笼形异步电动机相比),目前多用于起重机及矿井提升机等生产机械,用转子电路串联电阻启动与调速,调速范围很小(D 取 1.5 左右)。晶闸管串级调速的发展,大大扩大了绕线转子异步电动机的应用范围。

(4) 当电动机功率较大又无调速要求时,目前一般采用交流同步电动机以提高功率因数。交流无换向器电动机的发展,使交流同步电动机的应用范围大为扩大。

(5) 要求调速范围宽、调速平滑且对拖动系统过渡过程有特殊要求的生产机械,如可逆轧钢机、高精度数控机车等可用直流电动机,因为直流电动机调速性能优异,目前大量应用在功率较大、调速范围要求很大的生产机械上。

随着交流调速系统的不断发展,目前交流电动机在调速性能方面,已可与直流电动机媲美,并有取代后者之势。

9.7.2　电动机结构形式的选择

在工作方式上,可以按不同的工作制相应选择连续、短时、断续周期工作制的电动机。

电动机的结构形式按其安装位置的不同可分为卧式与立式两种。卧式电动机的转轴是水平安放的,立式电动机的转轴则与地面垂直,两者的轴承不同,因此不能随便混用。在一般情况下应选用卧式电动机。立式电动机的价格较高,只有为了简化传动装置,又必须垂直运转时才采用(如立式深井水泵及钻床等)。按轴伸个数分,电动机有单轴伸和双轴伸两种。

为了防止电动机被周围的媒介所损坏,或防止电动机本身的故障引起灾害,根据不同的环境选择适当的电动机防护形式。电动机的外壳防护形式分为以下几种。

1. 开启式

这种电动机价格低,散热条件好,但容易受水汽、铁屑、灰尘、油垢等侵蚀,寿命及正常运行易受影响,因此只能用于干燥及清洁的环境中。

2. 防护式

这种电动机一般可防滴、防雨、防溅,及防止外界物体从上面落入电动机内部,但不能防止潮气及灰尘的侵入,因此适用于干燥、灰尘不多、没有腐蚀性和爆炸性气体的环境。这种电动机通风冷却条件较好,因为机座下面有通风口。

3. 封闭式

这类电动机又可分为自扇冷式、他扇冷式及密封式三类。前两类可用在潮湿、多腐蚀性灰尘、易受风雨侵蚀等的环境中,第三类一般用于浸入水中的机械(如潜水泵电动机),因为密封,所以水和潮气均不能侵入。这种电动机价格较高。

4. 防爆式

这类电动机应用在有爆炸危险的环境(如在瓦斯矿的井下或油池附近等)中。

对于湿热地带或船用电动机还有特殊的防护要求。

9.7.3 电动机额定电压的选择

电动机的额定电压应根据额定功率和所在系统的配电电压及配电方式综合考虑。对于交流电动机,其额定电压应选得与供电电网的电压相一致。一般车间低压电网电压为 380 V,因此中小型异步电动机都是低压的,额定电压为 220/380 V(D/Y 连接)及 380/660V(D/Y 连接)两种。当电动机功率较大,供电电压为 6000 V 及 10000 V 时,可选用 3000 V、6000 V 甚至 10000 V 的高压电动机,这样可以省铜并减小电动机的体积(当选用 3000 V 高压电动机时必须另设变压器)。

直流电动机的额定电压也要与电源电压互相配合。当直流电动机由单独的直流发电机供电时,电动机额定电压常用 220 V 或 110 V,大功率电动机可提高到 600~800 V,甚至达 1000 V。

当直流电动机由晶闸管整流装置直接供电时,可用新型直流电动机配合不同的整流电路来工作。

9.7.4 电动机额定转速的选择

额定功率相同时,额定转速越高,则电动机的尺寸、重量和成本越小,效率也越高,因此选用高速电动机较为经济。但由于生产机械速度一定,电动机转速越高,势必加大传动机构的传速比,使传动机构变得复杂,因此必须综合考虑电动机与生产机械两方面的各种因素,合理选择电动机的额定转速,一般可分下列情况讨论。

(1)电动机连续工作的生产机械,很少启/制动或反转。此时可从设备的初期投资、占地面积和维护费用等方面,对几个不同的额定转速(即不同的传速比)进行全面比较,最后确定合适的传速比和电动机的额定转速。

（2）电动机经常启/制动及反转,但过渡过程的持续时间对生产率影响不大。例如高炉的装料机械的工作情况即属此类。此时除考虑初期投资外,主要以过渡过程能量损耗最小为依据来选择传速比及电动机的额定转速。

（3）电动机经常启/制动及反转,且过渡过程的持续时间对生产率影响较大。属于这类情况的有龙门刨工作台的主拖动。此时主要以过渡过程持续时间最短为依据来选择电动机的额定转速。

本章小结

本章主要介绍了电动机绝缘材料的耐温等级、电动机运行时的发热与冷却过程、电动机的工作机制、不同工作机制及不同负载下电动机容量的选择方法。

电动机的选择,包括电动机的额定电压、额定转速、结构形式以及额定容量的选择,其中,最主要的是电动机额定容量的选择。鉴于电动机的额定容量与其自身的发热和冷却密切相关,为此,本章首先对电动机的发热、冷却过程进行了描述。

为了合理利用电动机,通常将电动机的工作机制分为三种:连续工作制、短时工作制和断续周期工作制。不同工作机制下,电动机的额定功率的标注方式有所不同,选择电动机额定功率时应该考虑电动机的工作机制。

在电力拖动系统的设计过程中,一般应考虑电动机的不同工作机制,并根据生产机械的运行特点和负载静态功率预先选定电动机的额定容量,然后再进行发热、过载能力、启动能力等的校验。

发热校验的目的是确保由电动机内部发热所造成的温升不超过绝缘材料所允许的最高温升。具体方法是:首先根据生产机械的工作机制和生产工艺过程绘出电动机的典型负载图,然后再利用等效方法(等效电流法、等效转矩法或等效功率法)或平均损耗法进行计算。在利用各种等效方法进行计算时,需特别注意各种等效方法所适用的条件:等效电流法只有在电动机空载损耗和绕组电阻为常数时才能使用;等效转矩法只有在磁通为常数、电磁转矩与电流成正比的情况下才能使用;而等效功率法则在满足等效转矩法使用的条件外还要求电动机恒速运行。在上述发热校验过程中,若电动机实际的使用环境温度偏离标准使用环境温度(40 ℃),则应根据实际环境温度对所计算电动机的额定功率做必要的修正。

原则上,只要按照发热等效的观点适当选择电动机的功率,每一类电动机均可在三种工作机制下运行。但从全部性能角度看,生产机械的实际工作机制最好与电动机规定的工作机制相一致。这主要考虑到:为连续工作制设计的电动机,全面考虑了连续工作方式下的启动、过载、机械强度等特点,因而不适宜于长期频繁启/制动的短时或断续周期工作方式;而为短时或断续周期工作制设计的电动机若在长期工作制下运行,其启动、过载、机械强度等均将得不到充分发挥,而且从价格上以及实际运行效率上来看也会造成不必要的浪费。

对于负载图难以确定的生产机械,可通过试验、实测或类比等工程经验方法选择电动机的额定功率,并适当考虑电网电压的波动、负载的性质以及未来增产的需要等因素。

习题

9-1　一台 35 kW、工作时限为 30 min 的短时工作制电动机,突然发生故障。现有一台 20 kW 连续工作制电动机,其发热时间常数 T_θ＝90 min,损耗系数 α＝0.7,短时功率过载倍数 λ ＝2。试问这台电动机能否临时代替原来的电动机?

9-2　电动机的防护形式是根据电动机周围工作环境来确定的,可分为开启式、防护式、封闭式、(　　)四种。

9-3　电动机额定电压选择的原则是应与供电电网或(　　)一致。

9-4　电动机的结构形式按其安装位置的不同可分为(　　)两种。

9-5　电动机种类的选择依据是在满足生产机械对拖动系统(　　)和动态特性要求的前提下,力求结构简单、运行可靠、价格低廉等。

9-6　线绕形异步电动机通过(　　),可限制启动电流,提高启动、制动转矩与调速等。

9-7　在工作方式上,按不同工作制可选择(　　)工作制的电动机。

9-8　一般工厂企业供电电压为 380V,因此中小型异步电动机额定电压为 380/220 V,采用(　　)接法。

9-9　当供电电压为 6000 V 及 10000 V 时,可选用 6000 V 甚至 10000 V 的(　　)。

9-10　对很少启动、制动或反转的长期工作制电动机,应从(　　)、占地面积和维护费用等方面考虑,确定电动机的额定转速。

9-11　如果电动机经常启动、制动及反转,且过渡过程的持续时间对生产率影响较大,此时除应考虑初投资外,还要以(　　)为依据来选择电动机的额定转速。

9-12　如果电动机经常启动、制动及反转,但过渡过程的持续时间对生产率影响不大,此时主要以(　　)为依据来选择电动机的额定转速。

9-13　选择电动机额定功率时,要考虑电动机发热、允许过载能力与启动能力等因素,多数情况下,以(　　)最重要。

9-14　电动机温度比环境温度高出的值称为(　　)。

9-15　电动机的温升由原来的稳定温升降到新的稳定温升,这个温升下降的过程称为(　　)。

9-16　连续工作制是在恒定负载下电动机(　　)的工作方式。

9-17　短时工作制是在恒定负载下,电动机短时运行,其特点是(　　)。

9-18　断续周期工作制的特点是重复性和(　　),即电动机工作时间与停歇时间交替,而且都比较短,二者之和按国家标准规定不得超过 10 min。

9-19　连续工作制电动机容量的选择一般分为两种情况:一种是恒值负载连续运行时电动机容量的选择;一种是(　　)时电动机容量的选择。

9-20　在选择电力拖动系统方案时,应重点考虑哪几个方面的问题?试简要说明之。

9-21　电力拖动系统中电动机的选择主要包括哪些主要内容?

9-22　电动机稳定运行时的温升主要取决于哪些因素?在结构尺寸不变的条件下,如何提高电动机的额定功率?

9-23 一台绝缘材料为 B 级的电动机,其额定功率为 P_N,若把绝缘材料改为 E 级,其额定功率将怎样变化?

9-24 电动机的三种工作机制是如何划分的? 负载持续率 ZC% 是如何定义的?

9-25 选择电动机额定功率时,应该考虑哪些因素?

9-26 对于连续工作制的电动机,如何进行发热校验? 短时工作制和断续周期工作制电动机又是如何进行发热校验的呢?

9-27 平均损耗法、等效电流法、等效转矩法以及等效功率法均可用于电动机的发热校验,试说明各种方法的适用范围。

9-28 一台连续工作制电动机,其额定功率为 P_N,如果在短时工作制下运行,其额定功率将如何变化?

9-29 一台负载持续率 ZC%=25% 的断续周期工作制电动机,其额定功率为 $P_N=26$ kW,能否用来拖动功率为 26 kW 且工作 25 min、停歇 75 min 的负载? 为什么?

? 思考题

9-1 电动机的额定功率选得过大和不足时会引起什么后果?

9-2 电动机的温升与哪些因素有关? 电动机的温度、温升及环境温度三者之间有什么关系?

9-3 电动机中的损耗有哪些? 何谓定耗与变耗? 何谓铁耗与铜耗? 一般来讲机械损耗属于定耗还是属于变耗?

9-4 电动机的额定容量是指输入电动机的容量还是指电动机的输出容量? 写出电动机输出功率与电流的关系式,看看电流与功率之间有没有正比例关系。

9-5 电动机的发热时间常数 $T_θ$ 的物理意义是什么? 它的大小与哪些因素有关? 如果两台电动机除通风冷却条件有好坏之分外,其他条件完全相同,那么它们的发热时间常数会不会一样?

9-6 一台电动机周期性地工作 15 min、停机 85 min,其负载持续率 FS%=15%,对吗? 其工作机制属于哪一种?

9-7 断续周期工作制三相异步电动机在不同 FS% 下,实际功率过载倍数是否为常数? 为什么?

第 10 章　电机及电力拖动基础实验

本章主要内容是电机及电力拖动基础实验,包含实验的基本要求和方法、一些基本物理量的测量及常见的电机及电力拖动实验。本章的主要目的是使学生掌握常用交直流电机、控制电机及变压器的基本结构和工作原理,以及电机的运行性能、分析计算、选择及实验方法;具备理论分析计算能力和实验操作技能,为学习后续专业课程和今后的工作创造必要条件。

知识目标

(1) 掌握实验相关知识和实验技能;

(2) 掌握交直流电机的工作原理及特性;

(3) 掌握电机的启动、调速和制动方法。

能力目标

(1) 能够按照实验的基本要求进行安全操作;

(2) 能够对实验中的组件进行正确接线并测量所需实验数据;

(3) 能够针对交流电机实验进行正确接线并测量所需实验数据;

(4) 能够排查及解决实验中的问题。

素质目标

(1) 从合理选定实验器材,制定有效的实验方案,到实验内容的正确实施,培养学生通过实验验证电机的基本原理与内在规律的动手能力,培养学生持续学习、主动适应复杂工程环境的能力,培养学生团结合作、有责任有担当的意识。

(2) 严格遵守测量的技术要求,保证测量精度,培养学生严谨认真、实事求是的职业素养,提高质量意识;在完成实验任务的过程中,通过任务驱动,培养学生求实创新、解决问题的能力,增强学生的职业自豪感和社会责任感。

(3) 设置开放式实验,使学生能够运用理论知识解决实际工程模拟问题。在实际工程模拟过程中,培养学生分析复杂工程问题的能力、寻找事物主要矛盾的能力,引导学生选择正确的方法与合理途径解决问题,培养学生的法规与环境保护意识,树立正确的世界观、人生观和价值观。

10.1　实验设备和基本要求概述

10.1.1　DDSZ-1 型电机实验台简介

1. 电源控制屏简介

（1）提供三相 0～450 V 可调交流电源，同时可得实验所需 0～250 V 可调交流电源。

（2）提供直流电机实验所需的 220 V、0.5 A 励磁电源，40～230 V、3 A 可调电枢电源。

（3）三相电网电压与三相调压输出电压由 3 只指针式交流电压表（量程为 0～450 V）指示，用切换开关切换；直流电机的励磁电源电压和电枢电源电压由 1 只直流数字电压表（量程为 0～300 V）指示，用表下的一只切换开关切换。

2. 电源控制屏的启动和关闭

（1）关闭所有的电源开关，将交流电压表的切换开关置于"三相电网"一侧，将三相调压器旋钮旋到零位。

（2）接好机壳的接地线，插好三相四芯电缆线插头，接通三组 380 V、50 Hz 的交流市电。

（3）开启钥匙式三相"电源总开关"，红色按钮灯亮（按钮"关"，则红色灯亮），三只电压表将指示三相电网线电压值，同时控制屏右侧面上的 2 只单相三芯插座中可输出 220 V 交流电压。

（4）按下"开"按钮，红色灯灭，绿色灯亮，同时可听到控制屏内交流接触器瞬间吸合声，三相可调端 3 只发光二极管亮，控制屏正面大凹槽底部 6 处单相三芯 220 V 圆形插座及控制屏左侧面单相二芯 220 V 电源插座和三相四芯 380 V 电源插座均有电压输出。电源控制屏启动完毕。

（5）控制屏挂件处凹槽底部设有 5 处四芯信号插座，在按钮"关"或按钮"开"时，插座后方两针均有 32 V 交流电压输出，与指针式仪表相连，给仪表供电。当输出电压超出仪表量程时，保护电路通过信号插座切断电源，"告警"指示灯亮，蜂鸣器响，并发出告警声。

（6）实验完毕，按下"关"按钮，绿色指示灯灭，红色指示灯亮，然后关闭三相"电源总开关"，红色指示灯灭，并检查各开关（包括直流"电枢电源"和"励磁电源"开关）是否都恢复到"关"的位置、三相调压器是否调回到零位，最后关闭电网闸刀。

3. 三相可调交流电源输出电压的调节

（1）将交流电压表指示切换开关置于"三相调压"一侧，3 只电压表指针回零。

（2）按顺时针方向（即标志牌上"大"一侧）缓缓旋动三相自耦调压器的调节旋钮，3 只电压表的指针随之偏转，指示三相可调输出电压的 U、V、W 两两之间的线电压值。实验完毕，将调节旋钮调回零位。

（3）三相电源主电路中设有 3 A 带灯熔断器，若某相短路（或负载过大等），则熔断器指示灯亮，表明缺相，要及时更换熔管，并检查问题所在。三相可调输出端设有 3 只 3 A 熔断器，若某相无输出，应检查熔管是否断开或有其他问题。在长时间运行时，输出电流不允许超过 2 A，否则会损坏三相自耦调压器。控制回路（接触器控制回路、日光灯照明电路、控制屏内外

漏电保护装置供电电路、信号插座供电电路及控制屏右侧面单相三芯插座供电电路等)中设有
1.5 A 熔断器,若控制回路失灵,则应检查熔管是否完好及问题所在。

4. 励磁电源、电枢电源的使用

先按照电源控制屏的启动方法启动交流电源控制屏。

(1) 励磁电源的启动:将控制屏左下方"励磁电源"开关置于"开",此时励磁电源"工作"指示灯亮,说明励磁电源正常。将电压指示切换开关置于励磁电源一侧,直流电压表指示励磁电源电压值约为 220 V(熔断器额定电流为 0.5 A)。

(2) 电枢电源的操作。

① 将电枢电源电压调节电位器按逆时针方向旋到底,并将电压指示切换开关置于"电枢电压"一侧,然后,将"电枢电源"开关置于"开",经 4～5 s 后可听到控制屏内接触器的瞬间吸合声,此时"工作"指示灯亮,电压表指示电枢电源输出电压(熔断器额定电流为 3 A)。

② 顺时针旋转电枢电源电压调节电位器,输出电压增大,调节范围为 40～230 V。

③ 电枢电源的保护系统:电枢电源具有过压、过流、过热及短路保护功能。

5. 日光灯的使用

开启钥匙式开关(红色按钮灯亮),将面板右上方的转换开关置于"照明"一侧,日光灯亮。反之则可关闭日光灯。

6. 无源挂件的使用

属于无源挂件的有 DJ11、DJ12、D41、D42、D44、D51、D62、D63(各 1 个),它们没有外拖电源线,可直接钩挂在控制屏的两根不锈钢管上并沿钢管左右随意移动。

(1) DJ11 组式变压器:由 3 只相同的双绕组单相变压器组成,每只单相变压器的高压绕组额定值为 220 V、0.35 A,低压绕组的额定值为 55 V、1.4 A。

3 只变压器可单独用于单相变压器实验,也可连成三相变压器组进行实验。连成三相变压器组时,三相高压绕组的首端分别用 A、B、C 标示,其对应末端用 X、Y、Z 标示,三相低压绕组的首端用 a、b、c 标示,其对应末端用 x、y、z 标示。

(2) DJ12 三相芯式变压器:三相芯式变压器是一个三柱铁芯结构的三相三绕组变压器。每个铁芯柱即每相上安装有高压、中压和低压 3 个绕组,每个高压绕组的额定值为 127 V、0.4 A,每个中压绕组的额定值为 63.6 V、0.8 A,每个低压绕组的额定值为 31.8 V、1.6 A。三相高压绕组的首端分别用 A、B、C 标示,其对应末端用 X、Y、Z 标示;三相中压绕组的首端分别用 Am、Bm、Cm 标示,其对应末端用 Xm、Ym、Zm 标示;三相低压绕组的首端分别用 a、b、c 标示,其对应末端用 x、y、z 标示。所以 18 个接线端在内部互不连接,可按实验指导书要求进行各种连接。

(3) D41 三相可调电阻器:由 3 只 90 Ω×2、1.3 A、150 W 可调瓷盘电阻器组成。每只 90 Ω 电阻串接 1.5 A 熔断器,做过载保护。其中第一个电阻器设有两组 90 Ω 固定阻值的接线柱,做实验时可作为电机负载及启动电阻使用,也可他用。

(4) D42 三相可调电阻器:由 3 只 900 Ω×2、0.41 A、150 W 可调瓷盘电阻器组成。每只 900 Ω 电阻串接 0.5 A 熔断器,做过载保护。其中第一个电阻器设有两组 900 Ω 固定阻值的接线柱,做实验时可作为电机负载及励磁电阻使用,也可他用。

(5) D44 可调电阻器、电容器:由 90 Ω×2、1.3 A、150 W 可调瓷盘电阻器,900 Ω×2、

0.41 A、150 W 可调瓷盘电阻器,35 μF(450 V)、4 μF(450 V)电力电容器各 1 只及 2 只单刀双掷开关组成。每只 90 Ω 和 900 Ω 电阻器都串接熔断器,其中 90 Ω 电阻器设有两组 90 Ω 固定阻值的接线柱。90 Ω×2 电阻器一般用作直流他励电动机与电枢串联的启动电阻,900 Ω×2 电阻器一般用作与励磁绕组串联的励磁电阻。

(6) D51 波形测试及开关板:由波形测试部分和 1 个三刀双掷开关、2 个双刀双掷开关组成。

波形测试部分:用于测试三相组式变压器及三相芯式变压器不同接法时的空载电流、主磁通,相电动势、线电动势及三角形(△)连接的闭合回路中三次谐波电流的波形。面板上方"Y₁"和"⊥"两个接线柱接示波器的输入端,任意按下 5 个琴键开关中的 1 个时(不能同时按下 2 个或 2 个以上琴键开关),示波器屏幕上显示与该琴键开关上所标的指示符号相对应的波形。开关 S1、S2、S 用作 Y/△换接的手动切换开关,或另作他用。

(7) D62、D63 继电器接触挂件:提供中间继电器(线圈电压 220 V)2 只,热继电器 1 只,熔断器 3 只,转换开关 3 只,按钮 1 只,行程开关 4 只,信号灯、保险丝座各 1 只;还提供交流接触器(线圈电压 380 V)2 只,热继电器 1 只,时间继电器 1 只,变压器(220 V/26 V/6.3 V)、整流电路、能耗制动电阻(100 Ω/20 W)各 1 组,按钮 3 组。

7. 有源挂件的使用

有源挂件包括 D31(2 件),D32、D33、D34、D35、D36、D52 各 1 件,共 8 件,它们的共同点是都需要外接交流电源,因此都有一根外拖的电源线。对于 D31、D34、D35、D36、D52,要外拖一根三芯护套线和 220 V 三芯圆形电源插头(配控制屏挂件凹槽处的 220 V 三芯插座);对于 D32 交流电流表和 D33 交流电压表,要外拖一根四芯护套线和航空插头(配控制屏挂件凹槽处的四芯插座)。

(1) D31 直流数字电压表、毫安表、电流表。

① 将此挂件挂在钢管上,并移动到合适的位置,插好电源线插头。挂件在钢管上不能随便移动,否则会损坏电源线及插头等。

② 电压表的使用:通过导线将"+""−"两极并接到被测对象的两端,对 4 挡琴键开关进行操作,完成电压表的接入和对量程的选择。电压表的"+""−"两极要与被测量的正负端对应,否则电压表表头的第一个数码管将会出现"−",表示极性接反。

在使用过程中要特别注意应预先估算被测量的范围,以此来正确选择适当的量程,否则易损坏仪表。

③ 毫安表的使用:通过导线将"+""−"两端串接在被测电路中,对 4 挡琴键开关进行操作,完成毫安表的接入和对量程的选择。如果极性接反,毫安表表头的第一个数码管将会出现"−"。

④ 电流表(5 A 量程)的使用:通过导线将"+""−"两端串接在被测电路中,按下开关按钮,数码管便显示被测电流之值。如果极性接反,电流表表头的第一个数码管将会出现"−"。

(2) D32 交流电流表。

① 挂好此挂件,插好电源信号线插头。

② 挂件上共有 3 个完全相同的多量程指针式交流电流表,各表都设置 4 个量程(0.25 A、1 A、2.5 A 及 5 A),并通过琴键开关进行切换。

③ 实验中其要与被测电路串联。量程换挡及不需要指示测量值时,使"测量/短接"键处

于"短接"状态；需要测量时，使"测量/短接"键处于"测量"状态。

④ 当测量电流小于 0.25 A 时，选择"0.25 A""＊"这两个输入口；当测量电流大于 0.25 A 且小于 1 A 时，选择"1 A""＊"这两个输入口；当测量电流大于 1 A 且小于 2.5 A 时，选择"2.5 A""＊"这两个输入口；当测量电流大于 2.5 A 且小于 5 A 时，选择"5 A""＊"这两个输入口。使用前要估算被测量的大小，以此来选择适当的量程，并按下该量程按键，相应的指示灯亮，指针指示出被测量值。

⑤ 若被测量值超过仪表某量程的测量范围，则告警指示灯亮，蜂鸣器发出告警信号，并使控制屏内接触器跳开。将该超量程仪表的"复位"按钮按一下，蜂鸣器停止发出声音。重新选择量程或将测量值减小到原量程测量范围内，再启动控制屏，方可继续实验。

（3）D33 交流电压表。

① 挂好此挂件，插好电源信号线插头。

② 挂件上共有 3 个完全相同的多量程指针式交流电压表，各表都设置 5 个量程（30 V、75 V、150 V、300 V 及 450 V），并通过琴键开关进行切换。

③ 实验中其要与被测电路并联。估算被测量的大小，以此选择合适的量程按键，相应的绿色指示灯亮，指针指示出被测量值。

④ 若被测量值超过仪表某量程的测量范围，则告警指示灯亮，蜂鸣器发出告警信号，并使控制屏内接触器跳开。将该超量程仪表的"复位"按钮按一下，蜂鸣器停止发出声音。重新选择量程或将测量值减小到原量程测量范围内，再启动控制屏，方可继续实验。

（4）D34 单相智能数字功率、功率因数表。

本产品主要由微电脑、高精度 A/D 转换芯片和全数字显示电路构成。为了扩大电压、电流的测量范围并提高测试精度，在硬、软件结构上，本产品均分为 8 挡测试区域，测试过程中皆可自动换挡。本产品主要功能如下：①测量单相功率及三相功率 P_1、P_2、P（总功率），输入电压、电流量程分别为 450 V、5 A；②测量功率因数 $\cos\varphi$，同时显示负载性质（电感性或电容性）以及被测电压、电流的相位关系；③测量频率和周期，测量范围分别为 1.00～99.00 Hz 和 1.00～99.00 ms；④储存测试过程中的数据，可记录 15 组测试数据（包括单相功率、三相功率（P_1、P_2、P）、功率因数 $\cos\varphi$ 等），可随时检阅。测量时本产品的接线与一般功率表的接线相同，即电流线圈与被测电路串联，电压线圈与被测电路并联。

10.1.2　DDSZ-1 型电机实验台交直流电源操作说明

实验中开启及关闭电源都在 DDSZ-1 型电机实验台的电源控制屏上操作。

1. 开启三相交流电源的步骤

开启三相交流电源的步骤如下。

（1）开启电源前。要检查控制屏下面"直流电机电源"的"电枢电源"开关（右下角）及"励磁电源"开关（左下角）都须在"关"的位置。控制屏左侧端面上安装的调压器旋钮必须在零位，即必须将它向逆时针方向旋转到底。

（2）检查无误后开启"电源总开关"，"关"按钮指示灯亮，表示实验装置的进线接到电源，但还不能输出电压。此时在电源输出端进行实验电路接线操作是安全的。

（3）按下"开"按钮，"开"按钮指示灯亮，表示三相交流调压电源输出插孔 U、V、W 及 N 已接电。实验电路所需的不同大小的交流电压,都可通过适当旋转调压器旋钮用导线从这三相四线制插孔中获取。输出线电压为 0～450 V(可调)并可由控制屏上方的 3 只交流电压表指示。当电压表下面左边的"指示切换"开关拨向"三相电网电压"时,它指示三相电网进线的线电压;当"指示切换"开关拨向"三相调压电压"时,它指示三相四线制插孔 U、V、W 和 N 输出端的线电压。

(4) 实验中如果需要改接线路,必须按下"关"按钮以切断交流电源,保证实验操作安全。实验完毕,还需关断"电源总开关",并将控制屏左侧端面上安装的调压器旋钮调回零位。将"直流电机电源"的"电枢电源"开关及"励磁电源"开关拨回到"关"位置。

2. 开启直流电机电源的步骤

开启直流电机电源的步骤如下。

(1) 直流电源是由交流电源变换而来的,要开启"直流电机电源",必须先开启交流电源,即开启"电源总开关"并按下"开"按钮。

(2) 在此之后,接通"励磁电源"开关,可获得约 220 V、0.5 A 不可调的直流输出。接通"电枢电源"开关,可获得 40～230 V、3 A 可调节的直流输出。励磁电源电压及电枢电源电压都可由控制屏下方的 1 只直流电压表指示。当将该电压表下方的"指示切换"开关拨向"电枢电压"时,该电压表指示电枢电源电压;当将"指示切换"开关拨向"励磁电压"时,该电压表指示励磁电源电压。但在电路上励磁电源与电枢电源、直流电机电源与交流三相调压电源都是经过三相多绕组变压器隔离的,可独立使用。

(3) 电枢电源是采用脉宽调制的开关式稳压电源,输入端接有滤波用的大电容,为了不使过大的充电电流损坏电源电路,采用了限流延时的保护电路。所以在开机时,从电枢电源开合闸到直流电压输出有 3～4 s 的延时,这是正常的。

(4) 电枢电源设有过压和过流指示告警保护电路。该保护电路会在输出电压过大时,自动切断输出,并告警指示。此时若要恢复电压,必须先将"电压调节"旋钮逆时针旋转,将电压调低到正常值(约 240 V 以下),再按"过压复位"按钮,即能输出电压。当负载电流过大(即负载电阻过小),超过 3 A 时,该保护电路也会自动切断输出,并告警指示。此时若要恢复输出,只要调小负载电流(即调大负载电阻)即可。有时候在开机时出现过流告警,说明在开机时负载电流太大,需要降低负载电流,可在电枢电源输出端增大负载电阻或暂时拔掉一根导线(空载开机),待直流输出电压正常后,再插回导线加正常负载(不可短路)。若在空载开机时仍发生过流告警,则说明气温或湿度明显变化,造成光电耦合器 TIL117 漏电,使过流保护起控点改变。一般经过空载开机(即开启交流电源后,再开启"电枢电源"开关)预热几十分钟,即可停止告警,恢复正常。所有这些操作到直流电压输出都有 3～4 s 的延时。

(5) 在做直流电动机实验时,要注意开机时须先开"励磁电源",后开"电枢电源";在关机时,则要先关"电枢电源"而后关"励磁电源"。同时要注意在电枢电路中串联启动电阻以防止电源过流保护。具体操作要严格遵照实验指导书中有关内容的说明。

10.1.3　实验的基本要求

实验课的目的在于培养学生掌握基本的实验方法与操作技能。学生应当根据实验目的、实验内容及实验设备拟定实验线路,选择所需仪表,确定实验步骤,测取所需数据,进行分析研究,得出必要结论,从而完成实验报告。在整个实验过程中,学生必须集中精力,及时认真做好实验。现按实验过程提出下列基本要求。

1. 实验前的准备

实验前应复习相关章节内容,认真研读实验指导书,了解实验目的、项目、方法与步骤,明确实验过程中应注意的问题(有些内容可到实验室对照实验预习,如熟悉组件的编号、使用及其规定值等),并按照实验项目准备记录数据的表格等。

实验前应写好预习报告,经指导教师检查确认,方可开始做实验。

认真做好实验前的准备工作,对于培养学生的独立工作能力,提高实验质量和保护实验设备都是很重要的。

2. 实验过程

1)建立小组,合理分工

每次实验都以小组为单位进行,每组由 2～3 人组成。实验进行中的接线、调节负载、保持电压或电流、记录数据等工作应有明确的分工,以保证实验操作协调,记录的数据准确可靠。

2)选择组件和仪表

实验前先熟悉该次实验所用的组件,记录电机铭牌数据,选择仪表量程,然后依次排列组件和仪表以便测取数据。

3)按图接线

根据实验线路图及所选组件、仪表,按图接线。线路力求简单明了。按图接线原则是先接串联主回路,再接并联支路。为查找线路方便,每路可用相同颜色的导线或插头。

4)启动电机,观察仪表

在正式实验开始之前,先熟悉仪表刻度,并记下倍率,然后按一定规范启动电机,观察所有仪表是否正常(如指针正、反向是否超满量程等)。如果出现异常,应立即切断电源,并排除故障;如果一切正常,即可正式开始实验。

5)测取数据

预习时对实验方法及所测数据的大小做到心中有数。正式实验时,根据实验步骤逐次测取数据。

6)认真负责,有始有终

实验完毕,须将数据交指导教师审阅。经指导教师认可后,才能拆线并把实验所用的组件、导线及仪器等物品整理好。

3. 撰写实验报告

实验报告是根据实测数据和在实验中观察和发现的问题,经过自己分析研究或小组分析讨论后写出的心得体会。

实验报告要简明扼要、字迹清楚、图表整洁、结论明确。

实验报告一般应包括以下内容:

(1)实验名称、专业班级、学号、姓名、实验日期、室温($℃$)。

(2)列出实验中所用组件的名称及编号、电机铭牌数据(P_N、U_N、I_N、n_N)等。

(3)列出实验项目并绘出实验时所用的线路图,并注明仪表量程、电阻器阻值、电源端编号等。

（4）数据的整理和计算。

（5）按记录及计算的数据在坐标纸上画出曲线，图纸尺寸不小于 8 cm×8 cm，曲线要用曲线尺或曲线板连成光滑曲线，不在曲线上的点仍按实际数据标出。

（6）根据数据和曲线进行计算和分析，说明实验结果与理论是否符合，可对某些问题提出一些自己的见解并最后写出结论。

（7）实验报告应写在一定规格的报告纸上，保持整洁。每次实验后每人独立完成一份报告，按时送交指导教师批阅。

10.1.4　实验室安全操作规范

为了按时完成实验，确保实验时人身安全与设备安全，要严格遵守如下安全操作规程。

（1）实验时，人体不可接触带电线路。

（2）接线或拆线都必须在切断电源的情况下进行。

（3）学生独立完成接线或改接线路后，必须经指导教师检查和允许，并提醒组内其他同学注意安全，方可接通电源。实验中若发生事故，应立即切断电源，待查清问题和妥善处理故障后，才能继续进行实验。

（4）若电机直接启动，则应先检查功率表及电流表的电流量程是否符合要求，是否存在短路回路，以免损坏仪表或电源。

（5）总电源或实验台控制屏上的电源应由实验指导人员来接通，其他人只能在得到指导人员允许后方可操作，不得自行合闸。

10.2　直流他励电动机认识实验

10.2.1　实验目的

（1）学习电机实验的基本要求与安全操作注意事项。

（2）认识在直流电机实验中所用的电机、仪表、变阻器等组件及其使用方法。

（3）熟悉直流他励电动机的接线、启动、改变电机转向与调速的方法。

10.2.2　预习要点

（1）如何正确选择仪器仪表？如何选择电压表、电流表的量程？

（2）直流电动机启动时，为什么在电枢回路中需要串接启动变阻器？不串接会产生什么严重后果？

（3）直流电动机启动时，励磁回路串接的磁场变阻器应调至什么位置？为什么？若励磁回路断开造成失磁，会产生什么严重后果？

（4）直流电动机调速及改变转向的方法。

10.2.3 实验项目

（1）了解 DD01 电源控制屏中的电枢电源、励磁电源、校正过的直流电机、变阻器、多量程直流电压表/电流表及直流电动机的使用方法。

（2）用伏安法测直流电动机和直流发电机的电枢绕组的冷态电阻。

（3）直流他励（并励式）电动机的启动、调速及改变转向。

10.2.4 实验设备及控制屏上挂件排列顺序

1. 实验设备（见表 10-1）

表 10-1 实验设备

序 号	型 号	名 称	数 量
1	DD03	导轨、测速发电机及转速表	1 台
2	DJ23	校正直流测功机	1 台
3	DJ15	直流并励电动机	1 台
4	D31	直流数字电压表、毫安表、电流表	2 件
5	D42	三相可调电阻器	1 件
6	D44	可调电阻器、电容器	1 件
7	D51	波形测试及开关板	1 件
8	D41	三相可调电阻器	1 件

2. 控制屏上挂件排列顺序

顺序为：D31、D42、D41、D51、D31、D44。

10.2.5 实验说明及操作规范

（1）由实验指导人员介绍 DDSZ-1 型电机实验台各面板布置及使用方法，讲解电机实验的基本要求、安全操作和注意事项。

（2）用伏安法测电枢绕组的直流电阻。

① 按图 10-1 接线，电阻 R 用 D44 的 1800 Ω 和 180 Ω 串联共 1980 Ω 阻值并调至最大。电流表选用 D31，量程选用 5 A 挡。开关 S 选用 D51 挂箱。

② 经检查无误后接通电枢电源，并调至 220 V。调节 R 使电枢电流达到 0.2 A（如果电流太大，则剩磁的作用可能使电机旋转，测量无法进行；如果电流太小，则接触电阻可能产生较大的误差），迅速测取电机电枢两端电压 U 和电流 I。将电机分别旋转 1/3 和 2/3 周，同样测取 U、I 数据。将测取的 3 组数据列于表 10-2 中。

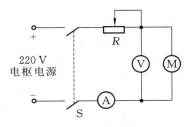

图 10-1 测电枢绕组
直流电阻接线图

表 10-2   测量数据

室温＿＿＿＿＿＿℃

序号	U/V	I/A	R（平均）$/\Omega$		R_a/Ω	R_{aref}/Ω
1			$R_{a11}=$	$R_{a1}=$		
			$R_{a12}=$			
			$R_{a13}=$			
2			$R_{a21}=$	$R_{a2}=$		
			$R_{a22}=$			
			$R_{a23}=$			
3			$R_{a31}=$	$R_{a3}=$		
			$R_{a32}=$			
			$R_{a33}=$			

表中：$R_{a1}=\dfrac{1}{3};(R_{a11}+R_{a12}+R_{a13})$；$R_{a2}=\dfrac{1}{3}(R_{a21}+R_{a22}+R_{a23})$；$R_{a3}=\dfrac{1}{3}(R_{a31}+R_{a32}+R_{a33})$。

③ 增大 R 使电流分别达到 0.15 A 和 0.1 A，用同样方法测取 6 组数据并将其列于表 10-2 中。

取多次测量的平均值作为实际冷态电阻值：

$$R_a=\frac{1}{3}(R_{a1}+R_{a2}+R_{a3}) \tag{10-1}$$

④ 计算基准工作温度对应的电枢电阻。

由实验直接测得电枢绕组电阻值，此值为实际冷态电阻值，冷态温度为室温。按式（10-2）将其换算到基准工作温度对应的电枢绕组电阻值：

$$R_{aref}=R_a\frac{235+\theta_{ref}}{235+\theta_a} \tag{10-2}$$

式中：R_{aref} 为基准工作温度对应的电枢绕组电阻（Ω）；R_a 为电枢绕组的实际冷态电阻（Ω）；θ_{ref} 为基准工作温度，对于 E 级绝缘材料 $\theta_{ref}=75$ ℃；θ_a 为实际冷态时电枢绕组的温度（℃）。

（3）直流仪表、转速表和变阻器的选择。

直流仪表、转速表量程根据电机的额定值和实验中可能达到的最大值来选择，变阻器根据实验要求来选用，并按电流的大小选择串联、并联或串并联的接法。

① 电压表量程的选择。

如测量电动机两端 220 V 的直流电压，选用直流电压表 1000 V 量程挡。

② 电流表量程的选择。

因为直流他励电动机的额定电流为 1.2 A，测量电枢电流的电流表 A_3 可选用直流电流表的 5 A 量程挡；额定励磁电流小于 0.16 A，电流表 A_1 选用 200 mA 量程挡。

③ 电机额定转速为 1600 r/min，转速表选用 1800 r/min 量程挡。

④ 变阻器的选择。

变阻器根据实验中所需的阻值和流过变阻器的最大电流来选用，电枢回路中的 R_1 可选用 D44 挂件的 1.3 A 的 90 Ω 与 90 Ω 串联电阻,磁场回路中的 R_{f1} 可选用 D44 挂件的 0.41 A 的 900 Ω 与 900 Ω 串联电阻。

（4）直流他励电动机的启动准备。

按图 10-2 接线。图中直流他励电动机 M 用 DJ15,其额定功率 $P_{\mathrm{N}}=185$ W,额定电压 $U_{\mathrm{N}}=220$ V,额定电流 $I_{\mathrm{N}}=1.2$ A,额定转速 $n_{\mathrm{N}}=1600$ r/min,额定励磁电流 $I_{\mathrm{fN}}<0.16$ A。校正直流测功机 MG 作为测功机使用,TG 为测速发电机。直流电流表选用 D31。R_{f1} 用 D44 的 1800 Ω 阻值,作为直流他励电动机励磁回路串接的电阻。R_{f2} 选用 D42 的 1800 Ω 阻值的变阻器,作为 MG 励磁回路串接的电阻。R_{1} 选用 D44 的 180 Ω 阻值,作为直流他励电动机的启动电阻。R_{2} 选用 D41 的 6 只串联 90 Ω 电阻和 D42 的 900 Ω 与 900 Ω 并联电阻相串联,作为 MG 的负载电阻。接好线后,检查 M、MG 及 TG 之间是否用联轴器直接连接好。

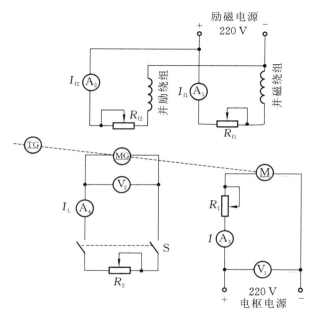

图 10-2　直流他励电动机接线图

（5）他励直流电动机启动步骤。

① 按图 10-2 检查接线是否正确,电表的极性、量程选择是否正确,电动机励磁回路接线是否牢靠。然后,将电动机电枢串联启动电阻 R_{1}、MG 的负载电阻 R_{2} 及 MG 的磁场回路电阻 R_{f2} 调到阻值最大位置,M 的磁场调节电阻 R_{f1} 调到阻值最小位置,断开开关 S,并断开控制屏下方右边的电枢电源开关,做好启动准备。

② 开启控制屏上的电源总开关,按下其上方的"开"按钮,接通其下方左边的励磁电源开关,观察 M 及 MG 的励磁电流值,调节 R_{f2} 使 I_{f2} 等于校正值(100 mA)并保持不变,再接通控制屏右下方的电枢电源开关,使 M 启动。

③ M 启动后观察转速表指针偏转方向,应为正向偏转。若不正确,可拨动转速表上的正、反向开关来纠正。调节控制屏上电枢电源"电压调节"旋钮,使电动机端电压为 220 V。减小启动电阻 R_{1} 阻值,直至短接。

④ 合上校正直流测功机 MG 的负载开关 S,调节 R_{2} 阻值,使 MG 的负载电流 I_{L} 改变,即

直流电动机 M 的输出转矩 T_2 改变（按不同的 I_L 值，查对应于 $I_{f2}=100$ mA 时的校正曲线 $T_2=f(I_L)$，可得到不同的输出转矩 T_2 值）。

⑤ 调节他励电动机的转速。

分别改变串入电动机 M 电枢回路的调节电阻 R_1 和励磁回路的调节电阻 R_{f1}，观察转速变化情况。

⑥ 改变电动机的转向。

将 R_1 的阻值调回到最大值，先切断控制屏上的电枢电源开关，然后切断控制屏上的励磁电源开关，使他励电动机停机。在断电情况下，将电枢（或励磁绕组）的两端接线对调后，再按他励电动机的启动步骤启动电动机，并观察电动机的转向及转速表指针偏转的方向。

10.2.6　注意事项

（1）直流他励电动机启动时，须将励磁回路串联的电阻 R_{f1} 阻值调至最小，先接通励磁电源，使励磁电流最大，同时必须将电枢串联启动电阻 R_1 阻值调至最大，然后方可接通电枢电源，使电动机正常启动。启动后，将启动电阻 R_1 阻值调至零，使电动机正常工作。

（2）直流他励电动机停机时，必须先切断电枢电源，然后断开励磁电源。同时必须将电枢串联的启动电阻 R_1 阻值调回到最大值，励磁回路串联的电阻 R_{f1} 阻值调回到最小值，为下次启动做好准备。

（3）测量前注意仪表的量程、极性及其接法是否符合要求。

（4）若要测量电动机的转矩 T_2，必须将校正直流测功机 MG 的励磁电流调整到校正值 100 mA，以便从校正曲线中查出电动机的输出转矩。

10.2.7　实验报告

在实验报告中完成下列问题。

（1）画出直流他励电动机电枢串电阻启动的接线图。说明电动机启动时，启动电阻 R_1 和磁场调节电阻 R_{f1} 应调到什么位置，并说明原因。

（2）在电动机轻载及额定负载时，增大电枢回路的调节电阻，电动机的转速如何变化？增大励磁回路的调节电阻，转速又如何变化？

（3）用什么方法可以改变直流电动机的转向？

（4）为什么要求直流他励电动机磁场回路的接线牢靠？启动电动机时电枢回路为何必须串联启动变阻器？

10.3　直流并励电动机实验

10.3.1　实验目的

（1）掌握测取直流并励电动机的工作特性和机械特性的方法。

（2）掌握直流并励电动机的调速方法。

10.3.2　预习要点

（1）什么是直流电动机的工作特性和机械特性？
（2）直流电动机调速原理是什么？

10.3.3　实验项目

1. 工作特性和机械特性

保持 $U=U_N$ 和 $I_{fl}=I_{fN}$ 不变，测取 n、T_2、$\eta=f(I_a)$、$n=f(T_2)$。

2. 调速特性

（1）改变电枢电压的调速。

保持 $U=U_N$、$I_{fl}=I_{fN}=$ 常数、$T_2=$ 常数，测取 $n=f(U_a)$。

（2）改变励磁电流的调速。

保持 $U=U_N$、$T_2=$ 常数，测取 $n=f(I_{fl})$。

（3）观察能耗制动过程。

10.3.4　实验方法

1. 实验设备（见表 10-3）

表 10-3　实验设备

序　号	型　号	名　称	数　量
1	DD03	导轨、测速发电机及转速表	1 台
2	DJ23	校正直流测功机	1 台
3	DJ15	直流并励电动机	1 台
4	D31	直流电压表、毫安表、电流表	2 件
5	D42	三相可调电阻器	1 件
6	D44	可调电阻器、电容器	1 件
7	D51	波形测试及开关板	1 件

2. 屏上挂件排列顺序

顺序如下：D31、D42、D51、D31、D44。

3. 直流并励电动机的工作特性和机械特性

（1）按图 10-3 接线。校正直流测功机 MG 按他励发电机连接，在此作为直流并励电动机 M 的负载，用于测量电动机的转矩和输出功率。R_{fl} 选用 D44 的 1800 Ω 阻值。R_{f2} 选用 D42 的 900 Ω 串联 900 Ω 共 1800 Ω 阻值。R_1 选用 D44 的 180 Ω 阻值。R_2 选用 D42 的 900 Ω 串联 900 Ω 再加 900 Ω 并联 900 Ω 共 2250 Ω 阻值。

（2）直流并励电动机 M 的磁场调节电阻 R_{fl} 阻值调至最小值，电枢串联启动电阻 R_1 阻值

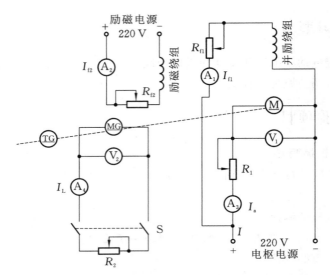

图 10-3　直流并励电动机接线图

调至最大值,接通控制屏下边右方的电枢电源开关使电动机启动,其旋转方向应符合转速表正向旋转的要求。

（3）电动机启动正常后,将其电枢串联电阻 R_1 阻值调至零,调节电枢电源的电压为 220 V,调节校正直流测功机的励磁电流 I_{f2} 为校正值（50 mA 或 100 mA）,再调节其负载电阻 R_2 和电动机的磁场调节电阻 R_{f1},使电动机各量达到额定值:$U=U_N$,$I=I_N$,$n=n_N$。此时电动机的励磁电流 I_{f1} 即为额定励磁电流 I_{fN}。

（4）保持 $U=U_N$、$I_f=I_{fN}$、I_{f2} 为校正值不变,逐次减小电动机负载。测取电动机电枢输入电流 I_a、转速 n 和校正直流测功机的负载电流 I_L（由校正曲线查出电动机输出对应转矩 T_2）。共测取 9～10 组数据,记录于表 10-4 中。

表 10-4　实验数据

$U=U_N=$_____ V　　　$I_{f1}=I_{fN}=$_____ mA　　　$I_{f2}=$_____ mA

实验数据	I_a/A									
	$n/(r/min)$									
	I_L/A									
	$T_2/(N \cdot m)$									
计算数据	P_2/W									
	P_1/W									
	$\eta/(\%)$									
	$\Delta n/(\%)$									

4. 调速特性

（1）改变电枢端电压的调速。

直流并励电动机 M 运行后,将电阻 R_1 阻值调至零,I_{f2} 调至校正值,再调节负载电阻 R_2、电枢电压及磁场电阻 R_{f1},使 $U = U_N$,$I = 0.5I_N$,$I_{f1} = I_{fN}$,记下此时 MG 的 I_L 值。

保持此时的 I_L 值(即 T_2 值)和 $I_{f1} = I_{fN}$ 不变,逐渐增大 R_1 的阻值,降低电枢两端的电压 U_a,使 R_1 阻值从零调至最大值,每次测取电动机的端电压 U_a、转速 n 和电枢电流 I_a。

共测取 8～9 组数据,记录于表 10-5 中。

表 10-5　实验数据

$I_{f1} = I_{fN} = $ _____ mA　$T_2 = $ _____ N·m

U_a/V									
n/(r/min)									
I_a/A									

(2) 改变励磁电流的调速。

直流并励电动机 M 运行后,将其电枢串联电阻 R_1 和磁场调节电阻 R_{f1} 的阻值调至零,将 MG 的磁场调节电阻 I_{f2} 的阻值调至校正值,再调节 M 的电枢电源调压旋钮和 MG 的负载,使电动机的 $U = U_N$、$I = 0.5I_N$,记下此时的 I_L 值。

保持此时 I_L 值(T_2 值)和 $U = U_N$ 不变,逐渐增大磁场电阻阻值,直至 $n = 1.3n_N$,每次测取电动机的 n、I_{f1} 和 I_a。共测取 7～8 组数据,记录于表 10-6 中。

表 10-6　实验数据

$U = U_N = $ _____ V　　$T_2 = $ _____ N·m

n(r/min)								
I_{f1}/mA								
I_a/A								

(3) 能耗制动。

① 实验设备(见表 10-7)。

表 10-7　实验设备

序　号	型　号	名　称	数　量
1	DD03	导轨、测速发电机及转速表	1 台
2	DJ23	校正直流测功机	1 台
3	DJ15	直流并励电动机	1 台
4	D31	直流电压表、毫安表、电流表	2 件
5	D41	三相可调电阻器	1 件
6	D42	三相可调电阻器	1 件
7	D44	可调电阻器、电容器	1 件
8	D51	波形测试及开关板	1 件

② 屏上挂件排列顺序。

顺序如下：D31、D42、D51、D41、D31、D44。

③ 按图 10-4 接线，先把 S₁ 合向 2 端，合上控制屏下方右边的电枢电源开关，把 R_{f1} 的阻值调至零，使电动机的励磁电流最大。

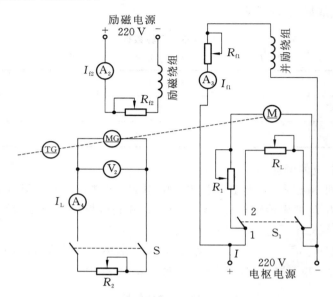

图 10-4 直流并励电动机能耗制动接线图

④ 把启动电阻 R_1 的阻值调至最大，把 S_1 合至电枢电源，使电动机启动，能耗制动电阻 R_L 选用 D41 上 180 Ω 阻值。

⑤ 运转正常后，从 S_1 任一端拔出一根导线插头，使电枢开路。由于电枢开路，电动机处于自由停机状态，记录停机时间。

⑥ 重复启动电动机，待运转正常后，把 S_1 合向 R_L 端，记录停机时间。

⑦ 选择 R_L 不同的阻值，观察其对停机时间的影响。

10.3.5 实验报告

(1) 计算出 P_2 和 η，并绘出 n、T_2、$\eta = f(I_a)$ 及 $n = f(T_2)$ 的特性曲线。

电动机输出功率：

$$P_2 = 0.105nT_2$$

式中：输出转矩 T_2 的单位为 N·m（根据 I_{f2} 及 I_L 值从校正曲线 $T_2 = f(I_L)$ 查得）；转速 n 的单位为 r/min。

电动机输入功率：

$$P_1 = UI \tag{10-3}$$

输入电流：

$$I = I_a + I_{fN} \tag{10-4}$$

电动机效率：

$$\eta = \frac{P_2}{P_1} \times 100\% \qquad (10\text{-}5)$$

由工作特性求出转速变化率：

$$\Delta n \% = \frac{n_0 - n_N}{n_N} \times 100\% \qquad (10\text{-}6)$$

（2）绘出直流并励电动机转速特性曲线 $n = f(U_a)$ 和 $n = f(I_{fl})$。分析在恒转矩负载时两种调速方法中电枢电流的变化规律以及两种调速方法的优缺点。

10.3.6   思考题

（1）能耗制动时间与制动电阻 R_L 的阻值有什么关系？为什么？该制动方法有什么缺点？

（2）直流并励电动机的转速特性曲线 $n = f(I_a)$ 为什么略微下降？是否会出现上翘现象？为什么？上翘的转速特性对电动机运行有何影响？

（3）当电动机的负载转矩和励磁电流不变时，减小电枢端电压，为什么会引起电动机转速降低？

（4）当电动机的负载转矩和电枢端电压不变时，减小励磁电流会引起转速的升高，为什么？

（5）直流并励电动机在负载运行中，当磁场回路断线时，是否一定会出现"飞车"？为什么？

10.4   单相变压器实验

10.4.1   实验目的

（1）通过空载和短路实验测定变压器的变比和参数。
（2）通过负载实验测取变压器的运行特性。

10.4.2   预习要点

（1）变压器的空载和短路实验有什么特点？实验中电源电压一般加在哪一方较合适？
（2）在空载和短路实验中，各种仪表应怎样连接才能使测量误差最小？
（3）如何用实验方法测定变压器的铁耗及铜耗？

10.4.3   实验项目

1. 空载实验
测取空载特性 $U_0 = f(I_0)$、$P_0 = f(U_0)$、$\cos\varphi_0 = f(U_0)$。

2. 短路实验
测取短路特性 $U_K = f(I_K)$、$P_K = f(I_K)$、$\cos\varphi_K = f(I_K)$。

3. 负载实验

（1）纯电阻负载。

在 $U_1 = U_N$、$\cos\varphi_2 = 1$ 的条件下，测取 $U_2 = f(I_2)$。

（2）阻感性负载。

在 $U_1 = U_N$、$\cos\varphi_2 = 0.8$ 的条件下，测取 $U_2 = f(I_2)$。

10.4.4 实验方法

1. 实验设备（见表 10-8）

表 10-8　实验设备

序　号	型　号	名　　称	数　量
1	D33	交流电压表	1 件
2	D32	交流电流表	1 件
3	D34-3	单三相智能功率、功率因数表	1 件
4	DJ11	三相组式变压器	1 件
5	D42	三相可调电阻器	1 件
6	D43	三相可调电抗器	1 件
7	D51	波形测试及开关板	1 件

2. 屏上排列顺序

排列顺序为：D33、D32、D34-3、DJ11、D42、D43。

3. 空载实验

（1）在三相调压交流电源断电的条件下，按图 10-5 接线。被测变压器选用三相组式变压器 DJ11 中的一只作为单相变压器，其额定容量 $P_N = 77$ W，$U_{1N}/U_{2N} = 220$ V/55 V，$I_{1N}/I_{2N} = 0.35$ A/1.4 A。变压器的低压线圈 a、x 接电源，高压线圈 A、X 开路。

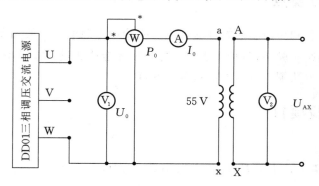

图 10-5　空载实验接线图

（2）选好所有电表量程。将控制屏左侧调压器旋钮向逆时针方向旋转到底，即将其调到输出电压为零的位置。

（3）合上交流电源总开关，按下"开"按钮，便接通了三相交流电源。调节三相调压器旋钮，使变压器空载电压 $U_0 = 1.2U_N$，然后逐渐降低电源电压，在 $(1.2 \sim 0.2)U_N$ 的范围内，测取变压器的 U_0、I_0、P_0。

（4）测取数据时，$U = U_N$ 点必须测，并在该点附近共测取 7～8 组数据，记录于表 10-9 中。

（5）为了计算变压器的变比，在 U_N 以下测取原边电压的同时测出副边电压数据，也记录于表 10-9 中。

表 10-9　实验数据

序　号	实　验　数　据				计 算 数 据
	U_0/V	I_0/A	P_0/W	U_{AX}/V	$\cos\varphi_0$

4. 短路实验

（1）按下控制屏上的"关"按钮，切断三相调压交流电源，按图 10-6 接线（以后每次改接线路，都要关断电源）。将变压器的高压线圈接电源，低压线圈直接短路。

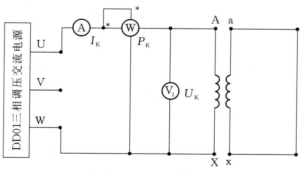

图 10-6　短路实验接线图

（2）选好所有电表量程，将交流调压器旋钮调到输出电压为零的位置。

（3）接通交流电源，逐渐缓慢增大输入电压，直到短路电流等于 $1.1I_N$ 为止，在 $(0.2 \sim 1.1)$ I_N 范围内测取变压器的 U_K、I_K、P_K。

（4）测取数据时，$I_K = I_N$ 点必须测，并在该点附近共测取 6～7 组数据，记录于表 10-10 中。实验时记下周围环境温度（℃）。

表 10-10 实验数据

室温_____℃

序 号	实 验 数 据			计 算 数 据
	U_K/V	I_K/A	P_K/W	$\cos\varphi_K$

5. 负载实验

实验线路如图 10-7 所示。变压器低压线圈接电源，高压线圈经过开关 S_1 和 S_2，接到负载电阻 R_L 和电抗 X_L 上。R_L 选用 D42 的 900 Ω 串联 900 Ω 共 1800 Ω 阻值，X_L 选用 D43，功率因数表选用 D34-3，开关 S_1 和 S_2 选用 D51 挂箱。

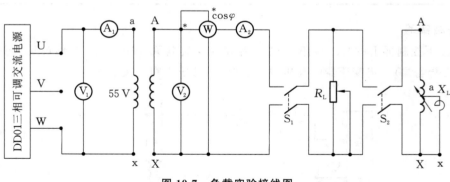

图 10-7 负载实验接线图

1）纯电阻负载（$\cos\varphi_2 = 1$）

（1）将调压器旋钮调到输出电压为零的位置，S_1、S_2 打开，负载电阻值调到最大。

（2）接通交流电源，逐渐升高电源电压，使变压器输入电压 $U_1 = U_N$。

（3）保持 $U_1 = U_N$，合上 S_1，逐渐增大负载电流，即减小负载电阻 R_L 的阻值，在从空载到额定负载的范围内，测取变压器的输出电压 U_2 和电流 I_2。

（4）测取数据时，$I_2 = 0$ 和 $I_2 = I_{2N} = 0.35$ A 的点必测，共测取 6～7 组数据，记录于表 10-11 中。

表 10-11　实验数据

$\cos\varphi_2 = 1$　　$U_1 = U_N = $ _____ V

序　号							
U_2/V							
I_2/A							

2) 阻感性负载（$\cos\varphi_2 = 0.8$）

（1）用电抗器 X_L 和 R_L 并联作为变压器的负载，S_1、S_2 打开，电阻及电抗值调至最大。

（2）接通交流电源，升高电源电压至 $U_1 = U_{1N}$。

（3）合上 S_1、S_2，在保持 $U_1 = U_N$ 及 $\cos\varphi_2 = 0.8$ 的条件下，逐渐增大负载电流，在从空载到额定负载的范围内，测取变压器的输出电压 U_2 和电流 I_2。

（4）测取数据时，$I_2 = 0$ 和 $I_2 = I_{2N}$ 的点必测，共测取 6～7 组数据，记录于表 10-12 中。

表 10-12　实验数据

$\cos\varphi_2 = 0.8$　　　$U_1 = U_N = $ _____ V

序　号							
U_2/V							
I_2/A							

10.4.5　注意事项

（1）在变压器实验中，应注意电压表、电流表、功率表的合理布置及量程选择。

（2）短路实验操作要快，否则线圈发热会引起电阻变化，影响测量结果。

10.4.6　实验报告

1. 计算变比

根据空载实验测得的变压器的原边、副边电压的数据，分别计算出变比，然后取其平均值作为变压器的变比 K。

$$K = U_{AX}/U_{ax} \tag{10-7}$$

2. 绘出空载特性曲线和计算励磁参数

（1）绘出空载特性曲线 $U_0 = f(I_0)$、$P_0 = f(U_0)$、$\cos\varphi_0 = f(U_0)$。

$$\cos\varphi_0 = \frac{P_0}{U_0 I_0} \tag{10-8}$$

（2）计算励磁参数。

从空载特性曲线上查出对应于 $U_0 = U_N$ 的 I_0 和 P_0，并由式（10-9）算出励磁参数：

$$\begin{cases} r_m = \dfrac{P_0}{I_0^2} \\[2mm] Z_m = \dfrac{U_0}{I_0} \\[2mm] X_m = \sqrt{Z_m^2 - r_m^2} \end{cases} \tag{10-9}$$

3. 绘出短路特性曲线和计算短路参数

(1) 绘出短路特性曲线 $U_K = f(I_K)$、$P_K = f(I_K)$、$\cos\varphi_K = f(I_K)$。

(2) 计算短路参数。

从短路特性曲线上查出对应于短路电流 $I_K = I_N$ 的 U_K 和 P_K，由式(10-10)算出实验环境温度为 $\theta(℃)$ 时的短路参数。

$$\begin{cases} Z'_K = \dfrac{U_K}{I_K} \\[2mm] r'_K = \dfrac{P_K}{I_K^2} \\[2mm] X'_K = \sqrt{Z'^2_K - r'^2_K} \end{cases} \tag{10-10}$$

折算到低压侧,得

$$\begin{cases} Z_K = \dfrac{Z'_K}{K^2} \\[2mm] r_K = \dfrac{r'_K}{K^2} \\[2mm] X_K = \dfrac{X'_K}{K^2} \end{cases} \tag{10-11}$$

由于短路电阻 r_K 随温度变化,因此,算出的短路电阻应按国家标准换算到基准工作温度 75 ℃对应的阻值。

$$\begin{cases} r_{K75℃} = r_{K\theta} \dfrac{234.5 + 75}{234.5 + \theta} \\[2mm] Z_{K75℃} = \sqrt{r_{K75℃}^2 + X_K^2} \end{cases} \tag{10-12}$$

式中:234.5 为铜导线的常数,若用铝导线则该常数应改为 228。

计算短路电压(阻抗电压)百分数:

$$\begin{cases} u_K = \dfrac{I_N Z_{K75℃}}{U_N} \times 100\% \\[2mm] u_{Kr} = \dfrac{I_N r_{K75℃}}{U_N} \times 100\% \\[2mm] u_{KX} = \dfrac{I_N X_K}{U_N} \times 100\% \end{cases} \tag{10-13}$$

$I_K = I_N$ 时短路损耗 $P_{KN} = I_N^2 r_{K75℃}$。

4. 画等值电路

利用空载和短路实验测定的参数,画出被试变压器折算到低压侧的 T 形等值电路。

5. 变压器的电压变化率 Δu

(1) 绘出 $\cos\varphi_2 = 1$ 和 $\cos\varphi_2 = 0.8$ 时的外特性曲线 $U_2 = f(I_2)$,由外特性曲线计算出 $I_2 = I_{2N}$ 时的电压变化率。

$$\Delta u = \frac{U_{20} - U_2}{U_{20}} \times 100\% \tag{10-14}$$

(2) 根据实验求出的参数,算出 $I_2 = I_{2N}$、$\cos\varphi_2 = 1$ 和 $I_2 = I_{2N}$、$\cos\varphi_2 = 0.8$ 时的电压变化率 Δu。

$$\Delta u = u_{Kr}\cos\varphi_2 + u_{KX}\sin\varphi_2 \tag{10-15}$$

将两种计算结果进行比较,并分析不同性质的负载对变压器输出电压 U_2 的影响。

6. 绘出被试变压器的效率特性曲线

(1) 用间接法算出 $\cos\varphi_2 = 0.8$ 条件下不同负载电流对应的变压器效率,记录在表 10-13 中。

$$\eta = \left(1 - \frac{P_0 + I_2^{*2}P_{KN}}{I_2^* P_N\cos\varphi_2 + P_0 + I_2^{*2}P_{KN}}\right) \times 100\% \tag{10-16}$$

式中:
$$I_2^* P_N\cos\varphi_2 = P_2 \tag{10-17}$$

P_{KN} 为 $I_K = I_N$ 时的短路损耗(W);P_0 为 $U_0 = U_N$ 时的空载损耗(W);$I_2^* = I_2/I_{2N}$ 为副边电流标幺值。

表 10-13　实验数据

$\cos\varphi_2 = 0.8$　$P_0 = $＿＿＿＿＿ W　$P_{KN} = $＿＿＿＿＿ W

I_2^*	P_2/W	$\eta/(\%)$
0.2		
0.4		
0.6		
0.8		
1.0		
1.2		

(2) 由计算数据绘出变压器的效率特性曲线 $\eta = f(I_2^*)$。

(3) 计算 $\eta = \eta_{max}$ 时被试变压器的负载系数 β_m。

$$\beta_m = \sqrt{\frac{P_0}{P_{KN}}} \tag{10-18}$$

10.5　三相笼形异步电动机的工作特性实验

10.5.1　实验目的

（1）掌握用日光灯法测转差率的方法。

（2）掌握三相异步电动机的空载、堵转和负载实验方法。

（3）用直接负载法测取三相笼形异步电动机的工作特性。

（4）测定三相笼形异步电动机的参数。

10.5.2　预习要点

（1）用日光灯法测转差率利用了日光灯的什么特性？

（2）异步电动机的工作特性指哪些特性？

（3）异步电动机的等效电路有哪些参数？它们的物理意义是什么？

（4）工作特性和参数的测定方法。

10.5.3　实验项目

（1）测定电动机的转差率。

（2）测量定子绕组的冷态电阻。

（3）判定定子绕组的首末端。

（4）空载实验。

（5）短路实验。

（6）负载实验。

10.5.4　实验方法

1. 实验设备（见表 10-14）

表 10-14　实验设备

序　　号	型　　号	名　　　称	数　　量
1	DD03	导轨、测速发电机及转速表	1 件
2	DJ23	校正过的直流电机	1 件
3	DJ16	三相笼形异步电动机	1 件
4	D33	交流电压表	1 件
5	D32	交流电流表	1 件
6	D34-3	单三相智能功率、功率因数表	1 件

序　号	型　号	名　称	数　量
7	D31	直流电压表、毫安表、电流表	1 件
8	D42	三相可调电阻器	1 件
9	D51	波形测试及开关板	1 件

2. 屏上挂件排列顺序

排列顺序为：D33、D32、D34-3、D31、D42、D51。

三相笼形异步电动机的组件编号为 DJ16。

3. 用日光灯法测定转差率

日光灯是一种闪光灯，当接到 50 Hz 电源上时，灯光每秒闪亮 100 次，而人的视觉暂留时间约为十分之一秒，故用肉眼观察时日光灯是一直发亮的。我们就利用日光灯的这一特性来测量电动机的转差率。

（1）异步电动机选用编号为 DJ16 的三相笼形异步电动机（$U_N = 220$ V，△接法），极对数 $2p = 4$。将电动机直接与测速发电机同轴连接，在 DJ16 和测速发电机联轴器上包一圈黑胶布，再将 4 张白纸条（宽度约为 3 mm）均匀地贴在黑胶布上。

（2）由于电动机的同步转速为 $n_0 = \dfrac{60f_1}{p} = 1500$ r/min $= 25$ r/s，而日光灯每秒闪亮 100 次，即日光灯每闪亮一次，电动机转动四分之一圈。由于电动机轴上均匀贴有 4 张白纸条，故电动机以同步转速转动时，肉眼观察到的图案是静止不动的（可以用直流电动机 DJ15、DJ23 和三相同步电机 DJ18 来验证）。

（3）开启电源，打开控制屏上的日光灯开关，调节调压器以升高电动机电压，观察电动机转向，如转向不对，应停机调整相序。转向正确后，升压至 220 V，使电动机启动并运转，记录此时电动机的转速。

（4）因三相异步电动机转速总是低于同步转速，故灯光每闪亮一次，图案沿电动机旋转的反方向落后一个角度，肉眼观察到图案沿电动机旋转的反方向缓慢移动。

（5）按住控制屏报警记录"复位"键，手松开之后开始观察图案后移的圈数，计数时间可短一些（一般取 30 s）。将观察到的数据记录在表 10-15 中。

（6）停机。将调压器调至零位，关断电源开关。

表 10-15　实验数据

被　测　量	N（圈数）	t/s	s（转差率）	$n/(\text{r/min})$
值				

转差率为

$$s = \frac{\Delta n}{n_0} = \frac{\dfrac{N}{t} 60}{\dfrac{60f_1}{P}} = \frac{P_N}{tf_1} \tag{10-19}$$

式中：t 为计数时间，单位为 s；N 为时间 t 内图案转过的圈数；f_1 为电源频率，其值为 50 Hz。

（7）将计算出的转差率与由实际观测到的转速算出的转差率进行比较。

4. 测量定子绕组的冷态直流电阻

将电动机在室内放置一段时间，用温度计测量电动机绕组端部或铁芯的温度。当所测温度与冷却介质温度之差不超过 2 K 时，电动机即处于实际冷态。记录此时的温度，并测量定子绕组的直流电阻，此阻值即为冷态直流电阻。

（1）伏安法。

测量线路图如图 10-8 所示。直流电源用主控屏上的电枢电源，先调到 50 V。开关 S_1、S_2 选用 D51 挂箱，R 选用 D42 挂箱上 1800 Ω 可调电阻。

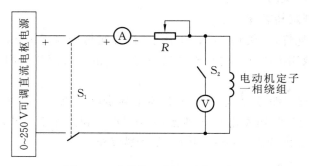

图 10-8　定子绕组电阻测量线路图

量程的选择：测量电流小于额定电流的 20%，约为 50 mA，因而直流电流表的量程选 200 mA 挡。三相笼形异步电动机定子一相绕组的电阻约为 50 Ω，因而当流过的电流为 50 mA 时，端电压约为 2.5 V，所以直流电压表量程选 20 V 挡。

按图 10-8 接线。把 R 调至阻值最大位置，合上开关 S_1，调节直流电源及 R 阻值使电流不超过电动机额定电流的 20%，以防电流过大而引起绕组的温度上升。先读取电流值，再接通开关 S_2 读取电压值。读完后，先打开开关 S_2，再打开开关 S_1。

调节 R 使电流表的读数分别为 50 mA、40 mA、30 mA，测取 3 次，将数据记录在表 10-16 中。

表 10-16　实验数据

室温_____℃

被　　测　　量	绕 组 Ⅰ			绕 组 Ⅱ			绕 组 Ⅲ		
I/mA									
U/V									
R/Ω									

注意事项：

① 在测量时，电动机的转子须静止不动。

② 测量时通电时间不应超过 1 min。

（2）电桥法。

用单臂电桥测量电阻时，应先将刻度盘旋到电桥大致平衡的位置。然后按下电池按钮，接通电源，等电桥中的电流稳定后，方可按下检流计按钮以接入检流计。测量完毕，应先断开检流计，再断开电源，以免检流计受到冲击。数据记录在表 10-17 中。

表 10-17　实验数据

被 测 量	绕组 I	绕组 II	绕组 III
R/Ω			

电桥法准确度及灵敏度高，并有可以直接读数的优点。

5. 判定定子绕组的首末端

先用万用表测出各相绕组的两个线端，将其中的任意两相绕组串联，如图 10-9 所示。将控制屏左侧调压器旋钮调至零位，开启电源总开关，按下"开"按钮，接通交流电源。调节调压器旋钮，并在绕组端施以单相低电压 $U = 80 \sim 100$ V，注意电流不应超过额定值，测出第三相绕组的电压，如测得一定读数，则表示两相绕组的末端与首端相连，如图 10-9（a）所示。反之，如测得电压近似为零，则两相绕组的末端与末端（或首端与首端）相连，如图 10-9（b）所示。用同样方法测出第三相绕组的首末端。

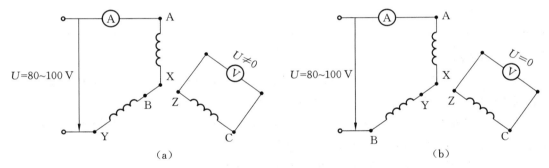

（a）　　　　　　　　　　　　　　　　（b）

图 10-9　定子绕组首末端测定

6. 空载实验

（1）按图 10-10 接线。电动机绕组为△接法（$U_N = 220$ V），直接与测速发电机同轴连接，不连接负载电机 DJ23。

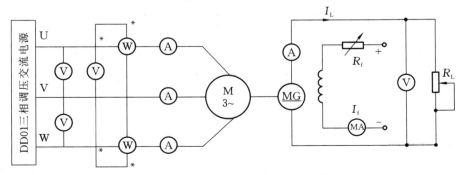

图 10-10　三相笼形异步电动机空载实验接线图

（2）把交流调压器调至电压最小位置,接通电源,逐渐升高电压,使电动机启动,观察电动机旋转方向,并使电动机旋转方向符合要求(如转向不符合要求,必须切断电源调整相序)。

（3）保持电动机在额定电压下空载运行数分钟,使机械损耗达到稳定后再进行实验。

（4）调节电压,由 1.2 倍额定电压开始逐渐降低电压,直至电流或功率显著增大。在此范围内读取空载电压、空载电流、空载功率。

（5）在测取空载实验数据时,在额定电压附近多测几点,共测取 7～9 组数据,记录于表 10-18 中。

表 10-18　实验数据

序　号	U_{0L}/V				I_{0L}/A				P_0/W			$\cos\varphi_0$
	U_{AB}	U_{BC}	U_{CA}	U_{0L}	I_A	I_B	I_C	I_{0L}	P_{I}	P	P_0	
1												
2												
3												
4												
5												
6												
7												

7. 短路实验

（1）测量接线图同图 10-10。用制动工具把三相电动机堵住。制动工具可通过将 DD05 上的圆盘固定在电动机轴上、螺杆装在圆盘上制成。

（2）将调压器旋钮调至零位,合上交流电源,调节调压器,逐渐升压至短路电流达到 1.2 倍额定电流,再逐渐降压至电流达到 0.3 倍额定电流。

（3）在上述范围内读取短路电压、短路电流、短路功率。

（4）共测取 5～6 组数据,记录于表 10-19 中。

表 10-19　实验数据

序　号	U_{KL}/V				I_{KL}/A				P_K/W			$\cos\varphi_K$
	U_{AB}	U_{BC}	U_{CA}	U_{KL}	I_A	I_B	I_C	I_{KL}	P_{I}	P_{II}	P_K	
1												
2												
3												
4												
5												
6												

8.负载实验

（1）测量接线图同图 10-10。同轴连接负载电动机。图中 R_f 用 D42 上的 1800 Ω 阻值，R_L 用 D42 上的 1800 Ω 阻值加上 900 Ω 并联 900 Ω 共 2250 Ω 阻值。

（2）合上交流电源，调节调压器，逐渐升压至额定电压并保持不变。

（3）合上校正过的直流电机的励磁电源，调节励磁电流至校正值（50 mA 或 100 mA）并保持不变。

（4）调节负载电阻 R_L（先调节 1800 Ω 电阻，调至零值后用导线短接，再调节 450 Ω 电阻），使异步电动机的定子电流逐渐上升，直至电流上升到 1.25 倍额定电流。

（5）逐渐减小负载直至空载，在此范围内读取异步电动机的定子电流、输入功率、转速及直流电机的负载电流 I_L 等数据。

（6）共测取 8~9 组数据，记录于表 10-20 中。

表 10-20　实验数据

$U_{1\varphi}=U_{1N}=220$ V（△）　$I_f=$ _____ mA

序　　号	I_{1L}/A				P_1/W			I_L/A	T_2/(N·m)	n(r/min)
	I_A	I_B	I_C	I_{1L}	P_I	P_{II}	P_1			
1										
2										
3										
4										
5										
6										
7										
8										
9										

10.5.5　实验报告

1.计算基准工作温度对应的相电阻

由实验直接测得每相电阻值，此值为实际冷态电阻值。冷态温度为室温。按式（10-20）换算基准工作温度对应的定子绕组相电阻：

$$r_{1ref}=r_{1c}\frac{235+\theta_{ref}}{235+\theta_c} \tag{10-20}$$

式中：r_{1ref} 为基准工作温度对应的定子绕组的相电阻，Ω；r_{1c} 为定子绕组的实际冷态相电阻，Ω；θ_{ref} 为基准工作温度，对于 E 级绝缘材料，其值为 75℃；θ_c 为实际冷态定子绕组的温度，℃。

2. 绘制空载特性曲线

$$I_{0L}、P_0、\cos\varphi_0 = f(U_{0L})$$

3. 绘制短路特性曲线

$$I_{KL}、P_K = f(U_{KL})$$

4. 由空载、短路实验数据求异步电动机的等值电路参数

(1)由短路实验数据求短路参数。

短路阻抗：

$$Z_K = \frac{U_{K\varphi}}{I_{K\varphi}} = \frac{\sqrt{3}U_{KL}}{I_{KL}} \tag{10-21}$$

短路电阻：

$$r_K = \frac{P_K}{3I_{K\varphi}^2} = \frac{P_K}{I_{KL}^2} \tag{10-22}$$

短路电抗：

$$X_K = \sqrt{Z_K^2 - r_K^2} \tag{10-23}$$

式中：$U_{K\varphi} = U_{KL}$、$I_{K\varphi} = \dfrac{I_{KL}}{\sqrt{3}}$、$P_K$ 为电动机堵转时的相电压、相电流,三相短路功率(△接法)。

（2）由空载实验数据求励磁回路参数。

空载阻抗：

$$Z_0 = \frac{U_{0\varphi}}{I_{0\varphi}} = \frac{\sqrt{3}U_{0L}}{I_{0L}} \tag{10-24}$$

短路电阻：

$$r_0 = \frac{P_0}{3I_{0\varphi}^2} = \frac{P_0}{I_{0L}^2} \tag{10-25}$$

短路电抗：

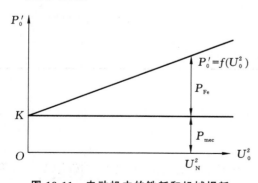

图 10-11 电动机中的铁耗和机械损耗

$$X_0 = \sqrt{Z_0^2 - r_0^2} \tag{10-26}$$

式中：$U_{0\varphi} = U_{0L}$、$I_{0\varphi} = \dfrac{I_{0L}}{\sqrt{3}}$、$P_0$ 为电动机堵转时的相电压、相电流、三相短路功率(△接法)。

励磁电抗：

$$X_m = X_0 - X_{1\sigma} \tag{10-27}$$

励磁电阻：

$$r_m = \frac{P_{Fe}}{2I_{0\varphi}^2} = \frac{P_{Fe}}{I_{0L}^2} \tag{10-28}$$

式中：P_{Fe} 为额定电压时的铁耗,由图 10-11 确定。

5. 绘制工作特性曲线

$$P_1、I_1、\eta、s、\cos\varphi_1 = f(P_2)$$

由负载实验数据计算工作特性,填入表 10-21 中。

表 10-21　实验数据

$U_1 = 220\ \text{V}(\triangle)\quad I_f = \underline{\hspace{2cm}}\ \text{mA}$

序　号	电动机输入		电动机输出		计　算　值			
	$I_{1\varphi}$ /A	P_1 /W	T_2 /(N·m)	n /(r/min)	P_2 /W	s /(%)	η /(%)	$\cos\varphi_1$

计算公式为：

$$I_{1\varphi} = \frac{I_{1L}}{\sqrt{3}} = \frac{I_A + I_B + I_C}{3\sqrt{3}} \tag{10-29}$$

$$s = \frac{1500 - n}{1500} \times 100\% \tag{10-30}$$

$$\cos\varphi_1 = \frac{P_1}{3U_{1\varphi}I_{1\varphi}} \tag{10-31}$$

$$P_2 = 0.105nT_2 \tag{10-32}$$

10.5.6　思考题

（1）由空载、短路实验数据求取异步电动机的等值电路参数时，哪些因素会引起误差？

（2）从短路实验数据中我们可以得出哪些结论？

（3）由直接负载法测得的电动机效率和用损耗分析法求得的电动机效率分别受到哪些因素的影响？

10.6　电动机的启动与调速实验

10.6.1　实验目的

通过实验掌握异步电动机的启动和调速方法。

10.6.2　预习要点

（1）异步电动机的启动方法和启动技术指标。

（2）异步电动机的调速方法。

10.6.3　实验项目

（1）三相笼形异步电动机的直接启动。

（2）三相笼形异步电动机的星形-三角形（Y-△）换接启动。

（3）三相笼形异步电动机的自耦变压器启动。

（4）绕线形异步电动机转子绕组串入可变电阻的启动。

（5）绕线形异步电动机转子绕组串入可变电阻的调速。

10.6.4　实验方法

1. 实验设备（见表 10-22）

表 10-22　实验设备

序　号	型　号	名　称	数　量
1	DD03	导轨、测速发电机及转速表	1 件
2	DJ16	三相笼形异步电动机	1 件
3	DJ17	三相绕线形异步电动机	1 件
4	DJ23	校正过的直流电机	1 件
5	D31	直流电压表、毫安表、电流表	1 件
6	D32	交流电流表	1 件
7	D33	交流电压表	1 件
8	D43	三相可调电抗器	1 件
9	D51	波形测试及开关板	1 件
10	DJ17-1	启动与调速电阻箱	1 件
11	DD05	测功支架、测功盘及弹簧秤	1 套

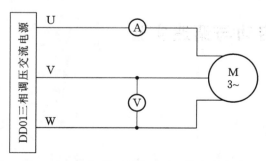

图 10-12　三相笼形异步电动机的直接启动

2. 屏上挂件排列顺序

排列顺序为：D33、D32、D51、D31、D43。

3. 三相笼形异步电动机的直接启动

（1）按图 10-12 接线。电动机绕组为△接法。异步电动机直接与测速发电机同轴连接，不连接负载电机 DJ23。

（2）把交流调压器退到零位，开启电源总开关，按下"开"按钮，接通三相交流电源。

（3）调节调压器，使输出电压达电动机额

定电压 220 V,使电动机启动(如电动机旋转方向不符合要求,必须按下"关"按钮,切断三相交流电源,再调整相序)。

(4) 按下"关"按钮,断开三相交流电源,待电动机停止旋转后,按下"开"按钮,接通三相交流电源,使电动机全压启动,观察电动机启动瞬间电流值(按指针式电流表偏转的最大位置所对应的读数值定性计量)。

(5) 断开电源开关,将调压器退到零位,电动机轴伸端装上圆盘(圆盘直径为 10 cm)和弹簧秤。

(6) 合上开关,调节调压器,使电动机电流为 2~3 倍额定电流,读取电压值 U_K、电流值 I_K,计算转矩值 T_K(圆盘半径乘以弹簧秤力)。实验时通电时间不应超过 10 s,以免绕组过热。对应于额定电压的启动电流 I_{st} 和启动转矩 T_{st} 按下式计算:

$$T_K = F \times \frac{D}{2} \tag{10-33}$$

$$I_{st} = \frac{U_N}{U_K} I_K \tag{10-34}$$

$$T_{st} = \frac{I_{st}^2}{I_K^2} T_K \tag{10-35}$$

式中:I_K 为电动机启动时的电流值,A;T_K 为电动机启动时的转矩值,N·m。将数据填入表 10-23 中。

表 10-23　实验数据

测　量　值			计　算　值		
U_K/V	I_K/A	F/N	$T_K/(N \cdot m)$	I_{st}/A	$T_{st}/(N \cdot m)$

4. 三相笼形异步电动机的星形-三角形(Y-△)启动

(1) 按图 10-13 接线。接好线后把调压器退到零位。

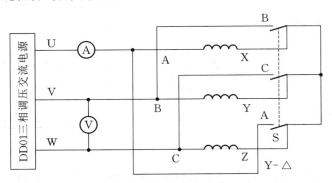

图 10-13　三相笼形异步电动机的 Y-△ 启动

(2) 三刀双掷开关合向右边(Y 接法)。合上电源开关,逐渐调节调压器使输出电压升至电动机额定电压 220 V,打开电源开关,待电动机停转。

(3) 合上电源开关,观察启动瞬间电流,然后把开关合向左边(△接法),使电动机正常运行,整个启动过程结束。观察启动瞬间电流表的显示值以与其他启动方法进行定性比较。

5. 三相笼形异步电动机的自耦变压器启动。

（1）按图 10-14 接线。电动机绕组为△接法。

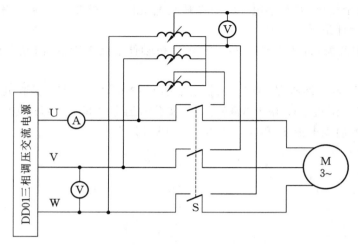

图 10-14　三相笼形异步电动机的自耦变压器启动

（2）将三相调压器退到零位,开关 S 合向左边。自耦变压器选用 D43 挂箱。

（3）合上电源开关,调节调压器使输出电压达到电动机额定电压 220 V,断开电源开关,待电动机停转。

（4）将开关 S 合向右边,合上电源开关,使电动机由自耦变压器降压启动（自耦变压器抽头输出电压分别为电源电压的 40%、60% 和 80%）。经一定时间再把 S 合向左边,使电动机按额定电压正常运行,整个启动过程结束。观察启动瞬间电流以做定性的比较。

6. 绕线形异步电动机转子绕组串入可变电阻的启动

（1）按图 10-15 接线。电动机定子绕组为 Y 接法。

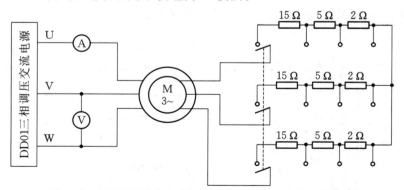

图 10-15　绕线形异步电动机转子绕组串入可变电阻的启动

（2）转子每相串入的电阻可用 DJ17-1 启动与调速电阻箱。

（3）将三相调压器退到零位,轴伸端装上圆盘和弹簧秤。

（4）接通交流电源,调节输出电压（观察电动机转向,应符合要求）,在定子电压为 180 V、转子绕组分别串入不同阻值的电阻时,测取定子电流和转矩。

（5）实验通电时间不应超过 10 s,以免绕组过热。将实验数据记入表 10-24 中。

表 10-24   实验数据

R_{st}/Ω	0	2	5	15
F/N				
I_{st}/A				
$T_{st}/(N \cdot m)$				

7. 绕线形异步电动机转子绕组串入可变电阻的调速

（1）实验线路图同图 10-15。同轴连接校正过的直流电机 MG 作为绕线形异步电动机 M 的负载,MG 参考图 10-3 接线。电路接好后,将 M 的转子附加电阻阻值调至最大。

（2）合上电源开关,电动机空载启动,调节调压器,保持输出电压为电动机额定电压 220 V,将转子附加电阻阻值调至零。

（3）调节直流电机的励磁电流 I_f 为校正值(100 mA 或 50 mA),再调节直流发电机负载电流,使电动机输出功率接近额定功率并保持输出转矩 T_2 不变,改变转子附加电阻(每相附加电阻阻值分别为 0 Ω、2 Ω、5 Ω、15 Ω),测得相应的转速,记录于表 10-25 中。

表 10-25   实验数据

$U=220$ V	$I_f=$ _____ mA	$T_2=$ _____ N·m		
r_{st}/Ω	0	2	5	15
$n/(r/min)$				

10.6.5   实验报告

实验报告应完成下列问题。

（1）比较三相笼形异步电动机不同启动方法的优缺点。

（2）根据启动实验数据求下述三种情况下的启动电流和启动转矩:

① 外施额定电压 U_N(直接启动)。

② 外施电压为 $U_N/\sqrt{3}$(Y-△换接启动)。

③ 外施电压为 U_K/K_A,其中 K_A 为启动用自耦变压器的变比(自耦变压器启动)。

（3）简述绕线形异步电动机转子绕组串入电阻对启动电流和启动转矩的影响。

（4）简述绕线形异步电动机转子绕组串入电阻对电机转速的影响。

10.6.6   思考题

（1）启动电流和外施电压成正比,启动转矩和外施电压的平方成正比,这一结论在什么情况下才能成立?

（2）启动时的实际情况和上述结论是否相符? 不相符的主要原因是什么?

参 考 文 献

[1] 顾绳谷. 电机及拖动基础(上、下册)[M]. 3 版. 北京:机械工业出版社,2003.

[2] 李发海,王岩. 电机与拖动基础[M]. 2 版. 北京:清华大学出版社,1994.

[3] 陈伯时. 电力拖动自动控制系统——运动控制系统[M]. 3 版. 北京:机械工业出版社,2015.

[4] 李浚源,秦忆,周永鹏. 电力拖动基础[M]. 武汉:华中科技大学出版社,1999.

[5] KRISHNAN R. Electric Motor Drive, Modelling, Analysis, and Control [M]. New Jersey:Pearson Prentice Hall,2001.

[6] BOLDEA L, NASAR S A. Electric Drives[M]. Boca Raton:CRC Press,1999.

[7] 许实章. 电机学(上、下册)[M]. 北京:机械工业出版社,1982.

[8] 李发海,等. 电机学(上、下册)[M]. 北京:科学出版社,1984.

[9] 汤蕴璆,史乃,姚守猷,等. 电机学[M]. 西安:西安交通大学出版社,1993.

[10] 周鹗. 电机学[M]. 3 版. 北京:中国电力出版社,1995.

[11] 机械工程手册与电机工程手册编辑委员. 电机工程手册(第 4 卷 电机)[M]. 北京:机械工业出版社,1982.

[12] 杨渝钦. 控制电机[M]. 北京:机械工业出版社,1981.

[13] 许大中. 交流电机调速理论[M]. 杭州:浙江大学出版社,1991.

[14] 机械电子工业部,天津电气传动设计研究所. 电气传动自动化手册[M]. 北京:机械工业出版社,1992.

[15] 朱仁初,万伯任. 电力拖动控制系统设计手册[M]. 北京:机械工业出版社,1992.

[16] 段文泽,等. 电气传动控制系统及其工程设计[M]. 重庆:重庆大学出版社,1989.

[17] 王鸿钰. 步进电机控制技术入门[M]. 上海:同济大学出版社,1990.

[18] 陈永校. 小功率电动机[M]. 北京:机械工业出版社,1992.

[19] LEONHARD W. Control of Electric Drives[M]. 3rd ed. Berlin:Springer,2001.

[20] NAM K H. AC Motor Control and Electric Vehicle Applications[M]. Boca Raton:CRC Press,2010.

[21] MILLER T J E. Electronic Control of Switched Reluctance Machines[M]. Boston:Newnes,2004.

[22] 秦晓平,王克成. 感应电动机的双馈调速和串级调速[M]. 北京:机械工业出版社,1990.

[23] 许大中,贺益康. 电机的电子控制及其特性[M]. 北京:机械工业出版社,1988.

[24] 黄俊,王兆安. 电力电子变流技术[M]. 3 版. 北京:机械工业出版社,1994.

[25] 范正翘. 电力拖动与自动控制系统[M]. 北京:北京航空航天大学出版社,2003.

[26] 梅晓榕,等. 自动控制元件及线路[M]. 哈尔滨:哈尔滨工业大学出版社,2001.

[27] 杨耕,罗应立. 电机与运动控制系统[M]. 北京:清华大学出版社,2006.

[28] 阮毅,陈维钧. 运动控制系统[M]. 北京:清华大学出版社,2006.

[29] 李光友. 王建民,控制电机[M]. 北京:机械工业出版社,2009.

[30] 吴红星. 开关磁阻电机系统理论与控制技术[M]. 北京:中国电力出版社,2010.

[31] 吴建华. 开关磁阻电机设计与应用[M]. 北京:机械工业出版社,1999.

[32] 海老原大树. 电动机技术实用手册[M]. 王益全,等译. 北京:科学出版社,2006.

[33] 唐任远. 特种电机原理及应用[M]. 北京:机械工业出版社,2010.

[34] 程明. 微特电机及系统[M]. 北京:中国电力出版社,2004.

[35] 赵近芳. 大学物理学[M]. 北京:北京邮电大学出版社,2002.

[36] 章名涛. 电机学[M]. 北京:科学出版社,1964.

[37] CHAPMAN S J. 电机原理及驱动[M]. 满永奎,译. 4 版. 北京:清华大学出版社,2008.

[38] WILDI T. Electrical Machines,Drives,and Power Systems[M]. 5th ed. 北京:科学出版社,2002.

[39] 周荣顺. 电机学[M]. 北京:科学出版社,2002.

[40] FITZGERALD A E. 电机学[M]. 刘新正,等译. 6 版. 北京:电子工业出版社,2004.

[41] 符曦. 高磁场永磁式电动机及其驱动系统[M]. 北京:机械工业出版社,1997.

[42] LEONHARD M. 电气传动控制[M]. 吕嗣杰,译. 北京:科学出版社,1988.

[43] 刘军. 永磁电动机控制系统若干问题的研究[D]. 上海:华东理工大学,2010.

[44] 夏加宽. 高精度永磁直线电机端部效应推力波动及补偿策略研究[D]. 沈阳:沈阳工业大学,2006.

[45] 王海星. 永磁直线同步电动机直接推力控制策略研究[D]. 徐州:中国矿业大学,2010.

[46] 龚世缨. 电机学实例解析[M]. 武汉:华中科技大学出版社,2000.

[47] 瓦·彼·杜伯夫. 物理学教程[M]. 哈尔滨:东北工业部教育处,1953.

[48] 彭鸿才. 电机原理及拖动[M]. 北京:机械工业出版社,2015.

[49] 刘宗富. 电机学[M]. 北京:冶金工业出版社,1980.

[50] 任兴权. 电力拖动基础[M]. 北京:冶金工业出版社,1980.

[51] 扬渝钦. 控制电机[M]. 北京:机械工业出版社,1981.

[52] 孙建忠. 电机与拖动基础[M]. 北京:机械工业出版社,2011.

[53] 刘启新. 电机与拖动基础[M]. 北京:中国电力出版社,2005.

[54] 康晓明. 电机与拖动[M]. 北京:国防工业出版社,2005.

[55] 陈隆昌,等. 控制电机[M]. 西安:西安电子科技大学出版社,2000.

[56] 张家生,等. 电机原理与拖动基础[M]. 北京:北京邮电大学出版社,2006.

[57] 邵蒙,张家生. 关于直流电动机电枢反应部分理论的讨论[C]//中国电机工程学会直流输电与电力电子专业委员会. 2013 年中国电机工程学会直流输电与电力电子专委会学术年会论文集. 2013:645-648.